自 然 文 库

N a t u r e

S e r i e s

The Secret Life of Trees

树的秘密生活

它们如何生存，如何与我们息息相依

〔英〕科林·塔奇 著

姚玉枝 彭文 张海云 译

2017·北京

Colin Tudge

THE SECRET LIFE OF TREES

How They Live and Why They Matter

This edition arranged with EDITE KROLL LITERARY AGENCY INC.
Through BIG APPLE TUTTLE—MORI AGENCY, Shanghai, China.

（中文版经作者授权，根据英国企鹅公司 2006 年版译出）

中文版序

为什么中国及世界的未来与树休戚相关

中国是举世瞩目的生物多样化中心之一，与物种繁多的南美洲和非洲相提并论。中华大地曾哺育了众多地球上最具影响力的动植物种群，从生物和经济的角度都有着深远意义。与生物繁衍并存，古代中国在人类进化史中扮演了不可或缺的重要角色。当然，中国还是世界上最浩荡瑰丽的多元文化中心之一，她作为文明的泉源，在科学、哲学、艺术及宗教领域都做出了核心贡献。今天的中国，和世界所有国家一样，面临着缔造“和谐链”的挑战：在为人类自身谋求进步、安全和幸福的同时，如何确保地球生物圈里左邻右舍的健康未来？

在一定程度上，这两个目标有着内在冲突。人们为获得自身利益而做的诸多行为正在伤害着大自然生物圈，危及着其他各种生物。然而，如果我们能以适当的方式运作，社会发展及自然繁荣应该是可以和谐共存，双赢互利的。我们应当尽最大努力，以“利他又利己”的标准来规范我们的行为。事实上，如果我们不这么做，如果我们一味地放任自然万物衰亡，那么，我们也会衰亡。毫无疑问，人类生存需要生灵万物，包括那些我们自认毫不相干的生命体，甚至是一些被我们看作害虫的生物们。因此，唯一安全可行的（而且是唯一在精神道德层面可接受的），就是努力在最大限度上维护整个自然界的和谐无恙：让整个生物圈的琳琅万物，无论在各自的本土家园，还是在遥远的五湖四海，都生机勃勃，适得其所。用一句道德哲学家的话说，关爱自然，其实是人类升华了的利己行为。

在人与自然的对话中，树扮演了不可替代的核心角色。树木与人们的生活如此密不可分，以至于我们政治经济政策的制定，日常生活方式的选择，都可在一定程度上围绕着树来思考评估。从心理学角度看，这应该是个容易接受的概念。我们的祖先，史前人类，在原始森林中生存进化；人类善于抓握的灵巧双手和犀利视力，多半要归功于祖先的丛林生活经历。今天我们中的大多数人可能会偏爱开阔的空间，但人类对树木森林依然有着深深的情结。人们都喜欢与树为邻，体会到树木带来的舒适。因此，在很大程度上，要改善我们今天面对的正变得日益满目疮痍的世界，并承诺地球家园的健康未来，我们所需要做的，就是放纵我们对树木那份与生俱来的欣赏与依恋。

当我第一次访问中国时，让我这个英国人感到无比惊喜的是看到这里有如此繁多的树木种类（我真遗憾那次访问只有短短几个星期，也后悔之后再也没有重返中国）。我看到了如今只生长在中国的各种奇特迷人的中华树种，其中较为知名的是扇叶银杏。这种不开花树曾分布广泛，类别丰富，但目前，整个不开花植物纲仅存的野生银杏代表只有在中国才能看到。另一种神奇的树是 *Metasequoia glyptostroboides*，在西方被称为“晨红杉”，在中国则叫作水杉。根据化石研究报告，人们以为水杉属早已灭绝。直到 1941 年，在中国四川野外发现了第一棵水杉，后来在湖北边界又发现了几棵。水杉是世界上仅存的三大杉树之一，另外两种分别是北美洲的高大红杉和巨杉。不过，也有许多源于中国的树种已移居到世界各地，在那里生根安家。其中，橡树所在的属——奇特的栎属，如今全球有 600 多种，很可能原生于中国。枫树和木兰也有着同样的故事，槭属中近 130 种、木兰属的 200 多种，都可能是“华裔”。更值得一提的是，我在中国还十分意外地看到了一系列亚热带树木，包括棕榈，还有更令人欣喜的高大竹林，大竹林的存在充分证明，小草也可出落成参天大树！

从温带到亚热带，中华大地的森林中曾是一片神奇的动物乐园：大象、老虎、狮子、猴群、鹿家族，以及举世无双的大熊猫。在不算太遥远的过去，这里还有过红毛猩猩，甚至亚洲犀牛。一些野山鸡的令人惊艳的美丽，让西方自然学家们难以置信，因为此前他们曾对这种动物的图片有疑惑，认为它们只是像“龙”一样存在于魔幻世界的动物。在生态失衡已经十分严峻的今天，只要立刻行动，一切还来得及。而生态平衡的恢复，根本上要依赖于树。保护现有树林是第一优先的任务，当然退耕还林，恢复林地也极其重要。不过在这个过程中，大自然更乐于自我修复。通常，大力度大规模的土地治理和植树造林，还不如放任式管理更为有效：只要在保护区四周加上围栏，防止人和牲口出入（至少要保持一段时间），然后，看看有哪些植物来此安家。大自然的丰裕会让你感到惊讶。

保护地球森林和形形色色林中居民的最重要理由是，只有这么做才符合道德和精神原则，我们真的没有任何权力将其他生命推搡到生存边缘。还是这句话，保护树木保护自然，从根本上是人类的一种升华的利己行为，因为它们是人类与生物界的共同家园——地球机体不可缺少的组成部分。从广义上讲，世界各地的树木是地球气候调节高手，在控制降雨量、保持合理气温方面起着极重要的作用。可以这么说，世界上的树是我们减缓全球变暖的可靠同盟军。在沙漠化严重的中国，树在这方面的作用尤其重要。很多研究表明，树根、树干、树叶，都能帮助水的净化。在全球淡水资源日益缺乏的今天，树对净化水的作用更是不可忽视，人类无法生存在水污染的世界。

树木还有保护土壤的作用。在中国一些表土稀薄、易遭风化的地区，树木对土地的作用尤其重要。砍树伐林的结果是让表土暴露于风与水的侵袭，造成千万吨泥土流失，从而导致河道海口淤阻。树的重要性即使在一个城市的小范围也可以清楚地感受到。一个树木成行、林荫遍布的城市一定比街道裸露的城市更适宜居住，特别像中国这样一个日照较强的国度。在非洲，村子里的树与村民的社交生活息息相关。因为人们总是到树下聚会交流，一旦没有了树荫，人们就无心逗留了。这样的情况可能在世界各地都存在。哪里的树多，哪里的人们的社交就更活跃。顺便提一下，银杏树已不只是纽约市民钟爱的市树，她在世界许多其他城市获得了同样的青睐。

当然，对中国及世界各地，最值得我们关注的还是合理农业，即能持续永久地为所有人提供丰足而高质量的食物。在这点上，中国素雅的传统美食使其在合理农业方面具有独特优势。因为，目前世界面临的食品问题，及未来自然灾害的威胁，很大程度上是地球人对肉制品的过度依赖造成的。相当多的人认为，他们需要吃更多的肉，他们的身体会不可抵挡地想念肉食；而且，食无肉的日子是很无聊的。但是，中餐里很多素食佳肴，完美地显示了肉类并不是必不可缺的。中餐不仅色香味美，营养充足，而且主要原料来自南方的谷类和北方的小麦，加上花样繁多的蔬菜，肉大多只用于烹炒配料或制作高汤。按这种传统饮食结构来制定合理农业策略，应该不太困难，更不是异想天开。有这么完美的传统，为什么还要刻意另有所求呢？汉堡包和牛排绝不能与素雅的中餐同日而语。

过去几十年，农田和森林一直被看作不能两全的竞争对手。森林被砍伐，林地被改成农田，这种情况至今依然在发生。农田周围无以计数的树被砍，让位于不断扩大的农耕地。就像很多被贴上“进步”标签的行为，这种发展态度和做法根本上是严重的误导。在世界范围，未来农业的希望表现为对“农林合一”的倡导与实践，即合理统筹种植、畜牧及林业。农林合一的方法之一是“巷式耕作”：在一排排的树木之间，间种谷物蔬菜，或放养猪禽牛羊。尽管多数人对此质疑，但从总体看，农作物间作耕种会生长得更好，而林间放养畜牧的优势更是无须赘言。这里的树会为我们提供各种水果坚果、药材染料及各种鲜为人知的神奇原料；从长远看，树林是高档木料的来源。事实上，在中国范围内，我们已经看到各种农林合一的不同实践，这是很多传统农耕模式的重要组成部分。农林合一的做法越被广为采纳并完善，就越有利于包括人与所有物种在内的生物圈共同繁荣。

总而言之，全人类都要给予树与森林加倍的尊重。更宏观地说，我们需要改变对于整个自然的态度，从一直以来“唯我独尊”的人类中心论迈入“万物皆平等”的时代，即将人类视作自然万物中的一员（尽管在许多方面是很特别的一员）。我们可以称此为“大生物时代”。我们需要高度缜密的科学来指导这个进程，特别是生态科学。最最根本的是，人类需要树立一种全盘接纳自然万物的集体心态。

过去的几千年中，中国在引领世界方面做了许多极有价值，不可或缺的贡献。如果她能借助必要的科学和理念，带领全球迈入大生物时代，那么，这无疑将是迄今为止中国对世界做出的最重大的贡献。重修日月山河，这份艰辛的努力可以——也应该——从树做起。

科林·塔奇

2013 年 4 月 5 日

目 录

图表索引

致谢

过去的半个世纪，在至少 20 个国家，在任何可以居住人类的大陆上，我不知与多少深谙树的朋友进行过多少回富有启迪性的对话。现在让我提及每一个帮助过我写这本书的人，数目之大，将会劳累读者之目。

不过，回首过去的岁月，对我影响至深的是阿伯丁的 E.R. 奥斯克夫教授，他在麦考利研究站从事第三世界一般农业和农业森林学的研究。

我要特别感谢郝小江教授，他是中国云南昆明植物研究所所长，他的引荐让我有机会看到了最卓越的昆明植物园的珍藏（包括 100 种木兰），还要感谢延·亨特博士，他是北京国际竹藤网络中心总干事。

在澳大利亚，我与澳洲科学与工业研究组织的科学家们共同在西澳大利亚的丛林以及昆士兰和新南威尔士热带及亚热带的森林中，度过了几日精彩而美妙的时光。

在新西兰，作家基斯·斯图尔特陪我去看北岛的贝壳杉森林，让我结识了毛利贝壳杉的森林之王——唐尼·马胡塔。

对于这本特殊的书的写作，我真的不知道该如何感激杰夫·布尔雷，他是前任牛津大学森林学系的主任，正是他激励了整本书的创作（正像他激励了世界几代森林人那样）。还是在牛津，史蒂文·哈里斯博士代我朗诵了几回章节的内容；尼克·布朗博士在我写作桃花心木的过程中提供了重要观点；马丁·斯贝特提供了详细和崭新的害虫理论；安德鲁·斯贝特教授在树的生理学方面给予我指导；亚德温德·毛里向我描述美妙的原始热带森林以及那里的气候变化。

在英国皇家植物园，我幸运地得到了阿里奥斯·法琼博士有关针叶树的最新研究资料。

在贝伦的巴西农牧业研究所，我得到延·汤姆森的隆重接待，了解到巴西森林业的真实状况；尤其是有机会与麦克·霍普金斯博士和米尔顿·坎撒西罗博士会晤，进行了具有启发性地讨论。还是在贝伦，从琼恩·C.韦德那里，我竟然了解到了一些热带森林交易的来龙去脉。是巴西利亚大学卡罗兰·普罗恩卡教授，还有巴西林业部的曼努·克拉德普先生，介绍我认识了巴西热带稀树草原塞雷多，而当何塞·费利佩·里贝罗带我们夫妻到田间时，我们懂得了当地人即使不种植更多的大豆，依旧可以改善生活。

在巴西伊雷坎比，我们与罗宾和宾卡·热·布雷顿一起度过了难忘的时光，他们正在寻找不仅具有指导性，并且同样有欣赏性的植物，希望能够至少恢复一部分已经凄然消失的大西洋热带雨林。

在巴拿马史密森热带研究所，我得到众多友人得天独厚的指导：安和尼·G.科特（关于大陆漂移）、尼尔·G.史密斯（关于鸟）、斯坦利·海克多–莫雷诺（关于红树林）、艾格伯特·G.史密斯（关于巴洛科罗拉多岛上的热带森林），还有艾伦·赫雷拉，他在无花果方面出色的研究成为我们第13章的主题。

对于他们所有人，我只有深表谢意。此外还要感谢贝蒂·京，是她促成了整个旅行。

在哥斯达黎加的热带农业研究与高等教育中心，布莱恩·凡根博士和我们一起站在雨中，忘却时间，毫不介意被雨水浇透，让我感受着在热带森林中从事研究的神奇和辛劳。还有穆罕默德·伊波拉西姆，他介绍我了解中心在农业森林方面研究的突出贡献。威尔伯斯·菲利普博士让我见到了地方树种。

以后，在印度，特别是得拉敦森林研究所，在其巨大而卓越的植物园中，我尤其要感谢前所主任帕罗·帕卡什·博亚夫博士，他的谈话极富魅力而充满友情，与他家人的圣诞晚宴至今令我难忘。还要特别感谢他的同事萨斯·比斯沃斯博士。

在拉脱维亚，英国市政府的拉夫·缪兹尼斯、安妮塔·优皮特、《捕猎、垂钓与自然》杂志的编辑和森林人孟威·斯特劳亭介绍我认识那里的森林（还有林中的海狸）。

我还要感谢英国市政府全体人员，尤其是盖文·亚历山大，他为我安排了最具启发意义的旅行。

我知道我欠着我的代理人菲利斯蒂·布兰、企鹅出版公司的编辑海伦·康福德的人情；还有简·博得赛尔，是她使得书中的语言流畅富有诗意，文法更精确无误，成为现在让人喜爱的样子。

本书最终被当·博佛德精彩的、多数直接取自写生的绘画所升华。

不仅要万分感谢她，还要感谢伯明翰植物学艺术家学会，是他们介绍我认识了她。

最要倾情感谢的是我的妻子罗斯，她将我介绍给牛津，并且组织和安排了我们的多数旅程。没有她的勇气和投入，我恐怕在希思罗机场就已经退却。

前言

来自菩提树的灵感——佛祖在树下开悟

在英格兰中部，施罗普郡的博斯考贝尔乡间，屹立着那棵名扬天下的皇家橡树。临时国王查尔斯二世在伍斯特战争结束后，为躲避克伦威尔手下的搜捕，曾经藏身于这棵树上。这场战争彻底粉碎了他恢复王权的天真梦想。有什么不可能的呢？这个事件仅仅发生在三个半世纪以前，而橡树的寿命，通常可以比这三百多年的光阴长出两三倍。据说大盗罗宾汉和他的绿林好汉伙伴们，曾经在诺丁汉郡的舍伍德林区——那棵举世闻名的梅杰橡树下，大摆宴席。如果确有其人，他们应该生活在 12 世纪后半叶理查德国王二世时期。那时，梅杰橡就已经生机勃勃地长在那里了。我曾在苏格兰的一座教堂后院看见过一棵红豆杉，树的年代标牌注明：年轻的庞丢·彼拉多[①]曾坐在这棵树下思考对未来世界的掌控。这个解释显得有些虚妄，但即使彼拉多不曾踱步于此，在公元元年时候，这棵红豆杉就已经在那里生长了好几个世纪了。

在新西兰，有一棵贝壳杉，名叫唐尼·马胡塔（最长寿和最粗大的贝壳杉树通常都是有名有姓的），它的树干像一座高大的灯塔。当毛利族人第一次从波利尼西亚登陆新西兰时，它就已经是 400 多岁的高龄了。在唐尼·马胡塔生命中前 900 年左右的岁月里，有一种巨型鸟经常在它周围那片被树根拱得凹凸不平的土地上悠闲漫步。这种鸟叫恐鸟，与鸵鸟有亲缘关系，有些恐鸟的身高能达到鸵鸟的一半。这种鸟的唯一威胁来自一种与其大小相同的短翅膀的鹰，它们躲在唐尼·马胡塔的树冠中，不时飞速地穿越而下，捕食恐鸟。如今，恐鸟和短翅鹰早已灭绝了，但是唐尼·马胡塔仍然屹立在那里。

加利福尼亚州有很多红杉林，当哥伦布让欧洲人意识到美洲大陆的存在时，这些树就已经是那块土地上的祖先了。但是，比起加利福尼

---

① 庞丢·彼拉多是罗马帝国犹太行省的第五任行政长官，他最出名的判决是判处耶稣钉十字架。

亚州的一些松树林，这些红杉树还只是青春少年呢。那些松树林萌芽于人类发明文字的时期，寿命与有文字记载的人类历史一样悠久。当摩西带领以色列人出埃及时，或者在亚伯拉罕出生时，这些生长在干燥山冈上的树木，就已经是地球上的高龄树木了。可以这样说，一些从古至今还活着的老树，目睹了整个人类文明史的兴衰。

红杉树、北美黄杉和桉树，都高大壮美得像一座座耸入云霄的摩天大厦。在加尔各答，有一棵与众不同的印度榕树，树冠所能遮盖的土地面积有一个足球场那么大。不少巨树上生活着众多生物，就像一座具有全球化氛围的国际大都市，比如德里和纽约。并且，它所拥有的居民数量，远远超过那两座国际城市的人口数量。生长其间的形形色色的生物，或以树为食，或在树枝间伺机劫掠其他生物。我不知道有没有林栖的章鱼出没于红树林，也许有，只是我不了解。至少我知道，在红树林里，有很多喜欢树林的螃蟹。我自己曾亲眼见过一种巨大的寄居蟹，像太平洋岛上的强盗一样，会爬到陆地上来（很多其他种类的螃蟹也会爬上陆地）吃椰子。每当亚马逊河洪水期来临，浩浩荡荡的大水足以淹没那些成年的巨树，被洪水淹没的森林面积相当于英国的国土面积，形成令人惊叹的水下森林。这时，鱼就在水里吃树上的果子；淡水豚，在本应是森林天蓬的水中，穿梭追逐；而猴子们像鸭子一样，从一棵树冠跳到另一棵树冠，它们欢舞着，跳跃着，嬉戏着。在新西兰，小蓝企鹅和地面上的鹦鹉一同在森林里过夜（至少在穆德岛的鸟兽保护区，你能遇见如此景象）。

20 世纪 70 年代，一位来自史密森尼亚研究中心的科学家，在巴拿马群岛一棵极其普通的大树的树冠中，居然找到了 1 100 种不同种类的甲壳虫。他还没有把象鼻虫划归在内，尽管它们也属于甲壳虫类。这可能是因为在观察中，这些寄生的象鼻虫在外形上并不像甲壳虫；或者是因为它们生活在土壤下的树根部，而未被计数在内。有一次，在哥斯达黎加岛上，我发现自己置身在一棵古老的木棉树下，就在这个岛上，科学家们已经找到了超过 4 000 种不同种类的生物。

一棵树，不会只是简单地为了纪念某个人，或是为了帮助落叶肥沃土壤而存在。从种子落入森林的土壤里（或者热带草原的沙土地上，某处高山峭壁的缝隙间，冰川的边缘地带，湖边，还有热带的海岸线）开始，也许要历经千年，直到它生命终止的那一刻，树每时每刻都会为了生存去竞争——获得水、养分、光和生存空间，还需要战胜严寒、酷暑、干旱、洪涝、病毒侵袭、寄生动植物的威胁，以及以树为生的一些动物们的毁坏（从树的角度来看，松鼠和长颈鹿都是天敌）。有时，一个村庄或一处人文景观会以树为标志，正如巴西这个国家，就是以巴西木树命名的，因为欧洲人知道巴西木比知道巴西国家还要早。我们应该对树木怀有敬意，因为如同其他所有生命一样，树木必须为解决自己的生存困境而奋争，否则就会死亡。甚至当树木为了度过霜冻和干旱这样的恶劣气候脱掉叶子时，它的覆盖在坚硬树皮下的细胞还一如既往地忙碌着，唯其如此，树叶才能在温暖的春天或热带雨季来临时，重新开始茂盛葱茏地生长。但是，偶尔提前到来的阵雨可能促使树叶过早萌发，成为深陷旱季、挣扎已久的骆驼和山羊们肥美可口的草料。在热带和温带，也有许多树种是先开花后长叶的，这时花朵更容易经由微风吹送花粉，蜜蜂和蝙蝠顺利完成授粉过程。因为没有树叶给这些盛开的花朵提供养分，花朵只能转而从树干和树根部吸取储存在树木中的养分。因此，一棵生长中的树的枝干有许多作用：既是养分储藏室、水分运输管道，也是树枝向上生长的梯子。

当然，花朵和针叶树的球果，为树的生命提供了另一种需求——不仅是存活和长大，而且还要繁殖后代。就这点而言，树木所具有的生长地点的固定和不可移动性，成为一个致命的弱点。很多树种都是无 4 性繁殖，通过从树的根部抽生出新的枝条来繁殖后代。但是据我所知，树木还是遵守有性繁殖的规律的。有性繁殖指的是配子必须与配子结合。动物和原生植物是通过精子与卵子结合。针叶树和开花植物则是通过花粉与胚珠结合。许多树种都是雌雄同体，即同一朵花上既有雄蕊又有柱头。还有许多树种是雌雄异体，即雌花和雄花同时生长在同一棵树上，如橡树和多种针叶树那样。这样看起来树木似乎很容易完成授粉过程，实际情况却并非如此。最近几十年植物界令人惊讶的研究发现之一，就是绝大多数树木都尽可能避免自花授粉。这个论点也被遗传学所证实。一棵树上所有的花都偏好于采用“远交”的方式，通过与另一株同一种但在遗传学上有细微差异的树木相互授粉，达到繁殖的目的。为了能够“远交”授粉，树木必须借助风的一臂之力，或者吸引苍蝇、甲壳虫、蜜蜂等昆虫，甚至在万不得已的情况下，胁迫各种鸟类和蝙蝠等动物来帮助它们完成这个过程。一些温带树种会借助动物授粉，例如苹果树和马栗树（七叶树）。但大多数树种借助风的帮忙，例如橡树和山毛榉。可是在热带雨林里，树木的种类繁多，普遍的授粉方式是利用动物帮助。雨林中生物生存竞争非常激烈，授粉的机理因此演变得越来越复杂。例如世界上有 750 个无花果树种，每个树种都需要相应的、特定种的黄蜂为其授粉，每种黄蜂也都知晓自己喜欢的无花果树的种类（尽管最近的研究显示，无花果树和它对应的授粉黄蜂之间的关系，并不像我们起初预料的那么简单)。接下来的繁殖过程，还包括胚珠完成受精后发育形成的种子的散播过程。被果实或类似果实包裹的种子，其散播方式通常需要再一次借助风的力量；或者也可以完全不依赖风力，而是通过鸟、食果蝙蝠、啮齿动物和猩猩等的积极合作来完成这一过程。

在自然界中，生命的存在极具竞争性：成千上万种喧闹蓬勃的生命会经历相同的生长过程，多数生命的存在是以牺牲其他生命为代价的。但同时生物之间也是相互依存、相互合作的。树木都是胜任的竞争者，但它们也是这个世界里的模范合作者，为了生存，与包括细菌和真菌在内的数目繁多的物种形成巨大的相互作用的关系网。这个关系网养活了许许多多动物，在树木不同的繁殖阶段，为它们提供了相应的帮助。树木的确不像狗和猴子那样看上去能对危险事件有意识，因为它们没有大脑；但是它们有自己的一套感知事物的方式——它们能根据需要判断将要发生的危急情况。其处理危机事件的机敏能力，堪比任何一位军事决策者。具备“意识”对于可以模仿所有意识行为的树木来说，真有那个必要吗？树木肯定不能像动物那样思维，尽管如此，它们却会精心妥善地安排身边的生物。森林之所以被称之为森林是因为树木的存在，而不是生活在其中的树懒、巨嘴鸟、松鼠或黑猩猩。树木才是森林的主角，而其他各种生物只是森林的依赖者。

人类必然受到森林的影响。现代进化论阐明了人类的艺术活动、发明创造，甚至欺诈行为，都归功于我们的大脑，归功于性行为的需要。我们用跳舞、绘画、玩笑和故事来取悦心仪的伴侣。或者说这至少是简单智慧的起源，在此基础上智慧得以发展。但是诸如猪、松鼠和大象也是聪明的动物，它们也同样需要吸引配偶，为什么猪群里没法产生钢琴家或法学教授？很久以前，一些保守派生物学家指出，除了大脑以外的另一种条件也是拥有智慧所必需的，那就是大脑和身体的灵活性必须一起进化。这二者在共同的进化中互相磨合、促进。猪虽然是一种聪明的动物，但是猪身上的蹄，却没法表达猪们的梦想与悟性。与此不同，人类却可以将我们的思想转化为行动：古代的手工艺品就受到来自宇宙的灵感的启发。大脑是人身上的贵重器官（脑力劳动需要巨大能量），如果大脑活动不能迅速产生回报，就会无情地被自然选择所淘汰。因为人类有手，大脑的活动肯定会以手的相应的行动作为回应，这些回应，体现在人类所制造的至少上千件生产工具以及这些工具对操作技术所产生的进一步影响上面。在“适者生存”的压力下，手为大脑的进化发育提供了促进作用；反过来，发育的大脑又会更进一步地协调身体的敏捷性。但是我们需要明白，使我们拥有如此灵巧的双手和活动自如的双臂的唯一理由，是我们的远古祖先曾在树上生活了大约 8 亿年之久（这个数字是经过一些动物学家计算所得出的）。人类祖先的林栖生活要求身体敏捷、手眼协调。松鼠差一点儿就成了有较高智力的动物。猴子和猿类在这方面更加向前迈进了一步。不幸的是，它们一直生活在树上，其出色的技能只能被浪费在林中的四处游荡上。我们的祖先来自于非洲，随着气候变干燥及森林范围的缩小，他们不得不来到陆地谋生。在没有其他灵长目动物和任何哺乳动物在行走方面取得成功范例的条件下，他们自己练习用双脚直立行走，最终成功地使得能拥有多种用途的双手和臂膀得以解放。如果不是基于这个基础，人类现在看起来仍会像大象和海豚一样，存在智力上的蒙昧缺陷。

6

考古学家考证了石器时代、青铜时代、铁器时代和蒸汽时代，而现在，我们又进入了内燃机、核动力、太空和IT时代。以上的每一个时代都离不开木材。至少当前——也许在未来几十年更加如此——是一个木材时代。在远古冰川纪，俄罗斯人用猛犸象的骨头搭建房屋，伊努伊特人用冰块造房，青铜时代奥克尼斯岛的人们用石板建造了蔚为壮观的村庄，拥有砖石餐馆和墓地。但是宏大的建筑仍旧离不开木材。虽然古代留下来的建筑遗迹都是石头结构的，那只是因为建造其间的木料都腐烂了。砖石的建筑，其结构也是从木制建筑中逐渐发展而来的。而且砖石建筑在建造过程中，还是离不开有木制把手的工具、脚手架以及木制的屋顶和椽子。在当今这个充满能源意识的时代，木材在比较重要的建筑项目中，将会逐渐大量取代铁的使用。

木材也是第一种为人类所使用的重要燃料，人类在大脑远未充分发育之时，在50万年前，就精于火的使用了。没有燃料就没有冶炼术，就不会有随后出现的青铜时代、铁器时代，也不会有现代的各种机器。没有木材就没有轮船，没有轮船就没有航海，人类就不可能到达澳大利亚、新西兰和任何遥远的岛屿。人类不可能凭借海上的浮木到达这些地方（尽管大家认为老鼠、猴子和乌龟等很多动物可以借助浮木漂洋过海）。没有航海就没有帝国、没有政治。一个没有木材的世界虽然也会进步，但我们完全可以这样说：没有木材，就没有人类的文明。

树木的作用，并不仅仅是为我们提供了木材，它们还提供了药物、油膏、祭祀用的香料、浸染箭头用的毒药、吸引鱼群和毒杀害虫所使用的药剂；还提供了松香、清漆、工业油、粘胶、染料和颜料；提供了包括制造口香糖所用原料在内的各种橡胶；为轮船（也可以为非木制的船）

提供纤维制的帆和缆绳，以及各类座椅靠垫的填充物。也许最重要的是，为我们提供了纸张。除此以外，还为人类提供了至少 1 000 种水果和坚果。在人类主要以草本植物为生的传统农业社会里，树木为包括牛、羊在内的动物提供了大量的绿色草料。最后一项额外的好处是，很多树木的果实有坚硬的木质外壳，可以制成美观的花盆、鼓和装饰品。 [7]

简而言之，如果没有树木，我们这个种群就不会演变成今天的人类。如果树木在我们的祖先诞生到地球上之后不久就消失了，那我们现在还只是像狒狒一样四处摸索游荡（假如狒狒能容忍我们这样生活下来的话）。

也许这就是我们被树木所吸引的原因。人们常将红杉林和山毛榉林与大教堂的中殿作比较：一样的静谧，一样的洒满绿色、柔和、神圣的光线。一棵长有许多枝干的印度榕树，看上去就像一座庙宇或一座清真寺，它是一间间正在鲜活生长中的柱廊。但是这种比喻似乎应该倒转过来说，大教堂和清真寺，像是在模仿生长蓬勃的树木。树木有一种与生俱来的神圣感。虽然那些心目中只有全能上帝的基督徒，可能会对这个带点异教色彩的说法而恼火，但是霍氏罗汉松和贝壳杉对于毛利族人来说就是如此地神圣。同时，印度榕树、菩提树和开五角星形花的庙宇树（也叫印度素馨）在印度教徒和佛教徒心目中也是神圣的。还有许许多多其他树木。这种对树的崇敬和深情，不单是因为通过这些树可以追溯佛祖在菩提树下开悟（据史载发生于公元前 528 年），产生了佛教，更具深远意义的是，人类的博爱精神从此诞生。

基督教推动了现代科学的兴起。科学的确很早以前就在世界各地萌芽，它们归功于巴比伦人、希腊人、中世纪阿拉伯的伟大学者、中国人、犹太人，还有历史上很多猎人和贫穷的农民。但正是那些基督徒（13 世纪开始，17 世纪达到顶峰），才给我们带来了可以接受的现代形式的科学。现代科学的诞生经常被无神论哲学家描述为“理性”战胜了“迷信”，但事实要比这种说法更加微妙而有趣。现代思想的伟大奠基人——伽利略、牛顿、莱布尼茨、笛卡尔、波义耳，以及自然科学家雷[8]约翰，都是虔诚的宗教信徒。对于他们来说，科学的产生，是人类正确地运用了上帝赋予的聪敏才智的结果，科学的发展应当归功于上帝。毕达哥拉斯，这位诞生于公元前 5 世纪的科学家，把科学研究视为对上帝的追随（他正是如此阐述和理解科学的）。伽利略、牛顿、雷约翰和其他学者，则把他们的科学研究作为对上帝的一种崇敬方式。

这本书的写作也是基于相同的精神。我虽然不会因为能与毕达哥拉斯和伽利略漫步在同一个星球上而骄傲，但也不会妄自菲薄。这是一本主要与树木科学相关的书，运用现代科学的手段，告诉我们有关树木的知识。书的最后一章，是关于我们应当如何利用树木，以及树木能为我们提供什么。作为资源，这是树木必须得到保护的理由。我们人类的生存依赖于树木，但是这本书的内容，大部分与树木的用途无关，却是关于树木是怎样诞生的，树木的种类、生长分布及成因；它们在自然界中是怎样生存的，与周围的生物怎样竞争与合作。在短时间内，你就能发现一些意想不到的事情：如它们是怎样从看起来毫不起眼，到存活下来，并且长成参天大树。它们是怎样从地下吸收大量的水分，然后把这些水分蒸腾到大气层中。同时释放有机化合物聚集云层，使大气层中的水分通过降雨再回到地球上。树木之间是怎样相互交流、借风捎信，来警告其他树木周围正有大象或长颈鹿靠近觅食。树木是怎样模拟害虫的激素气味，以便诱使害虫天敌捕食正在蚕食其树叶的害虫。随着时间的推移，我们看待树木的眼光也将更加独特。树木越来越不像纪念碑，而更像这个世界指定的主宰者，完全控制了陆地上所有生命的生长（也间接影响了海洋生物），对生命的存在至关重要。

所以，这本书所讲述的科学不像通常的那样，对人类的智慧和能力大加歌颂，而是真正地体现了一种尊重的精神。我喜欢一种思想（我知道有人会不以为然，但我确实喜欢），即我们每个人都渴望成为一个自然的鉴赏家，这种鉴赏力包含了知识与爱心的结合，二者互相促进。动植物保护，就是对包括树木在内的所有生物的保护。如果没有对自然界的理解，保护就不会取得长久的成功。这种理解很大程度上取决于先进的科学技术。而动植物保护如果没有人们的关注，根本不可能成为一个正式议题。关心是人类的一种情绪反应，科学又经常处于情绪的对立面。事实是，如果没有一个冷静的头脑，就不能进行正确的科学研究；而科学所担当的主要角色不只是改变世界，也是加深人们对这个世界的理解和关爱。这就是写作本书的主旨。对世界的认知基于科学的发展，对自然界的尊重又来自对世界的认知。世界上所有天成的奇观是我们无法再造出的，唯有尊重自然，才是我们唯一正确的选择。

第一部分

什么是一棵树

第1章

心中的树：问题简单而答案复杂

圆形叶片，外形美丽的紫荆树

爱因斯坦说“我像一个从没停止过思考的孩子”。我们自己不也是 13
这样吗？这才是一种深入了解事物本质的思考方式。孩子们提出的一些简单可笑的问题，如“谁创造了上帝？”引得理论家们为之忙碌了几个世纪。我们成人可能也会一时兴起，像孩童般单纯地发问：“请问什么是树？有人会心甘情愿地写一本有关树的书吗？”“为什么植物能长成参天大树？”以及“世界上有多少种树？”这些问题看似幼稚，却给本书的内容勾画了一个大致的轮廓。

树是什么样的

14

我们熟知的树，就是中间有向上耸立的树干，并且生长高大的一类植物。

可能每个人都知道这个关于树的简单定义。但是，我们还要对这种定义进行一点“解构”（现代哲学家们如是说），意思是，这样给出的关于树的解释和说明还并不全面。

首先，我们对于“高大”一词如何理解？高大是相对而言的，也许我们可以为树的高度选择一个参考数值，至少5米至6米。在某些情况下，这样设定参考值也很有必要——如果你是个林场主，或正在经营一片苗圃，常常需要一些数据指标。但这些指标并不代表树的定义。它们只是帮助现实生活中的人们完成一些实际工作需要制定的标准。它们非但不是，也不可能成为亚里士多德所说的“描绘了自然界本质”的那种定义。

在自然界里，当条件适宜时，大多数树木会长得高大茂盛；当条件恶劣时，就长得矮小稀疏。橡树，无论在森林和公园中，都算得上是高大壮观的树种。但是，当一粒橡实掉落在苏格兰峭壁的缝隙间，即便历经两个世纪的漫长时光，也就只能长得像一株盆景植物般矮小。这样矮小的树还是会结果实，如果它的种子撒在肥沃的土壤里，又可以长成高大的橡树了。橡树生得弯曲矮小，原因不外乎就是生长在了多石、贫瘠的土地上。但这类矮小橡树还能被称为真正意义上的树吗？再来看另外一个例子：世界上有许多桦树种，这些种组成了一个桦木属。桦树种没有一个能像橡树那样长得高大挺拔，但大多数也还配得上“树”这一称号。其中有一个种，名为矮桦树，因为适应了苏格兰北部与欧洲大陆寒冷的平原，生长得极为矮小。我们能否说只有高大品种的桦树才是树，矮小可怜的桦树不能称之为树？或者，我们是否需要单独给矮桦树之类一个特殊命名，称之为矮树？

长在树的中间、把树冠撑在空中的粗大“树干”又是怎样定义的呢？每棵树是只长有一根树干，抑或是几根都可以称为树干？许多园艺师和林业工人坚持认为，那类有多根枝干的植物应称为灌木。在一些实际情况下，了解这个明确的差异还是很有用的。假如《爱丽丝漫游仙境》中的红心女王命令那些可怜的园丁给她培植一座树木葱郁的庭园，而园丁们却将它搞成了一座灌木园，那他们的脑袋无疑就要搬家了。

但是，自然界的万事万物不可能就这样被轻而易举地了解清楚。在巴西的塞雷多热带动植物保护区，有一片广袤的旱地森林，面积相当于整个法国的版图。亚马逊雨林从巴西中部一直蔓延到东南部，其中有多条小河蜿蜒流过森林。沿岸生长的树木都是高大、只有一根粗壮主干的树木，而生长在河岸以外干旱地域的树，则枝干繁密矮小，呈灌木形状。这些矮树不像生长在岩石缝里的矮小橡树，是由于生长受到抑制而形成，这些灌木展示了生命的另一种形态，也就是科学家所说的“多态性”，即“多种形式并存”。正如世界上有各种各样的鱼，身形既有短小的又有肥硕的。蝴蝶和蜗牛也有很多种。我们可以这样看待一棵具有多样性表现形式的树，它的一种形态是森林中的高大树木，另一种形态是为应付开阔地域而长成的矮小灌木。

许多高大的树木会同时长出几根同样粗壮和坚实的树干，包括雪松、桑树和开美丽的蓝色花朵的角豆树。它们的每根树干都如橡树干一样粗大。那么，它们应该属于树还是巨大灌木？石楠属家族里的杜鹃花科植物，既包括来自喜马拉雅的杜鹃，也包括美国本土生长的玛都纳树，它们的树干色彩缤纷，有美丽的黄色、粉色、灰色，树干上还有雪片似的剥离的树皮（这些树林给怡人的加利福尼亚山冈风景更添几分富丽色彩）。每棵玛都纳树都只有一根主干，而一棵杜鹃会有几根树干，并且它们同样高大坚硬。简而言之，自然界中的树和灌木并没有明显区别。什么原因？因为大自然是不会让生物学家生活得太轻松的。

树木中间必须有木质的主干吗？毕竟，这才是我们普遍能够理解的树干。那么，我们怎么给香蕉这种植物归类呢？它们在外观上像棕榈树，有一根粗壮的中心茎梗，顶部支撑出一圈轮生的巨大叶子。但是它们的茎梗并不是木质的，大部分都是由叶柄组成的，其材质不像松树、橡树和桉树——它们的树干是真正的木质，而香蕉的茎秆是由纤维紧密交织在一起形成，它的坚硬度是挤压造成的，像白菜帮子一样，是通过水在茎梗中的压力的挤压加固而形成的。所以，在植物学上，香蕉这种植物属于巨大的禾本科植物。虽然它看上去像一棵树，并且为了得到生长所必需的充足阳光，不得不与身边那些树木展开竞争（香蕉这种植物与可可树、茶树和咖啡树一样，也喜爱阴凉）。

实际上，世界上的树木有很多谱系。除了都是植物这点共性之外，它们有很不相同的进化方向，相互之间没有任何关系。许多树的谱系显示了当初很多植物都是单独进化为树的形式。每一种谱系以自己的方式缔造树之王国。“树”如同“狗”和“马”一样，不是一个明确的分类，而是“树”这类植物的总称。树的不同种类之间有很多相同点，认识这些基本的共同点是很有必要的。但是，自然界的本质始终不能这么容易就了解清楚。

16

最后，所有关于“本质”的定义都是为了便利，可以帮助我们在思考某些事物时，专注于它的特殊之处。

大自然中所有现象都会以各种形式出现——不管它是简单到如“腿”、“胃”，或者“一片叶子”，还是复杂到需要概念化的词汇如“基因”或者“种”加以表达。这些不同的形式如果任由人们从无限的角度随意观察，那么从每一个角度都会得到不同的理解。例如，对一匹马的定义，就不一定像查尔斯·狄更斯在《艰难时世》一书中的人物托马斯·格莱恩那样，将其简化为“一头有四条腿的食草动物”。对于马的认识应当比这更复杂。我们人类定义自然的方式，将会影响我们对待它们的态度——不管我们关注的是野花还是杂草，是老鼠还是害虫。归根结底，自然界就是自然界，我们必须尝试用人类渺小的力量，为了我们不同的目的，尽可能地给予自然界中的事物以合理的解释。

为了本书的意图，还是要奉献上几个孩子也能看懂的“树”的定义：“所谓树，就是中间长有一根向上伸展的主干的高大植物。前提是它能够生长在适宜的条件下。”另一个说法是：“与其他植物很相近，生长高大，中间有粗壮的向上生长的枝干。或者外形巨大的植物，中间有粗壮的向上生长的主干。”这样的说法可能有些拗口，但目前的认识也就仅限于此了。接下来是另一个幼稚的问题。

树木是怎样生长的

没有生命的个体是被动、静止的。一块由原子构成的石头能够长久地存在，直到被火山熔化或被酸雨侵蚀。但是有生命的个体，其内部却是不停息地、循环往复地运动着。当细胞内合成了一些作为自身组分的蛋白之后，为了生命活动又将这些蛋白分解掉，这种不断进行自我更新、不断吸收能量以维持生命活动的过程，称为新陈代谢。

新陈代谢是生命力存在的根本保证，也是生命体在整个生命过程[17]中所要做的工作的一部分。另一部分工作是完成整个生殖过程。尽管繁殖不是生命体维持生存的必要因素——的确，繁殖过程包含了以牺牲作为代价。在这本书的后半部分，我们会看到繁殖中的生物体常常是在享受生命的最后过程——很多树木一旦完成繁殖就会枯死。但是，不管怎样，繁殖都是生命的必要过程。至少，如果不繁殖后代，所有的生命都将灭绝。虽然生物体可以进行新陈代谢以维持生命的存在，但迟早还是要消亡。万物皆有一死。只有那些能产生后代的生物才得以生存——至少它们的后代能幸存下来。每一个生命个体都是物种谱系中的一员，代代相传，延绵不断。与此同时，每一个生命体又始终与自己的同类或不同种类的生物生活在一起。从一个角度看，它们互为竞争对手；但是从另一个角度看，它们也是对方的食物来源；同时互相创造了遮阴挡雨、交配繁衍等种种生存条件。每一个优秀的物种——所谓优秀者，指的是那些能够幸存下来的物种——都必须对其周围的生物作出妥协让步，与它们和谐相处。

生命存在必需的条件，即新陈代谢、繁殖和与其他生命协调共处。所有这些过程都是非常艰难的。每一种生物都要用自己的方式解决生活中的问题。没有完美而统一的生活策略。每一种方案都各有其优缺点。正因如此，才导致生物体有大有小。这些大小的差异也各有利弊。一棵植物如果长得像树那么高大，更有利于它向上伸展，吸收到更多的太阳光，同时根也能更深地扎入地下，充分汲取水和矿物质。以上这些都是有利的方面。但不利之处也同时存在，每一生物个体要长得很大通常需要花费很长时间。不管是一棵橡树、一头大象还是一个人，都是如此。而生长发育的过程越长，就越有可能在生殖过程开始前被消灭。高大的生物体也有生存难处。要将重达 1 吨的树叶支撑在半空中需要足够的实力——既要拥有特殊的材料（如木质树干）做支撑，又要求树枝间有巧妙的排列形式。从理论上讲，所有树木都有木质树干，除了香蕉树这样的冒牌货之外。我们可以看出木材是一种精巧的材质，对于化学结构和微观几何排列的要求很高。不同树木，其树枝的排列形式不同。银杏树和针叶树都只是重复着一种简单的树枝排列法——笔直生长的树干，树枝以圆圈形或螺旋形从树干中部以上开始有间隙地向外生长。其他树种如榆树，有一根主枝杈领先向上生长到一定程度，随后弯向一边；然后另一根枝杈取代它继续向上生长，直到弯倒下来，再由别的树枝取代。还有一些树种，特别是热带树木，树杈水平式向外生长，这些树杈上都会再长出一些完整的小树，整体看上去就像是从这些水平生长、庞大浓密的树枝间长出来的一片新的、微型的森林。其他树种如橡树和栗子树，其外形显得更加随心所欲一些。

18

树木有很多基本的树形。在树木的生长过程中，拥有什么样的树形很关键。长成一棵大树是一件大工程，同时也是一件奇妙的变化过程，这个过程需要花费很长时间。树木长得越粗大，抗风能力就越强。猛烈的热带风暴通常能将面积大如英国陆地的热带雨林夷为平地。

生物繁殖方式大都会采用一至两个方案。一些生物被称为“K 繁殖策略使用者”，每次只生育为数很少的后代，这些后代总体上具备较大体形，能够有较高的存活机会。通常，这些后代出生后，父母能给予其很好的照顾。“K 繁殖策略使用者”们寿命基本都较长，一生中只生育几次，每次间隔时间很久。黑猩猩、大象、鹰，当然还有我们人类，都采用这个策略。

另一些生物称为“R 繁殖策略使用者”，生产的后代数量惊人。这些后代个体较小、存活的几率较低。但是庞大的后代数量为存活率提供了一定的保障。鳕鱼就是典型的“R 繁殖策略使用者”，每次产卵将近 200 万粒。新孵化出的鳕鱼苗像一群浮游生物一样，十分无助地漂在海里，绝大多数鱼苗的命运是葬身其他鱼的鱼腹。但是只要每对鳕鱼一生能保证有两条幸存的后代，鳕鱼家族就得以延续了。除了慷慨地提供数量巨大的鱼苗被认为是一种惊人的浪费之外，这种繁殖方式还是很成功的。至少在北海渔民的捕鱼技术更专业、造成鳕鱼数量灾难性减少之前，这种繁殖方式还是很乐观的。鳕鱼能够生活许多年。可是也有很多“R 繁殖策略使用者”，例如苍蝇，其完整的生命周期即出生、发育、生殖、死亡，才只有几周而已。因此，苍蝇的数量没几天的时间就能由零发展到成灾的地步。

树木看起来是选取了两者的优势。许多树种，也可以说绝大多数树种，每年都可以结出大量种子。一棵成年的橡树或山毛榉，在好年景可以结出好几万颗种子（种子的丰年也称“大年”）。尽管树木不可能每年都是“大年”，可是在树的一生中，会有很多甚至上百次“大年”。它们是真正的“R繁殖策略使用者”——遇上好年景，至少和鳕鱼一样，19 能够产生数量庞大的后代。

包括橡树在内的很多树木，结出的大量种子并不需要立即萌发，这就使得每棵萌发的幼树苗可以有很好的存活机会。从这点上看，它们也可以算得上是“K繁殖策略使用者”。那么，结合了“K策略”和“R策略”优势的物种应该是真正强大的吧。可是，它们也有一个缺点：绝大多数树种必须生长好几年才开始结籽，还有很多树种甚至要历经几十年。在种子没有散播之前，树木时刻都是脆弱的。因为树木高大而长寿，我们通常不将它们归类在“R繁殖策略使用者”行列。它们的数目不会像苍蝇一样在短期内暴增。我们能够理解，一棵树不可能像一只苍蝇或一只老鼠那样，在任何新环境中都迅速地抓住机会进行繁殖。如果我们能超越人类发展的短暂时期而将目光投向远古时代，我们也许会看见，树木曾有过在数量上激增的情形。

当上一次的冰川时代在1万年前的北半球结束时，桦树林和杨树林在北极的冰川层和时间的推移下，逐渐远离了曾经生长的北极地带。可是，在当前全球变暖、极地冰川进一步减少的情况下，也许有一天，它们又会在这些地方重新出现。同样情况，在南半球的昆士兰，那些庞大的热带雨林也不是自古就有的。在昆士兰海岸边，有著名的由珊瑚形成的大堡礁，它从头到尾的长度与英国版图从南到北的长度一样。这些大堡礁和澳大利亚的雨林都是在上一次冰川纪以后才开始形成的，大约只有1万年之久。

在莎翁的戏剧里，麦克白看见柏楠大森林穿越几英里的荒漠平移到了杜西宁山脉，而为之惊叹。假如我们在更长的时间长河里看整个世界，在过去几百万年甚至上千万年间，随着冷暖季节的交替，很多庞大而无法撼动的森林，就像云彩投到地面上的阴影那样，从地球表面上消失得无影无踪了。

树木王国同时具有种类多样性和生长显著性的特点。因为占据了更多的土地和空间的优势，高大的植物总是能够更好地进行新陈代谢。它们结出数以吨计的种子，播撒的范围可以更远、更广阔。因此，这个地球上三分之一的面积被森林覆盖着，让我们惊叹不已。但也必须看到，树木作为高大的植物，其自身内在的化学反应和外在的生长结构都是非常复杂的，这种复杂性也同时具有危险性。在树的生长发育期内，时间、特定的遭遇和各种其他生物的相互作用，随时有可能将它置于死地。所以，很多植物如苔类和藓类，从不奢求成为高大植物。在过去的4亿年以来，一旦有潮湿适宜的地方，这些植物就能长得生机勃勃。然而，树木却不能生长在太干燥和土层太薄的地方，它们把这些地带让给了许许多多的矮小植物。因此，地球还拥有面积辽阔的草地，例如干热带的大草原、北美的温带大草原、南美的亚热带潘帕斯草原，以及亚细亚草原。这些草原上都生长着不少树木，形成开阔林地，林地中的植物主要是矮小的树木和高大的草类植物。巴西的塞雷多热带自然保护区就是这样。可以进一步地说，树木是整个生物界的“关键物种”。

树木随遇而安地生长着，同时也为其他生物创造了适于生活的环境。森林为那些弱小和长势迅速的植物如草本植物和攀缘蔷薇，提供了生长空间；森林中还有其他种类繁多的植物，它们能够在树的枝干上生长，称为附生植物（例如：各种苔类和藓类、蕨类植物；很多开花类植物，包括马蹄莲科和凤梨科；另外还有仙人掌科和大部分的胡姬兰科植物）。

总之，在这个世界上，矮小植物要比高大植物有更多的生存空间。几平方米的一小块土地就足够大量的草本植物生长，但如果换成同样多的树木，则至少需要好几公顷的土地才能容纳得下。所以，尽管理论上说作为一棵树有太多的生长优势，但是在植物界，非树的植物种与树的种的比例，却是5：1。那是因为地球上很多地方不适于树的生长，但却不妨碍其他植物的生存，甚至连树木自身都可以为其他植物的生长提供理想的温床。

现在来看第三个幼稚的问题。

世界上有多少种树

这的确是一个简单的问题，但是回答起来同样复杂。一些尖锐的哲学家会这样说："答案取决于什么是你所谓的'种类'。"

在本书中，"种类"（kind）的最直接的意思就是"种"(species)。普通的橡树，是一个种，学名夏栎。斯考特松也一样，学名是欧洲赤松。普通桦树的学名是垂枝桦。如此这般地简单，还需要更深的探究吗？ 21

但还是存在一个问题，怎样搞清不同种类之间的区别呢？有时候，同一品系的树木之间在外观上有很大不同，而不同品系之间则可能非常相似。有时品系内树木的差别大过品系之间树木的差别。换种方式来看，很多生物仅可以从其生殖器官来区分，例如开花植物（包括很多树木）是通过花来区分的。但是也有很多树，当我们想要观察它们时，通常并不在它们的花期内。在热带还有一个很特殊的问题，即树木开花的时间通常看起来是毫无规律的（树木自己当然知道何时才是最佳花期，生物学家们却摸不着头脑）。

另外，有一些树木的花朵相似，叶子的形态却完全不同，这两种树木的种类需要分开鉴定。可是，柳树一般是先开花后长叶子，所以在同一时间段，同一棵树上永远也找不到花和叶子同时存在的情况。当我们想知道一棵柳树属于哪一个种时，应该去观察两次才能得出结论。生物学家并不根据物种外观来定义生物种，他们会非常理性地以二者交配的情况作为最基本的原则。如果两个不同的生物个体相互交配，就有理由断定它们属于同一个品系。正如一棵垂枝桦自然会与另一棵垂枝桦交配，而不会去与一棵夏栎交配。因为垂枝桦和夏栎不属于同一个生物谱系，它们各自拥有截然不同的生长方式。这样一来，事情就简单多了。

但是，仍然会有一些麻烦。很多生物可以与其他的种交配，形成杂合体。有一个众所周知的例子就是骡子——它是公驴和母马的杂交产物。但是马和驴看上去是非常不同的两种动物。既然这两者间可以交配繁殖，是否可以认为它们属于同一种？实际情况完全不是如此。尽管骡子是一种强壮彪悍、坏脾气的动物，这一点连斗牛仔都不会质疑，骡子却永远不会生育。尽管强壮，它却不是生物学家定义下的“具有可育性”的动物。

所以我们可以将定义稍微拓展一些，即“如果两个或者更多的生物个体能够相互交配，繁殖出‘完全可育’的后代，就可以认为它们属于同一种类”。完全可育性，意味着能够有交配的可能，同时也意味着生物体在野外生存具有成功的竞争力。

还有一些生物（例如青蛙），杂交后其后代虽然也都是可育的，但是这些杂交后代在野外却不能继续繁衍下去，因为这些后代在竞争配偶时不能胜过父系和母系中的任何一方。这也是将其父系、母系划归到两个单独的种中去的理由，因为杂交后代在生存能力上出现了衰退（相对其父母系而言）。

22

另外还存在一些问题。例如两个看上去明显不同的种，在野外环境下也不会出现杂交，原因可能只是由于它们生活在不同地域。如果把它们安排在一起，杂交过程会进行得非常完美。这样的例子在树木中比比皆是，如橡树、柳树、白杨树，以及其他许许多多树种。这样的杂交情况大多是在花园里进行的。可能在几千年前，人类就开始从世界各地将不同品种的植物移栽到一起。其中最有代表性的例子就是英国梧桐，学名是二球悬铃木（它是杂合体）。这种树木在城市中广泛栽培，不仅在伦敦市内的很多街道和广场种植，甚至遍布北半球各地。它的外层树皮能脱落（就像桉树或玛都纳树一样），借此将危害树木生长的灰尘和污染物摆脱掉。而别的树木就不具备这项本领。

英国梧桐是生长在南欧及土耳其的东方梧桐与长在北美的西方梧桐二者杂交的后代，是在17世纪牛津大学的植物园里培育出的。最早的一批英国梧桐中的一棵，目前还生长在植物园隔壁的摩德林学院的庭院中。这棵树已经有几个世纪高龄，非常高大，对于那些观光客来说，很值得一看（如果看门人允许你进入）。

另外一个非常重要的现象就是“多倍体”。当今，每个人都多少了解一些有关基因的概念。基因排列在染色体上，每个生物都有自己特定的染色体数目和排列顺序。精子和卵子（或相对应的胚珠和花粉细胞）各含一套染色体组，也称作“单倍体”。当受精完成后，胚胎就拥有两套染色体组，称为“二倍体”。大多数生物（至少大多数常见的生物）是二倍体，例如人类有 46 条染色体——其中 23 条来自于母亲的卵子，另外 23 条来自于父亲的精子。黑猩猩有 48 条染色体，父母各提供 24 条。但有些时候，染色体的数目也会自然地出现加倍的情况（当染色体以正常方式为细胞分裂作好准备之后——这些细胞却没有产生分裂）。23 这时的二倍体细胞变成了具有 4 套染色体组的“四倍体”细胞。

这种现象在动物中不常见（至少在哺乳动物中很少见），但在植物中却大量存在。新形成的四倍体生物能成功地与相同种的四倍体生物交配繁殖，一个新种就这样快速形成了。但是这个杂合体却不可能与其父系或母系的二倍体生物交配。自然界中有很多四倍体植物，人工栽培会导致更多四倍体品种出现。现在欧洲种植的普通土豆就是四倍体，是生长在安第斯山区的野生土豆（这种土豆是经人工栽培而成的）经过培育而来的。

还有很多树种，不管是野生的还是栽培的，都是四倍体。有时候，四倍体植物的染色体组会再加倍形成“八倍体”。这种八倍体又是一种看起来差异显著的新种，八倍体通常不能再与其四倍体的父系或母系杂交。“多倍体”这个概念指的就是那些具有两套染色体组以上的生物体。有时植物中也会出现很复杂的情况，会有奇数染色体组的现象（有一些种的染色体在细胞分化和染色体配对时缺失了)。具有异常染色体组数目的植物称为“异倍体”(非整倍体)植物。

在动物中,具有非整倍体染色体组的个体,通常有各种不同程度的残疾。这种动物往往会死掉,即使活下来也是畸形。但是在植物界,情况却截然不同。甘蔗就是异倍体植物,这并不妨碍它成为世界上最有生命力的作物之一。另外还有一种复杂的情况,正如我们注意到的,来自不同品系的二倍体生物有时会交配,产生完全可育的后代(东方梧桐和西方梧桐的杂交后代就是例证)。但是这种杂交过程也经常会出现失败的情况,这是由于来自父本和母本的染色体不匹配。两套不同的染色体组虽然也能支持体细胞的正常运作(例如骡子),但是这样的细胞即使能够成功地存在,也难以产生所需的配子(精子和卵子,或者胚珠和花粉),因为这需要染色体组之间的高度配合。

如果一个生物体拥有双倍的染色体组,通常就能够产生出有可育性的配子。所以,我们看到,不同种间二倍体父本和母本交配产生二倍体子代,这个杂交的后代是不育的;当二倍体染色体组增加成为四倍体,这个杂交的四倍体子代是可育的。这种情况在植物中很常见。因此,在野外生长和人工栽培时,新的种会层出不穷。的确,复杂情况的出现是无法预期也没有止境的。例如一棵四倍体植物可能会与一棵近亲二倍体植物杂交,产生一棵三倍体植物后代。其中两套染色体组来自于四倍体亲本,一套染色体组来自于二倍体亲本。三倍体植物是不可育的,不管它生长得多么茁壮,都不能产生配子。人工栽培的香蕉就是三倍体,由于它是不可育的,所以果实里没有种子(但是野生香蕉的确是有种子的)。因此,人工种植的香蕉必须通过扦插栽培进行无性繁殖。

24

还有其他一些情况，有时三倍体植物后代中会出现染色体组增加的情况，即出现了六倍体后代（拥有六套染色体组）。世界上最著名和最重要的六倍体植物，是我们用于烘烤面包的小麦（而制作通心粉的小麦是四倍体）。

如果你仅是在与动物熟悉的环境中长大，很少接触植物，你将会发现植物界有多么地奇妙。在树木家族中，目前已知有多达上百个多倍体种——植物学家们研究观察的物种越多，就越有可能发现新的多倍体种。一些多倍体来自同一个二倍体种，只是染色体加倍，其他的则是杂交多倍体。经过比较完全的统计，育种专家们通过人工手段培育出的多倍体多达几百种（一些由化学试剂引起的多倍体甚至可以组成一个目）。

柳属的柳树，为我们提供了大量而典型的多倍体范例。世界上大约有 400 种柳树，尽管还有很多柳树种不为人所知，其中包括生长在中国东部的所有柳树林中的种。到目前为止，它们都还没经过详细的研究。有一类柳树的单倍体包含 19 条染色体组，所以其二倍体有 38 条染色体组。另一类柳树的单倍体有 11 条染色体组（二倍体有 22 条），第三类柳树的单倍体有 12 条染色体组（二倍体有 24 条）。不同数目染色体组的单倍体间没有杂交情况，但是不同种而染色体相同数目的单倍体之间，杂交情况却比比皆是。一系列的多倍体由此而产生，有的甚至多达 224 条染色体组。绝大多数多倍体是可育的。有一些柳树的多倍体种是通过人工培育手段而产生的，它们是在 14 种间相互杂交得到的后代。经过详细的观察统计，人们发现许多柳树的杂交后代都是单一性别，只能从根部萌发新枝条以达到繁殖的目的。

25

所以，这个特定的“种”，其所有家族成员都来自于一个复制体系（今后这种情况会更多）。这些杂交后代被称为杂交柳树。杂交柳树都是雌性的。不管是野外生长的还是人工栽培的，柳树都是非整倍体的。总之，要想完善地鉴定这些五花八门的柳树种，包括二倍体和其所有多倍体后代，是一件异常困难的事情（这里还没有包括那些隐藏在中国偏远山区的柳树种）。

金合欢也会呈现同样的画面。那些可爱、孤独、散乱生长的金合欢树，可能出现在世界各地的热带草原上，为长颈鹿、骆驼、瞪羚羊、农场的牛群，以及牧场放养的羊群遮阳挡雨，提供饲料。金合欢属庞大杂乱，有大约 1 300 种。也许应该更进一步地细致划分，将所有树种归划在五个或更多个小组中。正如预料中的那样，就金合欢属整体来说，其单倍体的染色体组是 13 条，但多倍体的染色体组数目有的多达 208 条，16 倍于单倍体的染色体组的数目。其中一些多倍体，来源于各自祖先的染色体数目的加倍（有时可能是多次加倍）；其他种，则很明确地来自于不同的多倍体之间的相互杂交。

桦树的单倍体染色体组数目是 14 条，二倍体的染色体组数目是 28 条，有一些种的染色体数目高达 112 条，这意味着它们是八倍体。还有一些树木，是在人工栽培种中产生的非整倍体杂交后代。在北欧，银桦即垂枝桦，看上去与毛枝桦非常相似。有一些人提出，二者是同一个种。但银桦是有 28 条染色体的二倍体，而毛枝桦有 56 条染色体，是四倍体。先前有关毛枝桦来自于银桦的说法，从目前多倍体这个角度来看，很明显是错误的。桤树也有类似的情况。显而易见，这些多样化是依靠不同种间的杂交而来的。今后还将出现多少二倍体、多倍体或可育多倍体杂交树种呢？这至少需要一个世纪的严谨探究才有希望得到答案，科学研究是需要时间的。

最后一个复杂性是，同一种树分别种植在不同的地方，它们最终将会各自进化成不同的种。虽然在短期内，这些分布不同的树木可能还存有某些相似性并很容易互相交配，那是因为它们还是同一种树；但最终还是会导致某种程度的遗传差别，外观看上去也会不同。生物学家会说，这两种树来自同一“类别”但种不同，或者二者是“异种”。如果这是一个有显著差别的异种，也可以称为“亚种”。在传统的农业生产中，没有经过正式筛选而产生的物种称为“野生种”。通过正常的育种手段得到的种植品种称为“培植品种”（家养的动物品种称为“养殖品种”）。

26

在野外或田间，“异种”的含义是指一个种内的另一个类型。在田间作物的栽培过程中，异种红花菜豆就是这样一种情况——各种红花菜豆都是该种下的不同类型，全部是有性繁殖（通过种子），有遗传上的差异。

很多植物还可以通过球根或块根进行营养生殖。很多树木则是从茎部或根部萌发新枝条。在野外，通过营养生殖繁育的小树，可能会与其母本树连在一起生长，母本和子代一起连绵不断，直到形成一片小树林（如英国的榆树林或巨型红杉树林）。有时候，这样的一片树林可能会覆盖很多公顷的土地，就像加拿大的白杨树林那样。栽培者或育林人经常会用扦插的方法繁殖所需要的树种，当然，扦插的枝条必须是从母本上取下来的。但是不管怎样，所有这些通过营养繁殖而来的子代，在遗传上都与母本一致（因为它们只有一个母本）。所有的子代都是克隆体，即其母本的克隆。因此，在遗传上，相同的这一群体称为“克隆群体”。在苹果树种中，所有考克斯栽培苹果树都来自于同一个克隆，是从 19 世纪开始，基于对第一棵该品种的果树进行反复扦插而传播开来的。考克斯栽培苹果树种只是几百种苹果树种中的一员，每一种苹果树种都各具特色——艾格雷蒙特苹果、布兰姆利绿苹果、虞美人苹果、伍斯特苹果，等等。每一个种都是同一个克隆群体，都属于同一种类，学名苹果。

所以，我们应该怎样回答“世上有多少种树”这一简单的问题呢？

在野外（或是在田间），人们对不同“种类”一词的真正理解，应该是不同“品种”；或许它们是同一个种的变异，也可能是其他两个种的杂交，这些杂交后代一直能保持很好的再杂交能力。于是，你可能会发现两片白杨树林（也许是榆树林或柳树林）尽管看上去非常不同，但随后你会注意到两片树林实际上是一个克隆群体，这两个克隆群体来自同一个品种，甚至有可能是同一对父本母本的后代。如果你向栽培者或育林人了解世上有多少种树，他们也许会回答说，这个数目是无限的——因为他们会将自己培植出的品种计算在内。而且他们也知道，任何育苗人都能随心所欲地培植出自己想要的任意品种。

27

所以，让我们以更专业、更简洁明了的方式提出相同的问题：“世界上到底有多少个树种？”这样一来，生物学家必定搪塞不过，而给出一个明确的答案。但唯一诚实的答案就是：“没人能够搞得清楚。”

树种的统计仍在继续

事实上我们永远无法搞清这个世界上到底有多少个树种。正如 19 世纪 J.S. 约翰·穆勒（J.S.Mill）所指出的：在科学上，没有人能够洞悉你想知道的一切。无论你知道多少，你还是无法确定你遗漏了些什么。在树木知识方面，我们有充分的理由相信，我们还有很多尚未知晓的东西。现在经常会有一些非常引人瞩目的树种出现，它们有的是之前从未被发现的，有的是只从化石上见过，一直以来被认为是灭绝了的树种。有两类将在第 4 章中介绍，它们是水杉属的水杉和瓦勒迈杉，却令人遗憾地被当成了恐龙杉。

有一个现实的原因很容易被人们忽略，那就是，与世界上大约 90% 的各种生物一样，绝大多数树种都生活在热带森林中，研究起来过于困难，因为热带雨林浓密茂盛、树木繁多，即便要统计很小一块热带森林中的树种的名称，也需要花费巨大的人力和漫长的时间。尽管合法的和非法的树木采伐一直在持续，在这种外界因素的破坏下，我们还是拥有面积相当辽阔的热带森林，面积大得可以将整个瑞士轻而易举地吞没（亚马逊森林围绕亚马逊河流域生长，占据了巴西的西半部，一直延伸至秘鲁、哥伦比亚、玻利维亚和委内瑞拉，总面积超过 400 万平方公里；大约是瑞士国土面积的 100 倍，后者面积是 41 000 平方公里；大约是英国国土面积的 16 倍，后者面积是 240 000 平方公里）。

28

16 世纪以来，一些既是博物学家又是征服者的人们，还有络绎不绝涌来的管理者、士兵、商人和牧师们，被热带雨林的动植物所吸引，从此沉湎其中。他们鉴定、描述和收集它们。由帝国和商业组织资助的专业研究探险队，从 18 世纪开始大量出现。他们不只是为了找寻新的和有价值的作物，最主要的，是要找寻当时很珍贵的材料——橡胶。

最伟大的探险家应该是德国人亚历山大·冯·洪堡（Alexander von Humboldt）和他的伙伴——既是医生也是业余植物学家的法国人

艾梅·波普兰（Aime Bonpland）。在1799年至1804年间，他们结伴或徒步或乘独木舟，在南美旅行了1万多公里。一共收集了12 000多种植物样本，包括3 000多种新物种。这使得西半球已知物种的数量又增加了一倍。他们从南美回来以后，由洪堡出钱（这花光了他的全部家产），共计出版了30册《植物地理论》。尽管洪堡坚称他们共同享有这部著作的版权，但其实洪堡写作了其中的29册，而波普兰只写了1册。这套书第一次用英文在1814年至1829年出版了5册，题为《1799—1804年新大陆亚热带区域旅行记》。大革命时期的玻利维亚总督西蒙·波利瓦尔（Simon Bolivar）曾这样评价它："洪堡对美洲所做的贡献，胜过所有的征服者。"

年轻的查尔斯·达尔文（Charles Darwin）十分热爱洪堡的著作，他随身携带着《旅行记》一书，于1830年乘坐"小猎犬号"轮船踏上了旅程。这趟旅行既改变了他自己的人生，随后也改变了整个世界。亚尔佛德·罗素·华莱士（Alfred Russel Wallace）也受这本书的诱惑，于1848年来到亚马逊，与他同船到来的还有亨利·沃尔特·贝茨（Henry Walter Bates），一位满腔热情的业余甲壳虫收集者。华莱士在那里住了4年，后来因疟疾和肠炎不得不返回英国。两年后的1854年，他又来到马来群岛，在那里住了8年。贝茨在亚马逊地区居住长达11年。在研究中，他发现了一类擅长模仿的动物，例如一些无毒、味道鲜美的蝴蝶，为了保护自己，会变得与一些有毒、有害的蝴蝶在外貌上惊人地相似。他从亚马逊森林收集了14 712种生物，包括14 000种昆虫，其中8 000种在科学上属于新物种。

约克郡人理查德·斯普鲁斯（Richard Spruce）（华莱士在马来群

岛时一直与他保持联络）在南美居住的时间甚至长过贝茨，一共15年。在此期间他收集了7 000个物种，多达30 000个标本。斯普鲁斯、华莱士、贝茨、洪堡、波普兰，还有很多其他人，都是意志坚强的铁人，他们年复一年地从事着对样品的收集、装瓶、浸泡、固定、按压和干燥。他们也招募一些当地人做帮手，这些人同样是具有较高水平的博物学家，对周围这些生物的熟知成为他们赖以生存的手段。

我相信曾经有过那么一天，在亚马逊河上，当斯普鲁斯登上"摩纳卡"号汽船时，他说出了他们这群人的心声。他写道："看哪，这边出现了一棵新的巴拿马天蓬树，那边出现了一棵新的独蕊木，还有这里，出现了一棵新的'上帝才知道那是什么'的树。"经过漫长岁月，经过所有的努力，我们对那个神秘世界所窥视到的，还只是冰山一角。

在当今时代，那些曾经单打独斗的博物学家们，如上流社会的洪堡、中上阶层的达尔文，还有一些自制标本的工匠，以及那些兼为收集者及博物学家的人，如华莱士、贝茨和斯普鲁斯，他们的工作，被那些来自世界上著名大学以及政府研究机构的科学家团队所取代，这些人坚持不懈地在亚马逊的四面八方系统地记录着所有一切的物种。

现在看来，所有这些工作多少已经使得人们疲惫不堪了。甚至在斯普鲁斯离开这个世界一个半世纪后的今天，他的感叹还在影响着我们。到目前为止，我们还是不太清楚世界上到底有多少物种。如果按照大小不同的顺序来统计世界上的所有物种，可能会从四五百万到三千万，或者更多（这两组数字还不包括各种细菌在内）。大多数生物学家赞成一个折中的数字，大约为500万至800万。在历经了几百年严谨的博物学研究和一个世纪的科学发展之后，这项记录所有物种的任务，看起来还只是刚刚开始。自然界的确太博大、太丰富了。因此，要想统计出所有树木的种类并不现实，或者说无法肯定所有的树都能被包括在统计之内。但是，生物学家可以估算。从已知物种中经过推测，他们估计世界上总共有大约35万种陆地植物。其中至少有30万种植物是开花的。这些种中有五分之一是树木。虽然树木中也有一些是不开花的，针叶树就是其中最主要的树种，但由于针叶树只有六百多种，所以它们并不影响整体统计数字。因此，世界上应该大约有6万种树木，加上几千种杂合体。虽然如此，任何一个树种或树木杂合体在野生生长的过程中或经过人工栽培时，还有分化出更多品种的可能性。这个6万种的估计数字应该与实际情况比较吻合。 30

大多数树种分布在热带。英国可能会有几百种树木，其中多数是人为引进的。相信只有39种是真正本土生长的（其中一种名为红松，事实上可能是英国人古代的祖先从国外带来的）。位于加拿大北部山区的大片森林也只有9个树种——主要是颤杨，还有几种针叶树。美国和加拿大本土生长的树木大约只有六百多种。可是，从墨西哥边境往南延伸至智利和阿根廷，在新大陆热带森林里，却生长了成千上万不同种的树木，有时候，每公顷林地会有上百种不同的树种。为何热带森林会有那么多的种类资源？这一问题将会在第2章中讨论。

相信读者们心里随即又会冒出两个问题。第一个问题，包括最机敏的猎人或者知识最渊博的教授在内，世界上究竟有没有人能够制作出一个包含35万种植物的统计表，其中要囊括6万种树木？怎样才能够熟知这么多的物种？第二个问题，一棵树所具有的浩大的复杂性是怎样演变而来的？这些问题将在接下来的两章回答。

第2章

继续跟踪

我们怎样把握如此众多的树木的多样性呢?

31　　我们与几百万物种分享这个世界，并且与其中的好几千种发生紧密联系——获取食物、药材，作为庇荫场所，享受物种带来的美学愉悦。

但有时，我们需要远离而不去打扰它们。至少有那么几个时期，我们几乎清除掉了所有在某种程度上影响我们的物种，因而伤害了它们。

为了探究物种，也为了保护物种，我们需要知道它们中谁是谁。首先，我们必须确认和描述那些物种，到现在，科学家们已经列出了接近200万物种，也许还只是总数的四分之一。接下来，我们必须描述物种名称的含义，部分是作为备忘，但更主要的是，这样可以将新的发现与其他的联系起来。第三，我们必须分类，把我们确认出的生物放置在群体中，然后把这些群体套叠进更大的群体中，如此下去。如果没有分类，命名会变得举步维艰，而且，我们没有可能去跟踪超过几百个种类，除非数量比这少很多。 32

为何要如此艰辛？这些步骤并非切实可行。科学是美学和精神上的追求，揭示出的越多，自然界呈现的疑惑就越多。我们对生命体了解得越多，我们与它们发生的关系就越深入。就好似舌尖品味，哈姆雷特说：食愈广而愈见其精。

对物种的确认、命名和分类面临的问题，数目巨大而种类多样。这毕竟是上帝给亚当（《创世记》第2章第19节）的第一个任务，尽管亚当的后代儿孙们自那时起就已经在努力探索了，但还是有漫长而艰辛的路要走下去。

植物名录

物种鉴别是整个自然史的开端。自然向我们展现的是最富有想象的戏剧，不断地揭示和展开，没有停歇之时。如果我们不略窥演员阵容，我们可能会一无所知。引用《哈姆雷特》中的一句话：我们必须能够辨别老鹰与苍鹭的不同。

但是物种鉴别很困难——即使是对于高大张扬且不会跑开的树来说。这有着各种原因。我们已经看到了柳树引出的实际问题：不论是叶还是花，都需要辨认。但是，花与叶两者并不同时出现。不论温带气候让我们遭遇了何种难题，我们仍然可以肯定，热带引起的问题将更为棘手。

在热带森林里，花是园艺学辨别身份的主要依据，却常常缺席。在季节性雨林中（有明显的旱季和雨季），很多树（像亚马逊的雨林）根据雨季调控开花时期。因此，开花在某种程度上是可预测的（但是更多的雨林是非季节性的，树可能会在任何时候开花）。更明确地说，同一种类的很多树通常同时开花，因为如果不这样，它们就无法互相授粉。33 所以，它们必须对总体环境的信号作出反应，作为相互之间的交流。但那是些怎样的信号，我们尚未可知。

以人类的观察，开花似乎是随机的，热带森林（至少是次生林，即经过上一次的砍伐或者清除之后重新长出来的森林）中没有多少例外。何况树木密集得就像足球场上的人群，而且大多数极为消瘦，像电线杆，笔直向上，在超过头顶 20 米处消失在迷雾中。即使繁花盛开，恐怕你也看不到。

叶子对于种类鉴别也帮不了多少忙，至少从地表观察是如此。雨林中的树全部面临着同样的条件，它们大致以同样的方式去适应。雨林，在定义上虽然是湿润的，但有时还有旱季，即使不是旱季，也会有整日滴雨不见的时候。林地地表固然潮湿，但是森林冠顶的叶子离开地面老高，暴露在最炙热的阳光下。我曾经在好几个雨林的塔顶度过一段时光，尤其记得在凯恩斯附近昆士兰的塔顶俯瞰雨林，是多么地茂盛葱翠，但也无法避免感受到沙漠般的干燥气息。所以，最顶端的叶子一定要能够抵御干旱。当然，随着季节的变化，当雨季来临之时，它们还必须要能够承受大雨滂沱。

叶子要能够与对照鲜明的不同季节进行周旋，叶片应该很厚而且柔韧（以抵抗干旱）；叶子形状椭圆，在边缘有一个像滴水嘴的装置，这就是“滴水叶尖”，用来喷射滴落其中的多余的水滴。在关系相去甚远的十几个科中，几百种树有着很普遍类型的叶子。但是，即使你看见了叶子，还是很难断定它们是否就是你感兴趣的种，或许它旁边的树才是，而它不过是搭架在树枝上的附生植物，或者藤蔓植物。简言之，除了树皮，你什么都看不到。热带树的树干有时极具个性，树皮皱纹深刻，或者扭曲得像流苏花边。但是多数种类的树树皮灰色平滑，表面还有斑驳的地衣和苔藓。

在温带森林，你可以肯定，任何一种树与它相邻的是同一种类，或者至少不过是六七个种类之一（英国多是橡树与白蜡树，黑松与白杨多在加拿大，桤木、欧洲赤松和云杉更多生长在波罗的海地区）。

34

然而，尤其是在亚马逊，你可以有十足的把握，任何一棵树不会与相邻的是同一种类。通常，在同种类的两棵树之间的半公里之内，会有300个不同的种类。所以，树种鉴别通常是，从也许还不如胳膊粗的树干的外皮去判定。总数可能达几百种或几千种，可能还不包括那些没有描述过的，所以没有任何参考资料可循。

实践中，不论是辨认树木还是任何现存的生物，有三个主要途径。

而实践中，植物学家和森林学家将这三个途径一起使用。第一，是利用植物学的“关键点”。这些关键点，是特征加上一系列判断性的观点，让你使用起来好似一个流程图，里面的内容会是这样：“此特定植物有4片花瓣还是5片？如果是4片，转移到第X个问题，从那里继续；如果有5片，转移到问题Y”，如此等等。这些“关键点”最早在18世纪变得流行。法国伟大的生物学家詹-巴帕梯斯特·拉马克（Jean-Baptiste Lamarck）被认为是最知名的前达尔文进化论者，尤其擅长设计这样的流程图。它们是启蒙运动精神的体现。

第二，用超现代方法辨别一棵树或者任何一种生物，即提取DNA样本。致力于热带森林研究的现代科学家，通常从树皮下的新生组织提取一个孔细胞（做一个活组织检查），这是从树上可以获取的最可靠的活组织。然后把样品带回实验室（尽管野外DNA的检测正变得可行了）。

最终，这两种常规方法——诊断关键点和DNA结果，均依赖于信息的某些核心参考点。在植物学中，主要的参考点是植物标本集，即把植物干燥，以镶嵌的形式保存、集中收藏起来（其中一小部分是通过浸泡，也许还有些是缩微胶片，等等）。世界范围有很多植物标本集，每一个在不同程度上都有特长。有的像英国皇家植物园，收藏的植物极端广泛；其他的则专注于某一地区的某些植物。在这些分散的植物标本集中就有“模式标本”——物种的第一批样品，曾经就以这种方式被正式描述过。

35

但是，还有第三种辨别植物身份的方法——就是“辨认”，如同我们辨别朋友和家人一样。辨认是无意识的；无意识的辨认毋须经过主要关键点，或者像为植物整形的制作者那样，必须参考一系列的诊断特征。但是需要考虑十多个（甚至几百个）间接线索，也包括倾听当地人稀奇古怪的解释和表达，等等。

很多人在热带森林长大，他们中的一些人是通过感觉叶子、气味，甚至是通过树皮的纹理来认识某种树的，就好像我们人类认识自己的侄子或姨妈那样。在巴西，那些本地的树专家被称作马德罗斯（Mateiros）。巴西森林与农业研究中心的麦克·霍普金斯告诉我，他有时发现本地专家马德罗斯与植物学专家观点不一。比较典型的是，植物学家把两个看上去相同的树说成是同一个种类，而马德罗斯说，它们不一样。当分析了形成层的DNA，或者等到树开花结出果实后，结论就不言自明了。在这类争论中，霍普金斯博士说，“我从未发现马德罗斯说错过”。

马德罗斯很了不起，但是他们有自身的局限。一个马德罗斯可能在家乡的某一地点很杰出，但当去了另外一处，或许对于树的认识就完全是另外一回事，没有那么自信了。还有，下意识的细腻与微妙，是语言无法轻易传达的。来森林参观的人出于严肃的目的很重要，科学家、环境学家和森林学家，或许能够辨认出他们所见到的树木，但要想规范并且可靠地传达信息，我们还需要回到容易被描述出的基本诊断特性：叶子的排列是间隔的还是相对的，树皮的纹理有何区别，等等。

简言之，辨认工作需要来自正规领域的指导和关键点；需要有学术中心的标本收藏，在那里，复杂的材料可以被精确地分析；还需要拥有设施完善的分子生物学实验室；而且还需要——当地的马德罗斯。所有这些资源有时能够兼得，有时则不能。

如果想看看热带森林的植物学家的生活和工作有多么艰辛，我们就需要去一趟奇妙的阿道夫杜克林业保护区。保护区在巴西的北部，是一片一百平方公里的原始森林。森林沿亚马逊河弯弯曲曲地延伸近1000英里，正好处于马瑙斯的外围。杜克保护区已经被深度研究了几十载，前英国皇家植物园主席普兰斯（Ghillean Prance）爵士自1965年起，时断时续地在那里工作着。他初到之时，已经被确认的蕨类植物和开花植物列表大约超过1 000种，其60%是树。到1993年，他与保护区的居民以及来访的植物学家们，把列表上的种类稳步上升到1 200种。新加入的很大一部分是兰花。

36

植物学家从一开始就致力于为当地植物寻找关键点，但是，普兰斯爵士说，“我们所有人被引入歧途”，而且从来没有接近过那个关键点。但是最终，在20世纪90年代早期，在亚马逊国家研究所的帮助以及英国政府的资助下，植物学家被专门引荐进来。麦克·霍普金斯（Mike Hopkins）就曾经被任命为两个专家级协调员中的一位。他实际上并非植物学家而是昆虫学家，来自威尔士（通过牛津）。霍普金斯向任命委员会阐述，植物指南旨在为所有感兴趣的人提供阅读和使用参考，如果它由生物学家起草，也许就只有植物学家才能够读懂，“而我们需要的指南是，如果我懂了，那么所有人都能懂”。普兰斯爵士支持他的观点，霍普金斯得到了这项工作。一位巴西科学家担任了另外一位协调员的职位。

制作这份指南耗费了5年时间，通过潜心研究，他们把普兰斯爵士60年代中期初来这里时的物种名录翻了一番。列表中所有物种加在一起达到了2 200种，其中有1 300种是树。当然，以科学的观点看，并非所有新添加的就是新发现的物种。但是，有些是的（包括很多兰花）。

所有这些工作，有三点十分明确。第一，辨认身份的确艰难，产生1965年的种类列表花去了几十年的时间，而其中的种类不过是杜克保护区的一半。第二，至少在热带，植物学家寻访得越多，发现得也就越多。第三，热带实在是太不同寻常地多样化。杜克保护区比英国大概小2 000倍（英国有230万平方公里），但本土树种是英国的40倍之多。

到了1999年，霍普金斯博士带领的队伍最终制作出《杜克保护区植物名录》——一部杰出的作品，里面有丰富的彩色图片，有各种相关联的图表，不单可以从容易识别却常常缺席的花和果实进行身份辨认，还可以对叶子、树枝和尤为重要的树皮加以区分。如果不是因为这个指南是葡萄牙文的，它将是我最钟爱的读物。 37

在实践中，这种脚踏实地的森林学研究支持了经济，也最终支持了依赖于精致的植物学研究的整个世界。如果林业人士不会辨认树种，他们将会犯下大错。况且，野外非法伐木仍将会持续不断地存在下去。

在温带国家，如果任何森林中树的种类少于六七种（有时候只有一种），那么从理论上说，即使损失掉一部分树，也不至于对树种的存在造成致命威胁。但是，当森林包含的种类有几百种，而且没有两个相邻的种类相像时，问题将会非同小可。

有一些热带树提供了极具价值的木材，1立方米价值几千美元。另外一些表面看去似有价值，却除了劈柴烧火，别无用途；然而对于森林中的其他生物，它们却至关重要。如果砍伐错了，浪费的不仅是时间和精力，而且会造成无法挽回的损失。

当砍伐珍稀树木时，不该过分贪婪，保留为下一代育种的“母树”至关重要。过去的两个世纪，西印度痛失桃花心木，就是一个沉痛的案例。

通常，当我们发现目标树种时，它们邻近可能有一些非常近似的亲戚（也许产出的木材同样质地精良），而这些亲戚树种可能更为罕见。如果伐木人由于疏忽砍倒的是目标种类身旁有亲缘关系的、更为珍稀的种类，那么珍稀树种就可能被根除掉，这将是多么巨大、不必要的生态摧残。

尤其是，热带伐木多数是非法进行的（甚至在巴西森林管理严格的地方，估计仍有60%的伐木是非法的），非法砍伐通常无所顾忌。好在可持续伐木的趋势正在增加，并且绝对地依赖于对树的身份辨认。

亚马逊树种，比如安吉利木，以细腻而结实的材质而著称，颇具价值。然而它的经历却显示出精确辨别和谨慎砍伐还没有成为规范。安吉利木属于豆科（豆科是大科之一，从前叫作Leguminosae，现在叫Favaceae。豆科包括树中的金合欢树和金链花树；也包括不是树的金雀花、三叶草、豌豆和豆子）。但是，究竟哪棵树才是安吉利木呢？

38 巴西森林与农业研究中心的麦克·霍普金斯发现，伐木人将安吉利木的名字神话般地用在了十多个不同的种类上，至少跨越7个属。我们承认，最普遍意义上的安吉利木确实来自同一科（豆科），但是却来自豆科内的不止一个亚科。与此类似，市场上普遍标有“taurai”名字的树，通常来自巴西坚果所在的科——玉蕊科，包括玉蕊科的至少5个种类（很可能还要多）。也许，所有混淆中最臭名昭著的——实为故意的混淆——是关于桃花心木。桃花心木指的是玉蕊科中的桃花心木属的一种，或者至少几种。现实中，数量庞大、种类繁多的棕色木材都被贴上了桃花心木的标签。

不论怎样辨别，结果必须是被命名。名字是一个备忘录，但名字对于明确的沟通至关重要。然而，《创世记》告诉我们，上帝把亚当逐出伊甸园之后，建立了混淆语言的巴别塔。也许这就是麻烦的开始，无论何时，物种命名总是，而且至今仍旧是一个恼人的难题。

名字意味着什么

不同的人讲不同的语言，这是理所当然的。在原始部落中，常常是一个部落说一种语言，整个世界，就有成千上万种语言。自从一些树被广泛传播以后，它们中的很多被冠以 100 个，甚至更多的不同的地方名称，欧洲的旅行者尤其嗜好命名，乐得再多加上几个。对于那些只想了解树、欣赏树，有更高追求的鉴赏家们，这使他们的日子太难过；即使有人以玩味词汇为乐趣，五花八门的名字还是惹人烦恼、令人费解。

地方名称对于那些懂得它们来源的人，当然具有指导意义：它们反映出树对于命名人意味着什么。一些常见的英语树名就来自地方树名。Toon（红椿）是印度语和孟加拉语中的 tun。圣洁的无花果就是很知名的菩提树，梵文为 pipala 在英文中是 bo 或者 bodhi。很明显，它来自缅甸语 *nyaung bawdi*。Tamarind（罗望子）来自阿拉伯语 tamr-hindi，意思是“印度枣树”。Neem（楝树）来自孟加拉语 *nim* 或者印度语 *nim balnimb*。teak（柚木）是泰米尔语 tek。一些地方名称直接被英文命名采纳了，近些年，当地的针叶树以毛利语作为名称的就有：totara、rimu、miro、matai、kahikatea(新西兰罗汉松，是新西兰最高的树)，还有 Kauri（贝壳杉，是新西兰树林规模最大的)。

39

当地名称通常对于当地人意义很大，他们命名并使用它，但是对于外来者无多大用处。比如当地的毛利人就在现实层面和精神层面发现了Kahikatea（新西兰罗汉松）和kotukututu（倒挂金钟树）之间深刻的相似性。当然，对于外来者，Kahikatea与kotukututu发音有些近似，而它们与rimu完全是两码事。作为外来者，你根本猜不到kotukututu就是唯一保留着树状的非常可爱的倒挂金钟树；而新西兰罗汉松和新西兰陆均松，二者则在园艺上均属同一科——罗汉松科中高个的针叶树。

不懂毛利语，外来者就无法理解其中指导性的含义。但是，至少有这样的可能，很多毛利语树名和其他一千多种语言的本地树名，并不意味着要表达任何特定的关系。毕竟，在传统社会，专家们了解当地的植物和动物，熟悉得就像我们了解朋友和家人那样。当你熟悉了每个人，你不需要为了表达特殊关系去命名。比尔是比尔，莎拉是莎拉，罗米希是罗米希，从名字已经知道了谁是谁，何必还要表达多余的意思呢?

然而一些社会，包括很多欧洲人，在过去的几千年中喜好周游列国，不管他们遇到什么树，都会积极地寻找它们之间的关系。我无法知道这样的思维方式起源于何时。但是亚里士多德的学生和同僚提奥夫拉斯图斯指出：长在不同地方的橡树，种类是不同的。甚至在英国，屈指可数的几个有价值的本地树种中的橡树，就有2个截然不同的种类：普通橡树和无梗橡树（无梗橡树的英文名Sessile oak，其中Sessile的意思是“坐着的”，指橡实的小杯直接接触橡树的枝子，而不像普通橡 40 树的橡实有自己的小梗）。当欧洲植物学家从16世纪开始周游世界，尤其是18世纪以来，他们发现了越来越多的橡树树种，遍及欧洲、亚洲和北美。如今，橡树名单上已经有令人惊诧的450个不同种类，包括落叶种类（英国本土的两种）和众多的长青种类（比如栓皮栎、冬青栎等）。不久我们就会看到，很多非橡树也被叫作橡树，通常，它们表达了真正的生物学关系，而这种表达在当地树名中并不明显。这并不是说某些语言优于其他语言，只是不同语言的命名服务于不同的目的，它们面对不同的日常事务，它们表达了各地方人们的不同侧重。

但是英语以及其他国际性语言引出了语言自身的问题。英语名称被不同传统的人群以不同的目的使用着，他们遍布各个角落，有花匠、苗圃育林人、自然学家、林业人、商人、木匠（有的制作家具，有的制作讲台和钢琴）。因此，同样的树和它的木材可能会有几个不同的英语名称（英语的和美语的也不相同）；而且，特别糟糕的是，很多不同的树最终得到的是同样的名字。就好像由着性子变化，把"狗"说成"马"、"蚂蚁"或者"金鱼"；而把"金鱼"叫成"蝴蝶"或者"狒狒"。

（如果你无意被弄得一头雾水，就请跳过下面几段，它们描述了最匪夷所思的名称混淆。）还有呢，一些不同的树被一概武断地称作"郁金香树"：包括来自木兰科的北美鹅掌楸、来自非洲梓树所在科——紫葳科的火焰木。然而，巴西的"郁金香木"是绒毛黄檀，它实际上是包含豆子和刺槐的豆科成员。另一方面，黄檀属以种类繁多的紫檀（rosewood）最负盛名，当然，它们与蔷薇科中的玫瑰 (rose) 没有任何关联（尽管它们的英文拼写颇为相似）。

杏树和李子树确实属于蔷薇科。但是印度的"野生杏树"是掌叶苹婆属梧桐科（现在包括在锦葵科中），是可可树的亲戚；还有爪哇梅，是桉树所在的科——桃金娘科。

澳大利亚人，或者不如说是第一批登陆澳大利亚的英国殖民者，41

似乎在混淆物种方面有特殊才能。因此有了真正的橡树属于山毛榉科的栎属，而塔斯马尼亚橡树是桉树，澳大利亚桉树属于桃金娘科；而银橡成了山龙眼科中的一员。巨盘木属本属于橙子和柠檬所在的科——芸香科，但是巨盘木属的诸多种类却被告知是昆士兰枫树（尽管真正的枫树属于槭树科）；巨盘木属的舍帝巨盘木被当作南方的白蜡木（尽管真正的白蜡木与橄榄树有亲缘关系，属于木犀科）。另一方面，澳洲的山白蜡——世界上最高的阔叶树，被当作了另外一种桉树。英国的山白蜡，却以欧洲花楸——蔷薇科的成员——而出名。看看它们，混淆得够呛吧。

然而，平民主义的命名者在针叶树名称的处理上，不再困惑地白费力气了。感谢松科成员，由于具有普遍而显著的特征，它们被一律称作了“松树”。林业从业者，特别是木材交易人，已经把“松树”一词用于任何针叶并且长青的树了。

当松树主宰北部针叶树时，南方大陆的两个大科是罗汉松科和南洋杉科。罗汉松科包括新西兰的针叶树——新西兰罗汉松、穗花罗汉松、锈色罗汉松、新西兰陆均松。但是，英国林业先锋们把新西兰罗汉松称作白松，把穗花罗汉松称作黑松，把锈色罗汉松称作棕松，把新西兰陆均松称作红松。

南洋杉科包括 3 个属：贝壳杉属、南洋杉属和瓦勒迈属。澳大利亚贝壳杉依然普遍地被认为是贝壳松。巴拉那松深受自建房屋的人们的喜爱，它来自阿根廷及周边地区。南洋杉通常被称作诺福克岛松，智利南洋杉是猴谜树，来自智利和阿根廷。

瓦勒迈杉甚至长期以来被认为绝迹了，直到最近，刚刚在新南威尔士被重新发现，如今我们对它应该很熟悉了，但它还是被不假思索地称作“瓦勒迈松”，而非瓦勒迈杉。

而另一方面，樟子松是真正的松树，有时在交易中却被当作红杉；尽管人们更普遍地认为红杉是加利福尼亚红杉属的巨人，现在被包括在柏树所在的科——柏科中。但是，加利福尼亚人更普遍地称作“巨红杉”的树是与巨杉属相关的（从前有时被称作威灵顿杉）。

42

在木材交易中，人们对颜色的重视到了痴迷的地步。被称作“乌木”的树至少来自3个科：柿树科、豆科和楝科。我就不打算再列举出有多少种树及其木材被称作“白木”了，免得再给你们增添烦恼。

但我实在无法抵抗这最后一个例子：英国人曾经把西洋杉当作雪松属中的针叶树，即松科中松树的亲戚。然而在美国，有整个一系列可爱的树被称作“西洋杉”，它们包括各种翠柏属、崖柏属，以及柏树、杜松、扁柏所在的柏科。西印度的西洋杉，被当作了楝科中玉兰的另外一个亲戚——香椿。

原来如此，常见的名称，也许不只是在科与科之间混淆，而且在针叶与阔叶巨大的鸿沟之间混淆着。

拉丁语与希腊语命名的正反方

生物的正式科学名称，常常被称作“拉丁名”，自有其道理。在中世纪，建立现代命名法的自然学家是最早的古典学者，我们应该感激他们，正式拉丁名看上去很长，但是它们显示出多数语言难以表达的优雅。当然，它们并非严格的拉丁文，而主要是拉丁文与希腊文的结合，但是它们具有现代的形式，与来自斯瓦希里语、因纽特语，以及其他语言的细腻糅合在一起，再添加上地域名和人名，比如台湾杉属和肯氏南洋杉。最为重要的是，拉丁名称具有连续性。每一个名称首先仔细斟酌最初描述它的问题；然后必须征得分类学家专门委员会的同意，由他们决定什么名称更恰当。

即使这样，还是有不尽如人意之处。

43 首先，近些年来，致力于植物命名学的专家决定为很多科重新命名。在过去，多数植物的科以后缀“aceae”结尾，比如壳斗科（Fagaceae——橡树与山毛榉所在的科）和桦木科(Betulaceae——白桦所在的科)。但是由于历史原因，一些植物的科还是有不同的结尾，像豆科（Leguminosae——豌豆、豆、金链花和洋槐所在的科）和菊科（Compositae——雏菊和蓟所在的科）。而几年前颁布的规定更为严格，所有植物的科必须以“aceae”结尾，如果不是，就要重新命名。豆科由 Leguminosae 变成 Fabaceae；菊科由 Compositae 变成了 Asteraceae；棕榈树的棕榈科由 Palmae 改名为 Arecaceae。草所在的禾本科 Gramineae 就成了 Poaceae。薄荷、紫苏和那些神奇的树（对悬念感兴趣的，请看我后面的讨论）所在的唇形科，由 Labiatae 变成了 Lameaceae。胡萝卜和芹菜的科——传统上的伞形科，本来是以伞状花序命名的，现在变成了Apiaceae。[顺便说一下，“aceae”应当发 3 个音节：ace(像“trace”的发音)-ee-ee]

其次，这一章的简要解释将会在书中第二部分翔实叙述。分类学作为一个整体（分类法的构造与科学性）在这场游戏之后升级了。新技术已经崭露头角——尤其是遗传分类学的出现、直接的 DNA 探索，还有计算机的应用，使数据大幅度增加，可供分类学家进行分析。这些新技术刮起近几年重新分类的旋风，建立在专家个人技术和经验之上的旧观念，开始屈服于新生的活力。其实这更糟了——当 DNA 研究在 20 世纪 70 年代初次变为可能时，生物学家倾向于假设它们会铺设一条通向真理的皇家大道。而现实中，DNA 研究引起的争议，并不亚于传统分类学所为。

最后，拉丁名称可以相当地长，而且有时彼此太相似了，读起来颇有些费力。如果你忙至深夜，在 40 瓦的灯泡之下，很容易头昏眼花，把 Myrtaceae 写成 Myricaceae，把 Myrsinaceae 当作 Myrsticaceae。不过，那又怎样？仍然有很多语言，人们每天使用着它们的冗长的多音节，比如德语和斯里兰卡语。园丁们喜爱用多音节为难他们的园主，孩子们可以陶醉在欧洲足球队和恐龙的长串名词之中。如果你可以说 Munchengladbach（门兴格拉德巴赫足球俱乐部）和 Tyrannosaurus rex（雷克斯暴龙），你就可以说 Sequoiadendron（巨杉属）。唯一的麻烦是，眼下你无法肯定 Sequoiadendron 十年之后还被叫作 Sequoiadendron。但是也许会的。拉丁名称有它们的缺陷，但是依旧实现了价值，我们还是应当感激旧时代的生物学家，是他们最早为命名找到了合适的位置。

44

然而，命名只是第一步，分类学还需要更多的努力，以达至有序。

整理得井然有序了

分类，本质上是为人类提供便利的一种行为。但若便利是我们全部的兴趣，那么我们中的任何人就可以随性地分类我们所选择的世界了。于是，鱼贩和厨师确认的“贝类动物”的范畴，包括了任何外表坚硬、体内柔软、生活在水中的动物——它代表的实际上是惊人的混杂在一起的甲壳纲动物（比如虾和蟹）和软体动物（比如蛾螺科和牡蛎）。

木材商人把所有针叶树贴上“软木”标签，把所有阔叶树贴上“硬木”标签。甚至某些针叶木材比许多阔叶木硬多了，他们仍然不加区分、如法炮制；而所有最软的树木实际上是“硬木”。

但是，自然界中似乎有一个与生俱来的秩序，多数人赋予现存生物分类的词汇中，也似乎确实反映了一种内在的秩序，不仅仅是为了纯粹的“便利”。因此在英语以及更多语言中，我们确认了“昆虫”的范畴，并且将“昆虫”区别于“蜘蛛”、“鸟”、“马”、“狗”，将“针叶”区别于“花”（这里指开花植物），但是它们似乎确实反映了自然真实的本质——一个真正的秩序。

45

简言之，在人们的心灵深处（还有动物的心灵深处，这可以在实验室中呈现）有一种信念：至少在某种程度上，自然是有秩序的。在“知更鸟”、“鸭子”、“雄鹰”和“金丝雀”名字的背后，非常清晰地存在着关于“鸟”的广义的概念。

稍作思索，便引出了一系列深刻的问题，深刻得足以使哲学家和生物学家奔波忙碌几千年。首先，我们意识到的秩序是“真实的”吗？直觉上，虾似乎与牡蛎明显地不同，即使它们被类聚在一起，称为“贝类动物”；而鸭子和知更鸟，仅就单一主题而论，就有很多明显的不同，但我们还是贴上了“鸟”的标签。但是，我们能够相信直觉吗？难道没有可能所有的生物各自是完全独立的？也许实际上，鸭子与知更鸟的关系，并不比虾与牡蛎的关系更近吧。直觉告诉我们的确有秩序存在，但是我们也明白，直觉会出差错。

如果秩序是“真实的”，不只是我们脑海中的假想，我们如何把它固定下来呢？比如，昆虫极端多样，那么，为什么我们会把它们全体叫作“昆虫”？我们是以什么标准把蝴蝶、甲壳虫和蝗虫放在同一个宏大的类别之下，而且以此标准与另一庞大类别“蜘蛛”区分开来呢？这些标准是否有效呢？

有一些疑问，让研究者特别是神学家（还有很多的生物学家）在过去的200年里煞费苦心：为什么自然是有秩序的？这个秩序从何而来？是上帝的创造吗（就像《创世记》告诉我们的那样）？上帝是否有一个井然有序的头脑？或者，是否还需要对此作一些其他必要的解释？

如果自然界中的秩序是“真实的”；如果它反映了更深层次的含义或者动力，那么，它应该会（难道不会吗？）很好地反映在分类学中。一个纯粹地建立在“便利”之上的分类（看看贝壳动物、软木和硬木这些名称引来了多少麻烦），只会是一个临时的设置，是可以随时准备丢弃的，是为了迎合特定场合中的特殊交易。

分类反映了自然真正的秩序——一个“自然的”分类，它提供了真正的观念。观念，是多少哲学家所想往的，用来解读上帝的思想；观念，抑或是其他人坚信的，成为他们“把秩序带入生命中去”的力量，无论这是否受到上帝的激励。因此，要产生一个真正“自然的”分类学观点是需要哲学家参与的，那时还是在哲学诞生之初。

柏拉图和他的学生亚里士多德，通常被当作现代西方哲学的孪生创始人，他们关于“秩序”（order）的来源有不同的观点，后来的生物 46

学家们试图编制一个自然的分类法，他们的两种观点均反映在其中。柏拉图认为，地球上的任何东西仅仅是一个复制品，是有瑕疵的，与之相对应的“理想”（ideal）原作，也许存在于叫作“天堂”的地方。这些“理想”，实际上比我们身边看到的更加“真实”。

柏拉图的观点被基督教吸收，基督教曾经是西方科学的驱动力量，而生物学家直到20世纪之前，对此是没有多少思考的。柏拉图认为世间所有事物和生物是上帝的意图。因此，在19世纪晚期，路易斯·阿加西斯（Louis Agassiz，当时极为有影响力的哈佛生物学教授）宣称，每个单独的种类是“上帝的思想”。

亚里士多德——柏拉图的学生，总体上更脚踏实地，他拒绝了柏拉图的“理想”。取而代之以“本质”（essence），即没有一个理想的昆虫，可以让甲壳虫和蝴蝶能与之相对应；我们看到的就是存在的。但是，所有的昆虫分享着昆虫类的“本质”。亚里士多德不像柏拉图，他是一个自然主义者，他喜欢琢磨自然；他是我们知道的第一位自然哲学家，他试图设立一个“自然的”分类法，能够真正反映不同形式的本质。为此，他设立了最基本的分类原则，并以此确认出一些关键问题。

他说，如果我们真的想知道谁属于谁，那么，我们要看它们共同的特征是什么。说得更具体些，分类学家必须从可能的每一个生物中拣选出特别的“个性”（characters），用生物学家的词汇讲就是“特征”（characteristic）。然后看与其他生物共享这些“特征”的有哪些、有多少。

至今“特征”论还在沿用。羽毛是鸟类的一个很明显的特征，于是，所有带羽毛的生物可以被合理地归类为鸟。但是如果以腿的数量作为特征呢？腿也算是一个很明显的特征。然而，鸟有两条腿，人也有两条腿，鸟与人属于同类吗？人类的很多其他特征似乎表明我们更接近狗、猴子和其他哺乳动物，像它们一样，我们有毛发而不是羽毛，而且，我们像其他哺乳动物那样生下会啼哭的宝宝，而不是像鸟那样孵无声的卵；而且女人会像其他哺乳动物那样哺乳，而鸟不会。

47

所以，究竟是什么把我们划分为两条腿的物种呢？从更宽范围内进行归纳，是寻求自然的真正秩序。有些特征传达的信息更丰富，比其他的欺骗性更小。羽毛是一个很好的引导，腿的数量是吗？当需要区别“昆虫”和“蜘蛛”时，腿的个数的确是一个很好的引导。

从亚里士多德时代开始，出现了很多转变，分类学的艺术和技巧交织在一起，还有博物学家和草木培植者，以及任何对自然感兴趣的其他人，试图把他们研究的生物进行分类。在某种程度上，他们至少试图创造一个“自然的”分类法体系，反映自然真正的秩序。中世纪草药医生的研究取得了很大进展，描述出植物的不同种类，令人钦佩；并用拉丁文或具有拉丁特点的描述去匹配。中世纪出现了一种观点——相似植物的不同种类可以组合在一起，归为属。这一观点反映在他们所给予的植物命名上。他们显然没有足够的数据，交流也不够通畅；而且，他们倾向于半独立工作，几乎没有多少过硬的原则来指导他们的思考。然而，尽管如此，他们做了很多重要的基础工作。

17 世纪，现代科学诞生了，它的方法和思想也应运而生。在方法上，它使用近距离的、可重复的、量化的观察和有秩序的实验。在思想上，它最终承认了宇宙实际上是有秩序的。这一观念，伽利略和牛顿以及 17 世纪其他的伟大物理学家根据自然法则早已断言，直到如今，我们还在沿用，而且依然是科学的核心。

自然主义者把此思想付诸行动。生命体在形式及其行为上，比物理学家和工程师所研究的星球或者器械装置更为多样化。自然主义者感觉到，生物学应该有自己的“法则”。这种感觉更强化了自然应该是有秩序的观念。它反映在“鸟”和“昆虫”分类的含义，确实有深远的起源。

雷约翰（John Ray）是17世纪杰出的博物学家，他寻求把分类法的范畴拓宽，包括比草药医生分类过的生物还要多的分类。他要设置基础规则，以发现自然表象背后真正的秩序。在我们现有的环境下，他区分了两个开花植物的大类，这个分类仍在沿用。他指出，一些开花植物有长而狭窄的叶子，像兰花和草；其他则是阔叶的。

48

一个多世纪以后，法国分类学家安东尼·劳伦特·朱西厄（Antoine Laurent de Jussieu）将隐藏在这区别背后的更深层的区别确认出来。所有开花植物的胚芽，始终保留在种子中，有叶子的，是我们所知的“子叶”。窄叶开花植物的胚芽，比如百合、草和棕榈树，只有一个子叶；阔叶植物的胚芽，像橡树和雏菊，有两个子叶。因此，开花植物有两个大组：单子叶和双子叶（更多内容请看第5章）。

朱西厄的发现展现了另外一大原则，与亚里士多德“腿的数量”的思考巧妙地达成一致：真正起作用的“特征”，并且显示出谁与谁的关联的，常常是那些并不特别明显，而且实际上是“隐形的”特征。

朱西厄是启蒙运动的继承者。在启蒙运动中，思想家们寻求把世界上的所有智慧融汇在一起，形成一个博大的“基本理论”架构。启蒙运动以法国为中心，朱西厄不过是18世纪晚期产生巨大和持久影响的一批法国生物学家中的一员。他们当中最知名的是让 – 巴蒂斯特·拉马克（Jean-Baptiste Lamarok），他是一个地道的植物学家，也是推进辨认进程的关键设计人物。

启蒙运动遍及欧洲所有国家，而其中最有影响的生物学家，是瑞典人卡罗勒斯·林奈（Carolus Linnaeus 或者 Linneus，他的名字有时被无缘无故地德语化为 Carl von Linné）。林奈是一位杰出的植物学家，率领了几次深入欧洲的探险。在他的那个时代，欧洲仍旧荒凉和野蛮。他发现了好几百个新物种。他具有卓越的张扬性格，带领植物探险队伍，从他的家乡乌普萨拉出发，当地乐队开路在前，每个人身着林奈亲自设计的服装。由此可见，做一个植物学家比起动物学家容易多了，若动物面临如此热闹的场面，早就集体逃奔俄罗斯了。

林奈根据他同代人和前代人的观点，在 18 世纪 30 年代和 50 年代之间，创造了分类法体系，沿用至今，它就是“林奈分类法”（linnean）。事实上，林奈分类法经历了这么多年，已被做过重大修改，如今其实应该被称作“新林奈”（neolinnean）了。但是直到现在，就我 49 所知，我还是唯一使用“新林奈分类法”词汇的人（我看这种状况还会维持下去，直到时代跟上我）。林奈分类法的根基是命名生物的“双名法”体系。每一个生物有两个名字，就像英国栎（即橡树）*quercus robur*，或者 *homo sapiens*，前面的名字代表属，后面的代表种。事实上，林奈并非随意地发明了“双名法”体系，在中世纪的草药医生当中，“双名法”已经流行，但是林奈把它正规化了。它是保留在世界范围被普遍承认的不多的几个语言之一。

它的几项传统规则是绝对不允许打破的：这些科学名称永远是斜

体；属的名称永远以大写字母开头；而种的名称永远都是小写字母开头，不论它是根据国家名（比如 *indica*，*africana*），还是人名而来（比如 *williamsii* 或者 *cunninghamii*），报刊几乎不可救药地把这些传统规则弄错。名称被恰当地称作“科学的”，通常被认为就是“拉丁文的”，即使它们普遍地包括同样多的希腊文，或者一点斯瓦希里语、因纽特语，或者你知道的某种语言。

林奈还提出，相同的属应该被包含在更大的群体——“目”中；相似的“目”应该被组合在“纲”中；“纲”又在“界”中。他把“界”认作最大的群体，并且只确认出两个界：植物界和动物界。林奈不是一个很好的显微镜学家（虽然显微镜在18世纪非常流行），如果没有显微镜，你无法说清楚肉眼看不到的生物（比如原生动物和细菌）。在某种程度上，林奈有些固执地将真菌强行列入植物中。

19世纪早期，英国解剖学家理查德·欧文（Richard Owen）又进一步取得至关重要的、概念性的进展，他回答了亚里士多德的问题——如何把重要的特征与不重要的特征区分开。

欧文说，重要的特征是“同源的”（homologus），即不同生物的特征也许有不同的功能，但是它们都会有一个明显的共同起源。也就是鸟的翅膀、马的前腿和人的胳膊都服务于不同的功能，而它们均起源于前肢。这一点可以从共同的观察中看到；当你观察胚胎时，可以毫不费力地发现。

50 苍蝇的翅膀与鸟的翅膀有同样的用途，但是，很明显，它们是不同的。苍蝇的翅膀从背后像投影一样展开，与前肢是独立分开的。鸟的翅膀和苍蝇的翅膀只是“同功的”。生物具有同源的、共享特征的应该被归类在一起（鸟、马和人类都被分在“脊椎动物”，苍蝇被分在“昆虫”类了）。

类似情形是容易识别的。然而，当生物学家观察不熟悉植物的不熟悉的结构时，尤其是观察缩小到化石片段时，“同功”与“同源”的关键性的区别就很难辨认出来。即使在某种似乎轮廓清晰的例子中，区分也并不容易。查尔斯·达尔文对花朵与针叶的球果是否同源，产生了疑惑。它们似乎有一个大致近似的结构（至少当与原始的花，像玉兰，进行比较时），它们完成同样的工作；今天人们有了普遍的共识，它们不是同源的。针叶树和开花植物各自发明了它们的性别器官。

从亚里士多德到林奈的艰难历程，再添加上欧文的洞察，我们被带领到现代分类法一半的征程上了。然而，就在林奈时代之前，还出现过一场惊涛骇浪般的变化。

通向现代的最终之路

进入 19 世纪多年以后，多数欧洲和美国的生物学家，仍然以《创世记》中的描述作为地球上生命开始的理所当然的解释。上帝创造了万物，他分别地创造了每一种——巨大的多样性反映了他思想的丰富。他把每一个生物放在最适合的环境中，毛绒绒的熊在北方，平毛型的熊在热带（马来西亚、南美），等等。每一个生物会“适应”它的环境，因为不适应，就不能在那里生存，适应性的广泛存在可以解释为上帝的馈赠。他塑造的生物可以在他安置的任何条件下茁壮成长。他当然会这样做，上帝是仁慈的。

51 但是《创世记》还暗示了，世界创造得很快，第1天，第2天，接连下去。还有进一步的，17世纪，一个热心的爱尔兰主教乌歇（Ussher），把旧约早期书中列出的所有族长们的年龄加在一起，得出结论，地球一定在公元前4004年创造完备了，这样地球年龄小于6 000年。

《创世记》还描述了大洪水，诺亚那时拯救了所有动物中的一个雄性和一个雌性。如今的动物，全部是诺亚带到方舟上的雌雄配偶的后代。也就是说，大洪水之前的动物，与现有的动物是一样的。

18世纪普遍的理性主义，还有土木工程的巨大规模，探索到了岩层深处，新兴的正在成长的地质学成为正规科学，逐渐蚕食掉《创世记》中的细节。到18世纪末期，很清楚了，地球要比6 000岁老得多（尽管发现它的地质学家，其中具有代表性的人物苏格兰人詹姆斯·赫顿，从未动摇他的宗教虔诚）。

19世纪正式采集的化石，特别引人注目的是恐龙和其他古代两栖类，表明有很大范围类别的生物存在于大洪水之前，它们没有逃过大洪水，这大大地出乎人们的预料。化石还证明很多生活在我们身边的生物，像大象和橡树，在恐龙时代并不存在。

很明显，并没有一劳永逸的植物和动物的创造，也没有自创世以来始终如一、保持不变的物种。

很明显，很久以前最先创造出来的物种早已消失，被其他的物种所代替了。或者，还有一系列独立的创造（在《创世记》中没有记录），或者是最初的生物已经随着时间改变，升华成了如今的样子。生物会随着时间而发生改变的观点，恰好就是进化论的观点。

18 世纪，时而浮现出进化论的观点。甚至林奈，尽管总体上持传统观念，到了生命晚期似乎也掉转了方向。有几个正式的进化论观点的描述和解释，发表在 18 世纪晚期和 19 世纪早期，其中最知名的是拉马克（Lamarck）的观点。

但是，还缺乏一个更可信的机理来解释：地球上怎么会有如此众多的不同生物？每一个物种又是如何适应周围环境的？还有，既然所有生物繁殖与自己相像的后代，又怎么会随着时间变化产生物种的差异呢（难道不是“龙生龙，凤生凤”吗）？

生物学家最终提供了具有说服力的解释，有着比较可信的机理。52 他们是两名英国人：阿尔弗勒德·拉塞尔·华莱士和查尔斯·达尔文。他们分别提出了达尔文所称的“自然选择”（natural selection）。生物的确繁衍与自己相像的后代，但是后代（如果是有性繁殖）并不与它们的父母一模一样。有变异，有些变异是不可避免的，变异的种类会比其他的更好地适应居主导地位的条件。不是所有物种都能够生存下去，因为所有生物生出的后代比环境能够支撑的数量要多。因此，活下来的是最能适应环境的。在维多利亚语中，“fit”（健康）的意思是“apt”（适应）。所以，适应环境最好的，就是最健康的。

19 世纪 60 年代，赫伯特·斯宾塞（Herbert Spencer），把自然选择总结为“适者生存”（survival of fittest），这一词汇后来被达尔文采纳。

1858 年，达尔文和华莱士把他们的观点在一篇合著的论文中阐述出来，并向伦敦林奈协会进行了宣读。

林奈协会是一个令人敬畏的生物学家协会，它的总部依旧在皮卡迪利大街，是为纪念林奈而成立的。达尔文和华莱士的文章，当然是曾经提交的最具里程碑的文献之一，实际上，是任何发表文献中最具里程碑意义的之一。但是，林奈学会主席却在 1858 年的年度报告中沉闷地指出，那一年没有多少令人兴奋的事情发生。

1859 年，达尔文（对“适者生存”这一观点深思熟虑之后，为其想出更加宽阔的科学背景）在《物种起源》(*The Origin of Species by Means of Natural Selection*) 中有了更全面的阐述，就是通常所指的《起源》(*Origin*)。物种起源改变了现代生物学的教程，而且也改变了整个哲学和神学。达尔文在文中提到了“后代渐变”（descent with modification)。多数生物学家曾经钟爱，如今依旧钟爱达尔文的词汇——“进化” (evolution)。

实际上，达尔文做出了四个方面的杰出贡献，这正是我们主题的核心。首先，他确立了“进化是事实”这一永久的理论。第二，他为进化提供了可信服的机理，即自然选择。第三，（可以单独来说）他认为物种并非像柏拉图仍旧欺骗人们的那样——即一劳永逸的创造是不会发 53 生改变的。他说，在进化的过程中，物种可以改变成其他物种，物种的谱系会分化，任何物种可能产生很多不同的类型，所有物种于是沿着不同的脉络进化。

最后，达尔文提出，曾经生活在地球上的所有生物，是过去几百万年前（尽管达尔文不知道是多少个百万年）的同一祖先的后代。我们与知更鸟、蘑菇和橡树共同拥有一个祖先。这一点对于最深刻的问题——为什么自然中会有秩序？——是一个最有分量的回答。更明确地，我们虽然可以说上帝按照相似的方案设计了蝴蝶和蜜蜂，是因为他有清晰的思维；但是我们也可以产生异议：蝴蝶和蜜蜂相似是因为在遥远的过去，它们与第一个出现的虾拥有共同的祖先，而且昆虫和虾明显地有很多共同之处。甚至比这还早，昆虫与虾，还有蜘蛛拥有一个共同祖先。所以尽管昆虫与蜘蛛有明显差异，它们还是有不少的共同之处。

由于所有生物确实是相互关联的，它们都可以呈现在一个大的“家谱图”中；而描绘一个如此大规模的家谱图的，应该确切地叫作“种系发生学”，它来自名词“系统发育”，指的是生物之间不同群体的进化关系（来自希腊词汇 *phylos*，意思是“部落”）。这一思想与林奈的分类学，彼此和谐得如风中响铃。林奈的界（kingdoms）代表了互为交织的系统学大树上的主干，纲和目是细一点的树枝，个体的种则是小枝丫。

达尔文宏大的种系发生学冒犯了一些人。一些人不断地攻击它亵渎神明，因为《创世记》中说上帝区别于其他所有生物，单独按照自己的形象创造了人类。另外一些人则被达尔文的论点，尤其是人与大猩猩最接近的观点，感觉受到了侮辱。上帝论者的运动不仅在美国，而是在世界范围内仍旧强大。一些职业生物学家是创世论的原教旨主义者；与此形成鲜明对照的是，很多现代生物学家和哲学家认为自从有了以自然选择为手段的进化论，创世论坚实的地位似乎被替代。这意味着宗教在普遍意义上过时了，上帝死了。

事实上，任何极端的立场都是无意义的。拒绝进化论是徒劳的。54
以进化论证明无神论也是无意义的。19 世纪晚期，宗教领袖人物对此心领神会（达尔文还是葬在威斯敏斯特大教堂）。很多现代生物学家对于进化论研究得很深刻，但仍然是虔诚的教徒。很多人把进化的精彩和细致作为上帝真的很神奇的进一步的证明，所以要敬畏他。很多人实际上秉承了17 世纪的精神，认为科学的真正意图是加深对上帝所为的感激。

于我而言，我感受到了达尔文呈现给我们的辉煌远景，我喜爱这样的观点：我们其实与其他所有生物是相关的——黑猩猩是我们的姐妹，蘑菇是我们的堂兄弟，橡树和猴谜树是我们远房的姨妈。这一观点下的自然资源保护，变成了家庭内部的事务。

理论上，达尔文卓越的洞察力使分类学的任务变得简单了。所有的分类学家要做的就是去辨认物种的共同祖先，方法是辨认出物种共同具有的同源的特征。事实上，理查德·欧文保持着他那一时代对传统理论的忠诚不渝，从来没有全盘接受进化论的观点；然而，颇具讽刺意味的是，他的同源性观点为进化关系提供了主要的线索。但是在现实中，决定不同生物的哪些特征真正具有同源性难乎其难；甚至，即使克服了这个困难，还存在一个理论上的暗礁。

这个暗礁就在下面。为了论述得简明扼要，我要使用一个动物而非植物的例子，但原理是普遍的。比如，你想搞明白人类与马还是与蜥蜴更接近。假设你决定要数一下脚趾头的个数，这是一个非常好的“特征”，于是你总结出，人类与蜥蜴更接近。可是马与人类同属于哺乳动物门，要是蜥蜴与人类更接近，那该多么怪异。这与亚里士多德的发现是同等的难题。欧文的同源性思想在这种条件下并没有多大帮助。但是，蜥蜴、马和人类的脚趾数均是同源性的。

55

需要更深一步的论点解释这一难题，它最终被一个德国生物学家（实际上是昆虫学家）在20世纪50年代正式提出，难题解决了。他叫威利·亨尼希（Willi Hennig），他在同源性特征之间做了区分，有些是“原始的”，有些是“衍生的”。“原始的”特征是从相关的所有最早的生物继承来的。蜥蜴、马和人类都是生活在3.5亿年前远古两栖动物的后代，这个祖先有5个脚趾头，它的所有后代，共同之处就是均有5个脚趾头。但是那些后代中，有一部分失去了至少其中的几个脚趾，比如鸟和马（都是分别地）。马失去了5个趾头中的4个，只剩下了中间那个，驴子和斑马的脚趾头也如此。问题是，马、驴和斑马全部从同一个祖先那里继承了一个脚趾，曾经的第一个“一趾马”生活在500万年以前。尽管人类有很多衍生的特征，包括巨大的大脑，我们偶然地保留了古代两栖类祖先5个趾头这个原始的特征。然而，我们庞大的大脑和朝前看的眼睛是衍生的特征，并没有出现在那个古代两栖类祖先身上，而是出现在第一个古代哺乳动物身上。它们开始于灵长类动物中间，是表现出我们与黑猩猩有特殊的、亲近关系的几个特征。

用同样的道理我们可以看到，橡树、栗子树和山毛榉属性相近（同属于壳斗科），因为它们都有非常近似的包裹种子的外壳（橡子的底座、山毛榉和板栗的壳）。这种外壳是衍生特征，表现出它们互相近似。当然，它们三个都有绿叶，但叶子是原始的特征，玉兰和桉树有绿叶，松树和南洋杉也有绿叶，单从叶子的存在，除了看出它们是植物，不会告诉我们任何其他有关橡树、栗子树和山毛榉之间关系的信息。

亨尼希为判断共享的同源性特征究竟是原始的还是衍生的，提供了一整套规则。通常的方法就是人们知道的“遗传分类学”来自“进化枝”一词，其含义是一个共同祖先的所有后代。遗传分类学成为分类学的正统学说，不过是在过去的几十年中。在正规的教材中，通常出现的传统分类法并不认可亨尼希的观点。传统分类学家有时（实际上是经常）对原始的和衍生的特征不加区分，这样产生出的分类看似有说服 56

力，因为不同群体所有的生物确实有很多共同的特征。如果你看得仔细一点，就会理解为什么导致出现把人类和蜥蜴放在一起而排除了马这样的分类法。在本书描述不同类别的章节中，你会发现很多重新分类的情形。这部分的原因是，当植物学家重新观察旧的分类范畴时，能够比从前更加清楚地从共享的同源性特征中区分出衍生的特征——能揭示出真正的、更亲近的关系；以及区分出哪些不过是原始的特征。

因此，分类学在过去的几十年中，在理论上已经取得了很大进步，技术上也同样提高了。从前，分类学家看到的是表面的、粗糙的生物解剖。自 17 世纪以后，在显微镜的帮助下，他们的观察更加精细化，显微镜还更深入地揭示了胚胎。

从 20 世纪 30 年代开始，分类学家使用电子显微法，观察得更加深入，并步入“微解剖学”时代。化石记录在那几十年中令人欣喜地扩展了。一些最近发现的化石，利用现代技术进行破解，同样揭示出精细到活组织的微解剖学。太振奋人心了！那么，当然还有 DNA 研究，发现并且比较基因的化学结构细节。

但是，所有这些方法各有其弱点，都陷入了曾经困扰亚里士多德以来所有分类学家的困境，即“趋异”和“趋同”。那就是，关系非常亲近的生物可以很快地适应不同的环境条件，以外表大相径庭而告终；而没有任何相关性的生物也许适应了非常类似的条件，却以外表非常相似而告终。

于是，就有这样的情形发生了。当你仔细研究时，会发现橡树、山毛榉和栗树的科（壳斗科），与黄瓜、甜瓜、菜瓜和葫芦的科（葫芦科）57 非常亲近：这恰好是一个趋异的例子。在另一方面，像我们已经看到的，很多热带雨林的树，尽管它们并没有很亲近的关系，却有着看上去非常近似的叶子，这仅仅是因为所有的叶子一方面适应了干燥，另一方面还适应了大雨滂沱：这正是令人印象深刻的趋同实例。

化石的构造很精妙，但是，尽管某些化石能显示精微的细节，多数化石只是某种程度上的片段，而且化石记录作为一个整体，就像古生物学家所说，依旧是“零碎的”。逾百万灭绝的生物中，只有极少量变成化石，待被发现时，整个庞大群体的生物一定已经消失了。我们所知道的一切显示出，开花植物和针叶树拥有一个共同祖先，但是在化石记录里，很难找到一个令人信服的开花植物与针叶树之间联系的证明，它们所经历的变化太巨大了。

这就是为什么，DNA 研究并没有指给我们一条所期待的通向真理的康庄大道。基因同样地，有时告诉我们是趋异现象，有时又告诉是趋同现象，就像解剖学的特征那样，所以也具有欺骗性。更有甚者，同一有机体中的不同基因讲述的是不同的故事。

20 世纪 80 年代的研究表明，红藻的基因与绿色植物的基因非常不同，因此在达尔文庞大的种系发生学的体系中，这两个群体应该被放在相去甚远的不同界中。但是后来 90 年代的研究发现，红藻和绿色植物中还有一套基因，显示出二者非常亲近，而且是太接近了，分类学家快要当它们为“姐妹”了。后期的研究有可能比前期的更为精确，但是依旧很难定论。判断与经验一如既往，在现代分类学中起着重要作用，关于究竟谁与谁真正相关的争论，永无休止。

分类学作为一个整体，与其他学科一样，没有通向真理的康庄大道。一些争论会在第 4 章和第 8 章中继续进行。

所有这些新方法的产生，导致分类学家们要把原来的林奈分类法进行修改，并且已经不能满足于轻微的修改。尤其是，现代分类学家已经大幅度增加了界的数量。

20 世纪早期，生物学家决定，把所有的不是绿色的单细胞生物称作“原生动物”，并把它们放在动物中；而所有绿色的单细胞有机体，就叫作“单细胞藻类”，把它们放在植物中。真菌以及类似的，比如粘菌，也被塞进植物中，褐藻（墨角藻）和红藻就是这样被拉入植物中的。

现在已经明了，原生动物种类很多，以至于可以把单细胞的“海藻”分成几个或者十几个不同的界（取决于谁来分类）；而且有些新定义的界既包含“原生动物”，也包含“海藻”。真菌，粘菌的不同群体，还有褐藻，现在有了它们自己的界。动物和植物只是很多界中的两个，到目前为止这还勉强算得上最分明的划分。

广义地说，所有的界似乎分成了两大块，一块包括植物（也包括红藻和绿藻，还有其他的），另外一块包括动物和真菌（还有很多较小的类型）。在 20 世纪初，尽管几位勇士把细菌单独组成一个界，但还无人清楚该把细菌怎么放置。现在发现，它们如此不同，应该把它们放在自己的“域”（domain）中。植物、动物、真菌、海藻等的界一起，组成了第 3 个域。

于是现在，林奈最初排列的等级（种、属、目、纲和界）已经升至 8 个。现在的等级是这样排列的：种、属、科、目、纲、门、界和域。通常，这 8 个基本的排序还会被进一步细分，或者归拢在一起组成亚科（subfamily）或者亚目（suborder），但是这样会做过了头！

所有这些似乎太繁琐，但是极其有用。有了家姓，就会便于追溯——这是分类学最基本的目的。这样，600 个左右现存的针叶种类现在组成 8 个科，如果 600 个对于非专业人士太多了，8 个就比较直截了当。当你把针叶树放在所属的科中，把一棵松树与一棵落羽杉划分开，就比无所作为强多了。

30 万种左右的开花植物被归纳为 400 个左右的科，还是太多，感觉不易驾驭；但是这 400 个科可以进一步归属在大约 49 个目中，其中约有 30 个左右包含重要的树，这个数字就不会把你的大脑搅晕了（尤其是当你从分类顶部的十几个开始，还要向外围研究时）。那么，只要略具现代分类学的感悟，整个树的迷茫世界——所有 6 万多种，就开始变得有迹可循了。

至此，涵盖了所有生物现代种系发生学的家谱，开始生效了，形象地勾勒出树的进化史。如果你知道了一个物种属于哪个群体，那么你就会知道它的祖先是谁，它与谁有关系。我们还知道至少群体中的一部分是从哪里起源的。 59

一些物种自南半球起源——甚至从更南面的南极洲起源，那里曾经被森林覆盖。有些物种从亚洲起源，然后向西传播，穿越欧洲，种子被风吹过大西洋，到了美洲；或者向东传播，穿过大西洋，同样到了美洲。一些物种自南美洲起源，然后在全球留下踪迹。这些大多发生在几百万年以前，远远早于人类的出现（是人类把局面搅得更复杂了）。

凝思默想，一棵有生命的树、一枚化石，或者任何一个生灵，是多么精彩。当我们再加上第四维——时间时，会愈加令人为之动容。任我们的视线停留在田间的树丛，任我们的思绪遥想树的祖先，在几百万、几千万年前的过去，如何远远地第一次看见陆地从某个角落发射出一道光芒；树祖先在脚下的大陆上漂流，那块大陆自身随地球航行，躲过了冰川时代的冰河。也许就是在某个太古时代，从如今早已不在的沼泽地上，树祖先顽强挺立，鳄鱼在它的脚前徘徊，世界上第一只鹰、第一只翠鸟在它的枝上盘旋寻觅。

这就是为何我如此热衷于以种系发展史——即以现代分类学——作为这本书的根基。它当然是一个备忘录，但是还不止如此，它反映的是进化——进化提醒了我们所有现存生物曾经辉煌的过去；没有进化，正如俄裔美国遗传学家杜布赞斯基（Theodosius Dobzhansky）所言，生物学将失去任何意义。

下一章，让我们领略历史上的几个细节，从中思考现代树究竟是怎样变成的。

第3章

树的成长过程

椤曾极为繁茂。其中有一些，像蚌壳蕨，至今仍可见到

树属于大型植物，其中间部分直挺向上。由于形态巨大，保持中间 60
部分直挺并非易事。达尔文的进化论将这种现象称为“后代渐变”。从

最初的物种变成世界上第一株植物，比如橡树、智利南美杉以及桉树，经历了物种的巨大改变，这一演变过程需要延续许多代（大约几十亿代）才实现。

本章将迅速浏览几个关键事例，蕴含哲理之处并非意在讲论哲学，61 而是因为一个哲学观点持续地吸引着我。当神学主宰着所有西方人的观念时，随着时间流逝而发生的物种变化（这种变化涵盖方方面面）被人们认为是上帝计划的一部分。19 世纪末期以及 20 世纪的一些神学家和科学家们，他们不赞同达尔文与众不同的观点，即人类是由猿猴演变而来的。能够使这些人得到慰藉的想法是，人类才是最初的原型，而原型是未经过任何雕琢更改的。进化的观点被一些人扭曲地描述为最早的陆地植物知道它们的后代将会成为葡萄树、玫瑰、桃花心木和橡树，而视它们自己的进化为一场演练过程。这种观点旨在表明进化过程已经按照规则被定下来了，就如同穆斯林信徒常说的“如经上所记”，其引申的意思为：这是命中注定的。

但是达尔文并不认同这种看法（这是他激怒那个时代的神学家以及具有宗教倾向的博物学家的原因之一）。他认为进化论就是机会论，每一代物种仅仅是在极力试图解决其自身存在的问题，物种直系后代在发展和演变的时候（进化的字面意思就是“演变”），可能朝着任何方向进行。因此，一只熊有可能会变成一头鲸鱼；而某些活在 1 000 万年前第三纪中新世的猿猴，的的确确就变成了我们人类。但在当时，无法确知哪一些猿猴会进行这样的演变；就如同投掷一枚硬币，也可能是另外一番情形。实际上，本来应该是人类祖先的生物可能变得更像猿猴了，或者根本就灭绝了（大部分的物种就是这样的结局）。许多 20 世纪后期的生物学家，如学术成绩卓越、极具雄辩力的哈佛大学教授兼作家斯蒂芬·古德（Stephen Jay Gould），将进化论称为“随机游走”理论。他的观点是说，如果随着时间的推移物种的后代会随意演变为各种各样的形式，那么演变本身也就变得无规则可循，也就不存在什么相似的命运了。

如今，注重实际的生物学远比神学更为流行，因此，随机游走理论占据主导地位，胜过了那些命定的观点。但流行会误导真理。进化论的一个确凿不可否认的事实是“趋同”现象，即物种直系世代繁衍相传后趋于单一，有相同的外形，通常也具有相同的行为。或许没有严密的规则描述生命的产生，但在相同的环境中，任何两个物种有按照相同谱系进化的趋势。鲨鱼、多刺鱼、鱼龙和鲸鱼都独自地各从其类成为鱼的通式（在很大程度上，企鹅和海豹也是如此），它们都采取最佳方式应对水带来的特殊问题。在众多植物中，一个又一个物种分别演变成了树。毕竟，当一棵树也是不错的。 62

如此看来，大自然可能没有规则可循，但也不是随机的。生物与其周围的环境进行着永不止息的交流，包括每时每刻遇到的其他生物、气候以及地表形貌。这也就意味着它们是在与整个世界不停地进行着对话交流，依次受到整个宇宙影响的支配。然而，世界在变化，无论其他生物是怎样的，每个生物个体必须考虑其他各种各样的因素。从生命的形成直到死亡，我们每个人都参与这场与其他生物在宇宙范围内进行的广泛的对话交流。此外，适合于每个独立个体的规则同样也适用于全部物种体系。随着时间流逝，物种都会进化，即所有活着的物种直系，无论是橡树、狗还是人类，从生命的形成直至死亡，由始至终存在于这场对话交流之中。达尔文认为，原则上所有物种可能会有无限多的进化方式，但是如果它们按照某种方式存活下来，那么每一物种肯定是一直在应对其自身环境中遇到的特定问题，而每个特定问题却是对应数目有限的解决。宇宙中存在某个因素，起码在地球上就存在某种趋势，似乎它迫使鱼类和树木出现（或许这也是人类智力的起源，谁知道呢？）。物理学家戴维·玻姆（David Bohm）提出宇宙的“隐卷序理论”。鱼类与树木一样（以及人类智力），反映了这种先天的、固有的规律，是该规律的具体表现形式。

下面的内容描述了现代树木演变进化的历史过程，我将其称为不同的“形态”。

形态 1：生命

63 演变成树木的第一个形态是地球上生命的进化，这大约发生在 35 亿年以前（地球本身大约是在 45 亿年前开始形成的）。那么，生命是如何起源的呢？

在现代细胞体中，无论是人还是树，以 DNA（脱氧核糖核酸）形式存在的基因位于细胞核中间部分，就像办公室里的最高行政长官一样。基因发出指令，由 RNA（核糖核酸，一种更小的分子，与 DNA 类似）传递给位于细胞核外部细胞的其他部分（称作细胞质），在这里执行这些指令。因此，DNA 和 RNA 时常被认为是生命的起点；在 DNA 和 RNA 被发现之前，好像还没有也从未表明有任何物质携带有生命信息。

然而，仔细研究会发现，存在于细胞中的信息流是双向的，因为基因本身的活动和沉默由来自细胞质中的信号控制，而细胞质传递来自外界的各种各样的信息。简而言之，借助于各种各样复杂的化学作用，DNA 处在与细胞质的对话中。即使是在最初级的阶段，生命已具有固有的辩证特征。

64

过去时代的名称与时间

代（era）	纪（period）	世（epoch）	从创世至今（百万年）
新生代	第四纪	全新世	0.01
		更新世	1.8
	第三纪	上新世	5.4
		中新世	24
		渐新世	34
		始新世	55
		古新世	65
中生代	白垩纪		142
	侏罗纪		206
	三叠纪		249
古生代	二叠纪		290
	石炭纪		354
	泥盆纪		417
	志留纪		443
	奥陶纪		495
	寒武纪		545
前寒武纪时代			4 600

由此可以得出，生命不可能由DNA开始，DNA不可能单独存在；如果不与细胞质进行信息交流，它无法起任何作用，其中的一切复杂化学反应也就无法发生。此外，DNA分子结构本身的组成极端复杂，并被高度演变，它不可能会是最初的生命。RNA结构更加简单，可以较好地以一个独立生命的形式存在，但是RNA也是高度演变的分子。因此，DNA和RNA不是生命的原动力。我们甚至可以说，其实当它们二者一同出现的时候，艰辛的过程已经完成了。至少，绝对的起点已经远远被落在后面了。

从根本上讲，生命的本质是新陈代谢，即不同分子之间的相互作用形成了一系列具有自我更新能力的化学反馈过程，这些反馈过程旋转不息——之所以如此，是因为化学物质就是以这样的形式存在，如此的形式在化学上是可能的，而这可能的事情有时就发生了。普遍认为，最早的生命只是遍布于地球表面的具有新陈代谢功能的黏液物质，早期时 65 代的地球表面和现在有很大差异。那实在是一个梦魇样的环境，至少按照我们的标准看如此：天气酷热，雾雷蒸腾，火山喷发，空气中没有一点儿的氧气，到处弥漫着氨和氰化氢这样的致命气体。现在我们知道这些气体只需瞬间就可以灭绝所有的生命。现存的美国黄石国家公园、新西兰和冰岛的温泉以及大洋深处常年性的活火山，恰如其分地体现了早期地球的环境。有一种极其特别的生物生活在现今温泉的内部，大部分这类生物一旦暴露于空气之中，就会氧气中毒死亡。习惯了以人类为中心考虑问题，我们看我们自己是“正常的”，而将生活在温泉中的生物称为“嗜热生物”、“喜温生物”。但从历史的观点来看，它们属于正常的生物。而我们，像人类、狗和橡树，才是被高度进化的异类，属于嗜冷的“好氧性生物”，完全依赖于超活性气体——氧气，而这些东西对于人类遥远的祖先，却曾经是致命的。

形态 2：有机体

现在的生命形式不再是连续性的黏液物质，至少已经有 30 亿年了，生命物质被分成两种离散的（甚至可能是相当离散的）单位，每一种都被称为“有机体”。当然，我们实际上并不了解分离的产生过程，也永远不可能了解，除非有人能制造一台时间机器。但是我们可以进行推测。

自然选择规律在最初的黏液物质里就起作用，就像现在及将来它总是在起作用一样。毫无疑问，有些黏液只要一点点儿就比其他黏液产生更高效的新陈代谢功能；而一些循环往复、永不停息的化学反馈过程在产生能量，使得它在对原始信息进行处理方面比其他黏液速度快得多。性能处于最佳状态的黏液将会受到功效较差的黏液的抑制。自然选择肯定是优待那些既高效又能够脱离其他部分约束的黏液，它们把自己用隔膜保护起来，监控和过滤来自外界的所有输入。

因此，最初的有机体源于原始的离散生物。一段时间以后（也可能是很长的时间），这些原始生物变成常规的结构形式，这种结构仍存于现在的细菌和古细菌中。我们会说细菌结构“简单”，尤其是，它们长得那么小。而其实，自然界的奇妙远远超出我们的想象，细菌实际上比战舰都复杂得多，极其“多才多艺”。 66

形态 3：现代形式的细胞

与我们人自身相比（或者是与蘑菇、海藻、会开花的植物相比），细菌的确简单。特别是，它们的 DNA 处于松散的打包状态，悬浮在细胞附近。在我们（也包括蘑菇、海藻、会开花的植物）的体细胞里，DNA 巧妙地存在于一个离散的细胞核里，包裹在具有识别能力的细胞膜里，备受“呵护”。细胞的这种状态称为“真核状态”（希腊文的意思是“优质的核”），细胞核周围包围着细胞质，在细胞质内有一系列被称为“细胞器官”的物质，由它们完成细胞的基本功能。细胞器官中的物质被称为“线粒体”，含有多种酶，负责大部分的细胞呼吸功能（产生能量）。线粒体存在于所有的真核细胞中（除了少数以寄生方式活着的怪异的单细胞生物，我在另外一本书中对它们进行介绍）。植物以及其他的绿色细胞中含有一种独特的细胞器官，称为“叶绿体”，它含有叶绿素，起光合作用。

如此详述这一切，是因为它对整个生态学至关重要。在第 12 章中我们还要再次讨论相关内容，因为真核细胞逐渐成为细菌和古细菌的联合体。一般地说，细胞质源于一种古细菌。这种古细菌要么吞噬周围的细菌，要么被周围的细菌侵袭。无论哪一种结果，吞噬细菌的古细菌或者是侵袭的细菌都会变成永久的居住者，然后进化成现在的细胞 67 器官。线粒体和叶绿体二者都含有各自的 DNA。线粒体的 DNA 与被称为“变形菌”的现在的细菌非常相似。叶绿体的 DNA 与以蓝细菌（以前被误称为“蓝绿藻”）形式出现的细菌类似。蓝细菌不是植物，而是光合作用的产物。

在基于自然选择的进化论中，达尔文强调竞争的作用。达尔文发表了《物种起源》，学识渊博的哲学家赫伯特·斯宾塞将自然选择概括为“适者生存”。这一理论受到演化论者们的支持，认为进化就是优胜劣汰的过程。在达尔文之前20年，丁尼生爵士（Lord Tennyson）写出“腥牙血爪自然界”的诗句；达尔文主义若后退一步就与丁尼生的观点相符，向前一步则与斯宾塞的观点一致，现在它则常常被理解为弱肉强食的操练。但是，达尔文也强调自然界中存在协同，他对长喙蛾进行了深入的研究，认为只有它才能够为花蕊深藏在细长花管里的兰花（生长在悬崖峭壁上）进行授粉，这是两种完全不同的物种，彼此之间绝对地相互依存。

然而，在真核细胞自身结构内部，我们可以看到更为奇妙壮观的自然界的协同景象，那就是组成我们自身的种种结构。真核细胞是一个联合体，最初，它是由几种不同的细菌和古细菌的化合物形成，这些细菌时至今日已经演变成几种生命物质（除了变形菌和蓝绿藻，其他物质也可能参与这一合成过程）。在过去的大约20亿年里，天生就具有协作能力的真核细胞，已经被证实是自然界中最成功、最能干的物质之一。显而易见，作为自然法则，协同合作至少是与竞争一样重要。

现代植物的祖先是不同种类真核细胞普遍混合的产物，这些早期的祖先含有叶绿体，是绿色的，被恰如其分地称为“绿藻”。现在我们身边仍随处可见许多单细胞的绿藻（池塘时常被它们染成艳绿色）。

最初的绿藻出现在地球上大约是在10亿年之前，这是一个比较合理的猜测。而从最初的生命物质变成单细胞的绿藻，经过了25亿年；68 然后仅仅经过另外10亿年，从单细胞藻类变成了橡树和智利南美杉。

我们依然觉得藻类结构“简单”而原始，然而如果从长远而全面的角度考虑生命的种种活动，我们就可能认为在第一个绿藻出现的时候，所有的进化工作就几乎已经完成了（虽然世界上仍然有无数的生命一直在进化着）。

形态 4：带有很多细胞的有机体

仅有一个细胞的有机体注定是微小的，微小化为其带来很多好处：较小的有机体比相对较大的有机体拥有更大的拓展空间。单细胞有机体一直处于易于繁殖、数量最多的状态。不管是在海洋、湖泊或者土壤中，只要环境潮湿它们就能自由生长，因此它们也住在较大动物的内脏里，或者寄居在它们的身体上。

大有大的好处。环境中的许多方面为大型生物提供了有利的生存条件，无论是树还是人，都存在这种情况。众多生活方式对大型生物全方位开放，无论是对于树还是人，小型生物对此则无法企及。为了变大，有机体一定要成为“多细胞的”。比如橡树和我们人体，就有几万亿个体细胞。

多细胞有机体最初一定起源于单细胞有机体。它们虽然十分简单，但绝不仅仅是一些分裂之后无法分离的细胞的组合体。当一簇不同的细胞各自发挥作用时，就会产生实质的变化：有一些产生配子，有一些则不会；有一些产生光合作用，有一些则不能，等等。然后，我们就会看到真正的分工和真正的合作。接下来就可以明白被伟大的英国生物学家约翰·M.史密斯（John Maynard Smith）称为“正常的”有机体。它的每一个细胞都依赖于所有其他细胞，细胞群相互协作形成器官，比如肺和肝脏，或者是叶片和花朵。协作程度与各自的自我付出密切相关，要成为名副其实的有机体的一员，每一个细胞都需要放弃一些独自生活的能力。每个细胞不得不“信任”其他的细胞。有机体内的任何细胞，如果变得狂躁，试图依靠自己独自行动，将会毁掉整个有机体，最终也毁掉它自身。医学上将这样的细胞称作癌变的细胞。

69

实际上，在能够独自地依靠自己活得很好的细胞（像单细胞有机体）和那些完全依赖于周围环境生存的细胞（像人类的大脑细胞）之间，存在一个折中的状态。因此，来自很多有机体的各种各样的细胞（包括我们人类自身的很多细胞），能够在各种不确定的特殊环境中生长。很多植物的众多细胞经过培养，会成为全新的有机体。而实际上，现在的很多植物，包括一些极为珍贵的树种如椰子和柚木，都是通过细胞培养技术被克隆的。总之，这种方法普遍适用。真正多细胞生物的形成，可能仅仅是由于一些单独的细胞放弃了自主性，变得互相依赖才得以生存和进行基因复制的。

形态 5：植物出现在陆地上

最早的植物可以宽泛地称为“藻类”，大约在 4 亿年前，它不惧危险地出现在陆地上，一开始就遭遇了地球引力和干燥问题。一些早期的藻类先驱进化为藓类植物，苔类植物和角苔类被通称为“苔藓植物”。

没有一种苔藓类植物真正地适应了陆地生活中的特殊困境。为了克服重力，它们形成矮小的株体，匍伏在地面上生长，因此变得格外地微乎其微。它们也没有解决干燥带来的问题，只好局限于生活在潮湿的地方，幸而有很多潮湿的地方，苔藓类植物生长得十分茂盛。它们在潮湿的墙角和岩石缝隙，随处可见。在森林里，它们以真菌的形式大量存在。尤其像泥炭藓或者泥煤苔，在潮湿的苔原地带形成辽阔的草皮，以阻止其他植物在那里生长。通常，苔藓不是采取抵抗的方式克服干燥，像枝叶坚韧的冬青70树或者是像多孔的、具有储水能力的猴面包树，而是以忍耐的方式来应对干燥。为减少水分的散失，当旱季来临时，猴面包树的叶子会全部脱落；而一到雨季，它能靠发达的根系大量吸收水分，这时叶子再生长出来。

我们不妨在此提及苔藓的繁殖方式，因为它们涉及植物学的一个基本现象，如果我们对此一无所知，就无法理解本书关注的针叶树以及开花植物的繁殖问题。该现象被称作“世代交替”（alternation of generation）。在墙角和树干上随处可见的苔藓被称作“配子体世代”，因为它产生的卵子和精子（配偶子，植物会产生卵子和精子，这听起来有些怪异）融合后产生晶胚，成长为“孢子体世代”。孢子体一般生长在“多叶的”苔藓上，是很小的竖直向上的形状，长得像一个微小的灯柱，在“灯泡”的顶端有孢子。孢子比无特定功能的细胞集合要小得多，包在保护膜中。它们以各种各样的方式分离开来（不仅仅被水分开），然而一旦遇到了潮湿舒适的环境，就会繁殖并变异，产生出具有新型配偶体的苔藓。产生孢子的孢子体不能独立存活，而是完全依赖于配偶体。

因此，当配偶体开始进行有性繁殖时，孢子体却在进行无性繁殖。在世代交替中，两种繁殖方式各有优缺点，而植物以世代交替的方式繁殖，两种方式都要发生。在这方面它们比人类先进。人类（以及大部分但不是所有的大型动物）只能够进行有性生殖。

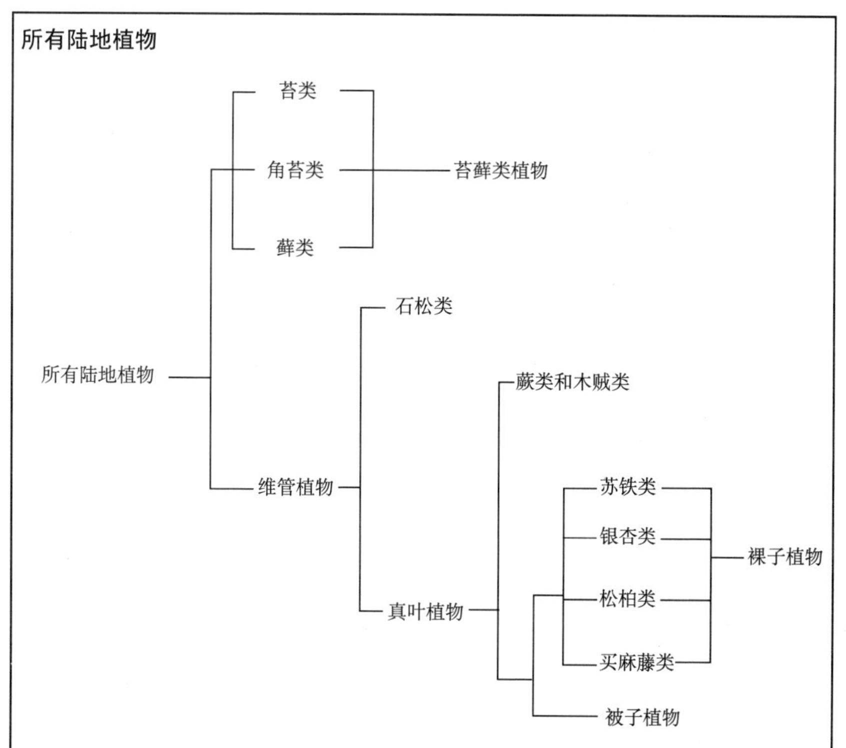

上面的结构图显示了所有现存陆地植物种群之间的假定关系。一些灭绝的种群被忽略不计（特别是苏铁目植物)。过去，苔类、角苔类和藓类被认为构成了一个单一的、相互关联的种群，其学名为苔藓类植物。但实际情况是，没有人了解它们三者之间的关系，或者它们是否有什么关系。最好还是将它们当作相互独立的种群来对待，虽然它们可能还是被通俗地叫作“苔藓植物”。维管植物是指拥有专门的输导组织（即内部的导管）的植物，它们是一个相互关联的种群，属于真正的进化版。但无论如何都需要注意的是，苔藓植物不是维管植物的祖先。以上图表简单地表明，苔藓植物和维管植物属于“姊妹群”。

71

苔藓植物永远也不可能长成树，它们的整个身体结构太简单，没有根茎，只能将自己依附于那些伸出来的“假根”上，这些假根没有能力获得养分和水。大部分苔藓看起来好像有叶子，但那不是真正的叶片，只是绿色的鳞片。尤为重要的是，苔藓植物体内没有专门的输导组织，将水和营养物质从植物的一端运送到另一端（或者说，充其量它们拥有的是没有发育完全的传导组织）。因为没有专门的传导组织，它们长得很小。

进化论认为，苔藓植物或许陷入了一个死角。现代树木的祖先不可能与苔藓植物有任何关系，为了长成大树，树的祖先只可能属于其他具有传导组织的物种。

形态 6：具有“导管”的植物——木质的雏形

72

大约 4.2 亿年以前，在志留纪后期，其他陆地植物种群出现了，这些植物依然很小。它们是最早的维管植物，带有细胞柱，作为导管系统（类似于动物血管中的血流）起着输导组织的作用，使植物体的不同部分相互联系，促进植物生长变大。

早期的维管植物也产生木质素，从化学的角度讲，木质素一点儿都不足为奇。就是普通的小分子，但是它起着使植物细胞壁变坚韧的作用，由纤维素构成。纯纤维素是柔韧的，棉花就是纤维素材料。但是被木质素刺透的纤维素又韧又硬。简而言之，木质素将松软的纤维素变成木质。不含木质素的植物（或者是仅含有少量木质素的植物）叫作“草本植物”，它们可以长得很高，就像郁金香花茎。由于每个细胞在一定的压力之下充满了水，因此它可以挺立，水压（“膨压”）令它们有弹力，就像一个胀鼓鼓的足球。当水分供应不足的时候，这种植物就会枯萎。含有木质素的植物帮助植物安然度过干旱季节，因此要比草本植物长得高。很多草本植物含有一定量的木质素，因此它们的有些部位是具有一定硬度的。然而，它们还是保持着草本植物的主要特征。名副其实的树木需要特殊的结构，柔韧的木质素细胞精细地纵横交错地排列着。木质素及其恰当的结构形式使我们有了真正的木头。从讨论的角度来讲，我们承认香蕉是名义上的树；可是从理论上讲，具有木质素才算是树。实际上，主要是导管细胞木质化了，而它们以及周围的支撑细胞共同构成木头的主要物质。像我们人类这样的生物有血液在全身运行，供应水分和营养物质，而独立的骨骼则起着向上支撑的作用。树木的木质导管系统同时起着上述两种作用。

尽管需要很长时间才能完全发育成熟，最初的维管植物，当它们出现在沼泽地里的时候，只比火柴杆略长一点儿（但没有火柴杆那么硬）。它们中最古老的是莱尼蕨类（名称取自苏格兰村庄莱尼，在那里首次发现了化石），可追溯到4.2亿年以前。它们以及它们多样化的后代早就无影无踪了，但就在它们出现后不久，其中的一部分产生了两个大型物种，它们至今依然存在，其中包括所有现存的比苔藓大的植物。这两个大型物种完全独立地各自发展成树，它们中的一种至少经过几次演变了。

两种大型陆地植物谱系

这两种大型谱系之一是石松类植物。目前尚存的类型属于小型的，如石松、卷柏属（也长得像藓类）和水韭（长得像发芽的洋葱）。但是在远古，跨越石炭纪并持续到二叠纪（从3.6亿年至2.7亿年前），石松类植物演变成森林树木，其结构极其原始：根部和枝杈简单地分开，都是二杈等同分枝，长成“Y”的形状。但是这些古树中的一部分长得极其宏伟高大。鳞木属植物高达40米，就像现在森林中的参天大树，有12层楼房那么高。鳞木属植物有笔直的柱状树干，上面布满菱形叶痕，树干底部直径大约有2米，它们形成了广大的沼泽森林。漫步其中的一些奇怪的动物是板足鲎，长得像大蝎子，一些是水生的，一些在陆地附近活动；还有一些2米多长，大小如同一艘小划艇。这些石松属类植物森林的生态环境无疑就像现在森林的生态环境一样错综复杂，并且遵循着同样复杂的规则，可是被淘汰者的名单却迥然不同。在那些早期的森林生物中，有些留存了后代，有些则毫无踪迹（包括板足鲎）。但它们在历史舞台上曾有过辉煌的时刻。

因此，在石松类植物中间，也就是在那些被植物学家们认为现今已经被淘汰的物种之中，世界上的第一批树，也许就是第一棵树出现了，并且它们中间有的身材极其高大。然而，像苔藓类植物一样，石松类植物没有真叶。在石松类植物里，与叶相似的器官实际上就是鳞片。它将长叶子的任务留给第二个大型植物：维管植物。维管植物长有真叶，这些植物现在依然被称为真叶植物（或者叫作“良叶植物”），包括现在所有的树。真叶植物，像石松类植物一样，具有辉煌的历史，但是与石松类植物不同的是，它们也拥有现今的灿烂。

74

最早的真叶植物也像苔藓类植物和石松类植物一样，不断利用卵子和精子进行有性繁殖，依靠孢子进行无性繁殖。但是在大约4亿年前（从泥盆纪至今），真叶植物再次演化为两种大型物种。一种现在被称为蕨类植物，它以传统的方式不断繁衍生殖，有着一个世代交替的生命周期，即一代产生卵子和精子，而交替的另一代（隔一代）则产生孢子。另外一个演化结果是出现了种子植物，这类植物依靠种子繁殖后代。两个物种独立地演化成树，并且在演化的过程中，树的形态几次出现。

蕨类植物包括现今的蕨类和木贼类（或楔叶类）。现今，蕨类的种类繁多，包括很多长得像树一样的蕨，如椤，在热带和亚热带地区形成大面积的森林（我曾有幸漫游南威尔士地区，那是专业人士一定要去的地方）。令人备感亲切的是，它们的身影遍及世界各地的植物园，甚至在英格兰（位于康沃尔省海黎根镇的迷失花园）也可以见到它们。

现今的木贼类植物是最为普通的植物，在荒芜的土地上随处可见，样子就像轻便手杖，确切地说，就像军士长手中持有的那根有一点儿虚张声势的手杖，只是沿着一定的间距长有环形的针状叶，就像芭蕾舞短裙。木贼类植物的茎部有棱线，好像爱奥尼亚柱，沿着棱线有针状硅体。早期的人类充分利用土地里的出产，他们发现木贼类植物是刷锅的好材料。其中仅有 15 种现在还为人所知，它们全都属于木贼属。但在石炭纪时期，一些木贼属植物长成了美丽的树，芦木植物就是其中最为著名的，它高达 10 米，形状同火炬，带有一根直挺粗壮的茎秆，和一簇火焰形状的树冠——形似鸢尾花。或者说，从粗壮贴着地面生长的 75 茎部（就是“根茎”）来看，它实际上更像现在的问荆。

因此，蕨类植物演化出至少两种树：椤和木麻黄（俗名也作马尾松）。其中只有一组产生孢子的树，就是椤，现在还活着。但我们对灭绝的树种，芦木和鳞木以及它们的近亲，应该存有感激之情。以化石形式存在的木贼类和石松类树木形成了大量的煤，煤引起了工业革命。实际上是采矿业使得它们得以闻名于世。很久以前，在世界范围内，这些孢子植物曾经上演着重要的角色。

现在，我们先将孢子植物和椤搁置一边。本书将在其余大量的篇幅中介绍种子植物，是种子植物产生了种类最为广泛的世界上最大的树。

形态 7：有种子的植物

几乎是在 3.6 亿年以前，泥盆纪晚期，出现了最早的不依靠孢子进行繁殖的植物。种子曾经是，现在依然是一项奇妙的发明创造。孢子显然做得也不错，过去和现在都有很多植物利用孢子成功地繁衍后代。虽然人们普遍认为种子没有进化演变，但显而易见的是，技术在不断地进步。毋庸置疑，种子是技术进步的结果。孢子与包裹在保护膜内的未分化细胞群没有什么区别，轻得足以被风和水带走。除非能够落到非常合宜的地方（尤其是十分潮湿的环境中），否则就会死掉。孢子就像一群外出探险的孩子，除了高昂的热情和一口袋糖果，其他一无所有。与此形成鲜明对照的是，种子拥有在离开母本植物之前就已经明显发育的胚芽，装备着储藏碳水化合物、蛋白质和脂肪的“食品仓库”。胚芽及其相关联的物质被包裹在一个膜内（叫作“外种皮”），这个膜是按照胚芽周围的环境形成的，与周围环境所满足的条件有关，通常包含一些（化学）信息，指导何时发芽（有时对于树木和草本植物来说，还包括一些可以延迟几年发芽的方法，并不是每个季节都适宜发芽）。让我们继续来比喻，种子好像突击队员，充分地装备了野战口粮，在某些情形下，在没有外界营养物质补给的时候，发芽的种子可以持续生长几周的时间；除此之外，

76

它还有一个精密设计的生存策略（这一策略被设置在DNA密码中）。

最后一个细微之处是：世代交替。不仅苔藓类植物具有这一特性，所有植物也都如此。蕨类和木贼类植物始终是以孢子体形式存在，一代产生孢子。然后，孢子生长发育产生一个微小的配偶体（极像一个地钱），并再次进行有性的改变，产生新一代的孢子体（一种新型蕨类或者木贼类植物）。

种子植物类中的大多数也是以孢子体的形式存在，而取代孢子的是植物产生的细胞集合，这些细胞集合表征全部的配偶体世代。在雄性的花（或者雌雄同体花的雄性部分）中，这个细胞群被安置在一个受保护的膜内，就是花粉。然后，花粉由微风、动物或者水携带传给雌性花。雌性配偶体在植物子房内起着卵子的作用。我很喜欢这种立体的想法，既然花粉中含有了完整的雄性配偶体，从植物学角度上讲，它就成为了会飞的苔藓。

从早期到处弥漫着有毒气体，到后来转变成适宜橡树和红杉这样的大树生长的环境，一切需要的变化都已经完成。实际情况就是如此。当有了种子植物的时候，一切都已经完成了。接下来还有一些陆续的改变，包括花卉的演变。但是，最基本的演变发生的时间比第一批恐龙的出现还早1.5亿年。年代如此久远，简直令人费解。然而，从植物学的角度讲，那是现代时期的开始。

很久以前，很多种子植物的谱系就出现了。但它们中的大部分早已灭绝了，至今只有5个谱系尚存。其中的两个谱系——真叶类植物和开花植物，在陆地生态系统中占据主导地位，陆地树木中的99%属于这两个谱系。本书的其余章节全部用于介绍这两个谱系。其他3个保留下来的谱系中也有树，包括一些格外引人注目的极其伟岸的树，前面的章节曾经提到过它们。

苏铁、银杏和神秘的买麻藤：三种被遗忘的著名树木

77　在种子植物依然尚存的5个物种的树木中，最古老的是苏铁类，即苏铁目植物。相信你在旅行的过程中肯定见过它们，虽然你有可能将它们误作其他种类的植物了。其中有一些长有粗壮的木质树干，样子就像巨大的木本菠萝树，顶部长有一团深绿色的针状叶子。其他一些则长有圆形的大树干，特别像棕榈树，因为它们奇异的美丽而被广泛地种植在许多热带国家。

苏铁树看起来像棕榈树，但其实完全不同

78

苏铁类植物最初是在大约2.7亿年前的二叠纪初期产生的，就是在恐龙出现之前的时代。在恐龙时代，它们变得种类极其繁多，毫无疑问，成为恐龙的主要食物。现在尚存的苏铁类植物有130多种，特征千姿百态。它们的一个共同特点是：种子是球形的，种子的个体很大、有一个肉质的彩色的表皮。单独的苏铁树既有可能是雄性的，也有可能是雌性的（雌雄异体的）。它们的生殖器官既不像真叶类植物那样有一个球果，也没有花朵，而是有一个“叶球”，雌性的叶球产生种子，雄性的叶球产生花粉。不管是雄性还是雌性，叶球通常都很大，就像一个鼓乐队队长手持的权杖的头，有时颜色亮丽。叶球的功能与花朵一样，但它们却不是同源的，因为它们是分别产生的。像开花植物一样，现在苏铁类植物借助于昆虫来授粉，并借助于各种各样的动物来播撒它们的种子。但实际上，有史以来植物和授粉昆虫间最初的共生现象可能就存在于苏铁树和甲虫之间；后来进化演变成独立的开花植物，可能就是利用了曾经服务于苏铁的甲虫。自然界中的事情一环套一环，进化演变带来机会，万事万物的发展都基于先前的状况。

苏铁类植物的花粉很奇特，它侵入将要成为种子的那一部分，发出很多像菌类一样的“根儿”。然后，在侵入的后期，情况与真叶类植物和开花植物不同，花粉产生巨大的精子——一个带有很多尾巴的精子。这两个特征或许很原始，但是可能大体反映了最初的种子植物繁衍生息的方式。

在佛罗里达、加利福尼亚或者西班牙，当你漫步林荫大道的时候，一定不会错过苏铁树，不过有可能你将它们误认为棕榈树。这种树值得走进去仔细观察，否则就会错过生活中一道细致的风景线。

第二种尚存的最古老的种子植物是银杏树，其最早的化石标本出现在大约 2.6 亿年前的二叠纪时期。那个时候，银杏树种类极其繁多，但现今尚存的就只有一种了，称为银杏树或者白果树。其叶子形状如半月，这也是它独有的特征。银杏树形态俊美奇特，受到人们格外的喜爱，在中国的寺庙里随处可见，在气候温和地区的花园里、公园中和大街上也随处可见，但在野外，银杏树可能已经绝种了。银杏树包裹种子的外壳肉乎乎的，散发着一股难闻的气味。中国人采集银杏树的种子食用（我上次去纽约中央公园的时候，就见到他们在捡拾银杏果）。

银杏树也曾经种类繁多，但目前仅存一种

银杏树的奇特令它很走运，人类已经使得很多树——尤其是一些不那么惹人注目的树——灭绝了。圣路易斯市密苏里植物园的园长彼得·瑞文（Peter Raven），是一位植物学界最具创新思维的思想者，据他说，拯救一种植物免于灭绝的最好方法，是将其列入园艺树种，而银杏就属于这种情形。但是这种办法对动物不太有效，因为没人能够为一头蓝鲸安排一个满意的家。

80

幸存的 5 个种子植物类物群中的第三种是买麻藤目。它们似乎极其不可思议，下面的 3 个属仅包含 70 个尚存的种，没有经验的人看不出它们彼此的相似性，尽管如此，它们的确是相互关联的。一种是千岁兰，生长在安哥拉、纳米比亚和南非极其干燥的荒漠地带。这种植物的大部分埋藏在沙土中，露在外面的是一张巨大的中间凹陷的木质圆盘，上面长有两片宽大的叶子，它们不停地生长但又从不凋落，叶尖的边缘有磨损的痕迹，看似枯叶一般。千岁兰是一种有气无力的家伙，在英国儿童文学作家米尔恩（《小熊维尼》的作者）笔下被刻画为驴子屹耳，也确实与屹耳一样，具有极佳的忍耐力。买麻藤目中其他的或者是麻黄属的（大多数是灌木丛，枝杈细密，细小的鳞状叶片十分不显眼，与木贼类植物的叶子相似），或者是买麻藤属的植物（有些是藤萝植物，其他的都是树，叶片宽大有皮革的质感）。

无论如何明察细数，目前的买麻藤目中的植物实在是个小家族（如果你好奇要数一数的话），其实它们一贯如此。当其他类的植物在地球上大片大片蔓延时，买麻藤类植物只是不紧不慢地跟随着。

还有两种主要的种子植物未被提及，它们在所有树木中所占的比例超过 99%。在考察它们（本书第二部分）和探讨它们的生活方式

（本书第三部分）之前，我们应该更仔细地观察它们共同拥有的特征，就是木质。木质使它们身材高大、寿命长久，占据了全世界三分之一的土地。

第 4 章

树木

一棵小紫杉树，它或许还能活 2 000 年

假如安排世上最伟大的工程师和艺术家，让他们在天堂的工作间 81
里发明一种像木材一样高强度、多功能、优质的材料，我相信他们永远

无法完成这项任务。树木是宇宙万物中的一个奇迹。当然，人类的建筑师们发明了比任何一种树木更大的结构，那些宏伟的大教堂和清真寺，极其壮美。但大教堂和清真寺却没有生命也不会生长。

82

树需要长成材才有用，在此之前它可能站立不稳，甚至需要用架子来支撑。树木一旦成材，其材质能保持长久不变，有的木材即使被建筑师重新设计和使用也不改变其特性。

一棵树可能有一天长得像教堂一样高，然而它从发芽那一刻起就必须功能齐备。在生长的过程中，树要不断地改变形状，随着长高变大，每一部分的张力和压力也在变化。为了长成参天大树，在没有架子支撑或外力帮助的情况下，既要长得高大，又要自我建构；并且作为一个独立的生物，在整个生长的过程中（从种子、树苗、小树到大树），还得进行良好的自我管理，这远远超出了人类工程师所能成就的一切业绩。树被砍伐之后，自然就停止了继续生长。这时，我们看到了木材最基本的构成：相当复杂的化学物质（纤维素、木质素、丹宁酸、树脂，以及大量其他成分）；细致精密的结构（以成就最高的强度和最多的功能）；赏心悦目的外观；千姿百态的形状。著名的雕塑家们，从格林宁·吉本斯 (Grinling Gibbons) 到亨利·摩尔 (Henry Moore)，凭借他们对艺术的领悟力将树木展现得淋漓尽致。而树木本身，艺术家们用来发挥创造力的材料，则是大自然的创造。

人们在不同的场合分别使用“木头”、“木材”、“树木”这些词。一般说来，“树木”这个词用来描述针叶树和会开花的树（被子植物）的骨干部分。但是，植物学家和森林学家们不赞同将单子叶树木归为“真正的”树，它们通常指棕榈和竹子一类的树，它们在形态结构上完全不同。这些人认为只有针叶树和阔叶树这样的被子植物才是真正的树。阔叶树属于双子叶植物，木兰、橡树和柚木都是阔叶树。

关键在于是否有“真正的”木质结构，这正是针叶树和阔叶树所具备的特性。这两类树木的基本组成部分是木质，它是一种传导组织，即树木内部的基础输导系统，它能使树木长得又高又壮。这些组织主要有两类。一类是内部的木质部，由很多导管组成，起着将含有矿物质的水分从根部运送到叶子部位的作用。对于阔叶树，大部分木质部导管从根向上一路敞开；而针叶类树的木质部则被多孔板阻隔（这是两类树木的主要区别）。第二类传导组织形成韧皮部，属于细胞链，运载从叶 83 子输出的光合作用产物（各种各样的有机物质，主要是各类糖分），并向下和向外将其运送到植物的其他部分。韧皮部组织长在外部，共同形成了一个包裹着内部木质部的固体圆柱。

总而言之，可以将树木想象成一捆被结结实实地绑在一起的吸管，形成一个实心体。现在，在这样的想象中再加入一些东西，把几把剑由外部插入这个实心体的中间部分。“髓射线”顺着剑插入的方向从中心向外发射出来。这些叶片组织在木质部和韧皮部这些不同部位之间起着连接作用，对整个大树干还起着“食品仓库”的作用。通过出出进进地运输营养物质，在树的生长过程中，髓射线能够增大树干的直径。但这些髓射线更主要的功能是，确保树干成为自身的“养料贮藏库”，需要的时候来这里提取。

那么，一棵树是怎样长高的呢？树干变粗了，它又是怎样持续起作用的呢？下面介绍其中的奥秘。在木质部和韧皮部之间是一层薄薄的纤维，叫作形成层，它形成了由根部到叶子的鞘。形成层是干状细胞组织，它的工作就是生产纤维，在内部生产木质部，在外部生产韧皮部。因此，树年复一年地变粗，而树干仍旧能正常工作。新生的木质部和韧皮部源源不断地生长，产生出更多的组织。当然，草本植物和小树从一开始就具有一定的粗细程度。西红柿的茎秆在生长季节也会变得越来越粗，因为有越来越多的细胞产生，它们靠着细胞内部的水压个个显得精神饱满。但是只有针叶树和阔叶树具有完善的形成层外壳，离表皮不远，可以使得树一年比一年变粗，并且可以持续生长几个世纪。这种现象被称作“次生加厚”(secondary thickening)。那些不属于针叶树或者阔叶树的其他树木，它们的“次生加厚”到一定程度就停止了。苏铁类植物就是这样的，显然，鳞木属的石松曾经也是这样的。棕榈树却不是。通常，它们一开始就矮小粗壮，在达到 20 米左右的高度之前，一直是这个样子。除了针叶树和阔叶树，还没有其他树木将“次生加厚”发挥得如此淋漓尽致。这是长成真正的大树的决定性需求和手段(至少到目前为止是这样的)。

84

形成木质部的细胞很快就会死掉，实际上，为了完全发挥作用，它们需要死掉。这些细胞失去了有用的细胞质，剩余部分只有细胞壁——因为含木质素而变硬的纤维素。然而，随着时间流逝，木质部和韧皮部的细胞不仅会死亡，也会失去作为传导组织的功能。任何一棵树的树干，其木质部靠近中心的部位都是最老的，可能已经活了 10 年、100 年，甚至上千年了。年龄在 10 年左右的木质部会逐渐变得堵塞，尤其是加上丹宁酸的作用，因此，树的中间部位变得越来越坚硬。不仅仅是每个单独的细胞死了，整个结构也都失去了输送水的功能。韧皮部是木质部的镜像：最老的韧皮部导管长在最外部，当新的韧皮部组织在其内长出来之后，旧的韧皮部就被挤破了。

虽然它们作为导管组织的日子结束了，但是，那些位于树木中心部位完全死掉的木质部和外部被挤碎的韧皮部却没有停止发挥功效。通常，完全死掉的、泡在丹宁酸里的木质部就变成了“心材”；而其外层的年轻木质部仍然起导管的作用，形成了“边材”（含有丰富的树液）。确切地说，心材是树的躯干部分，这一部分使树长大。外面被挤破的韧皮部与树皮成为一体，提供必要的保护功能。通常，“树皮”是指位于形成层外部的所有部分：内层包括依然起作用的韧皮部，但外层是死的。通过“老茎开花现象”，我们可以对位于树表层下面的生命现象有所了解。例如很多生长在热带的树木，包括可可树，开花之后会在树干或者最大的树杈上结出果实。

季节性生长的树，其木质部和韧皮部的增加是间歇性的。典型的生长在温带的树，春季长出的新生木质部很宽，但壁薄；而夏季生出的木质部是狭窄、厚壁的。这些差异清晰可见，导致一系列同心“年轮”的出现。典型的状况是，每一个季节长出一个年轮，所以可以估算树的年龄。气候条件好的年月，长出的年轮宽阔；而不好的年月，年轮密致。因此，知道了树的年龄，还可以推测以往那些年月的气候情况。如果我们在 2004 年砍伐了一棵正处于成熟期的树，就可以推测出 19 世纪 50 年代的气候状况。树的有些年轮可能很稀疏，另外一些可能很紧密。如果我们拿到一块木头，是在 19 世纪末期被砍伐的，但无法猜出准确的时间，就可以将其与 2004 年砍伐的树木进行年轮宽窄程度比较，由此推测这块木头是 19 世纪 50 年代被砍伐的。然后再往回推算，算出这棵树被栽种的时间。然后我们可以将这棵老树与一棵更老的有年龄交叠的大树进行年轮比较，这样不断地往回推移。这就是“树木年代”原

85

理。基于这个原理，利用连续长出的老树的年轮，可以推断以往的气候状况以及树木的大致年龄。树木年代原理为考古学提供了卓越的洞察力（在一些气候明显出现干湿季节的地方，热带树木也会长出年轮。而在气候没有显著变化的地方，热带树木没有长出年轮）。

很多树有次生形成层，在主形成层外部，具有产生软木的特别功效。软木细胞（就像木质部细胞）为死而生：到死也只具备微小的体态、肥厚而不渗水的细胞壁。软木是一种奇妙的材料，轻而不透水（因此能够防止过多的水分丢失），能帮助驱赶害虫，相对而言具有一定的防火性。所有树的树皮里都含有一些软木细胞，而且有些的含量还很高。那些最有可能暴露在火里的树，它们的软木层最厚，就像生长在地中海地区的美丽的软木橡树，还有生长在马达加斯加岛、非洲和澳洲的猴面包树（它通常被用来加工成软木塞）。从树的角度看，一个难题是软木的不透气性，它阻止了气体的交换。但是在此路过的唯一松散的细胞群往往能够解决这个问题，它们叫作皮孔，能使空气流通。

以前起作用的韧皮部和专门的软木复合形成树皮。树皮也经过高度进化并具有很强的适应性。当然，就功能而论，我们无法解释树木的多样性，事情就是这样发展过来的。多样性可以帮助专家进行分类，就像我们借助木材的图纹对其进行分类一样。木材本身的形态不同于自然分类，但树皮确实有很多适应生存的特性，例如一些树皮富含丹宁酸，用来驱赶害虫。红木的树皮没有软木橡树的树皮那么软，但同样耐火——它是厚达30厘米的纤维组织。还有一些树，像Enterolobium ellipticum（它还没有通用的英文名称），必须忍受巴西塞雷多干旱森林的周期性火灾，这种树拥有大量隆起的软木树皮，我猜测隆起的部分

86

有助于建立一个向上的气流，将热气带走，远离树干。

很多树会脱皮，有时整块剥落，这对树有各种益处。有些树（特别是长在热带森林里的树）脱皮似乎是为了摆脱附生植物，这些植物会在树干和树枝上大量蔓延，将树压得下坠，并且阻挡光线。桉树的树皮富含油脂和树脂，能够迅速而猛烈地燃烧。令人奇怪的是，这是一种消防设施。树脱皮，通常脱掉的是小碎皮，落在树的四周成为垃圾。在这种富含化学物质、发酵变黑的树皮屑中，其他植物难以生长，因此树下几乎没有其他植物生长。当森林大火肆虐的时候，火焰迅速烧尽树下富含油脂、树脂的易燃物，并继续前进——迅速而高温的火焰远比低温缓慢的火焰造成的危害低。几绺树皮剥落后，新生的树皮光滑坚硬，很难烧着。伦敦的悬铃树通过脱皮，避免了烟尘的危害，它们得以在城市里长得生机盎然。这种情况不可能属于适应性的，因为这种人工培植品种的母本物种在城市出现以前很久就已经进化成现在的样子，但这的确是一个“预适应”的好例子，即一个在较早的其他环境中进化而来的特征，偶然变成它自身现在拥有的特征。

显然，不同物种产生不同的木材。有一些很轻，生长迅速；有一些则很密实，生长缓慢。还有一部分比水重，像愈创木和木樨榄（一种密度较重可当木材使用的橄榄树）。有一些木材是黑色的，另有一些是奶白色的，还有一些是黄色的，除此之外，有一些则显而易见是红色的。

这些是显著的差异，在某种程度上，这些差异似乎容易解释。例如先锋树，可迅速占有可利用空间，所以生长快。但是，它们可能很快就被其他树赶上，然后被湮灭，所以它们无须长得强壮，因为寿命短暂。先锋树的材质典型特征是轻而结实。号角树是这方面的先驱，它那银色、硕大、类似板栗形状的叶子，是遭受风暴或砍伐者侵袭的热带森林的特征。但是，奇妙的大自然无法预测，不能假设它永远按照我们的思路行进。所以，一些树的先驱们容忍后来其他树种的入侵，并且活得很长久，像红杉树；还有一些不仅寿命长，木质也很坚硬，像桃花心木。与之相反，生长在马达加斯加岛（还有非洲和澳大利亚）的猴面包树，其木质却格外地柔软，它也是树的先驱，但通常能活500年之久，或者更长的时间。很多其他树最初是作为部分林下叶层在阴凉处开始缓慢生长，直到冠层（或者等待上面露出一条缝隙），然后也许还要忍耐几个世纪。这样的树木时常木质细密，结实，使得它们很长寿。还有一些年岁久远的树被风吹弯，其他的一些则坚强挺立。在英国，柔软的岑树和刚毅的橡树已经成为不同生活策略的表征。还有其他的差异（包括颜色在内），似乎大部分属于偶然因素造成的。主要的需求产生具有功能的生物体。除了起着生存的作用以外，很多基因还具有特殊的功能。一棵树的木质是黑色的、白色的、红色的还是悦人眼目的淡黄色，我们很难了解这对于树本身的重要性。决定颜色的基因也许的确在做一项十分重要的工作，例如驱逐害虫。也许它们没有特意做什么。倘若它们的副作用没有什么害处，那么这些基因就会一代代地传递下去，无论它们具有怎样怪异的特性。

出于同样的原因，不同物种的树木具有不同的纹理和“轮廓”：当树被垂直年轮的方向切开，呈细长状的纹理就出现了，贯通树干的长度；无论是否切开树木，通常都能看得到轮廓。这些不同描绘了在微结构方面的差异。显然，对于一棵树而言，其木质要有功用才行；还有一点也是显然的，即结构上的特别细节的部分并不会产生很大的影响，尤其对于心材部分，它的作用是增进强度，增大体积。因此，可想而知，树木携带各种各样的基因，以不同的方式影响纹理和轮廓，以至于专家们（至少从理论上讲）根据树木的形态就可以对任何树木的种类进行识别。细微的基因变异引起的差异对树的影响不大。

任何一个树种，不同个体之间也存在着巨大的差异，这又是基因引起的。纹理和轮廓就像人类的指纹一样是不同的。如此的差异并没有特别的优势，如果没有伟大的自然选择规律迫使它们保持原状，差异就悄悄出现了。 88

所以，一棵成长中的树木对于应力、张力和压力的反应就如同哺乳动物的骨骼所起的作用一般。一个水平方向生长的大树枝使树枝与树干的接触点承受巨大张力。对于阔叶树，比如橡树，时常可以看到树枝的根部，就是和树干接触的部分不是圆形的，是椭圆形的。树枝下边由"被挤压的树木"支撑着，就像一个在教堂里支撑横梁的梁托。针叶树也采取同样的方式，只是利用完全不同的物理原理。针叶树的加固工作做在横向生长的大树枝的上面，上面那些部分属于承重部分，起着拉索的作用。

各种各样的热带树种，在位于树底部四周，可以看到板状根，其形状是各式各样的——不管是常见的还是古怪的，都好像火箭的尾翼，薄薄的直角三角形从树干底部冲出地面，有的高达 3 米或者更高。它们造型奇异给人印象深刻。然而，它们并不是真正的支撑物，因为支撑物需要承受压力。教堂的扶壁紧靠墙壁起着支撑作用。热带森林大树的板状根也像拉索一样，承受着张力。通常的情形是，一棵承受狂风侵袭的树好像"知道"要遭受摇摆震动，就会长得粗壮。

89

通常，心材和边材有很大的不同。心材擅长承受压力，具有很高的抗压强度，而边材具有很高的抗张强度。中世纪英格兰的弓箭手用紫杉木制造长弓，取树干上的心材和边材相交的特殊部分。心材是深颜色具有很高的抗压强度；而边材质轻，柔韧性很大。制造弓箭的时候，深色的心材在内，轻质的边材在外，这样造出来的紫杉木弓具有极大的弹性，真是一把威力无比的长弓！的确如此，英国弓箭手用这样的弓箭在1346年的克雷西战役中打败了法国骑士。又在1415年的阿金库战役中得胜。或许你会以为法国骑士应该从中接受教训，但事实并非如此。制造长弓最好的紫杉木来自西班牙，不幸的是，英国人时不时地与西班牙发生战争，至少后来是这样的。然而，“全面战争”是20世纪的概念，追溯到19世纪，伟大的英国航海家詹姆士·库克（James Cook）在太平洋法属港口为自己的船只进行补给，即使是在与法国作战的时候也如此。所以也许英国人从西班牙买紫杉木并没有我们想象的那么难。生意就是生意！

有时，树内部的张力有助于提高它的强度，就像混凝土下面的钢筋起着加固混凝土的作用，桉树就是如此。被砍伐的桉树，存在于其内部的被拉紧的纤维自由地伸展开来，甚至在树倒下的过程中，木材也会裂开。烧着的桉树（在大火足够旺、火焰温度足够高时，桉树就会着火，虽然整棵桉树都适应了易燃环境）会爆裂，这是因为张力和存在于木质中的油脂。

树木纹理由里向外在树枝的根基部位生长。被砍掉的树枝与树干的连接部位会形成节疤。有些树，包括橡树和红木，发出一团团花蕾，之后不见果子，却结出一堆堆带芒刺的种子。木材围绕着这些种子生长，随后其纹理就随处可见了。树的纹理可能有不同的方向，它也绕着树干的根基生长，在板状根中也出现。盖房子的人喜欢纹理较直的木材，因它具有最高的强度和可知性。但是制造镶木板和车床的人对装饰更感兴趣，他们喜欢结带芒刺种子的树木，并且愿意花大价钱购买它的木材。

生长在森林里的树长得高大挺直，渴望阳光。通常，建房屋的人就喜欢这样的木材。生长在开放空间的树可能像躺在羽绒被子上的波斯猫那样舒展，形态千姿百态。因此，英国的优质树种山毛榉就像塔一样又高又直，跟长在英国皇家植物园里的那些营养过剩的山毛榉不一样。在超过 200 年的时间里，那些长在开阔花园中的树种没有鹿和马啃食其低矮的枝叶，在成群结队的园丁的呵护下，各种天敌远离四周，结果它们长成球形，如同高尔夫球一般。虽然也有 20 米左右那么高。而那些长在苏格兰山坡上，暴露在狂风中的老橡树，通常枝丫弯曲，特别适合于造船工人按照其自然弯曲的形态制造船的龙骨和船首部分。 90

最后，木材的颜色和轮廓可能会受到土质和疾病感染的影响而变化。土质中如果含有镍木质就是蓝色或者绿色的；如果含有铁就是红色或者黑色。有些树，像热带美洲产的一种树——小鞋木豆（又称乌金木，另外一种豆科植物），具有天然形成的美丽条纹。另外一些，则由于真菌感染而形成彩色条纹，有红色的、黑色的，等等。感染并不总是坏事。在 17 世纪荷兰的郁金香狂潮中，条纹郁金香荣登榜首，那些条纹就是由一种病毒引起的（直到 20 世纪，病毒才被认定为离散的生物体。但早期的花卉养殖者对于花卉疾病有深入的认识，知道怎样培育出想要的条纹）。由于青霉菌或者其他真菌的作用，奶酪会产生漂亮的花纹，因此酿酒商把酵母称作“尊贵的腐烂”。固然，树木内部产生的菌类可能会使木材烂掉，但当真菌被灭掉后，它会永远以休眠状态、带着丰富的色彩存留其中，同样，这种效果受到车工们的高度欣赏。所以，树不仅仅是美丽的，其形态也是变幻无穷的。即使人类只有一种树可以利用，也是一件很有福气的事情（虽然我们是一群不知感恩的家伙，对此毫不领情）；实际上我们有成千上万种树可用，而其中任何一种树都可以胜任各样的用途，满足各样的奇思妙想。如果树生长健康，木材经过精心选择，那么其木质会像钢材一样细致地分出等级，可以用于高精度的工作。在第二次世界大战期间，英国的哈维兰公司研制了数目可观的蚊式轰炸机。这种轰炸机的制造使用了岑树、云杉、白桦树，还有一种轻质木材，将多种木材按照精确的比例进行混合。木材在现代飞机制造中仍然起着重要作用。当然，也用在船舶制造中，甚至被用于玻璃钢纤维的船体。毋庸置疑，木材也被用在许多最大的建筑物中代替钢材。在飞机制造业，它的作用更加显著，因为用柚木做的梁要比钢桁架的耗费低得多。此外，木材的主要成分是碳元素，源于大气中的二氧化碳。因此，它起着碳“水槽”的作用：一根木梁会持久锁住所含有的碳元素，使用它建造的建筑物能稳固持久地站立。在建筑物“寿终正寝”以后，木材可以回收再利用。像很久以前那些声名远扬的伟大建筑一样，木制结构的宏伟建筑未来具有极大的优势。

另一方面，如果你要的只是一个设计新颖美观的水果钵或者一张办公桌，不需要像飞机、船舰或者高塔那样持久地承受张力，那么在造型和色彩设计方面就可以发挥无尽的遐想。

所有的这些好处都只是额外的奖赏。重要的是我们要使树木长得高大，让那些起光合作用的叶子高耸入云，沐浴阳光，也要保持它们从地下汲取充足的水分。虽然我们会种树，有些人还会把它们修剪成各种奇妙的形状，但即便给我们一千年，我们也不可能设计出具有如此细微结构的材料，或者说在近一千年里，我们确实没设计出什么材料能与之媲美——甚至是最不可思议的现代合成材料，无论在功能、作用和美观上，都不配与大自然的造物相比。这就是进化的力量。

以上是普遍的归纳。在接下来的四章中，我只想尽情地享受树木的荣耀，纵览大自然赐给我们的所有树木（至少浏览一下针叶树和被子植物）。

第二部分

世界上所有的树

第5章

不开花的树：针叶树

一些现今尚存的狐尾松，与人类有文字记载的历史一样久远

在景色美轮美奂、生态环境严酷的广袤土地上，生长着各种各样 95 的针叶树，它们形成了最为辽阔的森林。它们当中有世界上最高的树

（加利福尼亚的海岸红杉）、最古老的树（加利福尼亚的狐尾松），还有一些是最耐干旱的树（生长在撒哈拉沙漠中的落羽松）。而现在我们所能见到的针叶树，历来被植物学家们称作“孑遗植物”。在大约3亿年前的二叠纪，最早的针叶树出现在地球上，远远早于恐龙出现的时期。其鼎盛期至少延续到5 000万年以前，并进入第三纪时期（动物学家们武断地将其称为“哺乳动物时代”）。因此，早期（很久远以前的年代）的一些针叶树种与梁龙和禽龙打过交道，而它们的子孙后代见过世界上最早的大象、马、猫，还见过世界上最早的松树和在其枝头欢腾跳跃的灵长类动物。在那段漫长的时间里，针叶树的家族又增添了几十个成员，简直无法估计它们到底有多少个属、多少个种。但现在针叶树仅剩下8科，包含70属，其中四分之三的属，每一个属大约只有5种，甚至更少（有些只剩下一种了）。我们所了解的针叶树大约只有630种。毫无疑问，仍有很多树种未被发现，特别是在东南亚和委内瑞拉的高地，但其数目远远少于大约有30万种的开花植物。因此，现存部分只是曾经有过的极小部分，“孑遗植物”一词可以说是对此情形的恰如其分的形容。尽管如此，剩下的“孑遗植物”却奇妙无比，魅力无穷。

实际上，从大约1亿年以前的白垩纪开始，针叶树就已经被被子植物抢夺了优势。所有的针叶类植物都是木质的，大部分是树，尽管其中有一部分贴着地面簇拥着生长。但没有一种是以附生植物方式生存的，仅有一种以寄生植物方式存活。开花的树的品种大约是针叶树的50倍还要多；不过大部分开花植物属于草本植物，以我们熟知的形式和生活方式生存，有攀缘植物、藤蔓植物、一年生植物、多年生植物、附生植物、水生植物，还有几千种寄生植物。

现在许多适合针叶树生长的条件却使开花植物难以适应。针叶树对气候的适应性很强，从热带到北极的几乎所有地区都有这个家族的成员。当然，在沙漠或者极地那样极端的气候环境里它们无法生长——其他的树也不能。在西伯利亚，只有生长在最北边的白桦树可以（其实是有时可以）与云杉媲美；在加拿大，只有白杨树可以（有时可以）与松树匹敌。大体上，针叶树属于杰出的开拓者，在不同程度地遭到毁坏以及尚未开垦的贫瘠土地上，都可以生存。但在优良的土质上，当气候稳定、更适于生长时，针叶树却有被被子植物取代的趋势。因此，在中非和亚马逊河流域广袤的热带森林里，根本就没有土生土长的针叶树。然而在热带雨林高地——那里的环境多少不那么舒适——针叶树却生长茂盛，甚至还可以见到它们崎岖攀爬在东南亚地区的山腹地带。

实际上，在野外土质贫瘠、渗水性差，或者气候和土质都不稳定的地方，针叶树能够健康成长。通常，针叶树和菌类，比如像伞状毒菌一样的真菌类，形成一种互助关系。这些菌类会侵袭树的根部，但这属于良性侵犯，它可以大大地促进树木的吸收能力。这种互助被称为“菌根”。阔叶树也有很多的共生形式，不过针叶树在此方面更加擅长一些。在林火常常发生的地方，针叶树也能茂盛地生长。北美红杉和很多松树的球果如果不经过林火的烘烤，包裹在球果中的种子就不会掉出来（尽管林火旺盛时也会将其化为灰烬）。

一般来讲，针叶树十分喜光。可是当你漫步在红杉林的绿荫下，凝望云杉园中密密伫立的树干，遐想漫长黑暗的严冬中的针叶林时，你会觉得这个想法实在是太奇怪了！因为针叶树生长在波罗的海北部或者是阿拉斯加、加拿大以及斯堪的纳维亚半岛和俄罗斯的那些实实在在的北半球大森林中。通常，在有被子植物陪伴时，针叶树也会长得很好，因为它们会比前者高出许多。但是当自己的同类们互相遮挡住了光线，生长就遇到了问题。一旦这种情况出现，它们有一个应对策略，很多树就会迅速长高。因此，出现了一棵最大的现今依然活着的巨型美洲杉被称作“布尔树”（又一棵拥有自己名字的大树），它大约有 3 000 多岁了。但当四周出现了生长的空间，其他的美洲杉会趁机快速长高，大约需要 100 年左右的时光就可以长得和布尔树一样高了。如果这些新巨人未遭砍伐，在未来的几千年里它们将会长得越来越粗壮。

这也是为什么生长在遥远北方的针叶树总是很高大，因为那里的太阳总是悬挂在天空很低的位置，针叶树只好从侧面捕获大量的阳光。针叶树长成塔尖的形状，主要不是为抖落压在其上的雪（法琼博士认为如此），尽管人们时常这样以为。低纬度的针叶树直接从头顶得到光照，它们长得不高，并且顶部扁平，形状像极了富有个性的可爱的怪石，或者长在南部欧洲的金松——出现在地中海画面的背景上。也许因为山坡上有良好的光照，长在热带山坡地带的针叶树也具有同样的外部特征（虽然法琼博士指出，日照时间只在黎明到傍晚之间）。然而，一概而论在生物学中是危险的。一些作为下层林长在阴暗处的针叶树确实长得不错，包括英格兰昏暗墓地中的紫杉，还有像柏树的日本罗汉柏，它们刚开始作为下层林时长势极慢，一旦超过邻居们，就会加速生长。

除了种类有限，目前在遍及世界的范围内（美洲、欧亚大陆、澳太地区）都可以看到针叶树。植物化石还显示，远古时代的南极洲也有过针叶树的足迹。在北半球，针叶树的多样性最集中地体现在北美加利福尼亚地区、墨西哥以及中国东部的大片区域，环拥四川和云南，并延伸至东边的喜马拉雅山脉、日本和中国台湾。在台湾，甚至有一种针叶树是以台湾来命名的，叫作台湾杉。在南半球，针叶树多样性最集中的区域不是南部大陆地区，而是新喀里多尼亚岛，该岛的面积大约与英国的威尔士或者美国的马萨诸塞州相当，位于南太平洋之中，在澳大利亚和斐济之间。有关新喀里多尼亚岛的网页主要介绍那里的海岸和夜总会，以及奇异的野生环境，却没有一点儿信息讲述生长在那里的神奇的树木（特别是南洋杉）。

印度完全没有野生的、土生土长的针叶树。在印度，针叶树长在种植园里，它们在那里长势良好。除了几种源于喜马拉雅山脉的欧亚品种之外，现在唯一存活的本土物种是肉托竹柏，属于南半球罗汉松科，生长在印度西南部的高止山脉西部。原因可能与历史因素有关。大约在6 000万年前，古印度被巨大的德干火山一扫而光，次大陆的大部分都被埋在了火山熔岩之下。当时生态形式比较稳定的被子植物似乎是首批被带回到这片遭毁坏的陆地上的植物（虽然这种观点与针叶树作为杰出先锋的观点不太吻合）。

在大洋岛屿上也难以见到针叶树，这些岛屿起源于火山（像夏威夷），它们与起源于陆地碎片的岛屿（像新喀里多尼亚岛）不一样。至少，在靠近陆地的火山岛可以见到针叶树，但是在更远的大陆边缘亚速尔群岛所见的，则是刺柏属的短叶桧。松树和大部分其他现存针叶树的种子长有翼瓣，可以随风飘动，但通常不会漂洋过海飞向遥远的地方。刺柏属的种子球果肉质饱满可口（它们是用来给杜松子酒增味的“浆果”），被飞鸟吃掉以后又被播种下去。这样，鸟儿把种子带到了遥远的地方，还为它们选择了着陆地点，而被风儿吹走的种子就没有这种好

99

运了。针叶树意味着“长有球果”的树。所有球果不是雄性的就是雌性的，与很多的花不同，它不是“雌雄同体的”。一些针叶树在同一棵树上既长有雄性球果又长有雌性球果（“雌雄同体”），而其他一些（像紫杉和大部分罗汉松科的树）每一棵树上仅有一个性别的球果（“雌雄异体”）。对于针叶树来说，繁殖通常是一件轻松愉快的事情。花粉从雄性球果传到雌性球果，花粉管进入胚囊成功地受精，这个过程可能需要几周的时间。一旦受精成功，雌性球果大概需要几年的时间才能发育成熟。一些针叶树会将成熟的球果脱落，而另一些则将球果一直保留在树上。还有一些，像球锥松和辐射松，它们正在生长的枝条可能遮盖并最终包裹住生长了很多年的陈旧球果（当木材被锯开的时候，你会见到别有情趣的花纹。当然，这一定会受到木材加工者们的青睐）。杉树、松树、雪松等树木的球果形状经典雅致，人们喜爱收集珍藏；但是其他的针叶树，像紫杉，种皮较低的部分在正在生长中的种子的四周形成肉质的“假种皮”，看上去像一个果实。刺柏属树木的球果鳞片连接在一起，变得多汁或者肿胀，如同浆果一般；而罗汉松属的树木，其球果的基部位于正在生长中的种子的下部，胀鼓鼓的，形成了肉质丰满、色彩艳丽的花托。杉树、松树和雪松树结出的肉质丰富的“果子”可能在针叶树历史的早期就已经完成进化，它们将被飞鸟，有时被哺乳动物散布各处。毕竟，哺乳动物是远古时期的动物，可以追溯到三叠纪恐龙出现之前，以及鸟类出现的侏罗纪时期。

在木材贸易中，针叶树被集中归为“软木类”，而阔叶树被归为100“硬木类”。这样的划分有些过于粗糙，一些针叶树的木材（如紫杉）要比一些被子植物类的木材（如巴尔沙木）坚硬得多，但是针叶树的木材没有任何一种的坚硬程度可以与最硬的阔叶树相媲美，有些阔叶树像钢材一样坚硬，如橡木和桃花心木；还有一些木质过于坚硬以至于没法对其进行加工，除非使用钨和钻石工具。但是这些工具过于昂贵，使得加工失去意义（一些硬木甚至含有硅的成分，令其加工更加困难）。

针叶树分类

关于针叶树的分类在过去几十年中一直存有争议。按照传统的分类法可将其分为 8 个科：南洋杉科、三尖杉科、柏科、松科、罗汉松科、金松科、红豆杉科和杉科。然而，大部分当代分类学家（包括法琼博士在内）将杉科合并入柏科中，使其简化为 7 个科。但是还有一些人（包括法琼博士在内）将罗汉松科分成 2 个——将“芹松”分离至叶枝杉科，结果又变成了 8 个科。

注意，在下面的分类中，在针叶树的 8 个科中，其中有 3 个科，每一科仅含有 1 个属，另有 3 个科包含 10 个以上的属。柏科有 30 个属，松科有 11 个属，罗汉松科有 18 个属。目前法琼博士认可的针叶树一共有 70 个属，其中的很多仅有 1 个或少数几个种类。这属于典型的远古物种在现代树的社会中恰好找到了少许生态位，“少许”是相对来说的，而实际上它的范围广泛，种类繁多。

在针叶树的 8 个科中，罗汉松科主要生长在南半球，南洋杉科仅在南半球才有。其余的科则主要生长在北半球或者只在北半球才有（当然，人们已经将所有科的树移植到了世界各地）。在远古时期，地球所有的陆地被分成两个古大陆，南边的冈瓦那古大陆和北边的劳亚古大陆。我们不由得猜测罗汉松科和南洋杉科起源于冈瓦那古大陆，而其余的6个科来自劳亚古大陆。它们的最初发源地在哪里，我们尚无法确定。但是可以看到，远古时代南洋杉科树木在南半球和北半球都有，而在南半球它们碰巧存活下来了。现代柏科树木在世界各地都有。我喜欢这样的分类：将南洋杉科和罗汉松科称作“冈瓦那科”，或许将柏科和其余科都称为“劳亚科”。但有些时候，我不得不认同一些喜欢和不喜欢的事情。

现存的针叶树之间的关系，以及现存的与已经绝种的针叶树之间的关系不那么容易讲清楚。形态学（结构）对这些关系的确定起着主导作用，但是各种各样的针叶树似乎并没有差别鲜明的特征。有时，最重要的结构（如罗汉松科的球果）几乎没有什么差异，对分类起不到什么作用。有时，某一突出的特征很难进行分类，确定它是属于“同源特征的”，还是相互之间存在密切关系的，抑或仅仅是其“原生态”所具有的，要么就是每一物种共同具有的特性。分子学的研究应该有助于植物的分类，但似乎也没有起很大的作用。现在还不是完全清楚各种各样的针叶树是否形成了真正的复合群（真正的分化枝）；也远远没有搞清楚现在已经认知的各种各样的科之间到底在多大程度上存在相关性，以及有怎样的关联。因此，有人将松科归为离群类，将其看作所有其他科的姊妹群，其他人则把松科、罗汉松科和红豆杉科归为一类。我在前面并没有按照特别的次序对这些科进行描述。

贝壳杉、智利南美杉和遗失久远的瓦勒迈杉：南洋杉科

在恐龙时期（大约2.45亿年至6 500万年前），南洋杉科种类繁

多，在世界各地随处可见。现在只剩下3个属：贝壳杉、南洋杉和瓦勒迈杉，它们共有41种，都长在南半球。南洋杉属种类最为丰富的地方是奇妙的太平洋岛屿新喀里多尼亚，或许那就是远古冈瓦那古大陆遗留下来的最原始的碎片。

在所有这些树中，最为非凡的树包含在贝壳杉属的21个种里，叫贝壳杉，长在新西兰北岛。一棵最壮观的贝壳杉被称作唐尼·马胡塔，毛利语的意思为"森林之王"。唐尼·马胡塔树高51.5米，最低的树枝离地面也有18米高，树干周长13.77米，直径将近4.5米。换句话说，102 如果这棵树长在一个普通乡间民舍的客厅里，那么树干会触及四周的墙壁。我已经站在了唐尼·马胡塔底部的位置。它的四周围绕着很多参天大树，不过与唐尼·马胡塔相比，它们显得其貌不扬。它的树干直冲云霄，逃离了四周的昏暗，如同矗立在南大洋上的冰山。在高处，那些生长在巨大无比的、向四周舒展的大树枝上的附生植物，形成了一个飘浮在空中的美轮美奂的花园。这个"大花园"支撑着住在其上的整个蜥蜴和无脊柱动物的王朝，而这些家伙们从来也没有离开过这棵大树到其他地方看看。如果它们会思考的话，一定以为这棵大树——唐尼·马胡塔，就是整个世界!

人们猜测唐尼·马胡塔大约有1 500岁。然而直到1886年的一场大火将它烧毁，人们才发现另外一棵叫作卡－拉鲁的贝壳杉，它的直径超过20米，年龄至少有4 000岁了。难怪毛利人敬畏这棵贝壳杉，将它排在第二位，仅次于罗汉松图塔拉——后面对此会有更多讲解。在没有举行祈求饶恕的仪式之前，毛利人不会砍伐任何一棵树。一位毛利族律师曾经向我评论此事，不无挖苦，"他们一定要举行一个仪式以示敬畏”，因为毛利人耗费大量贝壳杉木材来建造房屋、船只和雕刻工艺，咀嚼树胶用来生火，他们砍伐了整个森林。贝壳杉胶化石仍待挖掘，它是琥珀的一种形式。欧洲人更为贪婪疯狂，大量砍伐贝壳杉，以至于其面积从 120 万公顷降到 8 万公顷。如今，新西兰政府开始保护本土树木。漫步在新西兰的天然森林里，四周弥漫着大片林下蕨类植物营造的幽灵般的奇异氛围，还有小扇尾鸟在前面带路，真是生活中奇妙的经历，而这种快乐又如此地触手可及。当地人修筑了很多便捷的小路，并建有跨越凸起的树根和堤道的小木桥，穿过水洼或沼泽，留出空隙使几维鸟可以在下面穿行（几维鸟不会飞，甚至没有翅膀，惯于夜间活动。它们捕食蠕虫和其他一些无脊椎动物。与大多数鸟不一样，它们靠嗅觉捕食而不是靠视力）。

婆罗洲的热带雨林里也有贝壳杉；新喀里多尼亚岛有 5 种贝壳杉，都属于本地区特有的物种。按照针叶树的标准，贝壳杉属于十分新的物种，最早出现的时期可以追溯到 6 500 万年前。

南洋杉属有 19 种，其中 13 种是新喀里多尼亚岛的特有植物，也就是说，在那里它们随处可见。新几内亚和澳大利亚也都有几种南洋杉科植物。在欧洲和美洲不算太北的地方，生长着美丽的诺福克岛“松”，即异叶南洋杉，它因柔嫩而广为人知，在偏北部的地方，人们通常把它当成不常见的植物养在室内。这种树树干笔挺得好像圣诞树，不过枝头卷曲。这些特征使得它倍受喜爱，被栽植在世界各地气候温暖国家的小型宾馆和庭院中。但对于北方人来说，最著名的南洋杉属的树木只有 2 种，原产于南美洲。智利南洋杉树也叫智利杉，源于智利和阿根廷，曾经广泛种植于郊区园林，在那里受到欢迎（至今它们依然生长在那里，

103

刚刚开始呈现出壮美的姿态)。智利南美杉的叶子像皮革一般并长有刺，紧密地附着在茎上。或许这为猴子提供了片刻歇息的机会，不过一直到距今 3 000 万年前猴子才出现在南美洲。南洋杉似乎要比贝壳杉的历史更为悠久，它出现在大约 1.2 亿年前，那时美洲根本就没有猴子。可能南洋杉也从来没有为猴子们着想过，它们的叶子长成人见人怕的样子，只不过是为了防范恐龙的破坏(至少有些植物学家是这样认为的。如果不考虑树木久远的历史，就不可能了解树)。

南美杉的木材没什么可利用的价值，但巴西杉却得到了那些喜欢动手制作的人们的宠爱，因为它的颜色千变万化，有温和的奶白色、栗子一样的褐色，还有浓艳的带有深浅不一的条纹的红色，具有一定的硬度，而且只需普通的钢质工具就可以加工。巴西杉主要生长在巴西的巴拉那州，在巴拉圭和阿根廷也能见到。巴西杉有时也被称为“巴西松”，形态如同平顶树，高 40 米，树干笔挺光亮，大约有 1.2 米粗，是巴西主要的出口木材。

这个曾经的大家族中保留下来的第三个属是瓦勒迈杉，属于原始物种的残遗物种，与 20 世纪 30 年代在马达加斯加岛深海区域发现的腔棘鱼——一种远古总鳍鱼——齐名。直到 1944 年，人们才根据化石发现了瓦勒迈杉，它的出现可以追溯到 1.2 亿年前。然后在澳大利亚南威尔士的蓝山峡谷发现了大约 30 多种瓦勒迈杉。它们与一些开花的树一起长在溪边。它们似乎在野外长势不佳，必须得到妥善保护。发现瓦勒迈杉虽然不像找到暴龙那样令人兴奋，但其意义是一样的。

现在，非洲没有南洋杉科植物，虽然有化石显示在远古时代南洋杉科植物也曾在那里生长过；当然，南洋杉曾经在南极洲生长繁茂；在 104

整个北半球，它们的踪影曾经随处可见。南洋杉的确属于残遗物种，对于那些“幸存者”我们应心存感谢。

粗榧和生长在东亚地区的其他物种：三尖杉科

海南粗榧，是另外一个原始残遗科仅存的一个属，只包含11种。它以林下树木的形式存在，生长在气候温暖地区的山区森林，与开花的树木混杂在一起，从喜马拉雅山脉东部开始直到中国、日本、中国台湾、泰国、越南和马来西亚，都是海南粗榧生长的地方。海南粗榧的样子看起来有些像紫杉（在不求甚解的年代，有时将其划归入紫杉）。在西方园林业，它的名字五花八门，其中包括“牛尾松”这个名字，因为它上上下下都长有深绿色的对针状叶，好像将其称为“松树”和“粗榧”都有理由。海南粗榧的雌性球果只结一个单一的、带有软皮的种子，粗略看上去就像一颗橄榄或者是一枚尚未成熟的紫杉“浆果”。

柏树、刺柏、落羽杉和红杉：柏科

针叶树中唯一在世界各地都能见到的就是柏科，南北半球的各大洲（除了南极洲）都有柏科树木，因此，要合理地猜测它起源于北边（劳亚古大陆）还是南边（冈瓦那古大陆），几乎是不可能的。在现存的针叶树科中，柏科包含最多的属，多达30个，虽然包含的种不是最多（有133种）。但是作为残遗物种，它的确宝贵非凡，因为其中的18属，每1属只含有1种。而这仅存的1种也可能是侥幸存活下来的。

柏科家族近年来不断壮大。在其早期的形态中，仅包括柏树、刺柏、澳洲柏和崖柏，它们看起来都像柏树一样。但是十多年来，植物学家们一直怀疑柏科树木与被归类在杉科中的树木——落羽杉和红杉，没有什么明显的区别。它们的球果在细节上惊人地相似，大柏树的树皮厚重柔软，呈线条状，这与红木树皮几乎没有区别。 105

现在，人们清楚地意识到按照老式分类法分类的杉科缺乏连续性。只是因为共同的原始特征使得它们外观大致相同，这些属就被归入同一科内，而不是因为它们之间存在任何特殊相近的关系。事实上，按照老式分类的杉科树木中有一些成员之间并没有亲属关系，它们反倒与柏科中的一些树木更像同类。新近发现的水杉似乎更接近柏树。因此，我们也许更应该把杉科家族同爬行动物或者苔藓植物相比较，它们不是真正的同类，但是在“级别”上可以相提并论——一群有相似特征的生物。按照老式分类法产生的杉科树木和柏科树木现在组成了一个新的扩大的柏科家族。尽管如此，你仍旧会在植物园的标签上看到传统的名字“柏科”。这些情形需要花时间去改变。

重新扩展的柏科家族成员分布极为广泛。其中一些树木，譬如扁柏属、智利柏属、红杉属和崖柏属，喜欢生活在沿海潮湿高深的树林中。其他树木（例如扁柏、柏木、克什米尔柏以及台湾杉）则选择高山的季雨森林。有些树木（澳洲柏和刺柏）在沙漠边缘枝繁叶茂，还有一种，就是“地中海濒临灭绝的柏属”，甚至能生存在撒哈拉沙漠的中心地带，那里基本上没有雨水，它们从离地面很深的化石层汲取水分。一些生长在格陵兰冰帽附近的刺柏，一年四季伫立在冰雪之中。不同的树木在不同的生长环境中有着各异的形态：矮粗的共生菌在俄罗斯远东地带簇拥着地面得以生存；高大的红杉树——“北美红杉”在加利福尼亚的海岸沐浴着阳光，是那一带最高大的树种。柏科家族还包括一些世界上最古老的生物，它们是智利柏属和刺柏属的成员。像松树一样，各种柏树和红杉通常在贫瘠的土地上也能生长自如，有些甚至从岩石的缝隙中探出枝杈，而那里根本就没有一点土壤。

106

按照老式分类法的柏科家族包括 21 属。大多数属仅包含几个树种，有的甚至只有 1 种。这个家族的 3 个属分别拥有 10 种，澳洲柏就是其中的一个属。事实上它拥有 15 种，其中 13 种生长在澳洲（2 种在塔斯马尼亚岛上），2 种（似乎不可避免地）生长在新喀里多尼亚岛。澳洲柏通常喜欢居住在半干旱的高地，并与桉树、香柏为邻，它们都是易发生森林火灾地区的树种——当周围的一切都被烧尽时，它们可以继续生长。大型泽米属有时被称为“松柏”，是人们喜爱的花园树种。

柏属的 16 种都是“真正的柏树”，它们分布在南半球，愉快地生长在气候温和湿润的海岸、沙漠或者高山地带。在北美洲的西南地区，一个树种甚至南下进入了洪都拉斯境内。正如我们所见，“地中海濒临灭绝的柏属”进军并驻扎在撒哈拉沙漠。地中海和中东地区的“经典”柏树是意大利柏（名称的字面意思是“永远活着”）。有些柏属是喜马拉雅山地区和中国西部的原始居民。可是在地中海和亚洲地区，很难确定到底哪些是土生土长的树种，因为从罗马帝国时代甚至更早的时期开始，很多树木就被挪移和重新栽种到其他地方。南美洲西部的北美翠柏带给人们关于校园生活的美好回忆（至少在我小时候是这样的），它们柔软细致的木材为全世界 75%的铅笔提供了原材料。

柏属的规模很可能会扩大，把扁柏属的 6 种也包括进来。或者这两个属应该首先合并，然后再重新划分开来。通常用来区分二者的主要特征是叶子的排列，当以其他特征为依据时，似乎不具有充分的说服力。扁柏属的树木身材高大，在北美和东亚地区的温带混合林或者完全针叶林里生长，从海平面到高山都有它们的身影。作为深受喜爱的园林树种，矮蓝美国扁柏属中最广为人知的是俄勒冈西南部和加利福尼亚西北部的劳氏柏（美国产花柏木）。在英国，人们常种植劳氏柏做树墙。在美国，人们喜欢它的木材，用来制造家具、船舶、船橹、独木舟的桨以及教会的风琴。莱氏柏也被称为杂交金柏，是用黄柏（努特卡扁柏，俗称“阿拉斯加香柏”，源于北加利福尼亚和阿拉斯加海岸）和大果柏木做母本培养出来的新品种。这种柏树长势如此迅速，以至于它的大片阴影给郊区生活带来很大麻烦。显然，这种人工培养的品种在 19 世纪末最早出现在英国和威尔士交界的蒙哥马利郡的花园中。这两个人工培育的品种极易生长。这一事实是另一个使我们相信扁柏属和柏属不应该被视为两个不同属的重要原因。但是情况变得更复杂了，法琼博士以及其他两位学者认为黄柏和一个新近在越南发现的针叶树应该被归为一个新的属，即澳洲柏属（不久前在越南北部发现的一种柏树最近被确认是一个新的植物种）。在此之前，植物学家都不知道这种植物。越南黄金柏的一些特征，与在美国西北部发现的黄云杉有着惊人的相似之处——这两种树成熟以后，都长有两种叶子（针叶和鳞叶），木质细腻而坚硬，并且散发出芳香气味。这一发现促使植物学家决定将黄金柏和黄云杉合为一类，定为一个新的植物种：

107

澳洲柏属。

智利柏属目前仅包含1个种，即智利柏，它颇似柏树，但是身材极其高大。它们是沿海一带的本土植物，在智利南部和阿根廷境内的安第斯山的山麓上（一个欣赏树木的好地方），只要有足够的时间，它们就会大量繁衍。但是这确实需要很长时间：现存的能够算出年龄的最古老的智利柏至少有3 600年了——但是也有一些树干中空的大树，它们更大，毫无疑问也更老一些，虽然我们无法直接估计它们的年龄（因为树干是中空的）。有时你会看到只有智利柏构成的小片森林，有时它们与南方的山毛榉（假山毛榉属）混杂在一起。

刺柏属是柏科中最大的一个属，它有53个种，占了整个家族成员的将近40%。显然，刺柏（像一些松树的树种一样）在近期内已经发展成许多新树种（地域性地），其中一些树种能活几千年。它们分布（居住）在北半球，人们在赤道以南热带非洲的东部和南部还发现了非洲柏。它们似乎能够忍受从亚北极地区冻土地带到半沙漠地带的所有气候，并有着各异的形态：从簇拥在地面上的小灌木丛到高高的大树，而且它们都具备极强的抗旱能力。在有些高山上，刺柏耸立在山顶树木生长的树线顶端。J.brevifolia（暂时没有英文名称）仅在葡萄牙的亚速尔地域生长，并且是唯一定居在大洋中火山岛上的针叶树。看它那多汁的“浆果”，一定是被鸟儿运送到那些岛屿上的。欧洲刺柏是针叶树中分布最广泛的一类，它的外貌酷似3种土生土长的英国针叶树中的一种。正如我们在此描述的一样，刺柏属包括圆柏属，这个名字仍然出现在许多文章中，也许会出现在植物学的标签上，但是它似乎没有足够的特征将其归为3个属中的任何一个。

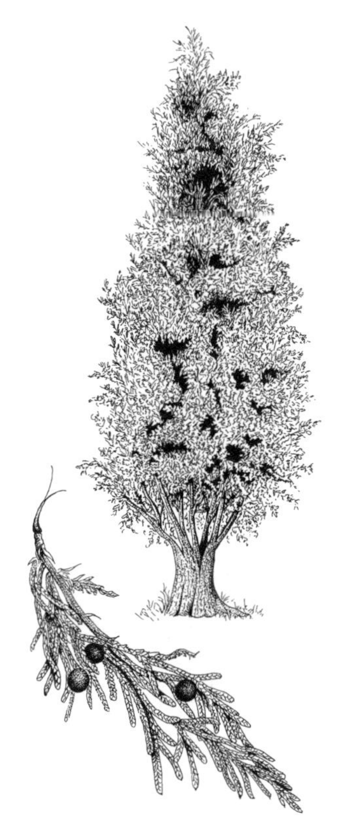

刺柏科的一个成员，所有针叶树中分布最为广泛的一种

崖柏属的树木寿命很长，貌似柏树。在全部的 5 种当中，身材最高 108 大的是北美乔柏，还令人费解地被称为西方红柏，指的是木材交易中的柏木，这种优质木材适合制作户外家具和木屋房顶，不管经历怎样的气候都能保持长久，并且无需更多保养。这种木材能够散发自然的香气（崖柏属中的大多数树种都是如此），当它的叶子被碾碎时，闻起来有菠萝的气味。在它的原生地俄勒冈、华盛顿和英属哥伦比亚地区，西

109 方红柏高达 60 米，巨大的树冠底部的直径达 10 米。住在西北海岸的美国土著人把已经枯死多年的树干从沼泽地中拖出来，然后把树干中间挖空，做成独木舟和图腾柱；阿拉斯加南岸的海达印第安人用树枝做成箭，粗糙的树结被削成鱼钩，树皮中的纤维用来编制绳索、篮子、垫子、衣服和帽子。西方红柏常常出现在郊区的花园中，与劳氏柏树的作用类似。但是在 16 世纪，第一位踏上欧洲旅程的崖柏属却是另一个美国土生土长的树种——来自东部几个州的北美香柏，相比之下，它的身材稍微小一些。

还有 3 个崖柏属的树种居住在中国东北地区、朝鲜、日本和中国台湾。这种分布图式比较常见：很多种类的树木包括橡树在内，既分布在北美，也出现在东亚，尤其是中国。不知是什么原因，它们似乎轻而易举地就能跨越太平洋。树木从不在乎政治界限，这的确说明我们在地图上画出的线条有多么不讲道理。崖柏属树木通常喜欢凉爽潮湿的气候，遍布海岸和山地。虽然它的大部分树种都很高大，但是其中一种是弯曲的灌木丛，那就是生长在中国东北部和朝鲜境内裸露山脊上的朝鲜崖柏。这使我们又看到在同一物种的生物中，很容易出现极大数目的不同外观形态。崖柏是针叶树的一种，人们以为它已经灭绝了，但是后来它又出现了。事实上，它消失的时间还不如水杉属或者瓦勒迈杉更长久，但是人们以为它早已绝迹了，直到 20 世纪末期，人们才在中国北部山上发现了它们活泼茁壮的身影。

罗汉柏属只有 1 种，源于日本，看起来简直就像一棵柏树的塑料仿制品，也喜欢从海岸到高山地区凉爽而潮湿的气候，是另外一种起初在树荫下长势缓慢，一旦超过邻树就迅速生长的针叶树。罗汉柏属拥有很多经过培植的品种，在园艺行业备受青睐。

在几种针叶科树木中，南非柏属中的 4 种出现在撒哈拉以南的非洲地区——南非、马拉维、莫桑比克和津巴布韦。南非柏属极耐高温。在非洲的夏天，森林火灾时常发生。当周围的树木被烧成灰烬时，南非柏属却能够继续生长。可是令人痛惜的是，这个属的树木已经被砍伐得所剩无几了。马拉维木兰吉山坡上的一些“木兰吉柏”树林，是南非柏属唯一的幸存者。

110

按照老式分类法的柏科中的两属尤其值得一提。它们各自只有 1 种，这两个种都能长成高大的树木。其中之一是生长在中国东北和东部地区、朝鲜和俄罗斯远东地区的侧柏属；之二是台湾杉属，当然，它出现在中国台湾，也分布在中国云南，以及缅甸和越南，人们到 21 世纪才发现它生长在那里，这些树高达 70 米。拜访台湾的众多商人和使节们往往没有时间欣赏当地的树木，真是太可惜了，也许他们应该安排一点时间留给这些树木。在杉科的 8 属中，其中的 5 属仅包含 1 种，它们是柳杉属、水松属、水杉属、北美红杉属和巨杉属。其他的 3 属中，密叶杉属拥有 3 种，而杉木属和落羽杉属各有 2 种。因此，杉科一共有 12 树种。它们真是一群珍贵的遗留树木啊，虽然高大壮硕，但是它们曾经屹立北半球的英姿如今却鲜见了。

日本柳杉即“日本柏树”，在贸易中被称为“Sugi”。这些树林可能不是天然的，但至少它们是世界上最早的林业种植园遗迹的代表。柳杉的木材埋在地下经久会变成深绿色，生成一种叫作“杉石”的东西，人们把它当作具有一定价值的宝石。

红杉科存留了 3 属：海岸地带的红杉属、巨杉属和水杉属。目前存留的红杉科树木的确是珍贵的遗存，因为在1亿年前，当气候比较温和、开花植物长得生机勃勃的时候，在整个南美洲、欧洲和亚洲，红杉科的树种要比现在多出12种。甚至还有一种居住在澳大利亚。在岩石形成的第三纪，水杉属的不同树种就广泛地分布在各地了。在大约450万年前的始新世，整个世界的气候舒适温暖，那些红杉树甚至生长在遥远的北部，就是现在加拿大靠近北极的地方，只差10摄氏度至15摄氏度就到北极极点了。可是后来在“冰盒效应”（由于大气中的二氧化碳稳步减少而引起）的影响下，全世界开始变冷。到了更新世的时候（大约200万年前），其他属的种差点儿都灭绝了。水杉属至今只有1种，即水杉树。人们曾经以为这个树种已经消失，直到20世纪40年代，有几棵水杉树在中国中部地区被发现。我们很难猜测这些幸存的水杉树，自从它们销声匿迹以后，究竟是怎样艰难度日的。因为在过去的几百年中，人们已经把它们现在的居住地开垦得面目全非了；但总体来说，它们似乎像落羽杉一样，喜欢潮湿的环境。

111

北美红杉属也减少到只有1种了，即北美红杉，就是生长在加利福尼亚和俄勒冈洼地里的西部海岸红杉。这个属的树种曾经出现在三个大洲（其中包括澳大利亚）。北美红杉需要海岸气候。它们所需水分的三分之一来自北太平洋冷水流上面几乎每天漂浮起的大雾，雾气在深绿色的有皮革质感的羽毛状的叶子上凝结成水珠。有些海岸红杉一百年才能成材，它们的木材呈棕红色，用途广泛，从电线杆、棺材到管风琴都可用，其20厘米厚的防火性极强的树皮，可以为纤维板的制造提供材料。

巨杉属也仅留下1种，即巨杉树。它们生长在加利福尼亚华达山脉西面山坡的丛林中，有时同一种类独自生长，有时与其他针叶树混杂在一起。像美洲杉属一样，巨杉属也曾经拥有许多树种，在北美地区广泛分布。同样，它们对火灾也有极强的适应能力，通常只在大火过后才繁衍后代，以确保在每次火灾之后，仍能够成功地创造出一片一片的新树林。幼苗迅速成长，不久就超过了对手，还有可能达到几千年的树龄。它们虽然不会长得像海岸红杉那样高大，但是会更强壮。从表面上看，巨杉属似乎是个优越的幸存者，但是它只剩下1种了，且仅能生长在一个条件苛刻的狭小地区。大自然真是不可预测啊!

按照老式分类法的杉科由落羽杉而得名，它是落羽杉科的一个属。树如其名，落羽杉通常生长在沼泽以及湖边的积水洼地里；它们的根上有纵向伸展的“分枝”，能够突出在地面或者水面上，很明显，这些根起着远航轮船甲板上的排气管的作用，能够把空气中必需的氧气运送到根部。生长在红树沼泽地里的阔叶树也有相似的氧气运送系统。可是，112 墨西哥落羽杉有时在湿地以外也长得不错，有时它们还与一些阔叶树一起生长。同样，一个曾经拥有多树种的属现在仅存2种了：一种是美国东南地区的落叶树落羽松；另一种是得克萨斯州南部和墨西哥瓜特玛拉的墨杉，据说它四季常青。

最后，与落羽杉属有着亲近关系的，是它的亚洲同类水松。同样，它也只剩下1种了，这个种生长在溪水边或者其他潮湿的地方，包括中国南部和印中交界地区的河口三角洲。我们也再一次看到北美和中国之间的联系。

松树、冷杉、云杉、雪松、落叶松和铁杉：松科

如果以所含属的多少来计算，松科不是大科，它只有 11 属，但其中却包含最著名的 225 种。可能仅仅是因为在所有的针叶树中，松科得到了最好的评价。其中的部分原因是它含有三个最大的属，包括松树中最有经济价值的树：松树（松属）、冷杉（冷杉属）和云杉（云杉属）；还有部分原因是松科中除了一种之外，其他的都原产于北半球，那里有为数最多的科学家对其进行科学研究。松科中唯一流浪到赤道以南的一种是南亚松，源于北苏门答腊（它与刺柏类似，也是只有一个树种生长在南半球），尽管松科化石只出现在北半球。我们知道，针叶树家族大部分成员的起源还不清楚，不过松科似乎被认定为源于“劳亚古科”。

整个松科可以在各样的生活环境中生存，但是当环境极为干燥时，除了一些能够抵御极度干旱的松树之外，其他的可能被柏科取代。杉木、落叶松、云杉和松树是生长在最北部的树种，在欧亚大陆和北美洲树木生长最北的极限地带被发现，它们长在树木能够生长的最高的地方。有时，它们也长在阔叶树旁，尤其是身为开拓者的松树，后来冷杉和铁杉（铁杉属）也慢慢掺杂进来。

113

最大的松科天然林在最北部，北美洲、斯堪的纳维亚半岛和俄罗斯。然而，这些北部森林仅包含很少的树种。对于大多数的物种来说，越是靠近赤道，其种类越多，因为那里的生长期较长，季节性雨水丰富。朝向赤道的方向也有山脉，自然地把生物隔离开来，由此进化出新物种。

实际上，不同的松科主要集中于 4 大种类（尽管有人认为加上第五

科更合理）。两个科位于亚洲，拥有最丰富多样的属；另外两科（或者是3科）在北美洲，虽然没有那么多的属，却有最多的种，尽管其中的大部分属于松属。

4科中最大的一个其生长中心从中国四川省和云南省直到尼泊尔，包含11属的所有种，这些物种之间的大部分差异主要存在于冷杉属和云杉属里。其中几个属是中国特有植物，如银杉、长苞铁杉、金钱松。日本和中国台湾形成了另外一个单独的中心，包括了其中10个属的全部树种，唯独缺少雪松属，这个属的树种都是真正的柏树。

在北美洲的生长中心，加利福尼亚州有5属：冷杉属、云杉属、铁山属、黄杉属、松属。墨西哥是一个单独的中心，含有松属的种类最多，拥有43种，也有冷杉属、云杉属和黄杉属。墨西哥有那么多松科的种，或许与那里的自然火灾较多有关，而松树是很好的抗火植物，实际上它对火有依赖性——没有火烧，其种子就不能够裂开或生长发育。最后，美国东南部的大西洋平原确确实实地形成了另外一个中心，那里的松树阵列与加利福尼亚州和墨西哥的很不相同。

松属已知的有109种，是针叶树各属中最大的属（黄杉属紧随其后，排在第2位），也是松科中最为古老的已知属，从白垩纪就生长在欧洲和北美洲，其他各属最早出现的时间是在大约6 000万年前的第三纪早期。松属中的很多种从前要比现今分布得更为广泛，然而，它们没有像美洲杉或者南洋杉那样数目减退。松属植物可辨识的特征包括包裹在其针状叶底部的像纸一样的叶鞘，有时是单叶，但更多的时候是一簇簇长出来的。松属植物的整个形态千姿百态，大多数中间有一个高挺的树干，有一些像雪松一样向四周伸展，还有一些长成了多杆的灌木 114

丛。

松属也是松科中最能干的，其各种各样的种分布广泛，从欧亚大陆冻土地带的树线直到欧洲的阿尔卑斯山和美国西部的树线，贯穿北美洲烟雾笼罩的太平洋海岸，下至北美洲热带沿海草原。其中一些仅以一个种就形成了大片的树林；另外一些与别的针叶树一起长在山上；很多属于荒漠灌丛；还有很多特别地适应了火灾，生长在易发火灾的南美大草原和北部森林地带。实际上，松科主要生长在火灾易发地区。在中美洲和东南亚的热带低地地区，松科的一些种也生长繁茂，因为它们能够最快地从台风侵袭中恢复过来。大多数松科植物适合于贫瘠的土壤，它们的根部依靠菌根来延伸。拉脱维亚辽阔的松林（也有白桦、云杉和桤木）似乎牢牢地根植于沙土之中。定居在科德角的最早的欧洲人效仿早期的清教徒移民砍伐松林，他们原以为松树下会出现肥沃的土壤，结果发现的只是沙丘，完全不适合种植小麦；而那个时候他们也没有钓鱼器具来捕获海中大量的鳕鱼，几乎全部饿死了。在西班牙，那里的松树有一半被埋在沙土里。

从经济的角度讲，松属在所有属的树中最为重要。不论是在南半球还是北半球，人们都用大面积的种植园来种植其中的几种，如巴西利亚附近种植的是加勒比松，智利辐射松也几乎到处都是。

冷杉属总共有48种，大部分生长在丘陵地带直至亚高山地带，从温和到极端寒冷的气候都能适应。在非洲北部、整个欧洲和亚洲南部直到越南北部，以及北美洲和中美洲（洪都拉斯），都有冷杉属树木。有时，单独一种冷杉就形成森林；有时，它与其他的针叶树或者阔叶树长在一起。与大部分松科植物不同，冷杉科植物喜欢肥沃的土地。大多数冷杉树有像圣诞树一样的尖顶，可以长得很高。最高大的冷杉树长在 115 范库弗岛上，大约有 90 米高。加拿大和美国靠近湖泊各州的香脂冷杉散发出松树香皂的气味，其树干的树脂就是“加拿大树香脂”——一种用于光学仪器的最优质的胶合剂，特别适合于固定显微镜的载玻片和盖玻片。冷杉树的雌球果直立在高高的大树杈上，生长在华盛顿州和俄勒冈州的冷杉，拥有硕大的球果，长达 25 厘米。

银杉值得匆匆一瞥，它只有 1 种：中国银杉，为中国中原地区所独有，散布在石灰石山岩或者高高的山坡上，夹杂在阔叶树之间。直到 1958 年，银杉才首次被记载入册。中国人精心地对其加以保护，树木的任何部分都不得采集，它的种子也不允许在中国境外培植。不过，法琼博士说：“它既不是特别稀少，也不是近乎灭绝，无论从森林学或者园艺学的角度看，都没有很高的经济价值。”之所以保护它，可能是因为艺术鉴赏家们对其喜爱和珍藏，就像在古希腊修道院里发现的稀世圣像一样。

雪松的 4 种可以被称作“真雪松”（当然，普通名称具有很大的随意性，真与不真，无法确定）。沿着地中海地区，从北部非洲的高山到塞浦路斯、黎巴嫩、叙利亚和土耳其，到处有雪松散布，其中一个种却与众不同，它长在喜马拉雅山脉的西部。它们喜欢长在凉爽的山区，与其他针叶树作伴，冬天那里有很多积雪。就像长在低纬度的针叶树一样，雪松在水平方向上支撑着树枝和树叶，像极了一个多层的蛋糕架。大西洋雪松有一个种带有深浅不一的蓝色，受到园艺界的喜爱。喜马拉雅山雪松原产自西喜马拉雅山脉地区；黎巴嫩雪松确实原产于黎巴嫩，但在土耳其西南部地区也能见到，位于耶路撒冷的所罗门的圣殿就是使用这种木材建造的。现在这种木材极度缺乏，不能满足日用所需；当树成为有利用价值的大圆木时，沿着它的径向剖开，就得到带有弯曲花纹的薄板。

落叶松属有 11 种，是落叶的针叶树中的一个较小的属，它的显著特征是，冬季落叶以后，露出中间笔挺的树干，单薄的枝杈大致沿着水平方向伸展，光秃秃地立在那里。它们广泛地分布在欧亚大陆北部的森林以及北美洲，还有喜马拉雅山脉的一些低纬度地区，喜欢长在山腹地带。欧洲落叶松的木材适用于各种各样的用途：作为矿坑支架、造船（至今在苏格兰依然可见使用此种材质制造的托捞船），房屋建造者喜欢用它制作院门、柱子和围栏。生长在北纬 73 度东西伯利亚的兴安落叶松被称为最北的树，这种长在最北部的树身材极其矮小。

116

但在北美洲，长在最北部的树是云杉，即加拿大云杉。云杉总共有 34 种。在北美洲最北部区域和欧亚大陆，云杉常常由单一树种形成广袤的森林。而在遥远的南部，它们喜欢长在山区，并与其他的针叶树混杂在一起。长在中国西部以及喜马拉雅山脉东部的云杉，其生长形态又与此大不相同。云杉长得很美，像冷杉一样高挺笔直、呈尖塔状。欧洲最高的本地树种就是云杉，产自斯堪的纳维亚半岛、东欧和阿尔卑斯山脉的挪威云杉，其中一些种的无精球果依然以授粉的方式进行繁育，其颜色是极为好看的红色和黄色。云杉也很有利用价值，它们提供轻型木材（人们称之为“好交易”），也是圣诞树的雏形：“云杉”（Spruce）与“Pruce”有关，“Pruce”一词源于“普鲁士”（Prussia），那是圣诞树最初的发源地。第一次世界大战之后，英国大面积种植西加云杉（一种北美云杉），这是一种很可爱的树，在它的老家——美洲的西北部，它可以长到 80 米高。在战后沉闷的气氛中，云杉被种植在军事禁区，大范围地替代了本地物种和熟悉的景观，为它自己换得了一个坏名声。现在，至少有的时候，商业种植不那么粗暴了。

铁杉属（包括铁杉）有 9 种，起源于北美洲（其中 2 种在东部，1 种在西部）和亚洲，散布在喜马拉雅山脉由低到高的区域，甚至可以在海拔 3 000 米的地方见到它，中国台湾和日本都有铁杉树。此外，树也反映出北美洲和亚洲北部之间历史上的联系——横跨太平洋的桥梁借助生命的力量建造起来了。大多数人把铁杉属中的几种当作针叶树的标准形象：高大、深绿，长有像云杉一样的针叶，尽管其中也有一些像美国东部的红豆杉属一样矮小，生长缓慢，时常被修剪成矮树墙。铁杉属在针叶树中也是一个小属，它耐凉，与阔叶树一起在树林里生长（尤其是在亚洲），通常能长出一个圆形的树冠。

117

还有，黄杉属中的 4 个现存种，显示着北美洲到东亚之间的历史链接：2 种在美洲（属于加利福尼亚州的特有植物），另外 2 种分布在中国（包括台湾地区）和日本。花旗松长在加利福尼亚太平洋海岸沿线，向北到加拿大的不列颠哥伦比亚省，以及从加拿大到墨西哥的落基山脉，它们最初是由苏格兰伟大的植物学家和探险家大卫·道格拉斯（David Douglas）带到欧洲的。它是松科中最大的树，实际上是所有树中最大的树。英国皇家植物园里有一个旗杆，超过 60 米高，是从一棵树干上直接锯下来的。花旗松的木材属于软木材中最坚固刚硬的一种，用于大型建筑物的建造以及雕刻，还大量被制成薄板和夹板。亚洲黄杉通常硬度适中，大多数在落叶林区与阔叶树长在一起。

如里姆、图塔拉、新西兰鸡毛松——五花八门的针叶树：罗汉松科

罗汉松科目前有 18 属，它们仍处于被研究的过程之中，由于其球果数量减少，难以辨认（大多数针叶树的球果含有丰富的信息），以至于分类困难。随着研究的深入（尤其是对 DNA 的研究），或许罗汉松科能够进行更加细致的分类。然而在针叶树中，罗汉松科已经属于第二大科了（继松科之后），它拥有 185 种。

罗汉松科中所有的属都是在南半球发现的，只有半数进入了北半球。在北半球，罗汉松科从安第斯山脉进入中美洲和委内瑞拉高地，但其分布最广泛的地区在马来西亚、印度尼西亚、法属印度支那以及中国亚热带地区，并由北进入日本南部。尽管还不能确定整个罗汉松科原产于冈瓦那大陆（这是一个不错的猜测），但它的最大的属罗汉松属的确源于此地。这个科的化石形成于侏罗纪以前的时期（1.4 亿年前），都是在南半球发现的。

在形态和生态两方面，罗汉松科都以种类繁多给人们留下深刻印象。大部分罗汉松是乔木，散布在潮湿的热带或者亚热带森林里。有一些有助于形成林下层植物，另外一些成为冠层，还有一些则长成塔状高耸入云，被称为“另类”。一些罗汉松长在热带山区最高处布满苔藓的树林中；另外一些生长在遥远的南部地区，在树线之上形成低矮的灌木丛；还有很多长在贫瘠的土壤中，包括泥炭沼泽地，但更多的种类与被子植物形成竞争的生存状态，那里有丰富的营养物质。包括罗汉松在内的很多种都长有宽大常绿的叶子，这一点与大部分现存的针叶树不同，它们的肉质球果形状各异，有着五花八门的颜色，正处于人们的深

118

入研究中。但有一点是显而易见的，它们都是由哺乳动物和鸟散布传播的。因此，罗汉松在自己的科属中起着被子植物的角色。新喀里多尼亚岛这个极其特别的岛屿，通常充满最为怪异的物种。在那里，转叶罗汉松长在流淌的水中，对于一棵树，这是最不寻常的行为举止了。长在新喀里多尼亚岛的寄生陆均松是唯一一种寄生针叶树，它深深地挤进新喀里多尼亚陆均松的根里面。

罗汉松科现存有 107 种，尽管大多数只能在遥远的热带森林被发现的。另一方面，法琼博士认为“对于罗汉松属的分类工作太过滞后”，是指罗汉松属的分类本应该早就完成了（这样，罗汉松属自身的数目将会减少）。罗汉松属是罗汉松科中唯一在南部大陆的大部分地区和主要岛屿生长的属，尤其是在婆罗洲岛，有 13 种，新几内亚岛有 15 种，有 6 种生长在委内瑞拉高地。关于罗汉松仍然有待于进行更深入的研究探索。

罗汉松科在新西兰的生态学中扮演着关键的角色，在毛利人的宗教和经济中起着至关重要的作用，后来又得到了欧洲人的重视。在新西兰的树中，最高的是新西兰鸡毛松，有差不多 60 米高。在 19 世纪初期，当英国人意识到上帝将新西兰这块土地赐给他们的时候，他们也开始觊觎这种独特的树木——新西兰鸡毛松，它的树干看上去是制作桅杆的绝好材质，可以装备舰队对付拿破仑的部队，以及制作海上贸易的独桅帆船。但新西兰鸡毛松木材很不结实，令英国人感到失望。直到现在，毛利人和欧洲裔白人之间的关系虽不那么糟糕了，但仍然矛盾重重。前不久，航空部门要求对罗托鲁阿机场附近的一排高耸的新西兰鸡毛松进行修剪，毛利人的回答是：不可能！罗托鲁阿绝对是毛利人的领土。后来我听说，那个机场不得不迁移到别处去了。

119

尽管令英国海军感到失望，新西兰鸡毛松的确是优质树木。就像很多植物一样，它的嫩叶以及成熟期的叶子是不同的。前者外观像紫杉一样分成两半排列着，后者则丰满粗糙像柏科树木的叶子。当雌性球果成熟的时候，花托变成红色，并长成浆果的样子，每一个在顶端都有一粒紫色的种子，几个挤在一起，像极了俄罗斯娃娃。

穗花罗汉松是比较好的木材，在木材贸易中被叫作“黑松”，但是对于植物学家，它的学名是 Prumnopitys taxifolia。大罗汉松是锈色罗汉松，别名为“黄花松”。“岗松梅”和“黄松”是另外一个属——哈罗果松属。“银松”是泪柏属。而“黄银杉”是黄银松属。但是，这些取错了名字的“松”中最了不起的一种是新西兰陆均松，“红松”即新西兰陆均松。它们不再遭到砍伐，现存的厚板材被用于制作家具和各种日用品，如大碗和沙拉容器。

然而对于毛利人来说，最了不起的树是图塔拉——一种新西兰罗汉松。新西兰罗汉松在南岛和北岛都有，高达 40 米，树干直径一般在 2 米左右。毛利人敬畏这种树，不仅因为树所展现的富丽堂皇的气质，还因为它的木材是红色的，属于皇家的颜色。毛利人还将它的树干挖成中空，制成独木舟，可供 100 人划桨泛舟海上。

芹叶松：叶枝杉科

叶状枝属是单一的属，只有 4 种，通常被归入罗汉松科，但它们是“芹叶松”，长在马来西亚、印度尼西亚、新西兰和塔斯马尼亚岛，常常长成大型冠层树，在高山云雾带生长，接近树线的高度。将它们叫作芹叶松是因为其叶子长得像芹菜，肉厚丰满，你的确很难将其与针叶树联系在一起。然而从植物学的角度讲，这些所谓的“叶子”根本就不是叶子，而是“叶状柄” 扁平状的绿茎起着叶子的作用，而真正的叶 120 早就不见了。但这样的植物特征并没有被分类学当作有重要意义的特征，由性特征所揭示的进化关系更为可靠。针叶树的性特征是球果，这些球果受精后长成水果的形状，很像罗汉松科的树。叶状枝属首次被划归是在 20 世纪 60 年代，很多分类学者并不满意这样的分类（包括贾德），法琼就认为它的叶状柄特征如此突出，应当单独分为一类；他也指出芹叶松有着与罗汉松科不同数目的染色体，授粉方式也截然不同。毫无疑问，相关的争论将会继续下去。显然，除了关于 DNA 方面的证据，我们还需要更多的信息。

日本特有的物种：金松科

这是另外一个很小的科，实际上它只有一种：日本金松。它是一种常绿针叶树，属于日本南部特有的属，长在陡峭的斜坡和山脊上，有时独自丛生，有时与阔叶树混杂在一起生长。它的竞争力极强，因为要忍耐如此贫瘠的土壤。

金松科属于古种群，化石显示这一科可以追溯至上三叠纪，大约 2 亿年前，在恐龙繁盛之前。传统上它被归入杉科（这意味着现在它应该被归入柏科）。但它那长得像针一样的叶子其实完全不是叶子，结果被再次归入叶状枝属。另外，对其结构和 DNA 方面进行的研究，支持将金松科自成一科的说法。

紫杉：红豆杉科

红豆杉科有 5 属，共计 23 种。大多数红豆杉科树木生长在北半球，仅少数几种生长在南半球——当然，似乎是不可避免地，生长在新喀里多尼亚岛。只有红豆杉属中的紫杉分布广泛，其中的 10 种遍布在从北美洲往南直至洪都拉斯的区域，另外一个广泛分布的区域是从欧 121 亚大陆向南直至南半球的马来西亚、印度尼西亚的地区。英国人习惯于在湿冷阴暗的教堂后院看见普通的紫杉树，不过它也长在热带地区，但仅限于山腰地带。长叶榧树的分布不广泛，不过在亚洲和北美洲也有。红豆杉科的树生长缓慢寿命很长，因此，虽然在前言中不应该发表稀奇古怪的看法，但是有些推测还是有它的道理——那个彼拉多很可能就在目前仍然生长在苏格兰的一棵树下踱过步呢！红豆杉科似乎与生俱来就是寂寞的：它已经习惯于生长在针叶树中或者混在森林阴暗的下层林中。它的水果状的假种皮五颜六色，任由鸟散布四处。就像罗汉松科一样，红豆杉科的数目也没有得到充分的研究。过去，雌性球果极其稀少，紫杉被认为自成一科，从针叶树中被分离出来。但是在详细研究后人们认为，它们的球果是从更为复杂的球果进化而来的。这一点以及 DNA 方面的研究结果都表明，紫杉是最为正宗的针叶树。

紫杉的应用价值很广泛，特别是在中世纪的英国，它为长弓的制造立过大功。如果整本书都讲述针叶树多好啊，针叶树的种类如此繁多，令人惊奇。在很多情况下，它们扭转了人类的历史。但是在后面五章里将要介绍的开花的树，却完全能与之相媲美，并且在某些方面，开花的树已经遥遥领先了。

本章引述了英国皇家植物园阿里奥斯·法琼博士的观点，他在世界保护协会针叶树专家组里任首席职位。

第6章

所有的开花树：木兰树以及其他早期的树木

木兰的花朵简洁大方，美丽迷人：难道木兰是最古老的开花树？

122 树上的花朵，除了养眼，还有更多意味。世上的花都是美丽的，我们且不管花朵美丽与否，单看每一朵花，都有一系列异常精妙的构造。

123

花朵的授粉效率普遍很高，然后种子生长出来，并且传播出去。让我们先来观看一朵花的模型，这花朵衬托在一圈萼片之上，萼片通常是绿色的，构成花萼。花萼内是一圈花瓣，称为花冠；花冠中部是各种性器官——一些雄蕊，顶端有花粉囊，内含花药；以及一些雌性心皮。每一个心皮都有一个子房，内有一个胚珠（或多个胚珠），形成一个突出的整体即花柱，它的顶端是接受花粉的柱头。因此，我们立刻就能够找出被子植物和其他种子植物的关键区别。在被子植物中，胚珠完全包裹在子房中，雄配子（只有一个细胞核大小）通过一条花粉管被带到子房内，使胚珠受精，花粉管的长度从柱头开始，穿越整个花柱到达子房。在针叶树和其他种子植物中，胚珠处于不完全包裹状态。花粉管不会穿过植物鲜活的组织。例如铁树目裸子植物和银杏属植物，它们是通过游动的精子进行受精作用的。

另有一个区别——尽管不是十分明显，那就是被子植物所具有的非常奇妙的“双受精”现象。正如我们在阅读前面章节时注意到的，花粉都含有雄配子——当然也含有其他细胞。胚珠也一样——它除了含有一个真正的卵细胞之外，还含有其他辅助细胞。在绝大多数原始被子植物中，雄配子和卵细胞结合，形成一个新的胚胎，正如所有采取有性繁殖的生物体那样。花粉中的第二个细胞与胚珠中的其他两个细胞相遇，形成一个有三组染色体的结合细胞，之后，这个奇怪的三倍体细胞不断再分裂，最终形成一座营养储存室。它生长在胚胎周围，内含碳水化合物、蛋白质，以及脂肪。这一双受精现象非常神奇——只有被子植物才具有这种奇妙现象。

木兰和其他原始植物(重要树的目为粗体字)

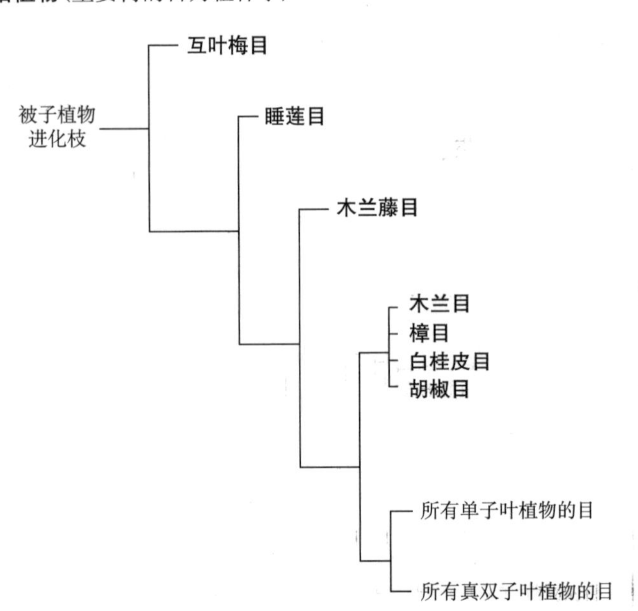

124

由于整个被子植物被当作一个分支（相当于动物的门）进行排序，那么，把整个单子叶植物，还有整个真双子叶作为纲进行排序是合乎道理的。这里不包含重要树的目是睡莲目——睡莲就在其中。它们令博物学家感兴趣，是因为它们令人惊艳的美丽，而且具有非同小可的生态学重要性。它们令分类学家感兴趣，是因为其显而易见的“原始性”（大而简洁的花朵）。于是，就有问题提出了（而且尚未解决）：睡莲与最初的被子植物是怎样的关系？谁又是其他所有树的祖先呢？

被子植物的神奇能力，使得它们在这个世界上拥有形形色色的存在方式——高大挺拔的树木、矮小匍匐的藤蔓、漂浮在水面的微小的鸭子草，还有一些个头介于它们之间，种类各样，高矮不一。乍看起来，植物的生长形态似乎与花朵、种子及受精方式之类植物独具的特点没有丝毫关联，但世上的各种植物，偏偏就是各具形态地存在着。也许，有性繁殖作为植物更高层次的进化结果，就是为了让植物获得新的生存方式吧。

世界上的花朵，形态不一：有些植物花朵硕大，花瓣繁多；有些植物花朵长得微小，隐秘得几乎看不见。有些花朵具备了花的所有基本部位：萼片、花瓣、雄蕊、心皮；有些花朵则缺失了一处或多处基本组成部分；还有些植物的苞片（变异的叶子）和其他组织结构看上去相互混淆。有些植物的花瓣是绿色的，像花的萼片；有些萼片颜色鲜艳，像片片花瓣；还有些植物的花瓣和萼片看上去很相似，差别不大。大多数花都是“雌雄同体”的（木兰就是如此）；还有些是单一性别的花。有一些被子植物是“雌雄同株”，即同一株植物上既有雌花又有雄花（例如橡树的花），其他的则是“雌雄异株”，即每株植物上所有的花朵只有一种性别（例如冬青树的花）。每种花朵的性器官也各具形态（动物也如此），是花朵鉴别的主要特征依据。

125

很多植物依赖各种动物为其授粉——不仅有昆虫，还有蝙蝠、鸟类（例如蜂鸟），有时也会求助于哺乳动物，比如食果蝙蝠和长颈鹿（据说是这样）。最有名的授粉昆虫是蜜蜂、蝴蝶和蛾子，但是苍蝇和甲虫也担当着重要角色。甲虫很可能是昆虫行列最早的授粉者——也许正因为如此，它们才与铁树目裸子植物发展了一种紧密的联系。那些稚嫩新生的被子植物会将部分甲虫引诱过来。

很多开花植物，包括大多数温带树种，都是依靠风力授粉。还有部分树木——也许比我们目前所了解到的还多，它们既利用动物，也利用风力。有少数几种植物，例如海草，它的花朵开在水下面。包括生长在红树林中的一些植物，它们的花粉是通过流动的水传播开来的。总的来看，动物热衷授粉的植物，大多数花朵稠密，纷繁茂盛。而靠风力授粉的花，看上去就显得稀疏多了。苍蝇通常寻着气味而来，它们替一些看起来小而不起眼的花授粉，有些花园灌木，例如常春藤的近亲八角金盘，就是它们的授粉对象。而依靠风力授粉的花大多是柔荑花絮。时逢花季，授粉的场面看上去颇为壮观。

植物中被认为最原始的那一类，拥有形状大致相仿的花瓣，萼片也很相像，还有诸多其他类似之处；植物的所有部位都是各自独立、相互分离的。花朵的构造是一种花瓣简单而重复的形式，呈螺旋状排列，就像松果上的鳞苞那样。这类花看上去很像手工艺品。木兰和睡莲的花朵就属于这类原始构造类型，它们表现为四方辐射的对称状：即无论从哪个角度看，都是对称的。还有其他花朵类型，花瓣在不同部位，或相连或向外伸展，生长成各种不同的形状。这样鬼斧神工的花型设计是为了吸引特殊的昆虫前来授粉，并且可以保证每位光临者尽情享用。这类花（还有很多依靠风力授粉的花）都是两侧对称的，像一张脸谱；另有一些花则丝毫也谈不上对称。兰花可谓这类花中最著名的诠释者；其他科植物也都有各自特殊的代表，例如豆科，包含了很多声名显126赫的树种。原始花型也具有吸引昆虫的聪明本领。当然，这里谈到“原始”并不带有贬低的意思，而是指“最接近祖先的生长状态”。雏菊看上去很像这类原始型的花（花瓣四方辐射呈对称状，每片花瓣大小一致），但实际上，雏菊有着复杂的花序（像是花朵收集库），每朵花都经过精心设计调整。因此，雏菊家族被普遍视为有着最“先进”的花型。事实上，由于各种不同的原因，兰科和菊科二者包含的种类数目多得惊人——比其他任何科的植物种类都多，这一点毋庸置疑。这两科中，只有菊科内包含有树木——尽管种类不是很多，而且几乎无法查到原生地。包含树木最多（也最重要）的科当属豆科。

开花植物的果实内含种子，同样是种类繁多。有些果实巨大，颜色鲜艳，果肉厚实，种子由动物传播。有些植物（如众所周知的兰花）种子纤小，一般由风力传播。但是有些依赖风力传播的种子个儿头也会大一些，这类种子长有翼瓣。结出这类种子的树木有很多，例如人们很熟悉的美国梧桐和梣木，但是最引人注目的应该是龙脑香树——东南亚最有名的森林树种，至少东南亚人视之为最重要的热带树种。其他一些可以在空中飞散传播的种子，则长有毛茸茸的延伸体，起着降落伞的作用。我们常见的蒲公英和千里光就属于这类种子。有一次我驾车在约克郡，穿越像雪花一样漫天飞舞的蓟草种子，它们在空中飘舞，蔓延达几英里。当然，棉花（蜀葵的亲戚）生长出纤维，也是有助于种子传播的一种手段。在树木的种子里，最引人注目和最重要的飞散种子是各种木棉的种子，木棉的棉绒被用来制作褥垫和棉外套。有些种子，像椰子和海椰子的果实，天生适合在海上漂浮。

由于开花植物种类太多，有人建议，不应将所有开花植物划分在同一组，因为它们不可能来自同一个真正的进化枝，拥有共同的祖先。可是，事实就是如此，它们的确是同一个进化枝。只有最原始的双受精方式，表现得那么怪异、那么复杂，肯定经过了不止一次的进化才最终获得。除此之外，所有开花植物，不管它们拥有多少纷繁复杂的种类，都来自同一个创造，它们都是由同一个祖先，在1.45亿年前进化来的。127 它们是大自然的真正杰作。

迄今为止，我们还不清楚谁是它们共同的祖先，那个祖先究竟是何等模样。有两种途径可以找到答案。一种途径是通过研究植物化石记录，试图发现第一个开花植物的模样；另一种途径是通过观察现存的植物，确定哪一个最原始，然后推测，那第一个开花的植物，一定与现存的最原始的植物看上去大致相同（后一种方案利用遗传因素与血统关系的原理，通过DNA研究的帮助，推断出哪一个植物的DNA是最基本、最具有原始特征的。但是这些细枝末节不会困住我们继续前行、深入探究的步伐）。

以上两种途径，是获得答案的必经之路。但每条途径都有缺陷，都会使人困惑纠结。化石记录破绽百出，早已声名狼藉（或者根据古生物学家们的说法，化石记录通常是“污点”斑斑）。对每一个新出现的谱系，我们不大可能找到其最古老的生物个体化石。因为，很显然，每个新谱系刚开始的时候只有几株植物——稀有的生物体形成化石的机会非常渺茫。因此，这类化石极为罕见。但这也说明，如果我们无法寻找到我们所需要的化石，并不意味着我们苦心寻找的化石并不存在。至少我们可以找到一些蛛丝马迹，表明这类早期植物的确是存在过的。实际情况是，我们已知的最早的被子植物化石是一些睡莲化石。这一点与我们的猜测很吻合，因为睡莲本身只有一种造型简单的花朵。但遗憾的是睡莲是草本植物。开花树或阔叶树，它与针叶树的木材在材质上很相似，木材的结构很复杂，不大可能有多次的进化。这一认识和其他证据都表明，针叶植物和被子植物拥有共同祖先。如果被子植物最早是由草本植物进化而来，它们必定再进化，形成材质上与针叶树极为相似的木材，这种可能性看起来微乎其微。因此，最古老的开花植物必定是树木——这样看来，对于所有原始开花植物来说，睡莲才是高度进化的特殊个体，它们与树木没有丝毫的关系。因此，睡莲不可能是最古老的，第一个被子植物必定是一棵树。木兰倒是合理的候选者，但已知最古老的木兰，却还算不上真正古老，很难想象第一个被子植物具有这般令人惊叹的美艳模样。

在现存的被子植物中，作为最原始的花朵，出现了两种完全相反的花型，这个问题一直令人困惑。一类花朵硕大绚烂，像睡莲和木兰；另一类花型简单、花朵细小而优雅，正如我们在胡椒藤上看到的小花一样（这种植物结的果实是胡椒籽，而不是那种甜椒或辣椒）。128 所有开花植物的第一个祖先有可能是木兰花的模样，也有可能是胡椒花的模样，但不可能二者兼而有之。如果原始花朵还具有其他形式，能够采取其他进化方式，那就是我们所完全不知道的情况了。这种犹豫不决、进退两难的推论，在对果实形态的猜测上也同样存在。最原始的果实是干小皱巴，还是像番荔枝那样大而肉厚，里面包裹了种子？

因此，最原始的开花植物的模样至今对于我们还是一个谜。但我们可以确认无疑的是，现今地球上的开花植物不计其数，种类繁多，这种多样性可以通过植物分类学反映出来。经过粗略计算，目前大约有30万个开花植物种类。不同植物学家有不同的划分方法，他们将所有的植物种类划分在不同的植物科内，在最近发表的论文中，科学家们确定了大约387至589个植物科。目前，由一些专家组成的被子植物科系发展专家组将被子植物科划定为462个。这么多植物科系也许只有专家才清楚，因此，化繁琐为简单，将这些复杂繁多的科系归纳到数目较少的目中，成为了一项必要的工作。当然，不同的分类学家所认定的植物目的数目也各不相同。本章节中我所引用的权威人士［这里指世人公认的“贾德”(Walter S. Judd)先生］将开花植物划分为49目，其中大多数包含了树木。对于外行人士，要想记住这49目真是太困难了。但幸运的是，绝大多数树种只分布在其中的30目中，这就方便很多。

在这本植物目录般的书开始之前，还有一个话题需要啰唆几句——雷约翰在17世纪最先提出了一个观点（读者在阅读过本书第2章后会记住这个人），他将所有开花植物划分为窄叶植物和阔叶植物两大类。到了18世纪，这个论点被安东尼·劳伦·德·朱西厄(Antoine Laurent de Jussieu)进行了深入的发展。朱西厄发现窄叶类植物都是“单子叶植物”（只有唯一的一片子叶），而阔叶类植物都是“双子叶植物”（拥有两片子叶）。关于植物间这一特征差异的观点，存在了将近200年，即使用不完美的眼光来看，这一差异仍然是显而易见的。但是对于那些致力于种系发展的专家学者而言，植物的真正发展史绝非只贪图方便，因此必须站在科学的角度对此加以严肃的修订。显然，地球上的第一个开花植物非双子叶植物莫属。甚至其中一些原始、早期的开花植物至今仍然生长在我们周围——包括各色木兰、睡莲和胡椒。

在经历了漫长时间的演化之后，一支新兴的队伍从各类原始植物中崛起分化出来。其中一些先锋派演化成为单子叶植物——就是那些后来出现的新物种；另有一些演化成为非常高级的双子叶植物，现在被统称为“真双子叶植物（eudicots）”。所有单子叶植物构成一个真正的进化枝——全部来自于一个共同的祖先。同样，双子叶植物也是一个真正的进化枝。还有一种可能性，而且这种可能性极大，就是单子叶植物的祖先也是真双子叶植物的祖先——如此说来，单子叶植物和真双子叶植物竟然共同组成一个进化枝。

但是，一些原始植物（如木兰、胡椒等）仍旧保持自己独特的风格，它们完全不隶属于任何两类现代进化枝（尽管所有开花植物总体形成一个真正的进化枝）。

这样的结果使得我们拥有三大类开花植物。第一类是一些混合在一起的、杂乱无章的“早期双子叶植物”，还不能称为进化枝，只是一些看上去保留了早期祖先大部分特征的植物。第二类是单子叶植物类，它们整体构成一个进化枝。接下来是真双子叶植物类，它们是另外一个真正的进化枝，包含的都是衍生的双子叶植物。本章剩余的篇幅将集中讨论原始植物；下一章将专门描述单子叶植物；而真双子叶植物紧随其后，将会占据两章的内容。由于真双子叶植物种类如此繁多，根本无法将它们妥善安排在同一章节之中。

混杂的原始双子叶植物

从前面的图表可以看出，原始双子叶植物包括 7 目，其中有 3 个比较极端的目将不会耽误我们太多时间。首先是互叶梅目，这个目居然很幸运地包含了唯一一种树——这种树在植物学上意义重大，它生长在新克里多尼亚岛，香气馥郁，树形小巧。睡莲目在植物学和生态学上意义都非常重大，可整个目里没有一个种类具有树的模样。木兰藤目和其他开花植物是平行的姊妹目，称得上有些意思——这个目里包含八角科，内含八角属。调味品八角就是那些五花八门的种类大军里的一员。

剩余的4目形成一个组，植物学家称之为“木兰”进化枝。每个目都包含树，其中3个甚至包含极其引人关注的树木。

木兰、番荔枝和肉豆蔻：木兰目

130

木兰目包括大约2 840种，分布在6科里，这一节主要介绍其中的3科——木兰科、番荔枝科和肉豆蔻科，它们都包含了极具影响力的树木。

某些传统分类法将木兰科分出多达12属，但是贾德将其中的11个传统类型分在木兰属下，剩下的一个属分入鹅掌楸属。这两个属共包含218种，它们的生长分布状况与我们读过的针叶树类似——有很多种分布在东南亚，从喜马拉雅地区向外延伸到日本；还有不少种生长在美国东南部和中美洲，有些种生长在南美洲。它们为何呈现出这般生长传播的情形呢？难道它们跨越了大西洋吗？这也是有可能的吧。但是在欧洲，甚至是格陵兰，也有木兰目植物的化石。这一发现表明，在两大洲飘移分离之前，很多木兰目的种曾经不断地由东南亚向美洲蔓延生长，后来才从欧洲和格陵兰绝迹。

你绝对不会认错鹅掌楸的叶子

木兰属植物美丽绝伦，每个种都有令人惊艳的花朵——有些种的花呈五角星状，有些种的花则硕大如莲，它们于人类在园艺上有很重要的价值。我向读者们推荐位于中国西南部的云南植物园，那里有大约100多个木兰种。有些木兰属的木材有实用价值，生长在中国的厚朴，有很高的医用价值，是贵重的出口原料（中国也是世界上最大的生物多样性中心之一，其巨大的观光旅游潜力是无法超越的，可以与非洲、马达加斯加和亚马逊相提并论）。

鹅掌楸属包括鹅掌楸树的两个种——一个是生长在中国的中国鹅掌楸，还有一个是生长在北美的北美鹅掌楸。鹅掌楸的叶子形状怪异，极富特色——就像一片片平滑、深绿的枫叶，只是其顶端向上生长的那个叶尖被切断而已（因叶子形似马褂，在中国也称鹅掌楸为马褂木）。鹅掌楸的花朵形状像郁金香，难得被人们欣赏到，因为鹅掌楸树体高大

（在英国，最高的鹅掌楸高达 36 米），花朵盛开在高高的半空中。北美鹅掌楸的木材呈奶油色，由于生长的土壤中含有各种矿物质，所以木材夹带着橄榄绿色、黑色、浅粉色，甚至带有金属般钢蓝色的条纹，是制作木雕、木门或类似物品的宝贵材料。作为木材树，鹅掌楸有时也被称为“黄色的杨树”。在市面上交易时被称为“美洲白木”。这些简单的俗名，实在都配不上美丽的鹅掌楸。

番荔枝科大约有 2 300 种，分布在 128 属里，组成了一个绚丽多彩的大科，广泛分布在热带低洼地带和亚热带森林中。从很多角度看，这一科很好地保留了原始的生长形态。它们的花儿由甲壳虫授粉——这类花朵演变得非常适应这种授粉方式，它们的花儿都有一种水果味儿，对于前来造访的虫儿，花儿会殷勤地献上肥厚多汁的花瓣，花瓣上有些鲜嫩肥美的组织，是特为犒劳那些辛劳的授粉虫儿而生长的。番荔枝属里的有些种，它们的花儿能够发热——有好几个科的植物会耍这种小把戏。这些发热的花卉，吸引甲壳虫在花儿里流连忘返，逗留过夜，并且交配，小虫儿们因此折腾得满身花粉。在众多属中，就数番荔枝属和罗林果属最能吸引眼球，它们结出的果实很美妙，样子看上去也很原始。毫无疑问，这类果大肉厚、多籽儿的果实在远古时代是恐龙们的美食。番荔枝的果皮是灰色的，表面粗糙不平，在西方是路人皆知的水果。还有南美番荔枝、红毛榴莲和番荔枝果。独味香的果实有时替代肉豆蔻。在热带国家，有些树种长着厚实的、纤维状的树皮，可以作为观赏植物种植。

木兰目中第 3 个重要的科是肉豆蔻科，它拥有 17 属，已知有 370 种，遍布于世界各地的热带地域——从南美洲和中美洲开始，越过非洲赤道地区，从印度南部和东南亚进入澳大利亚昆士兰。这一科的植物通常都是雌雄异体的，尽管那些花儿纤小、朴实无华、丝毫不引人注目，却有本领请来甲壳虫和蓟马（谷类害虫）为它们授粉。显然，肉豆蔻科与番荔枝科、木兰科有明显的不同。这也表明，尽管植物的花朵是进行植物种类划分的主要依据之一，但即使是在相关科目之间，各种类的花朵也是千差万别、形态各异的。

肉豆蔻属相对来说是该科中最大的属，有125种，集中分布在新几内亚。有种生长在印度尼西亚摩鲁卡岛的肉豆蔻，是这个科中最有经济价值的种类，它结出的大粒果实就是肉豆蔻果；肥厚果肉包裹着的种子（一层假种皮）在树枝上尚未成熟时是猩红色的（严实地包裹在淡绿色厚实的果肉内），而干燥后的果实则呈现淡黄粉色，这就是肉豆蔻干皮。巴西的维罗拉蔻木的种子磨碎成粉末，制成鼻烟，是一种吸入式幻觉剂。苏里南维罗蔻的种子有蜡质感，多用于制作食用“黄油”和蜡烛；生长在印度的福贝裸花豆蔻也具备同样的用途。

绿心木、臭木和绿色的月桂树：樟目

樟目包括大约3 400种，分布在7科，其中最有看点的当属樟科（顺便提一句，樟目是由安东尼·劳伦·德·朱西厄命名的。他是第一个能将单子叶植物和双子叶植物间的差别阐述清楚的人）。

樟科中绝大多数都是树或灌木，大约有2 500种，划归在15属内，在热带潮湿的森林中和亚热带各地，这些树种生命力旺盛，随处可见。它们在很多方面为人类提供了便利：例如营养丰富的果实、优良的 133

木材、一系列药物和麻醉剂。樟科植物很好地诠释了生物化学是怎样渗入植物家族内部的。

樟科中最有名的果子是鳄梨，原产于中美洲。果实中的25%都是脂肪，蛋白质含量高于任何一种水果。而且，对付近亲繁殖，它也自有高招。与其他樟科植物一样，这种树也是由昆虫授粉的。它们有两种类型的花，我们姑且随意命名为A花和B花；有些树开A花，有些树开B花。A花的柱头只在某一特定的早晨接受花粉，而它的花粉，必须要等到这天下午才开始释放。B花的柱头会在下午接受花粉，而它自身的花粉要待到第二天早晨才被释放。所以，A花只能由B花授粉，B花也只能接受A花的花粉。

很多樟科植物，在叶子或者其他部位有油孔，散发芳香气味。这个科就包含了月桂树、檫树、肉桂树和樟树。樟树一度被用来制作樟脑丸（现在的樟脑丸大多是由化合物萘制成的），这是众多实例中的一个，即树木自身的杀虫剂被人类借鉴使用。

在樟科众多的珍贵木材中，有一种昆士兰“核桃木”，它能长到40米甚至更高，它的木材质地和欧洲核桃木很相似（欧洲核桃树则属于截然不同的胡桃科），有着淡粉色的边材和由浅渐深的棕色心材，木材上有粉色或黑紫色的花纹。使用这种木材制作的家具，可以为奢华的会议室增添气派。生长在新西兰北方岛屿上的mangeao（樟科的一种树），是另一个森林巨人，高可达40米以上，木材的颜色从奶油色到淡棕色，用它制作的任何物件都很令人心仪——从镟制的工艺品、舞蹈房的木地板到木支柱，它也是制作上乘表层饰板的出口材料。生长在巴西的巴西胡桃木也是一个森林巨人（可高达40米），用它那黑棕色、纹理细腻、充满光泽的木材制作出的高档木工艺品，魅力无比，为世人所渴慕。

绿心樟属有很多优秀的树种，无论是其美丽的材质还是丰富的生物化合物，都倍受赞誉。生长在南非的臭木在森林中可高达 18 米至 24 米，木质深色，纹理细致。新鲜的木材含有水分时，气味恶臭，而一旦干燥，则臭味全无。月桂树生长在肯尼亚，可高达 45 米，在尚未成熟时木材是棕绿色的，而成熟后则转变为深棕色，有股樟脑味儿，极适合制作衣橱，效果就像放置了樟脑丸一样（在热带与伐木工人相处一段时间后，我发现很多木材刚被砍伐下来时气味难闻，令人掩鼻，并非与生俱来就带有植物的清香）。

134

樟科里最有名气的木材非绿心木莫属，它是圭亚那的骄傲。可高达 40 米，树干长约 25 米，圆柱形，直径足有 1 米。它的边材是淡淡的黄绿色，心材的颜色由淡橄榄绿逐渐加深，至深棕色，还时常会带些黑色花纹。绿心木的用途多种多样，非常适合用在海运工程上、制作防护堤和防波堤，也是制作船壳板和船尾板的好材料；而且还适合镟制工艺品，制作球棒端头。这种木材也可以用来制作长弓，自从英国人率先将紫杉的边材和心材并用之后，长弓的制作工艺得到飞速发展。现代的长弓都是用薄木片层压合成的，绿心木通常用在中间层。

另外，绿心木的果实中含有一种物质，被称为“tipir”，圭亚那人很久以前就作为药物来使用。瓦皮萨纳族人将果子磨碎，提取出药物用于止血、防止感染和避孕。20 世纪 90 年代后期，一位美国企业家在与瓦皮萨纳族人居住了一段时间后，将“tipir”申请了专利，作为一种退热剂，可以有效地治愈疟疾。据说它对于癌症和艾滋病也有疗效。瓦皮萨纳族人指控他是窃贼，犯了“生物剽窃罪”。他们之间的争端仍在继续。与此同时，由于绿心木在应用方面表现突出，致使它遭到了过度砍伐。即使是在声名显赫的樟目家族中，绿心木也是非常突出的一员，它在热带森林里和世界经济领域都是佼佼者。

林仙树与白桂皮树：白桂皮目

135 白桂皮目只包含两个科。其中林仙科至少包含 120 种（没人能搞清其确切的数目），分布在 7 或者 8 属内，大部分来自南美洲和中美洲沿海、澳大利亚东部和新几内亚，还有一个种生长在马达加斯加。其中有几个种，它们的叶子和树皮有辛辣味，据说可以入药，最为人熟知的就是林仙树的树皮，过去曾经被作为药物用于抗坏血病。所有林仙科种类的木质都很奇特——木质部的疏导组织都是由管胞组成的，也就是说层层排列的细胞两端都有纹孔，就像针叶木一样。

白桂皮目的第二个科是白樟木科（白桂皮科），包括十六七个芳香植物种类，被划分在 5 个属中。白桂皮树的树皮既是兴奋剂，也是调味品；在波多黎各，它也被用于毒杀鱼群（捕获的鱼可以整桶地从水中被拎出来了）。生长在马达加斯加的香合瓣樟，途经桑给巴尔出口到孟买，由于它气息芳香，被用在宗教庆典活动中。生长在乌干达的乌干达十数樟，树皮可以制成通泻剂，树叶可以制成咖喱调料，树脂则用来修补工具。

黑胡椒、白胡椒和烟斗藤：胡椒目

原始双子叶植物的最后一个目是胡椒目。根据贾德的观点，胡椒目包括 5 科，其中最有意思的是椒科，主要生长在雨林中，遍布热带地区。它包含 2 000 多种，其中有很多矮小的树木，但最有名的还数木藤胡椒，可以结出黑胡椒、白胡椒和蒌叶。而蒌叶辛辣的叶子，掺和上各种调料，再加入槟榔（一种棕榈植物的果实），可供人咀嚼（作为咀嚼型的香烟）。那种感觉，就像草药使用手册中的文字："轻度兴奋剂"。在印度次大陆，常看见它红色的蜜汁顺腮滴落在男人们的胡须上（我也对它情有独钟）。

136

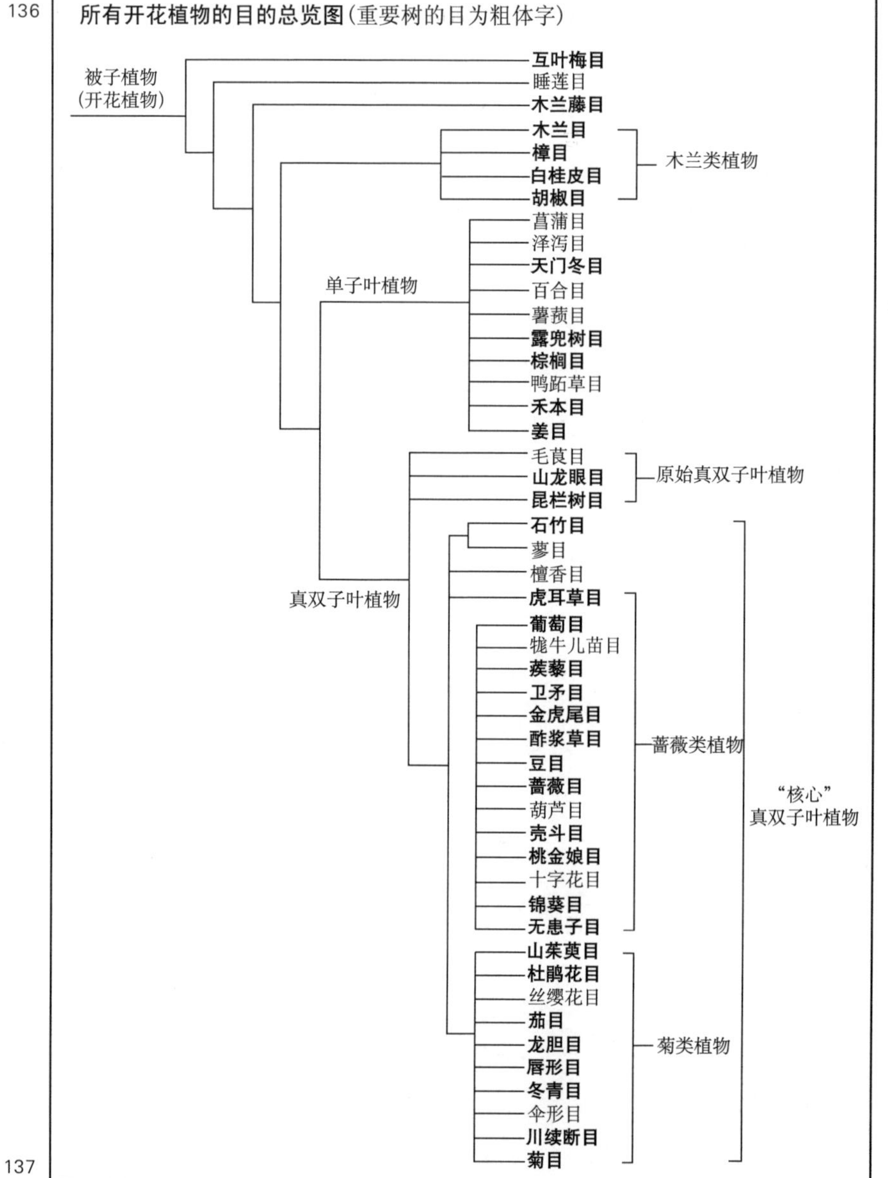

所有开花植物的目的总览图(重要树的目为粗体字)
被子植物
(开花植物)
互叶梅目
睡莲目
木兰藤目
木兰目
樟目
白桂皮目
胡椒目
木兰类植物
菖蒲目
泽泻目
天门冬目
百合目
薯蓣目
露兜树目
棕榈目
鸭跖草目
禾本目
姜目
单子叶植物
毛茛目
山龙眼目
昆栏树目
原始真双子叶植物
石竹目
蓼目
檀香目
虎耳草目
真双子叶植物
葡萄目
牻牛儿苗目
蒺藜目
卫矛目
金虎尾目
酢浆草目
豆目
蔷薇目
葫芦目
壳斗目
桃金娘目
十字花目
锦葵目
无患子目
蔷薇类植物
山茱萸目
杜鹃花目
丝缨花目
茄目
龙胆目
唇形目
冬青目
伞形目
川续断目
菊目
菊类植物
“核心”
真双子叶植物

137

第 7 章

从棕榈和露兜树到丝兰和竹子：单子叶树

龙血树是芦笋的木本亲戚

如果木兰或者月桂树是由地球上的某个工程公司设计的，他们或许 139
对自己的成果相当满意，还会作个总结，如此这般地挥就一篇颂文：树根、树干、枝、叶，还有保护完好的果实，兼顾到了方方面面，整个结构完美地成就一体，不仅无需任何改进，简直足以奉若神明。

140

但是自然从未知足，再精致的发明，进化也要对其施展功力。自第一棵美艳绝伦的木兰、至尊的月桂，以及古老的胡椒树产生之后，自然界呈现出了完全不同的面貌，单子叶植物出现了。

使用雷约翰描述的特征进行观察，单子叶植物很容易辨别。它们通常有细长的叶子，叶子的叶脉从底部到尖部平行排列，而双子叶植物的叶脉常常组成一个枝杈网络。单子叶植物的花朵部分（花瓣、萼片、雄蕊、心皮）典型地以3的倍数排列；而那些双子叶植物（不论是原始双子叶还是真双子叶植物）则更多地以4或5的倍数出现。但是，差别比这还要深刻得多，作为植物，单子叶植物呈现了一种全新的而且是不同的植物形态。

真正具有实质意义的不同之处，其实是单子叶植物的生长方式，尤其表现在叶子和根上。一片双子叶植物的叶子是从枝的顶端长出，最幼嫩的叶子离枝最远。而腰带形状的单子叶植物的叶子则是从底部发出，通常是从位于茎梢部的小芽生长出来。单子叶植物最幼嫩的叶在底部，最老的在顶部，因此，草叶子的死亡是顺着尖部往下的，很像洋葱，洋葱叶子底部是尚未成熟的白色，顶部则是绿叶或者老叶。草生长得厉害的技巧就是保存它们的生长芽尖，潜藏在土壤表面之下，不会被咀嚼草的动物所破坏——实际上，与其他所有植物相比，草在被啃过之后，会照旧长大。当然，如果不被吃掉，草会长得不知有多茂盛。从捕食者的觊觎中受益，这样的生长方式实际上是一种生存技巧；这就解释了为什么世界上的草原基本上是由单独一科——禾本科（仅在科的范围内，它包括了好几千种草类）成员构成的。单子叶植物的根也是不同的，通常，它们很有可能直接从茎上（专业术语叫作“不定根”）而不是从其他的根上长出来。

就像你从图表上看到的，在 10 个单子叶植物的目中，有 5 个包含重要的树，还有 5 个占据主宰地位。这里可以与双子叶植物进行对照（既有原始的，也有真双子叶植物），它们大多数的目都包含树。

141

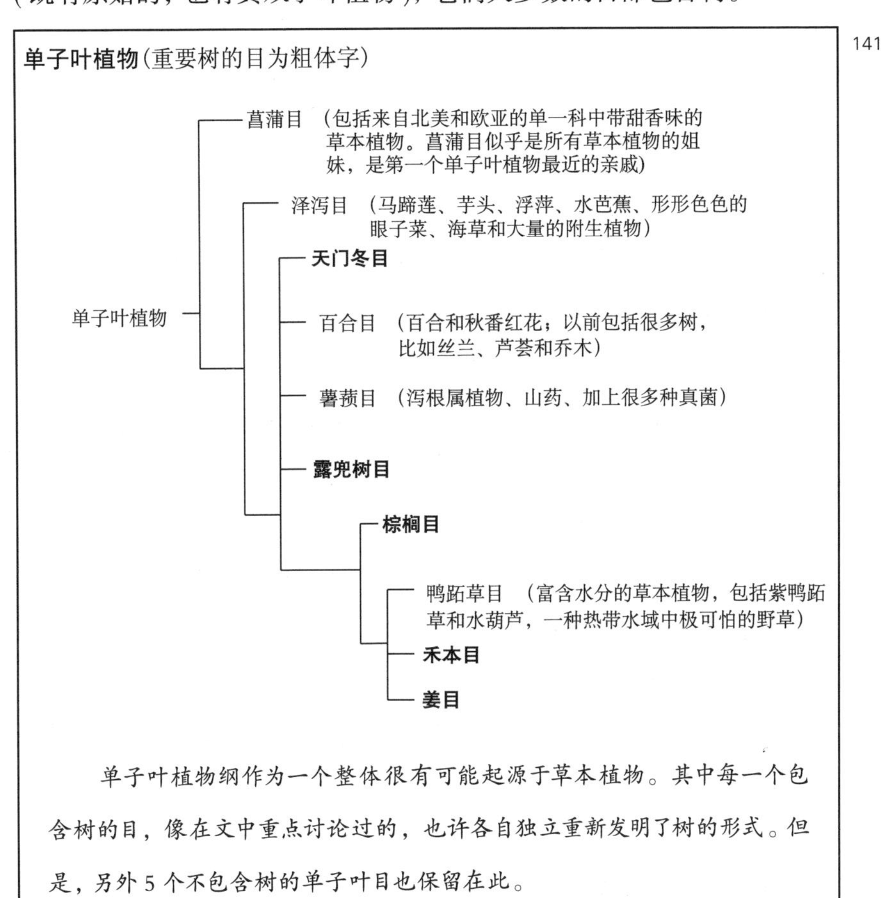

单子叶植物(重要树的目为粗体字)

单子叶植物纲作为一个整体很有可能起源于草本植物。其中每一个包含树的目，像在文中重点讨论过的，也许各自独立重新发明了树的形式。但是，另外 5 个不包含树的单子叶目也保留在此。

142 双子叶植物和单子叶植物的差别可以依据进化基础知识来解释。我们可以假设所有的第一个开花植物都是原始的双子叶植物，这些古老的植物是树。于是我们推测这里的双子叶植物，像蒲公英和睡莲，只是简单地失去了它们的木质和树质。但是也很有可能第一个单子叶植物是一株草本植物。所以，每个现代单子叶植物中包含树的目，一定重新发明了全新的树的形式。双子叶植物作为整体，似乎与当初被子植物的祖先都是木质的。它们的木材基本上非常相似——而且与针叶木材相似，很有可能它们拥有共同的祖先将近300万年了。但是单子叶树的木材变异很大，而且与双子叶的差别，几乎就是大相径庭。

最为明显的是，多数单子叶树并没有任何形式上次生加厚的过程。棕榈树最具多样性，在生态学上最为重要，高度可能会达到60米，树干直径可达2米，但是总体上当它们还是幼树时就与成年树一样粗了（尽管它们中某些树的树干还会继续变粗，有时会像酒瓶椰子树，只长到一定高度；但这样做是为了积累更多的纤维，不同于常规的树从像外皮一样的形成层产生次生加厚）。其他一些单子叶树，比如龙血树（或者叫巴西铁树），确实会经历次生加厚，但是机理与我们从橡树或者木兰（或者松树）中所看到的非常不同，尤其是没有连续的外皮形成层，不会有规则地产生新组织。龙血树次生加厚的形式是又一个重新发明。

我不会在5个不包含重要树的单子叶目中停留得太久。但还是需要作一个简要的说明，以搞清来龙去脉。菖蒲目是在北美和欧亚两处发现的，包含一些带有甜香味的草药。因其与古老的形式最接近，它们也许是现存的最原始的单子叶植物。

泽泻目里有一些极为有趣的、具有重要生态意义的植物，包括水池草、海草（在关于红树林的章节中将再次提到）、数量繁多的附生植物（在热带树林中有重要意义），以及重要的粮食作物——芋头。

百合目当然包括百合花，还有秋番红花。传统分类中百合目包含树，还包含那些丝兰和芦荟。但是丝兰属和芦荟属已经被重新定位了，这是意料之中的。薯蓣目中有葫芦科蔓草；而鸭跖草目中更多的应该是水生植物，包括紫鸭跖草、凤眼蓝，在很多热带水域中它们堕落成了有害植物。有 5 个单子叶目确实包含树，而且还是极为重要的树——下面就要提到了。

143

天门冬目中的约书亚树和龙血树

英语的天门冬目（Asparagales）是根据芦笋（asparagus）命名的，其中的天门冬科，包含一些灌木种类，还有几种木本的藤类。天门冬目中还包括水仙花等几个科，风信花、鸢尾花、洋葱和兰花就在其中；但是我更想提到的是龙舌兰科。这一科中有同名的龙舌兰属，包括 300 种带刺的像菠萝头的多汁植物，原产于美洲，现在已遍布全世界的花园。其中几种还有高大的木质树干，是名副其实的树。

龙舌兰是墨西哥人酿制龙舌兰酒的原料，通过蒸馏酿造出麦斯卡尔酒。剑麻和黄条龙舌兰是剑麻绳结实的纤维材料，用来做绳子和渔网。在欧洲人意识到新大陆的存在之后不久，龙舌兰就被引种到了欧洲。如今只要是不太冷的地方就有龙舌兰。还有，龙舌兰科中的玉簪属最让温带园丁备感亲切，这是又一个朴实的却有着异国情调的植物。

龙舌兰科包括芦荟属和丝兰属，两者都包括重要的树。非洲、阿拉伯和马达加斯加的芦荟，也许被当作与旧欧洲和美洲龙舌兰等同的植物，它们看上去很相似，并且同样地在世界范围的花园中缤纷呈现（在美洲和旧欧洲、动物与植物之间，有很多的相似之处。动物的例子包括美洲的鬣蜥类蜥蜴、博厄斯秃鹰，与之对应的是非洲和欧亚的飞龙科蜥蜴、巨蟒和秃鹰）。丝兰包括精彩的约书亚树，即短叶丝兰，大约10米高，有简洁弯曲的树枝，上面是带刺的墩布形状的树顶，它们的疯长加剧了美国西南部和墨西哥地区的半沙漠化。芦荟与丝兰（不像棕榈）尽管不像针叶和双子叶植物那样有连续的圆柱形成层，却已经重新发明了一种次生加厚的形式。

144 假叶树科就是包括假叶树的科，但是也包括杰出的龙血树属。总体上，龙血树属的种类类似丝兰或者龙舌兰，但是它们中有些很高大，达到20米，在热带森林里独树一帜。有些（包括阿拉伯龙血树和普通的龙血树）会析出红色的树脂，就是知名的“龙血”。龙血树属创新地进化了一种次生加厚的形式。

还有值得一提的，也是为了满足好奇，黄万年青并非是一般的禾木。黄万年青（还有个英文俗名叫“黑男孩”）及其亲戚来自澳大利亚。你也许会在英国基尤皇家植物园遇见它们，有好几个种类。它们长得很怪异，短硕的木柱，头顶是一大撮草。也许它们不太重要，但是显示出树的另一番模样。如果历史的硬币翻转另一面，谁知道它们将会怎样咸鱼翻身呢？如果真是那样，我们认为的树并非像橡树和山毛榉这样的乔木，而是披散着一头毛草的树了，再进化下去，毫无疑问会形成各种奇异的形状和不等的大小。

露兜树属植物：露兜树目

现在，我们谈到了露兜树目，它只有一个露兜树科，有我们知道的露兜树，英文俗名是螺旋松。“螺旋”容易理解，因为树茎的顶部是扭曲的，叶子长而狭窄，实际上有三排，好似组成了一个螺旋。称它为“松树”有点难于理解，叫“棕榈”会更贴近一些，因为很多的露兜树科貌似棕榈；尽管它们有枝，而棕榈通常没有；但是典型的露兜树由高跷根支撑着，这在棕榈中不多见。露兜树与棕榈没有密切的关联，实际上没有任何亲缘关系。不是所有的露兜树科都是树，有些是爬墙植物，但是它的最大属——露兜属的成员肯定是树：它们可以长到30米高。145 实际上，树木形状的露兜树多数长在海边或者沼泽中。科诺说，“在大片的河域中，七叶兰（露兜属中的树）以密集的、没有任何缝隙的形式占据了主导”。露兜树茂盛的地方，棕榈就找不到插针之地。然而一些露兜树喜欢山，长在排排树阵的巅峰。它们多数生长在印度洋和大西洋附近。有一些具有重要的经济价值，而不仅仅是观赏植物。它们的足迹会出现在最为怪异的地方，值得去跟踪和研究。一些露兜树上结有令我们感到可口的食物，比较有名的树是P.leram（暂无译名），它的大球状果实可以熬成粉，就是人们知道的尼科巴面包；露兜树蛋糕是泰国餐馆里别具特色的甜点（有人告诉我味美怡人）。很奇怪，这样一组重要的植物——其中还有一些是大树——却很少被园艺圈外的人士所知，有可能它们被错认为是棕榈。

棕榈：棕榈目

棕榈目中只有一科——就是棕榈科（它的前身是 Palmae），却包括了200多属，2 600多种，它们在世界奇观中榜上有名。

多数棕榈来自亚洲（尤其是东南亚）、美洲和澳大利亚。令人吃惊的是，它们在非洲尽管很普遍，种类却稀少。亚马逊热带雨林拥有的棕榈比双子叶植物更多，是森林冠顶的主力军。它们多数生活在热带和亚热带，总体上它们是娇嫩的，大概因为所有重要的生长锥（即顶芽）都很脆弱。在多数的种类中（尽管不是所有的），芽是不可再生的，一旦死掉（被冻死或者被人类当作“棕榈心”收获），整棵树就会死亡。但是芽通常会被叶基和纤维保护起来，以抵御寒冷。所以，会有一些棕榈，像欧洲扇棕，环绕着地中海自由生长，不惧怕那里的寒冷。一些棕榈向北移往美国，包括裙状的华盛顿葵；还有一些在热带纬度地区的山峦间坚强地、茂盛地生长。而双子叶树在这样的海拔高度上会发育不良，长得很矮小。巨人鱼尾椰属在喜马拉雅高原上可以长到40米，比周围所有的橡树和月桂树还要高。蜡棕身高超过60米，居所有棕榈树之冠，它高高地挺拔地站在了安第斯山海拔3 000米至4 000米的高处。风车棕榈则可以应对冰雪天气。

146

多数棕榈看上去就是想象中棕榈的样子，一个笔直的树干，头顶着叶冠。但是有一些棕榈严重偏离了原型。其中一些保持着地下茎，它们的叶子好像从土壤表面直接顶出来。地下茎并非像鸢尾花的根茎那样水平生长，比如奥达尔椰子属的树干，先是朝下长，然后它们好像意识到了自己的错误，又朝上长了，长成一棵奥达尔椰子树。它也是美国油棕所属的属，是椰子的亲戚。尽管椰子树长得高且不会弯曲，树干却总是倾斜的。在巴西的旱林塞雷多，有很多所谓的“无干”棕榈。其他的棕榈，特别是省藤属植物，是爬墙植物，实际上还可以用来做藤拐杖，殖民时代用它做门帘，还做成放在走廊上会发出嘎吱嘎吱声响的椅子。然而，在大约 370 种省藤属植物中，很多是名副其实的树，这就意味着它的爬墙属性是后期背离了进化，这又一次阐明自然是多么极端地变化无常。

很多棕榈树干是光滑的，有些树干上留着早期叶子疤痕的图案，也有很多保留着老叶褴褛的叶基，像非洲油棕。至于美国的华盛顿棕榈，不管加州人是如何钟情于它，休·约翰逊（Hugh Johnson）在《树的国际书》（*The International Book of Trees*）中不太友好地把它比作“阿尔卑斯的一堆草”。很多棕榈木材有价值——像帕尔米拉（糖棕属），就被印度人所喜爱。科诺说，棕榈木也可以像钢一样坚硬。当然，结构与双子叶树和针叶树很不同。从根到叶子的木质部与韧皮部是分散的维管束，因为没有形成层把二者分成整齐的同心圆柱。所以，不可能有次生加厚。取而代之的是茎开始变得短粗并且一味长高，尽管酒瓶椰子（棕榈）由于组织激增和细胞扩大，树干会在中间肿胀。这些肿胀会部分地起到贮藏食物的作用。酒瓶棕榈并非一个孤立的群体，而是有很多种类，分散在一些没有关联的属中。它们中最知名、最杰出的是皇家棕榈——王棕。它挺拔、树干淡灰色，几乎大段身材是臃肿的，头上有一簇巨大浓密的羽状叶子。王棕最初来自古巴，但是遍布富饶热带地区，成为行道树。有人告诉我，在里约热内卢的植物园中，有一条最奇异的王棕大道（做个备忘吧，不要忘记时常去植物园看一看！）。

147

很多棕榈长着恶毒的刺，像一个个大长钉，在树干上，长度能达 1 英尺。一些刺从不定根根尖附近怪异地冒出，并直接从树干顶起。有一次沿着亚马逊森林道路前行，为了保持平衡，我抓住了棕榈的叶子。我的手面几乎被上面尖利如鱼钩的荆棘沿着手掌中线切碎了，实在是糟糕。然而印度洋岛屿上的棕榈是无刺的，就像岛上的小鸟，因为从来没有人也没有猫科动物的威胁，鸟很驯服（悠然地降落在船员的烧饭锅边缘上，也是常见的景观）。应战、恐惧与凶狠需要能量，没有威胁，轻松和天真就会在空中弥漫。这里有一种明显的寓意在其中。

棕榈的根很特别。首先，它们是不定根，从树干上直接长出，通常从树干底部，但也会从较高处长出，偶尔也会像露兜树的根一样形成重要的高跷根，所以使得整棵树看上去像一个待命发射的火箭。有些棕榈虽然矮小，但是从树干至根部长出足以致命的坚硬而锋利的尖刺。高大的棕榈树和露兜树没有次生加厚，却代之以自然界中可见的最粗的初生根，而且，初生根像科诺所说“数量多如牛毛”，从一棵椰子树或者一棵非洲油棕树上可以生出 8 000 条 10 厘米粗的根，有时多达 13 000 条根。根系通常在种子里就开始形成了，像双子叶那样，从胚的根基（初生根）发育，一旦种子萌发，这些早期的形态就消亡了，被不定根所取代。由于没有次生加厚，根部保持着圆柱状，根尖变细，并以一个矮胖的根帽结尾。不像双子叶那样依赖于根毛吸收水，棕榈通过矮胖根帽背后的小块区域把水吸收上来。棕榈根（像露兜树根）的木质部很发达，是高效的导水管。

148

棕榈根的木质化贯穿于中心，因此抗拉强度巨大。椰子树的根向周围的任意方向铺开达到 8 米，随着生长，它以大致正确的角度分杈 2 至 4

次。树根铺开的面积远远超过树冠，其牢固程度是惊人的。椰子树长在海边大风袭击的岛屿上，巨浪将它们周围的泥沙铲起，树干被弯成几乎水平状，像船头桅杆那样倾斜地伸出 20 米，顶着一头蓬乱的叶子，末端是成簇的椰子。如此拉扯的力量是强大的，然而椰子树保持着平稳。正像科诺所说，“除非是飓风，没有谁可以撼动它们”。也许正是由于棕榈的根才使得它们如此成功。它们经受住了暴风雨，而双子叶树和针叶树却风雨飘摇，命运不测。或许棕榈首先在沼泽和河边扎根，然后向周围的森林扩散。

棕榈头部的顶芽，也就是头冠长出的地方，是所有植物中最大的芽。芽作为“棕榈心儿”，或者被喜欢食用它的人们作为“棕榈卷心菜”，可以在很多棕榈树上采摘到，它们常常出现在巴西人的菜单上。很少有棕榈能够重新长出芽来，因此，摘掉芽无异于杀死树，采伐时的疏忽有可能造成无可挽回的巨大损失。但是也有一些种类，比如巴西埃塔棕榈，像欧洲板栗或者榛子树一样被当作萌生林，当它的茎被砍掉后，会有更多的茎长出来替代它。巴西埃塔棕榈还会结出鲜美的水果，被称作巴西阿萨伊果，它的深紫色的果汁是甘甜的饮品，还可以用来制作美味的冰淇淋。巴西埃塔棕榈也是亚马逊最具价值的“非木材森林产品”，尽管还是要排在橡胶、可可和巴西坚果之后。对于小户农民来说，也可以时常收获埃塔棕小灌木，收获之后，它会接连不断地重生，一小片埃塔棕林就是足以称道的收入来源。不仅如此，埃塔棕俏丽的叶子像蕨类一样可爱。

总体上，棕榈叶或者像椰树那样呈羽毛形状，或者像欧洲扇棕那样呈手掌形状。不知是何原因，羽状树包括了最坚硬的树种。花既可以是单性别的也可以是双性别的。如果是单性别的花，树本身也许只有一个性别（雌雄异株），像美国的油棕就是这样；或者是一树双性（雌雄

149 同株)。棕榈花序巨大，花可以有25万朵之多。有些种类，像枣椰，花序可以在叶子中间长出，探出去悬挂在树边，通常是在叶子下面；其他的种类，花序从顶上长出，像徐徐绽放的烟火。有时，这成为树的最后一搏，因为一些顶端的花繁殖之后就死去了。这些花多数由昆虫授粉，常见的是甲壳虫、蜜蜂和苍蝇。花朵时常会以花蜜奖励授粉者。

棕榈果实极端多样。大多数是“核果”，果实多肉，里面是果核，果核里面包裹着一枚或两枚种子。果实通常很小，像莓果，但是也有的果实很大，有的多疣，有的纤维丰富——像椰子。海椰子的种子是塞舌尔群岛的特有种，是所有植物中最大的，像一对棕色的大木屁股，因而还以双椰著名，偶尔被当作寻常种子，但是更多时候还是恰如其分地当作海椰子。海椰子的种子通过水传播（与其他椰子和聂帕棕榈树一样），可以在海水里待上好几个月。

很多棕榈果实和种子富含脂肪，包括油脂和蜡。椰子是很多国家的主要食品和富有价值的油料来源。非洲油棕产出的油可以有很多用途，包括生产肥皂。很久以来，油棕就是马来西亚仅次于橡胶的收入来源，现在它们正在以更大、更强的规模增长，以快速致富的现代商业化农业的方式遍布非洲，对于人类赖以生存的农业造成了极大的伤害。奥达尔椰子属是美国油棕。巴西棕榈则可提炼棕榈蜡。

其他的棕榈果实富含糖，非常甜美。除了阿萨伊果和枣椰，还有槟榔。桃果椰属有200种，包括桃棕。扇椰子的果肉是一种令人心怡的果酱。在印度，发出芽的坚果被当作蔬菜。切开裹住花序底部的苞片，可以吸到果汁，并析出一种糖，叫“棕榈糖”，蒸馏后可做成亚力酒和棕榈酒。智利酒瓶椰子是羽状棕榈叶中最坚硬的，也是所有棕榈中最结实的，树干有 1 米粗。象牙棕榈（字面意思就是大象植物）来自南美洲，它的大而坚硬的种子被美誉为“植物象牙”，曾经用来做台球。

海椰子是世界上最大的种子，还是最神奇的水手　150

棕榈的纤维很多。包裹椰壳的纤维可以做绳子、编椰垫和做盆栽用土，极具价值。椰壳纤维可以帮助种子漂流，跨越海洋，从一个岛屿漂流到另外一个岛屿。但是栽培类型的棕榈纤维少、肉质多，容易沉水。很多棕榈的叶子适于做垫子或者棕榈墙。而那些糖棕属和蓑棕、豆棕属和银榈属，则适合做茅屋顶用。酒椰用于编织坐垫和篮子。菖蒲更坚硬，适合制作家具。

151　下面提到的有很多是观赏性棕榈，世界范围的植物园几乎都在种植（包括苏格兰西部，那里吹拂着异常温暖的墨西哥湾流），从佛罗里达到地中海再到墨尔本，在富有、温暖的城市主要街道上到处屹立着它们的身影。它们中有鱼尾葵、欧洲扇棕、槟榔和皇后葵。相貌丑陋的华盛顿棕有时也被叫作裙棕，学名是加州扇棕。还有几百种不同的玲珑椰子、丝兰、狐尾棕和来自澳大利亚和亚洲的优雅的扇形叶子蒲葵。澳大利亚的假槟榔（也称亚历山大椰子）很壮观，树干高达 20 米。同样巨大的是印度大棕榈树，树干将近 1 米粗。

王棕可以长到 30 米高，这是棵小王棕

最后是波希米亚棕榈科中特立独行、怪诞另类的尼巴棕榈。分子学研究显示它也许是所有其他棕榈的姐妹，与它们共同的祖先最接近。我们 152 已经知道，最古老的棕榈化石就是尼巴棕榈，它们生活在白垩纪早期（相当早啊），大约在 1.12 亿年以前。也有很多生活在第三纪早期，大约是在 6 000 万年以前，至少从伦敦黏土层的深度可以看出（伦敦曾经反复变化成热带和沼泽带，随着全球变暖，也许不要多久这样的变化又会重来）。

但是如今的尼巴棕榈，生长在亚洲和西太平洋的红树林中，有时还成为那里的主宰种类，它的根在海水中（或者至少是很咸的水中），它的茎匍匐在地下（意味着根不会朝上生长），而且通常生长在真正的棕榈林中，长出枝杈。它的羽毛状的叶子直挺挺举在空中，很多棕榈——包括椰子树、油棕、枣椰树——会把脚埋在水中。在根的中心，细胞排列松散，使得空气自由流通。而尼巴棕榈比这更了不起，根内中空，与漂在水中的叶子底部的空腔相连，就像鸟的肺与更大的骨腔相连。科诺提出，尼巴棕榈体内“缓慢冲刷、起伏的潮水送来了周围的空气”。当它呼吸时，利用了潮水的能量——这也是红树林中常见的生存技能。有时一整队尼巴棕榈随小岛漂流，其中有一些沿途生根，有一些可能葬身于大海。毫无疑问，动物也搭乘漂流的小岛，成为新大陆的居民。目前动物的分布，暗示着如此的行动在过去发生过很多次。尼巴棕榈像椰子树和海椰子的种子，是被洋流撒播的。科诺说，尼巴棕榈不愧为“出类拔萃的沼泽棕榈”。

所有的权威人士公认，有关棕榈还需要更深入的研究，但是难度很大。一个重要的细节问题是，园艺学家在很大程度上依赖于保留的标本，但是保存一个通常有巨大的叶子和棕榈花序的标本是极其困难的。因此，棕榈虽然到处可见，却让人捉摸不透。如果允许人类从所有几百个树科中保留一种，那么棕榈科理所当然会成为首选。

菠萝、莎草和包括竹子在内的草，都是禾本目

153

在禾本目的18科当中，有一些对于我们要讲的故事十分重要。凤梨科包括51属1 520种，最著名的就是菠萝。其中的确有一些是树状的（包括菠萝的一些亲戚），也有很多附生植物，还有铁兰属，就是所谓的“西班牙铁兰”，在美国南部长势旺盛，装点着沼泽中的树木，也是那里优美风景和民间传说的重要元素。南方风情的电影不能没有它。莎草科也是如此，芦苇和莎草（包括纸莎草）长在尼罗河岸边，特别像树。

但是，与我们讲述的故事——实际上是与我们的整个存在——息息相关的科是禾木科，就是以前所知的稻科，它有650属，接近1万种。禾木科是地球上最成功的植物科，它独揽广大的生物栖息地和生态环境（这归功于它们隐藏的顶芽），它包括谷类，仅其中的3种——小麦、稻子和玉米——就提供给我们人类一半的热量、超过一半的蛋白质，而更加肥沃的青草喂养了我们的牛和羊。但是让禾木科更有意义的是它包括竹子，属竹亚科。它们是真正的树，卓越超群，在世界范围的热带森林中占据着不容忽略的位置。

我曾经在中国的森林中仰望它们，绿色无边，那些挺拔参天的竹子，有些长到了40米，比多数热带森林的树还要高。世界上最让人喜爱的动物——大熊猫，已经把自己从食肉动物（大熊猫本质上是熊）变成了专注的食竹者了。如果你想用烤猪肉引诱一只大熊猫入笼，会发现它与所有的素食者别无两样。竹子，像棕榈一样，在很多方面古怪离

奇。比如，花期间隔极端漫长——每隔10年至18年开一次花。而花季到来时，万花齐放。它们是怎样做到的呢？是对光和气候作出的怪异反应，还是它们彼此之间隐秘的信号？又是什么催生了信号的释放呢？一些种类由于繁殖而死去，令依赖于它们生存的生物（像大熊猫）陷入困境。花儿盛开之后，是随后几年幼小植物数目的激增。很多其他的树（还有动物，比如牛羚和斑马）也遵循同样的生存策略。它们毕其功于一役，产生出很多后代，捕食者就不可能吃掉它们全体。而一个按部就班的产出，则有可能导致另一个按部就班的灭绝。也许是成年竹子在下一代成熟之前的突然死亡，加速了大熊猫数量的减少。

154

竹子可与森林冠层树试比高

对于传统的亚洲人，竹子是重要的财富。他们将竹子引入生活的每一个角落，从毛笔和刷子到食物、竹筒、餐具、家具和各种乐器；从打击乐器、风笛到丝竹弦乐。他们运用竹子创造了一套完整的翰墨美学和建筑美学——优美的书法、宫殿和寺庙悬垂的竹房顶。实际上，北京国际竹藤网络总部，就是由竹子建成及装饰的。为竹子著书立说，“罄竹难书”啊！

155

香蕉和旅人棕：姜目

姜目是随姜科命名的，包括姜、豆蔻和姜黄。它们美丽、精彩而且有价值，却不是树。不过，姜目的其他 7 科中的两个科肯定是包含树的。芭蕉科中的香蕉，与其说它们是真正的树，不如说是大的草本植物，因为它们的茎并非木质的，只是肥厚并且纤维丰富。它们厚而粗壮的杆足以令它们配得上树的称号。它们有树的外表，像树一样地生长。芭蕉属有 30 种至 40 种，源自亚洲，尤其是缅甸和新几内亚。海伍德说：“它们本质上是被打搅的丛林栖息地上的野草。”香蕉现在遍布世界，贯穿整个热带，就像路边的野草。种植园中的香蕉产生于两个种的杂交，即尖叶蕉和长梗蕉。现代的香蕉栽培品种非同寻常，是三倍体（3 套染色体），这也就意味着它们是不育的（从父母细胞产生的胚子所包含的染色体套数必须是偶数才能繁育）。栽培的香蕉是无籽且不育的，这就意味着果实不过是个形式，没有任何繁殖意义。因此，一串香蕉的出现就是一串单子叶三倍体单性的果序（你从来不知道这类知识何时会派上用场）。栽培人从香蕉树上取下徒长枝进行克隆，繁殖香蕉。芭蕉属另外一个种中产生出“马尼拉蕉麻”，可做绳子用。非洲有与芭蕉属相对应的属，象腿蕉属，有6种。外来的具有装饰作用的赫蕉，也属于芭蕉科。

旅人蕉科是外来的，很迷人，它们包括鹤望兰，不是树。还有旅人蕉，是相貌堂堂的树，可以肯定，它来自马达加斯加。它的样子伟岸，被植物园宠爱。它的参差不齐、样子像香蕉树的叶子，从长而笔直的树干顶部冒出，可以达30米高。它的花被粗糙的苞片裹住，析出丰盛的花蜜，吸引了黑白条纹相间的狐猴，狐猴们一点儿也不介意树干的巨大。当狐猴饱食花蜜时，蹭了满身的花粉。这里我们看到的狐猴等同于蜂鸟、蜜蜂或者蝴蝶，是主要的授粉者。 156

我们很快地结束了对于单子叶树的探寻，剩下的阔叶科全部属于现代的双子叶进化枝，也就是人们所知道的真双子叶植物。

都知道它是旅人棕，它却与姜沾亲带故

第 8 章

彻头彻尾的现代阔叶树

大仙人掌组成了真正的沙漠森林

157　　先来略作一个概述：开花植物（或者被子植物）传统上分成两大阵营——双子叶植物和单子叶植物。双子叶植物中的树就是普遍为人所知的阔叶树；而单子叶植物，像棕榈和草，等等，则是窄叶的。

但是按照第 6 章所概括的，双子叶不再被当作一个单独的、有内在联系的群体了。它们是一个包括了原始类型——比如木兰、胡椒类和睡莲——的混合包裹，被假设与所有开花植物有类似的祖先。它们还包括一个特别 158 的、更为现代的群体，一个真正的进化枝，那就是人们所知的“真双子叶植物”，现在我把它叫作“彻头彻尾的现代阔叶树”，就是真双子叶树。

真双子叶植物是所有植物中最多样化的——从细小的浮萍到许许多多的草本植物，从爬墙和攀缘植物到那些参天大树。凝望它们，你实在无法设想它们竟来自于同一个祖先，而且实际上还组成了一个真正的进化枝。然而，分类学中常有此类现象发生，就是那些细微的、隐藏的特征背叛了真正的分类关系。所有的真双子叶种类有一个共同特征：花粉里面有 3 个裂缝，称作“三沟型”。当然，真双子叶植物还有其他共同特征，而且通过 DNA 确认了它们的总体关系。但只有一个特征使它们的关系如此密切，表现出属于同一个谱系，那就是“三沟型”花粉。不同的权威人士将被子植物分成不同数量的科，但是多数人士同意有大约 450 科，而且它们中的多数属于真双子叶植物。所以，至少有几百个真双子叶科，实在是难以跟踪，令人望而生畏。然而幸运的是，这些科被进一步归为目，贾德将它们归为 31 个目。这样，我想你能同意，它们就成为一个可以控制的数目了。

如你在第 159 页（原文）图中所看到的，31 个真双子叶目之中的 15 个组成了一个真正的进化枝，就是人们所知的“蔷薇类植物”，它们并非都长得像玫瑰，但却是包括了玫瑰的蔷薇目，这样分类后总得叫个什么吧。另外 10 个组成“菊类植物”，这一次是随菊目命名，当然包含菊科，还包括雏菊。但是在31个目中，有6个既不属于蔷薇类植物也不属于菊类植物，有理由将之称作“原始的离群植物”（“原始”是一个含义相对的词汇，它们并非原初之时就是木兰的亲戚，但它们与雏菊是亲戚）。这一章将会讲述双子叶的6个原始的离群植物目。下一章看看蔷薇类植物，再接下去是对菊类植物的快速考察。

159

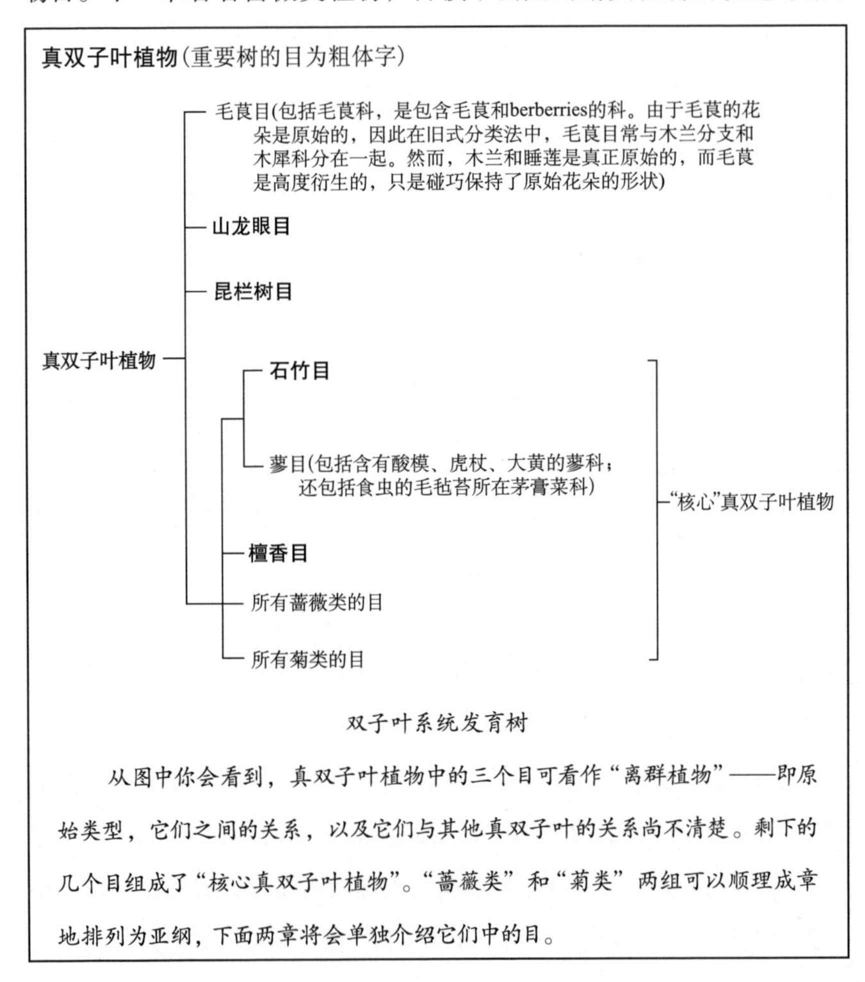

双子叶系统发育树

从图中你会看到，真双子叶植物中的三个目可看作“离群植物”——即原始类型，它们之间的关系，以及它们与其他真双子叶的关系尚不清楚。剩下的几个目组成了“核心真双子叶植物”。“蔷薇类”和“菊类”两组可以顺理成章地排列为亚纲，下面两章将会单独介绍它们中的目。

6 个原始的离群植物目（既不是蔷薇目也不是菊目）中的两个没有重要的树。毛茛目是以毛茛花命名的，它包括一些灌木，比如伏牛花，还有月籽藤科中不多的几种树，但是再没有什么值得我们探究的了（月籽藤科中的树还是值得一提，它从前常被用来做箭毒，涂抹在箭头上，现在则被医学界用作肌肉放松剂）。在其他目中，没有树的是蓼目，包括大黄、酸模，还包括毛毡苔的科。下面要讲的，是包含树的 4 个原始双子叶目。

160

山龙眼目：银桦木、夏威夷果、悬铃木和黄杨木

现在的山龙眼目是由贾德所划分的，非常引人入胜。山龙眼目当然包括山龙眼科。山龙眼目的词根“protean”有“变化无常”的含义，暗示着具有改变形状的能力，而且实际上，通常小龙眼的幼叶与成熟龙眼的叶子明显不同。

这一科包含 62 属，超过 1 000 种，遍布南方大陆，偶尔向北方挺进。在包括南美洲（由此它们已经扩散到了中美洲）、撒哈拉以南非洲、印度东部、中国所有地区，以及东南亚、澳大利亚和新西兰在内的地区都能看到它们。山龙眼科中的很多树非常漂亮，澳大利亚的两种瓶刷木会滴下花蜜——它们是山龙眼（澳洲产常青树）和带有枕形花的哈克木。南非山地凡波斯灌木林的海神花属的花朵巨大而且火红，很适宜做干花，光是看到它就足以调剂旅程的单调（美丽的风景是心灵的慰藉）。好几个山龙眼科里有像模像样的树，它们之中有澳大利亚的澳洲坚果，坚硬得离谱，却是很好的坚果资源，被传统的土著居民当作主食，也是澳

大利亚本土唯一对于世界市场有重要意义的粮食植物。山龙眼科中的新西兰棕竹可以长到 40 米，幼叶又细又长，成熟的叶子很像栗树的叶子，只是更厚更光亮。澳大利亚的银桦是极佳的木材，经常让人误以为是银橡，有时甚至被当作金松（而另外一些树在出售时就被当作“银橡”）。澳 161 大利亚银桦在印度被普遍地作为茶园和咖啡种植园的阴凉树，到处栽种。不管是茶树还是咖啡树，当没有过度暴露在阳光下时，它们可以长得极佳，叶子从满挂的树枝上剪下来，可以作为营养丰富的牛饲料。

分类学的最新成果发现，悬铃木所在的科——悬铃木科属于龙眼目，DNA 研究却表示，悬铃木科与山龙眼科接近。山龙眼科只有悬铃木属，大约有 10 种，却在相当大的程度上令人困惑。因为英国的悬铃木属指的就是悬铃木树，而美国人则把它称作美国梧桐。所以对于英国人，美国的梧桐是“假悬铃木枫叶树”（再把水搅浑一点，“法国梧桐”在《圣经》中指的是无花果的一种，是无花果属）。

在很多情形中，悬铃木是不错的观赏树，尤其是在城市里（它们会褪掉树皮和附着的皮屑）。在北美，它们的木材有着任意的用途，从木桶到屠夫的案板，再到不错的胶合板；而东部美国土著人用悬铃木刻制出独木舟，每一个据说可以达到 20 米长，4 吨重。野生悬铃木贯穿于美国东南部、加勒比海东部、印度北部和中国。

已知的悬铃木科与山龙眼科密切相关，而山龙眼科当然是长在南部超大陆的冈瓦纳大陆上的，那么，山龙眼科作为一个整体也是从那里起源的吗？

确定黄杨木科放在哪里并不容易。它曾经与大戟目中的橡胶树有关联，尽管它的成员也像大戟属植物一样，并不分泌胶液。

黄杨科现在似乎终于在山龙眼目安了家。它有100种左右（在4到6个属下面），遍布在所有热带地区（除了澳大利亚），直至欧洲，远及斯堪的纳维亚。常见的黄杨木似乎是英国本土仅有的两种常青硬木之一（另外一种是冬青）。我说“似乎”，是因为园艺学家已经争论了150年——关于黄杨木究竟是英国本土的，还是很久以前引进来的。

黄杨木树不高，将近10米，但是价格昂贵，这部分是因为它可以作为上等树篱（中世纪时用来间隔花园），还可以作为纹理细密的淡黄色木材，也很适合做测量用的尺具和木雕。传统上，木雕是用果木块（通常是梨树），沿着纹理进入厚板条中，而更细腻的雕刻则需要金属块。但是在19世纪晚期的英国，艺术家托马斯·比威克展露了黄杨木的风采，沿着纹理雕刻，得到的结果可以与金属块媲美。现在的黄杨木是木雕的主要用材（而且价格极其昂贵）。 162

来自日本和中国台湾的另类：昆栏树目

这一目中只有一科，昆栏科；只有一种，昆栏树。它来自日本和中国台湾，身量巨大，树干有1.5米粗。遗憾的是，我没有见过一棵昆栏树，无法为它多添一笔散墨道情。不过这正好又可成为到日本和台湾乡下去的理由，去领略一下那里卓越的植物群。

来自马达加斯加的多刺树和仙人掌树：石竹目

石竹目是一个大家族，有18科，8 600种，其中两科包含树（其他科的范围从康乃馨直到甜菜)。首先，我们有如此卓越的龙树科，它们是马达加斯加本土的、独特的、半沙漠的植物。马达加斯加是漫长岁月里孤立的岛屿，一块足够小的大陆。它有如此众多独特的生物，包括了今天所有的狐猴(还有其他的原猴类，像栗鼠猿)、窝灵猫和麝猫。看遍全世界，才知道麝猫就好似瘦了身的猫。那里还有一直生活到大约公元15世纪、体重最大的现代的鸟——大象鸟，它很有可能就是阿拉伯传奇中的大鹏。大象鸟下的蛋，是我们所知的所有生物里最大的，体积(蛋壳碎片)超过了一个充满气的橄榄球。至于龙树科，它提供了另外一个趋同进化的精彩实例，因为它的11种(在4属中)可以与臃肿的猴面包树相比较。龙树科尽管遍布于非洲，在马达加斯加的种类却最多。龙树科更加引人入胜之处在于它与圆柱体的仙人掌相似:树干绿色、臃肿而且长满了刺。其中的亚龙木，海伍德将之描述为“一个弯曲、带刺、达15米高的电线杆”。我推测这种情况应该是可能的，如果历史的硬币翻到了另一面，那么，欧洲和北美洲应该最终以龙树科，而马达加斯加以橡树和白蜡树而告终；于是我们该会觉得欧洲的橡树真是怪异。偶然间，贾德不再把龙树科当作一个分离的科，而是将它包含在马齿苋所在的科——马齿苋科之中。更多的DNA研究还有待进行，不过，先看看这边。

163

美国几乎囊括了所有的仙人掌种类(仙人掌种如此之多，特别是仙人掌属的刺梨，已经在各处温暖而且干燥的国家被驯化，而且实际上，它们曾经是澳洲的一种严重有害的植物)。当然，1 400种(93属)仙人掌中的大多数并不像树，很多园艺上受人喜爱的大仙人掌和巨人柱呈带刺的球状，也有些有木质的树干，形成了真正的沙漠森林。多少长得有些像树的是杰出的木麒麟，几乎可以肯定它是所有的仙人掌里最原始的。它有绿色、膨胀的树枝，还有叶子。实际上，从仙人掌身上我们可以看到一个科是如何从一棵树开始，经过几次进化（类似于木麒麟，也近似于龙树科），独立地变成根本不成树样子的包括各种球形的种类和各种附生植物的。

从总体上看，系统发育从未让人厌倦，潜心琢磨它们令人兴致盎然。仙人掌和康乃馨似乎身处异地，但却是并不疏远的堂兄妹；相隔遥远的龙树科与长在路边像野草一样的马齿苋（传统上欧洲鲜蔬沙拉的主角）同属一科（扩展之后）。这在它们的进化历史中说明了什么？是什么样的动力和偶然事件把纯粹的堂兄妹向着如此不同的方向拆散？

檀香和槲寄生：檀香目

164

檀香目是一片怪异之林，其中有很多是附生植物（生长在其他植物上，但通常是树）；很多不同的群体明显地单独进化成附生模式。檀香目中的很多树至少在它们部分的生命中是寄生的，或者在一部分寄生植物中，就有檀香目，它是所有附生植物中最具价值的。檀香崭露出檀香目的一种共同的品质：芳香四溢。

事实证明这一目很难分类。很多传统分类将其划分为 4 科，尽管现代 DNA 研究表明它们应该被分成 7 科。但根据贾德的说法，7 科当中的 2 个科大概需要重新分类。因此，现在的分类还有些不太整齐，但檀香科作为整体，似乎是一个不错的分类，一个真正的进化枝，这才是至关重要的。

桑寄生科和槲寄生科这两个科传统上常被合二为一，就是那些槲寄生。这些绿色的植物自己进行光合作用，但是它们的吸盘附着在它们赖以生长的树的木质部，特别是高处的小枝上，它们会对宿主树施加很大的渗透压力，以便吸出其中富含矿物质的树液。槲寄生是很奇异的植物，一些桑寄生科有鲜艳的花朵，由鸟授粉。槲寄生科就是“圣诞节的槲寄生”——白果槲寄生生长在欧洲，还有一个种长在北美，它们装点着圣诞节，平添节日魅力。圣诞槲寄生是德鲁伊骑兵的圣物，阿斯特里克斯的密友和导师沉湎于它，视它为不死的象征，用它做梭镖（传奇中有描述）杀死了光明神巴尔德。

但是，槲寄生对于它们赖以为生的树造成了深度伤害，包括蔷薇科、椴树科中的树，也包括其他一些树。它们普遍引起水分胁迫，通过造成大粗节促使它们的宿主产生众多的小枝，这就是所谓的“巫师的扫帚”现象（尽管引发这一现象也有其他原因，包括感染通常是白桦树 165 上的细菌），它毁坏了宿主木材。美国西部油杉的寄生植物是矮小的槲寄生，它是伤害针叶树的主要植物。

羽毛果科只包含 1 个属，有 11 种灌木，寄生在南方山毛榉的（南山毛榉属）树干和树枝上。像我们不久就会看到的，南方山毛榉属是一个更大的冈瓦纳属，是北方橡树和山毛榉（尽管它们现在已经有自己的科了）的亲戚，扩展到了澳大利亚所有地区和南美。

但是，这个使山毛榉备受折磨的害群之马，最终被围困在了智利的南方和火地岛上。自然界层出不穷的轶事和插曲让我的感叹从未停止过。至于智利的南山毛榉属和羽毛果科，它们之间的斗争是一场大手笔的戏剧。实际上其他的所有种类，包括我们人类自己，不也在不知不觉、无休无止地争斗吗?

在宽泛地归为热带科的铁青树科中(还包括山柑科和青皮木科)包括25属。它们中有灌木和攀缘植物,也有一些名副其实的树,对于当地很有价值。亚洲的蒜果木闻起来有很刺鼻的大蒜味(果然是闻如其名),它的木材尽管味道呛鼻,却很结实,适合作为建筑用的承重木料。乌柏木或者叫海檀木被用于替代南美的檀香木,它的木材坚硬而且泛黄粉色(它的果实饱含氢氰酸,极其苦涩)。非洲核桃木是另外一种用于建筑的很结实的木材。

另外一个使得檀香目在人类日常生活中地位显赫的是檀香科,在它的大约35属中,有大约400种,其中包括檀香树(来自印度)。它的心材又香又美,细腻、呈浅沙滩色,像切蜡一样。檀香树遍及亚洲,被雕刻成上百万种手工制品(比如花样繁多的套盒,等等)。

檀香树的整个树干都很光滑,许多东方的寺庙用它做散发香气的柱子。在迈索尔,它是富有尊严的皇家树。很明显,檀香树在东帝汶及其邻近的岛屿水土不服,但是在2 000年前被带到了印度。以巴利文所著的《弥兰陀王问经》(公元前150年)和《摩诃婆罗多》中提到了它:树很矮小,果实紫黑色,由鸟撒种,估计是在鸟的帮助下,檀香遍布印度。总而言之,在商业和文化中,它均极具价值。

然而,檀香树也是一种寄生植物,当它还是小树时,嵌入很多种树的树根中。在众多它喜欢的宿主中,就有马钱子树(它是醉鱼草的一个亲戚)。檀香树的另外一个宿主就是像瘟疫一样的马缨丹。马缨丹被英国人当作观赏植物从南美引进印度。如今,马缨丹的身姿遍布整个热带,出现在每一条路边、每一片丛林。 166

北印度德拉敦森林研究所的萨斯·比斯瓦斯（Sas Biswas）博士，讲述了一个迷人的檀香树的故事。他发现它们长在无名地的中央，笔直的一行，对它们的来历大惑不解：是谁曾经精心栽种，后来又遗弃了它们？

没有人种植它们。这就是答案。

但是在过去，曾经有一个花园，花园的周围是栅栏；沿着栅栏栽满了马缨丹。而檀香树作为寄生植物，悄悄地从它的根部攀缘着长高了。现在，马缨丹早已随着花园和栅栏消失了，而檀香树却依然风姿绰约。比斯瓦斯博士从留存下来的树，熟练地解读着这段风景往事——住在花园里的故人，曾经花团锦簇的梦想，时光流淌，风物辗转。马缨丹花园的梦想虽然最终化为灰烟，但自然是机会主义者，彼息此生。

最后要阐明一点，整个檀香目成员均是金合欢和其他豆科树的寄生植物，多数成员是后者的寄生植物。另外，机会主义的森林学家正试图在植物园培植檀香树，而他们所要做的就是用金合欢作为宿主，让檀香树充分地施展其作为寄生植物的生存手段。

第 9 章

从橡树到芒果树：像蔷薇一样的真双子叶植物

高大、空心的猴面包树

把 15 个真双子叶植物的目组织在一起，也许可以称为“亚纲”，它 168
们的非正式的名称是“蔷薇亚纲”：像蔷薇一样的真双子叶植物。事实上，它们大多看上去并不像蔷薇。真正将它们联系在一起的并非是开放的花朵这样撩拨人心的特征，而是相似的 DNA 序列结构。但是，这好像就足够了。至少在目前的知识水平上，蔷薇亚纲的确看起来形成了统一的大组。也许将来学者们又会认为，它们之间的关联并没有那样密切——这就是科学发展的状态。没有任何事物是绝对肯定的。

169

在这 15 个真双子叶目中，有 4 个目的名下没有重要的树木。葡萄目里净是些藤蔓植物，包括葡萄科和五叶地锦。牻牛儿苗目包括老鹳草和天竺葵属。在乡下小屋的窗台上，常可以看见这些植物，它们慵懒无力地长在黑漆漆的土盆里。葫芦目包括水果里的各种瓜类，以及黄瓜、倭瓜、食用葫芦、西印度黄瓜、葫芦和南瓜。这个目里的植物与树大相径庭，但就是这个目，却与壳斗目关系很近，而壳斗目名下都是树，其中包括一些高大雄健的树木，如橡树和榉树。十字花目包括白菜科和桂足香，都是很出色的植物。但是，本章的重点集中在含有树的其他 11 目中，它们包含世界上大多数最出众，也最有价值的树。

巫榛、连香树和香枫：虎耳草目

虎耳草目对于植物学家是很棘手的一个目，到今天为止还在整理中。棘手的原因是，大多数蔷薇亚纲植物都很明显地具有一定的原生性，即与它们假设的祖先很相似。虎耳草目也许是其中最具有原生性的（在蔷薇亚纲里，它算得上是其他目的“长姐”），但自身明显特征较少，因此总是很难被分类。现代研究建立在对 DNA 遗传因素分析的基础上，容易与根据外形结构进行判断的传统方式产生显著不同。目前，贾德将 13 科划归在虎耳草目中，共有 2 470 种左右。其中很多都是世人熟知且惹人喜爱的草本植物和灌木，包括虎耳草、景天、石莲花和牡丹。

还有几个科包含了一些最让人感兴趣的树。金缕梅科包括大约 80 种，分布在 25 属中。这里名字最贴切的是金缕梅属，也叫巫榛。来自美国东部的美国金缕梅，叶子的形状就像榛子，可以提炼出一种可作为止血剂的洗液，还可以缓解割伤和跌打损伤。在美国，测绘人员喜欢用它的木头测量地下水位。其他的金缕梅属，比如来自中国的金缕梅，是可爱的观赏植物。

170

连香树科只有 1 种，是非常珍贵的树种——连香树，它分布在日本、中国、朝鲜的北方森林中。连香树身量高大，可以达 30 米，直径 1.2 米。这种树有时会有几根树干，树皮有很深的皱纹，树干呈螺旋状盘卷。连香树木材优良，不太沉，纹理笔直，有光泽，是制作木雕、精巧模具、高档家具和胶合板的上等材料，也可用于制作铅笔和雪茄烟盒，以及传统的日本木屐。

最后是阿丁枫科，其中包括大蕈木，主要生长于印度的阿萨姆，遍布东南亚地区。这种树的贵重之处，在于它质地沉重的木材，以及气味芬芳可用于香水制造业的树脂。这个科还包括枫香树，长在亚洲和北美洲。从外表看，枫香树和枫树相似得难分彼此。最有名的是北美枫香。它分布在从新英格兰到墨西哥，再到中美洲的广大地区。北美枫香通常十分巨大——高可达 46 米，直径 1 米。它的心材有棕色和粉色，带有深色纹理，作为“赤桉树”来交易。乳白色的边材单独作为“糖香树”交易。它们都适宜做家具和胶合板（很可惜，有时被用于制作包装箱及搬运货盘)。当北美枫香的树皮被割伤后，会挥发出有香草气味的树脂，叫苏合香，也叫安息香，用于制造香水，同时也是一种药物(具有祛痰疗效，或用来医治皮肤病)。像枫树一样，秋天的枫香树为周围的景色平添一抹亮丽，有几种不同的枫香树可以作为观赏树种。

木焦油树和“生命之树”：蒺藜目

蒺藜目中唯一的蒺藜科植物包括草本植物、灌木和繁花满枝、招蜂引蝶的树，它们喜欢干旱地区和盐碱地，通常都长得矮小。蒺藜科植物富含很高的生化成分，有油性，芳香浓郁，是很好的药物。它们中的木焦油树生长在半沙漠地带，可以种植在花园中，作为一种观赏树。它们中还有一种树属于愈创木属，生长在加勒比地区和中南美洲，树身矮小(高 9 米，树干直径约 40 厘米)，被称为愈创木树。

171

愈创木树理所当然地被认为是“生命之树”，因为在 16 世纪时这种树被相信可以治愈梅毒。另外，这种树的木材呈棕绿色，有时近乎黑色，在所有木材中是最重要的一种。它异常坚固，有着奇妙的耐碾压强度，适用于木工雕刻和镟制工艺(尽管这种材质在工具下坚硬无比)，可以制作成球棍头，尤其适合制成槌棍。这种木材又具有油性，有自我润滑作用，所以也适用于制作滑车和各类机器上的转轴和轮子——特别是那些很难拆卸，带有润滑作用的零部件。与愈创木相近的美国愈创木属的树木，在市场上也被当成愈创木来交易，但却没有真正的愈创木那样好的品质。愈创木属的树木目前已经很稀有了，被列在濒危野生动植物物种国际贸易公约名单上，对于愈创木的砍伐至少有一定的法律限制。

桃叶卫矛和阿拉伯茶树：卫矛目

卫矛科的名称来自于一种攀缘植物，俗称白英，是北美土生土长的种，很讨人喜欢。但目前在很大程度上，它已经被从东亚引进的南蛇藤所取代，南蛇藤是一种有顽强生命力的杂草，可以不择地点地随处疯长，其他植物的生存常常受到侵犯，因此这里提到它不是作为树而是作为树的侵犯者（至少当它离开本土生长时如此）。

卫矛科下面的55属也包括卫矛属。这个属中有一种欧洲卫矛，俗名桃叶卫矛，它的纹理细腻的木材很适合雕刻和镟制，种子榨出的油脂可用来生产肥皂和黄色染料膏。日本生长的开裂西南卫矛同样可以用于镟制工艺、制作印刷字块。其他卫矛属，包括一些看上去不像小树而更像灌木的植物，会分泌一种橡胶状的植物乳液，在美国土著人的医药中，有着举足轻重的作用。卫矛科的植物适宜入药，这一特点也体现在阿拉伯茶树（也叫巧茶）上，中东人咀嚼这种树上的叶子充当兴奋剂。斯里兰卡的柯库卫矛树可以提炼一种很有用的油。

172

橡胶树、红树、柳树、杨树和一些奇妙的硬木：金虎尾目

金虎尾目的35科，包括了大量真正不凡的树木，其中既有热带树木也有温带树木，例如橡胶树、具有仙人掌外形的大戟属、红树、柳树、杨树，还有一些生长在美洲和非洲的巨大的硬木。这个目中的一些树在生态学上意义非凡，另一些树是重要的工业原料，还有形形色色的奇妙的树，有3个科尤其不同凡响。

大戟科是非同寻常之辈。它包括了一种名为大戟草的草本植物，像路边野花一样常见，是园艺师的最爱；还包括一些外形看上去像仙人掌一样优美的植物，有一些甚至长得和天轮柱属的仙人掌惟妙惟肖——一样的深绿色，一样多汁的圆柱，圆柱上的每一条隆起都长有尖刺，堪称“不惧山羊”的植物，人们用它们做树篱，在非洲很受欢迎。树番薯也称木薯，是整个热带地区主要的淀粉来源。灌木蓖麻提供了高品质的蓖麻油。从麻风树属直接压榨的油是那样精纯，且只需挤压和过滤两道简单程序，而无须再提炼，就足以发动柴油拖拉机了。在有价值的油料植物中，真正称得上树的是石栗树、油桐树和楝树。可是，这个科目前最重要的非橡胶树莫属。橡胶树的原生长地是巴西，现在也出现在非洲和亚洲，尤其是它们在马来西亚的生长令人瞩目（注意，尽管盆景类的室内植物也称为“橡胶类植物”，但那只是榕属或榕树的一个品种）。

生橡胶是植物乳液，是当橡胶树受伤时流淌出来的一种乳白色胶液。橡胶树为何会分泌这种汁液，迄今为止还是一个谜。众说纷纭的解释没有一个经得起推敲（最普遍的说法是，这种胶质乳液是橡胶树分泌出来用以愈合伤口的）。但是，好几科都包含一些植物，它们在受伤害时分泌乳液。连蒲公英都会分泌植物乳液。有几种也曾经被尝试作为橡胶的来源，比如苏联人就曾从本土生长的银胶菊中生产橡胶。在 19 世纪末 20 世纪初发生过一件臭名昭著的事件，比利时人奴役了好几千的刚果人，把他们驱赶入密林，从橡胶园的卷枝藤（卷枝藤属，夹竹桃科，长春花的近亲）上收集乳液。经过繁重的劳役，最终得到了 6 万吨橡胶，大约每个奴隶终其一生所生产的橡胶，只不过 4 000 克。

173

到目前为止，三叶胶树是橡胶的最好来源。在美洲热带丛林中，不同品种的橡胶树生长得很分散，一公顷林地上不过几棵，它们就这样在野外生长了百年之久，高达40米。当地的土著人认得它们的财富　　橡胶树，已经几个世纪了。他们用生橡胶液做成球供娱乐，还用它制作宗教器具。欧洲人偶然发现了橡胶，并且在18世纪开始使用橡胶制品。在英国，化学家和神学家乔瑟夫·普利斯特里（Joseph Priestlley）发现橡胶球可以擦掉铅笔印记，所以发明了“rubber”这个平淡无奇的英文词汇。而很多其他语言出于对橡胶的偏爱，对它冠之以高雅的称谓，如“卡求求”、“擦拭木”等。

随着新技术越来越多地被应用于橡胶制造，橡胶产品在19世纪中叶开始进入商业领域。最早的技术工人开始学会把橡胶压制成各种形状。1839年（专利申请于1844年），美国人查尔斯·古德耶尔（Charles Goodyear）发展了橡胶硬化技术：加入化学物质硫化物，可使橡胶变硬。在1851年的伦敦普林斯阿尔伯特博览会上，橡胶给人们留下了深刻印象。古德耶尔用橡胶制作了一个完整的“胶皮庭院”——橡胶墙壁、橡胶天花板和橡胶家具。1888年，约翰·邓禄普（John Dunlop）发明的橡皮轮胎带来了巨大转折。从19世纪后期兴起的汽车工业，特别是亨利·福特公司的大部分产品，为橡胶带来了最终的繁荣。

曾有一段时间，巴西橡胶取得了很大成功，它的确改变了这个国家的经济。橡胶交易的集散地和标志地是马瑙斯——亚马逊上游1 000英里以外的一个盛产橡胶的城市。由于亚马逊地区平坦广阔，交通方便，交易地点选在那里毫不稀奇。当年，马瑙斯所在地的树木被砍伐一空，留出大面积的土地修房盖楼（纽约曾经也是一片森林，伦敦的一

174 大半曾是湿地，威尼斯水城则保持了原来的样子)。20 世纪初，当亨利·福特最终研制出第一辆真正由人驾驶的 T 型汽车时，马瑙斯开始呈现繁荣。似乎是为了匹配那一时代的英雄气魄，马瑙斯城甚至修建了一座歌剧院，非常气派壮观。这座歌剧院至今依旧矗立。卡鲁索曾在那里献唱，巴普洛娃也曾定下日期在那里舞蹈，但终因无法适应长途旅行而在她行程的最后一站——亚马逊河口的贝伦——送出了道歉信。那些喜爱马瑙斯的巨星们，当他们衣袂飘飘闪亮登场的时候，是否意识到陈列在马瑙斯的老式橡胶产品，与惊天骇地的残忍之间有着某种联系（作为拷打、强奸、奴役和凶杀的器具）？

但是，可以说，当马瑙斯还没有建造时，毁灭的种子就已经播下。早在 1860 年，英国驻印度办事处的克莱门特·马卡姆爵士就已经组织人马，将金鸡纳树（可以提取奎宁）从热带的美洲引荐到印度种植。他也计划同样将三叶胶树引荐到印度。英国尤基植物园的植物学家们很快确信三叶胶树是最好的树种。最终，在 1876 年 3 月，亨利·威科姆（Henry Wickham）从巴西携带了 7 万粒三叶胶树的种子，来到英国皇家植物园。在那里，大约 2 000 粒种子发了芽。然后，这些幼苗被送到锡兰（现在的斯里兰卡）和马来亚（现在的马来西亚)。很快，亚洲的农业种植园就成为世界上最主要的橡胶生产地。而他们真正的挫折，来自合成橡胶的兴起。最初产生于美国。第二次世界大战期间，当日本占领了东方主要的橡胶种植园时，美国开始策划橡胶合成计划，其地位仅次于原子弹的研制。到 20 世纪 80 年代，世界交易市场上的自然橡胶仅占橡胶交易总额的 30%；但是到了 2002 年，又恢复到占橡胶交易总额的 40%。也许这是全球性的化学工业向生物技术产业转变的一部分。

自然橡胶在一些特定的领域始终占据重要地位，例如飞机轮胎和避孕套的生产。

现在，巴西的橡胶年产量远远小于马来西亚，其中一个重要原因，就是巴西种植园的橡胶被一种导致叶枯病的真菌侵害，整个美洲地区受到影响，但亚洲的种植园却得以幸免。对于巴西人来说，橡胶的种植还是很有意义的。1980 年举行的胶液采集者示威运动，使得西方对亚马逊森林采胶人的艰难境遇有了深刻的了解。但是巴西人还在被刺痛着，他们把外国人种植橡胶看成是偷窃了他们祖先留下的遗产。一些人争辩说，亨利·威科姆并没有做偷窃橡胶种子这样不光彩的事情。至少，他的货物在巴西海关官员那里，落落大方地标着“为大英帝国女王陛下的尤基皇家花园特别设计制作的极易破碎的植物标本”。言辞不够诚实，但也并非不准确。另外一些人则将整个事件看作生物制品剽窃。总的来看，事情是不正当的。但是，巴西人在种植桉树一事上得到了补偿。桉树是欧洲人在 1828 年从澳大利亚带过来的（在一些地方，它成了有危害的入侵物种）。巴西人还大力推广种植从印度引进的柚木。一段时间以来，巴西最重要的农业出口作物是大豆——一种来自中国的作物。巴西的家畜都是从欧洲引进的（也可以说来自印度）。另一方面，中国人种植的产量极高的土豆和玉米则来自美国，小麦是从中东引进的。在今天的政治形势和贸易全球化的前提下，很难判断权利是哪一方的，哪一个问题是更关键的问题。

175

一个更实际的问题是，橡胶树一般是在种植后的第 7 年开始大量产胶，可以一直持续到第 15 年，其后产胶量逐渐减少，等到第 30 年就被砍伐掉（那时的树高达 20 米），再重新种植。所以，胶农在 30 年中的23年是有收成的。过去，砍伐下来的橡胶树只是被付之一炬，但是这种木材呈可爱的红棕色，很坚固，在近几十年成为重要的木材来源。马来西亚和泰国现在每年进口近15亿美元橡胶木制作的家具。在东南亚地区，每年可以采伐6 500万平方米橡胶木——几乎是中美洲全部树木的年采伐量。

在马来西亚，我看到的橡胶种植园都是那么迷人：笼罩在茂密、馥郁的橡胶叶下的树干，像一根根大殿的廊柱，巍峨挺拔。橡胶林如苏萨克斯郡的乡间一样，清新送爽。但是，橡胶林里的工作，却是冗长乏味的，每天都是单调地割开树皮，不停地替换装满胶液的收集桶。征募胶林工也非常困难。我的方法可能会使这项工作变得更有趣一些——我会参照在中国看见的那样，在胶林间种植一些矮小的作物。生长中的橡胶林就是一座农业林，其他作物（包括一些有价值的草本植物）可以套种在里面，浓密的树荫还非常适合在里面饲养家畜。作为回报，树木会结出个儿大而且含油脂高的种子——当果实成熟开裂时，会把这些种子喷射到几米开外。在亚马逊森林里，这些橡胶种子会掉入河里，由大鱼散播开来。在种植园里，我想它们会是火鸡理想的饲料。我很厌恶当一名传统的胶液收集工，我对他们深表同情（在马来西亚，这些工人的女儿有机会到当地的电子产品加工厂做女工）。将其他作物和家畜混养在胶林里，这样的农林业混合养殖模式是一种截然不同的主张，作为一项重大挑战，非常有趣。

176

红树科中的红树林长在海岸边缘，贯穿热带地区，主要分布在澳大利亚北部、东南亚、西非、红海周边、南美洲北海岸，还有中美洲和加勒比海沿岸。尽管地球上的红树林只占大约18万平方公里，却有着巨大而重要的生态和经济意义。在它们的树根间养育了一系列的海洋生物，包括很多海洋鱼类。当地居民从红树林中获取了很多资源，就像世界各地的人们从森林中获取资源一样，包括染料、木材、水果，当然还有鱼。红树林边的海面上通常有很多海藻，是鱼类、软体动物、海牛、海鬣蜥的食物；离岸边远一点的浅海，海底静静地躺着一丛丛的珊瑚礁，其中野生生物的多样性仅次于热带森林。原始的红树林保护着海藻和珊瑚礁。因为红树林、海藻、珊瑚礁为各种海洋生物提供了温床，红树林遭破坏的后果将会波及整个海洋世界。尽管如此，它们还是不能幸免于难，原因各种各样——为了修建码头和海滨休闲所、围海养殖海虾、建超市，更有甚者，无需任何理由就去毁坏它们。2003 年，在巴拿马，我参观过一处红树林，林间布满碎石，一座集装箱装卸港刚刚建成，为远洋货船提供服务。这是当地政府采纳了一些企业提出的建议，为了增加就业而建设的项目。我在那里见到的唯一一位雇员，是手里拿枪的男子，以防外人靠近。企业家拿着纳税人的钱去破坏红树林，目的只是为了向中国出售废物渣土。这是赤裸裸的生意。

让我们回到自然和更理智的世界：红树大约有 80 种，都能很好地掌握在潮起潮落间生存的本领。其中的 30 种至 40 种是红树林里最常见的，这里面又有七八种是最重要的。 177

金虎尾目中第三个有高大树木的科是杨柳科，这个科是以柳属中的柳树命名的，大约有 400 种。尽管在第 1 章中我们就重点讲述过它们，但由于很难辨别和易于杂交这些特点，我们无法确定实际上它们究竟有多少种。从热带到地球最北端，在寒冷而风大的高山上，在靠近北极圈的冰河边缘，它们通常都是主要的树种。在它们的领地内，柳树将枝条顶出地面，形成大片克隆群——这片柳林实际上来自于一棵柳树。就这样，蔓延生长的柳树移植到沼泽地，开始演变成大片森林。柳树大多喜爱生长在河边，它们也通常被种植在河边用以加固河堤。就像珊瑚床一样，它们可以净化水源。有些种可以作为观赏植物，特别是原生的垂柳，原产于中国，枝条慵懒无力地低垂在静静的湖面和缓缓流淌的河边，好像刻意要成为茶具上的图案。

虽然有一个种穿越赤道来到肯尼亚，但是柳树的分布仍以北半球为主。在中国的东部有很多种，可以称得上是世界上一个真正的柳属多样性中心。但是，就像其他很多树一样，这些柳树未曾经过仔细研究。柳树几乎都是雌雄异体的，长有葇荑花序，由昆虫受粉，可能风力也起一部分作用。柳树的种子都是一簇簇、毛绒绒的，飘浮在春天的微风里。柳树不同的部位有不同的传统用途——细柳条可以编篮子、柳条艇、篱笆；粗柳木可以做建材。雌克隆体是唯一一种可以用来制作板球球棍的木材（不幸的是，这种树木随时可能会受到欧文氏菌的威胁）。一副完成的板球球棒是植物的奇特作品——白柳木做成击球板刃部，竹子和胶皮制作把手，上面缠绕着麻线，一种胶将之与球棒黏合在一起，而麻线和胶都来自于植物。亚麻籽使球棒具有了一定的柔韧度。柳178木还是重要的燃材，也是当今值得夸耀的生物能量供给源。最后，柳树的树皮富含柳糖，其化学成分是水杨酸，即阿司匹林的主要成分，是一种很有疗效的止痛剂和消炎药，现在也用来抑制血液凝结，可以有效地治疗血栓病，因而大受欢迎。

在柳科中与柳树关系很近的是白杨属植物，包括白杨在内大约有29个种，北美的颤杨也是其中一种。白杨属在世界范围内受到欢迎，被广泛种植于植物园中，适于制作火柴棍、纸浆，也可以作为防风林（像桉树）来帮助湿地干燥化，柳树在其中所起的作用无异于蜡烛芯。当今一项首要的任务是保护柳树的遗传多样性，因为它们喜爱的潮湿河岸正变得越来越干涸，并退却缩小了。在密西西比河两岸，通过自然繁殖生长的美洲本土黑杨正大量减少。在世界各地的植物园中，保护植物多样性的活动正在进行中。在欧洲，为了保护黑杨树的自然多样性，欧洲森林遗传资源计划得以实施，收集到了来自19个国家的将近2 800个克隆株系。为了防止哥伦比亚河与威拉米特河流域该树种的锐减或者消失，西北太平洋组织保留了100个毛果杨株系。保护白杨属在其原生长地的生长状况，这一行动也在中国新疆的塔里木河自然保护区实施，主要是为了保护世界第三大胡杨原生林；同时还保护印度喜马拉雅山脉（地），保护那里的山麓丘陵间的原生杨树。保护行动由国际白杨联合会和联合国资助，所有努力都非常令人鼓舞。但白杨只是好几千种濒临灭绝的树种之一，其他绝大多数都还没有得到有效保护。即使它们能逃避灭绝之灾，也没有几个能够逃过显著的遗传衰退这一劫难。

柳科还有些引人瞩目的树种，其中包括在历史上曾经被划归在大风子科内，而贾德将它们划归到柳科之中。其中就有生长在古巴、多米尼加共和国、哥伦比亚和委内瑞拉的棉籽木，它们因特殊的用途而受到青睐，可以用来制作钢琴的关键部件。来自西部非洲的风子木属于大风子科，坚硬耐磨，是制作木地板的上乘材料。

金虎尾目的其他几科也值得一提。堇菜科里有一些生长在温带的草本植物如紫罗兰，也有一些生长在热带的高大的树木。不管是谁命名

179

了金虎尾目这个怪名字，它都要包括巴巴多斯樱桃。藤黄科里最有名的是金丝桃，它是一种很有疗效的抗抑郁剂。还有些轻而易举就能想到的树，其中藤黄属至少包含 200 种，有名的山竹果是原产于马来西亚的水果，它有乒乓球大小的果实，外皮紫色夹杂着棕色，光亮如皮革，里面包裹着几瓣甜而可口的乳白色的果肉，是一种人见人爱的水果。但是这种树生长缓慢并且不易栽种。

金莲木科包括产于西非的铁木，也称红铁木，巴黎的地铁轨道就是这种木头制作的，地铁的轮子是橡胶的。我敢打赌，乘坐过巴黎地铁的人没几个能猜得出，这一切都是金虎尾目的功劳。

杨桃和角瓣木：酢浆草目

酢浆草目是另外一个被频繁地重新划分的目。这个目的命名源自酢浆科，主要生长于热带和亚热带，北方人比较熟悉的是酢浆草。这个目里也确实有几种小树，其中一种是杨桃树。杨桃是一种多汁、酸甜的水果，果实表面有几条很长的棱角，当纵向切开时，会呈现五角星形状。近年来，这种水果在原产地印度尼西亚之外的其他地方也开始渐受喜爱。现代 DNA 研究将火把树科也划到酢浆草目，这一科包括一种生长在新南威尔士的高大而且贵重的木材，俗称角瓣木（也叫火把树或香味沙丁树）。角瓣木呈棕粉色，气味芬芳，木材有很多用途，特别适合制作精细的木工制品和木质模具，还可以制作枪托、鞋跟和乐器。看来酢浆草这个英国本土草本植物，还有很多外国亲戚。

提供饲料、燃料、鲜花和良材的树木：豆目

180 豆目包含4科，其中有一科值得我们花费笔墨，长篇大书。就像草所在的草科一样，豆科在生态环境和经济领域都是最重要的。它也是世界上的第三大科，大约有18 860种植物分布在630属中，其中只有兰花和雏菊的种最多。豆科的英文一度被写成Leguminosae，因为大豆的荚果（也称豆荚）英文就是Legumes。现在，它的老式英文名已经不再使用了，但是英文形容词“豆科的”（Legumes）和非正式名词“豆科植物”（Legume）却被保留下来（通常用来称呼包括豆荚在内的整科豆类植物）。

豆科植物存在很多种生长形态：草本植物如野豌豆、三叶草、紫花苜蓿；蔓藤植物如豌豆和红花菜豆，它们通过藤和卷须盘绕着向上攀爬生长；木本攀缘植物中有紫藤；灌木植物中有金雀花。另外，豆目中有很多生长在热带的属，其中包含不少出色的树木，遍布世界各地的热带森林和热带草原，给人类和动物提供了很多服务。

豆科植物的奥秘（不一定指每一种豆科植物）就在于它们可以在植物的根部形成特殊的根瘤，根瘤能保留一种根瘤菌属的固氮菌。固氮作用可以使植物的大部分养分实现自我供给，即使是在土壤贫瘠的状况下，也能长出富含氮的叶子和种子。“富含氮”也就意味着“富含蛋白质”，很多豆科植物有很高的营养价值——包括所有种植的豆类作物（豌豆、豆角、扁豆、鹰嘴豆、落花生，以及很多树）；即使是无法食用的叶子，由于含氮量高，也可以埋到地里肥沃土壤。同样，固氮植物因为自身携带氮元素，可以使生长的土地变得肥沃。所以，长久以来，

野豌豆、三叶草、紫花苜蓿一直被用来肥沃牧场——给牧草提供养分；豆类作物（豆角、扁豆、鹰嘴豆）可以补充谷类食物（来自于草类植物）的营养成分；很多豆科树木被视为林业的最佳选择，它们给这个世界的可持续发展寄托了美好的希望。

181 豆科名下的很多属非等闲之辈，但在生态和经济上最重要的是金合欢属，有大约 1 300 种，分布在热带和亚热带森林：澳大利亚有超过 1 300 种，在那里，它们被当作树篱；另外的大约 230 种生长在新大陆；还有 135 种在非洲——主要生长在草原上，因为树冠扁平，经常被作为当地的遮阴树；印度有超过 18 种；只有几个种零星地散布在亚洲其他地区，它们是几个边远岛屿上的特产。

金合欢属包含的并不都是树（有些是灌木和木本攀缘植物）。一些金合欢属生长在潮湿地带，如美洲热带森林的雨林地区，其中一种每当周期性的洪水泛滥时才能生存。大多数种可以生活在荒芜的不毛之地和干旱的环境中，不少适应力强者甚至可以生活在极端干燥的地方。生长在非洲的一个金合欢种有极长的主根，可以从地表伸到 12 米以下的地下含水层吸收水分。有些金合欢树的叶子很小，或者由一些扁平的叶柄（也称叶状柄）取而代之（正如在第 3 章描述的芹叶松那样）。当极端干旱时，金合欢树会逐渐脱掉叶子，有时是立刻褪光，有时是随着干旱的加剧而逐渐褪去——它们的生长状态从来不会超越环境所能提供的生长条件。有些生长在沙漠地带的金合欢，叶子会在雨季来临前萌发，为骆驼、羚羊、长颈鹿以及非洲游牧民族放牧的牛群和羊群带去喜悦和利益。

总之，金合欢在贫瘠和荒芜的土地上也会生长良好（例如澳大利亚的黑木相思树)，它们是荒地最好的开拓者。澳大利亚的一种金合欢甚至可以忍受有毒或者高度酸性的土壤。很多金合欢，包括绝大多数生活在澳大利亚的种，都不惧怕火，火会刺激种子萌发，促进(包括非洲生长的一些种)矮林生长(通过根系再生)。另一方面，有些在旱地生长的金合欢可以抵抗冰冻。据报道，有些金合欢种子可以在地下沉睡长达60年。有些种可以单性繁殖(即没有受精的胚珠可以长成一棵树)。还有其他很多树能够通过根部抽芽生长成林(例如柳树、白杨、榆树和红树)。

182 金合欢树在艰苦条件下顽强生长的先驱精神既很宝贵，也有威胁性。金合欢对于土地的再利用非常有益，在澳大利亚，有一种金合欢对于开垦酸性的金属含量高的土壤很有效。但当林业工人和园艺工将它们从一个大陆带到另一个大陆时，我们有可能看到它们的利弊两个方面——因为自然界是不可预测的，“外来物种”所独具的特征更加神秘莫测。当来到一个新地方时，大多数植物或者动物都会因为不适应而死亡，另有一些会存活下来，被本土化了。不管本土的野生种怎样轻视这些入侵者，它们还是很有经济价值的，例如自印度来到澳大利亚的马古相思树，就是一种珍贵的木材。但是，也有一些外来种因为生长猖獗，有可能造成毁灭性的灾难。澳大利亚就曾出现外来物种泛滥成灾的例子。有外来的兔子、猫和狐狸，还有来自非洲的金合欢，以及一些来自美洲的物种。但是澳大利亚也一样不甘示弱，输送了极具破坏性的金合欢到非洲、葡萄牙和智利，将桉树出口到世界的每一个地方，将袋鼠出口到新西兰。

与豆科的许多其他成员一样，金合欢和蚂蚁形成紧密的共生关系。

事实上，在金合欢树的一生中，不止一次地独立形成这种共生关系。很多金合欢有刺，主要是在叶柄的根部；在中美洲，有些金合欢有很粗大的刺，刺的中间是空的，居住着很多蚂蚁家族。在非洲，蚂蚁寄居的金合欢树通常称得上是富含蛋白质食物的储藏室。作为回报，蚂蚁会为宿主驱赶害虫，不仅是昆虫，还有其他威胁金合欢的生物。谁不害怕蚂蚁钻进鼻孔里呢（在印度，曾经有一次，我捡起一枝附生植物，有很多只蚂蚁从里面跑出来，爬到了我的一只胳膊上。这些蚂蚁将植物的叶子缝合在一起，成为通风很好的蚁穴。我可不喜欢它们顺着蚁穴钻进我的鼻孔里）。

总之，金合欢能与生活环境很好地融合在一起。在地下，很多（不是所有）固氮菌可以为土壤提供养分。这些固氮菌和真菌一起形成典型的菌根真菌，能够更有效地增加营养能力。所以，很多金合欢属收留蚂蚁的目的是为了自身的需要。这些树还会利用各种昆虫——以苍蝇、甲壳虫、蜜蜂为主，也有一些鸟——为它们的花授粉；非洲的金合欢甚至需要长颈鹿参与授粉。有些金合欢利用各类动物帮助它们传播种子，有的种子外面包裹着颜色鲜艳的假种皮（肉质的外皮）；还有的种子藏在果荚中悬挂在树枝间，羚羊和大象吞下果实，种子会随粪便排出。一棵金合欢树是一座真正的旅馆，也许它应该被称为生物界的基础互联网。

183

在后面的第 13 章，我们也会看到金合欢树与其他树木合作，通过释放化合物而将长颈鹿的行踪警告给周围其他的金合欢伙伴。这种功能有很明显的作用。近年来，长颈鹿被带到了南美洲，而之前长颈鹿并不生活在那里。只要是长颈鹿视线所及，金合欢几乎无法幸存。显然，这些金合欢树并不能很好地适应那些外来的长颈鹿的入侵。我们又一次看到了引入外来物种所带来的破坏性，以及动植物保护之间发生的强烈碰撞——我们是喜爱高大的哺乳动物还是原生植被？以上原因使得许多树木陷入险境，其中包括 35 种金合欢。

人们为了各种不同的目的而种植金合欢。大叶相思树、马古相思树、澳大利亚黑木树和黑木相思树都是有价值的木材。生长在昆士兰和新南威尔士的野生澳大利亚黑木树可以高达 30 米；但是无论怎样，比起巨型的桉树即高山白蜡木，它们是一种生长在下层的树。桉树可以高达 100 米。澳大利亚黑木树木材呈深色，并且带有黑色斑点，具有很高的价值，可以制作从木船到撞球桌的任何物件；有些金合欢可以刨成薄板或打成纸浆。我们在上文中也提到过，很多来自桑寄生科和檀香科的寄生植物喜欢生活在非洲和澳洲本土的金合欢树上。所以，这些金合欢树被种植在白檀树林里作为宿主树，给林业主事半功倍、获取利润的机会。有些金合欢种子非常有营养：A.colei 和 A.tumida（暂无译名）起初是作为燃料和遮阴树被介绍到萨赫勒地区的，如今则作为人类的一项食物来源，很有发展前途。澳洲有很多种金合欢树的种子很美味，是深受喜爱的休闲食品。各种金合欢树为羚羊和大象等野生哺乳动物提供了巨大的嫩叶来源——也是家养牲畜的饲料来源。有些金合欢能产生很有价值的树脂和药材。有些可以用来制造香水。可是，也有一些金合欢树的种子和叶子有剧毒。另有几个金合欢属的树种是很珍贵的观赏植物。

还有银合欢属。在美洲，从秘鲁到得克萨斯州，从海平面到海拔 3 000 米的地区，已经知道的银合欢有 22 种。有些银合欢的荚果有大蒜气味，土著人经常食用。有很多银合欢是灌木，并且是很好的草料，但是也存在一个问题，这些草料中所含的氨基酸不能形成动物蛋白，食用这类草料会导致动物褪毛和掉蹄子。银合欢属也包含了世界上生长最快的树木。最有名的是银合欢，四个世纪以前它首次被带出美洲，目前在世界各地都有生长，提供草料和木材。生长在墨西哥高地的银合欢树，现在被广泛种植在咖啡园，作为咖啡树的遮阴树（味道最美的咖啡长在阴影中。这种咖啡树在阴影下会比在日照下生长缓慢得多，结出的咖啡豆味道却更好），也可以作为燃料和绿色肥料。银合欢也同样来自墨西哥高地，结出的荚果可食用。

育林人并不满足于野生树种，银合欢就是在很长的候选名单中被深度培育和杂交出的品种（尽管名单很长，但是比起全部树种，还是相对少了）。"杂交"在这里的意思是最优选择。跨越不同树种进行杂交，得到的杂合体（多半要靠运气才能得到杂合体）综合了二者最具优势的条件。不同品种银合欢间的杂交后代都是可育的，只有少数几个杂交后代是不可育的，必须靠扦插再繁殖（所以杂交后代是否可育并不重要）。夏威夷大学的研究人员将16个不同种的银合欢进行了上百次的杂交，得到了一些非常好的杂合体。有一个杂合体是银合欢和多叶银合欢的杂交后代，需要经过12年才能长成高大的、树干直径40厘米的树。将它们种植在适宜的地方，可以满足人类对森林的需求和渴望。作为燃料使用时，它们又是"无碳燃料"，不会加重全球变暖的效应（在这一点上绝无戏言）。但是，银合欢的杂交也存在另外一面。夏威夷银合欢就是一种令人生厌的野草般顽固的树种。这种特殊品种极有可能是一种源自墨西哥的杂交后代，它的肆虐生长是人类一手造成的。

185 已知的黄檀属大约有200种，包括灌木和攀缘植物——其中有世界上最有名的木材，它们是制作木琴、钢琴键和撞球桌的宝贵材料。遗憾的是，很多黄檀随着森林的消失而处于灭绝的边缘；好在还有一些种被广泛种植。印度的玫瑰木是制作一种优良的胶合板的原料；另一种名叫缅甸玫瑰木的木材，也具有同样精良的品质，有时被称为娜拉树，却不是黄檀属，而是豆属，学名青龙木（印度紫檀）。印度黄檀也叫西索树或者诗沙姆树，原生于印度喜马拉雅山脉碎石林立的山麓间。它生长滞缓，树干弯曲，却令人惊奇地可以抵抗酷暑、干旱和霜冻；是非常宝贵的饲料、燃料、木炭和药品来源；印度黄檀花里的蜜汁也是蜜蜂酿蜜的很好来源。木材呈美丽的深棕色。印度德拉敦的林业研究所有一辆装运枪支的四轮马车，就是由印度黄檀制作的。透过心灵的眼睛，我可以想象得出这样一幕情景：在练兵场的上空，电掣雷鸣，几匹矫健骏马驱动的战车踏着滚滚烟尘而来，几个同样矫健的士兵身着红色戎装，戎装上面的铜片闪耀着金光，他们的脸上有的充满荣耀的笑容，有的则像在诅咒着霉运。非洲黑木也叫非洲黄檀。巴西鹅掌楸木也被称作十跃黄檀。在法国，它的名字叫玫瑰木，国王路易十五和路易十六曾拥有由这种木料制作的最为精美的家具。

红棕色树皮，有很深“蚀刻”痕迹的罗德西亚柚木，也叫多小叶红苏木，特别适合镟制工艺。生长在西非的有着粗条纹的斑马木，属于种类繁多的小斑马属；也同样适合做木雕物件。来自南非的紫芯木，木材的花纹很像粗花呢，是紫芯木的一个种，可用来制作体操器材、滑雪板和撞球的球杆。生长在非洲的合欢属大约有 30 多种，木材可以用于制造大型轮船、码头、木地板和胶合板。印度吉娜木有很多种，其中包括木质硬、颜色深的紫檀，我们已经在前面提过了。茵氏印茄在栽种时被称为“婆罗洲柚木”。在巴西，很多豆科属（有几个属并非豆科）都是贵重木材，被统称为“安吉利木”（第2章做了大致介绍）。巴西这个国家就是以它特有的豆科属树木——巴西木来命名的。

186 刺槐属最初是热带树种，但是现在只有4个互为近亲的种存活下来，不是在热带，而是在北美洲。毛刺槐是一种观赏植物，也叫“蔷薇金合欢”。最广为人知的是刺槐，也叫作假合欢，或者称作黑槐。刺槐在18世纪初引入欧洲后，被海军选中制造战船，称作“船桅槐”。这些刺槐被大面积深度培植（在匈牙利，居然有大约25万公顷的土地用于种植刺槐）。大班木是它属中的唯一成员，玻利维亚人将之视为骄傲，也有人称之为蔷薇木。大班木被种植在街边，可以长到20米高，在玻利维亚和阿根廷，它们被用作防风林和草料。

很多豆科植物被作为观赏植物种植。在郊外，最常遇见的是金链花属，惹人喜爱。在热带的美国象耳豆属中，有种树被称为“猴耳朵”，叶子圆而巨大，有时还被称为“大象耳朵”。南欧紫荆的叶片呈圆形。球花豆属大约有40种，分布在热带地区，这些壮观的伞状森林树由蝙蝠为之授粉，悬吊于树间的鲜艳果实引来鸟儿为之传播种子。马来族人食用球花豆的种子（也叫臭豆），它有着非常浓烈的大蒜气味（气味甚至持续在尿液中）。大约400种左右的含羞草属给人们带去多少馈赠——从带刺的篱笆到惹人无限怜爱的绒球花。印度雨树也叫雨豆树。雨树之所以有名，是因为它自身鼓励寄生植物的生长，而其他树一般会不同程度地努力摆脱寄生植物。事实上，雨树的存在似乎就是为了身上的寄生植物。这种树上还生活着可以分泌虫胶的昆虫，周期性地向地面喷水（看上去就像下雨）——这大概就是雨树名字的由来。阿苏卡树种植在佛教和印度教的庙宇周围，那些红中泛黄的花朵成为宗教的供奉。据说阿苏卡树被年轻女子猛踢后，花会开得纷繁茂盛。先生们难道不也如此吗?

豆科的其他树也是功能各异。44 个牧豆属中的绝大多数抗旱和抗盐——在世界范围内，因为灌溉热情过度而导致高度盐碱化的土壤有好几百万公顷，有了这些豆科树，这些土壤就有了希望。牧豆树属包括含羞草，腺牧豆树是北美的种，它的木材可以制成气味芬芳的木炭，为烧烤食物增添美味，因而深受欢迎。热带印度的牧豆树可以提供高质量的木炭，还有薪柴、草料、绿色肥料和不畏羊群侵害的带刺木篱。生长在智利、十分奇特的塔马鲁戈牧豆树生长缓慢，因为同时具有抗盐碱和抗干旱的能力而被人们广泛种植。很多豆科属植物是有毒的，但也有很多可以入药（这就如同一枚硬币的正反两面）。在非洲，有几种“历经考验”的毒剂，其中之一来自格木属，来自著名的格木树的红色树皮。槐属有 52 种，都是硬木材质，都有毒性，可以入药。日本的宝塔树在中国叫作龙爪槐，已有 3 000 年的种植历史了，树形美丽，可作染料也可入药。

187

豆科属里的很多树能为人类提供食物。生长在热带的庞大的黎豆属中有好几个种提供可食用的果子和种子，其中包括印加豆（黎豆属很庞大，在热带美洲它们究竟有多少种还有待研究。对此我们将在第 12 章讨论）。罗望子的果实肉厚，对咖喱和泡菜的味道有收敛作用。印度人有一个关于这种果子的迷人传说：据说有一个男人要外出远行，但是他的妻子不忍心丈夫离开，于是她求助于当地的宗师，想办法使丈夫尽早返家。“让他许下承诺”，宗师说，“在离家的旅途中，每晚睡在罗望树下；在返家的旅途中，每晚睡在印楝树下”。那个男子一直遵守着诺言。据说，罗望树会散发带毒的气味，使人有生病的感觉；而印楝树会使人康复。这名男子越往前行，越感觉病情加重，他只得返家；而当他离家越来越近时，病情逐渐好转。不论传说真实与否，其寓意却是广泛的（印楝树和尼姆树都来自桃花心木科）。

关于豆科的描述实在值得大书一番，但我们必须往下写了。

苹果、李子、榆树、无花果和号角树：蔷薇目

188

感谢分子研究技术的发展，直到最近几年，蔷薇目才得以根本重组。贾德认为有 7 科，每科里都包含很有趣的树，值得书写一番。这些科之间的关系以及它们各自拥有的树，常会使人惊异——现代分类学与 10 年前使用的传统手法有天壤之别。这些树木分属的位置总是在相互变换。因为蔷薇目是一个很微妙的目，一方面具有很多形态上的不同，另一方面也有很强的杂交倾向，所以，有时候很难根据特征分辨一个类别。下面的内容将会反映这种多趣的情形。

确切地说，蔷薇科是所有蔷薇目家族最早的祖先，也是其他蔷薇目植物的长姐，这个科植物的花朵呈圆形，演变的目的是为了吸引各种昆虫为它授粉——小花由苍蝇授粉，蜜蜂会给大一点的花朵授粉，长舌蛾子会为更大的花朵授粉。在蔷薇科的大约 3 000 多种植物中，大多数是可爱和有用的草本植物，像委陵菜和草莓。85 属中的绝大多数（四分之三）包含了木本植物。有一些属内灌木占主要部分，像各种玫瑰、黑莓、覆盆子和洛干浆果（大杨梅）。但是蔷薇科中还是树木居多。

有很多重要的温带水果来自于蔷薇科。其中苹果来自于苹果属。食用苹果有几百种（事实上可能有上千种之多）。牛津大学最近的研究证实，这一属是好几个世纪前从亚洲野生的新疆野苹果拣选而来的。所有野苹果的祖先果实都很小，像现代的螃蟹苹果那样。到中世纪时，随着在西方的种植推广，苹果才成为现代的这副可以被接受的模样。各种种植苹果保持了同样的性状并且代代相传，这是因为苹果树都是通过扦插繁殖，或是拣选喜爱的品种嫁接到生命力强的根茎上。因此，世上所有的考克斯栽培苹果，都来自对 19 世纪第一棵考克斯树的克隆。有几种苹果被作为观赏植物保留下来。梨树有 76 种，与苹果很相近：有些种有鲜美的果实；有些是装饰植物（比如，有些树有着可爱的银色树叶；有些树的叶子会滴水，像流泪一样）；有些木材很有价值，光滑呈淡金色，是深受喜爱的厨具用材，也可用于木刻。梨树能够长得很高，可以高达 18 米，树围达 5 米（直径大约 1.5 米）。榅桲属包含温柏树，枇杷属包含枇杷树。

189

李属是丰富的宝藏，包括了杏子、甜樱桃、酸樱桃、桃子和李子。李属中的不少种是观赏植物，其中引人注目的是日本樱花，它有几种因红色的材质而备受瞩目。在自然界里，李属和山楂属是新的森林形成时期最早出现的树种。虽然也有例外，黑莓一般生长在已经具有规模的落叶性森林里。稠李遍布欧洲大陆，也包括英国，它们显然应该算是原生于此。其他观赏树种包括唐棣（美洲人也把它叫作鲱鱼灌木）；花温柏；栒子；山楂，也叫作单子山楂或五月树；火棘；玫瑰当然是蔷薇属——现有的好几千个栽培品种都是 9 个野生祖先的杂交后代；花楸属包括花楸或红果花楸，还有野果花楸；花卉人员偏爱的绣线菊属。

还有些品种具有其他用途。英国人特别喜欢将山楂作为篱笆植物的首选，用插条法培植——把山楂的枝条从半截处剪下，并排栽种在小径旁——这就形成了无法穿越的带刺栅栏；有时山楂可以在这种篱笆间长成大树，就像榆树那样。

蔷薇科内 5 个非常相近的属都与植物根部根瘤中的固氮菌形成一种共生关系。这种菌叫弗兰克氏菌，与豆科植物根瘤里生长的根瘤菌不同。植物界共有 10 科的植物，其根瘤里存在着弗兰克氏菌（最主要的科之一是赤阳属植物）。可以这样认为，最早期豆科植物的根部也生活着弗兰克氏菌，但后来被根瘤菌取代了。如果情况确实如此，我们可以推测，最原始的豆科植物的根瘤里含有弗兰克氏菌，抑或两种都有。而事实上，绝大多数原始豆科植物根本不含有弗兰克氏菌。所以，看起来含有弗兰克氏菌的根瘤，与含有根瘤菌的根瘤是各自独立平行产生的，这是又一个汇聚了进化论的绝妙实例。我们也再一次看到生物体的偏好，我们几乎可以断定，生物体的性情偏好就是合作。

190

接下来是鼠李科，有 45 属共 850 种。大多是有刺的植物，有些是树，有些是灌木，也有些是攀缘植物——其中一些的根部生活着根瘤菌。在北部的温带地区，有几种我们很熟悉的鼠李属：沙棘是鼠李，美洲茶树是鼠李，也是时下最流行的装饰植物。但是鼠李科主要来自于热带，有很多用途。它包含了北枳椇，也就是拐枣树；还有印度枣树，别名“森林的火焰”。枣树在干旱贫瘠的土地上生长很快，开红色花朵，枝杈很多但可以长到 24 米高。它的木材材质很好，可以燃烧得很彻底，有刺的树枝很适合做篱笆；叶子和嫩枝是骆驼和山羊的草料；绿色的野果可以制成冰果子露，（据说）很受学生欢迎；人们种树是为了取得它的果子，这种果子可以做调料，烹饪时加糖，或者浸泡在油里或糖里做成糖浆保存。也许最为重要的，枣树是紫胶虫最好的宿主，这种昆虫将树的汁液吸出来，使得枝条表面渗出一种泛红的树脂，可以制成染料，也可以制成虫胶清漆，这种清漆用于老式留声机的唱片，是颇受青睐的上光剂和天然漆。枣树讲述了一条基本道理：外行人很难知道植物的用途，只有深谙植物的人才清楚。经济和文化在我们眼皮底下兴旺发达，我们尚缺灵敏的感知，更何况那些树，它们的生命形态如此轻易地被我们忽略掉，不留下痕迹。紫胶虫也生活在菩提树、雨树和芒果树上。

然而，蔷薇科和鼠李科不过是蔷薇目的两个边缘科。剩下的科大致划分在一个进化枝内，我们就来讨论它们。

第一个提到的是榆科，包含了榆树和很受欢迎的公园树种榉树。有 6 属大约 40 种，都是树木，绝大多数生长在北温带。直到近代，榆树才在英国变得很普遍，是低洼地带的一个特色树木。在英国东部，约翰·康斯坦布尔的家乡萨福克郡，连绵的榆树林是它的标志风光。在西部，榆树被称为“威尔特郡野草”，经常被用作树篱，树体可以长得很高大，木材常被用来锯成厚木板，这些木板可以做成木头扶手椅、独轮手推车。从 1970 年起，英国的榆树陆续被荷兰榆树病侵染：最初由榆枯萎病菌引起，欧洲大榆小蠹虫携带着病菌在榆树皮下传播开来。几年之内，无论林业人员和生物学家怎样努力，仍旧无法挽回成年榆树灭绝的命运；只有低矮的树篱形式的榆树才得以生存。而一旦这些榆树长到那关键的高度，达到了甲壳虫飞翔的范围，就会再度被袭击，遭遇同样的厄运。虽然新的抗病榆树品种正在培植中，但是英国低地曾经的榆林风光将不复存在了（当然，现代都市化和农业经济引起的变化，比

191

起荷兰榆树病所带来的更为天翻地覆)。荷兰榆树病在欧洲大陆肆虐，也袭击了美洲，美洲的荷兰榆树病病原体是由欧洲大榆小蠹和美洲榆小蠹同时携带的。

榆科里的朴属包括朴树或称密西西比朴树，它那颜色鲜艳的果实让鸟类恋恋不舍，但是人类却很少食用。朴树的木材可以使用，整棵树可以作为观赏植物。

接下来是一个庞大而异常重要的科——桑科。53属(1 500种)包括灌木、攀缘植物和草本植物。其中一些遍布热带，在雨林中是重要的代表性树木，它们非常引人注目，同时也非常重要。菠萝蜜或面包果有着浅灰绿色、疙疙瘩瘩的疣状外皮，内部密密匝匝拥挤地排列着数不胜数的果子，有的果实非常巨大，像一麻袋煤炭，重量可达40公斤。饱食桑属中有面包栗。还有一些材质很好的树——产于中部和西部非洲的伊洛可木经常被用作柚木的替代品；产于美洲的蛇纹木材质非常厚重(干燥以后的木材仍旧比水重很多)，木材表面有着棕黑色的龟背纹，适宜制作一些花哨的小物件，从发刷、雨伞柄到小提琴的弓——还有射箭用的弓。桑树是温带树种，白桑的叶子可以养蚕(一件丝绸衬衫需要4千克桑叶)；黑桑树的果实外形像黑莓，鲜润可口，从17世纪开始就很受喜爱，在很多老围墙的花园里，你可以看到它们曲扭的身影。

192 然后就要提到桑科里的榕属，也叫无花果属。榕属植物的生存之道很是特别。首先，榕属家族非常巨大，已知的大约有750种，大部分分布于热带，主要生长在热带雨林，也延伸到亚热带和地中海。其次是榕属植物的生长方式。榕属大约有半数的种与其他树木一样扎根在土地里。另一半的种是附生植物——需要长在别的树木身上。种子掉落在森林中的树杈间；或者在棕榈树的叶柄基部；有时是在墙壁的缝隙间。随着附生植物长大，比如附生的仙人掌和胡姬兰，它会将根送达地面——最终依靠自己的根生存。而此时，这种曾经一度在空中悬挂的根，开始发挥树的茎干作用——之前，它们将营养和水从附生根的上部向下部运输；而现在，它们将营养和水从土壤下新生的根开始向上部运输。总之，这些悬挂着的根，与它们随后演变而成的茎，二者之间互相融合，在附生植物上形成一幅类似流苏式样的画面——根的功能结束了，随之出现的可能是条条粗大的茎干。附生无花果也叫“附生榕树”，下探生长的根缠绕着寄主植物。印度榕树的根很少缠绕打结，全部向下生长，最终扎根地下成为很多树干。这些令寄主植物窒息的附生植物，随着时间越长越大（其实无论是否纠缠寄主，只要是附生植物，都会如此），最终会遮挡阳光，使得寄主植物死掉——这个过程也许要花一个世纪左右，最终形成那种可怕的合二为一的形式。

有很多树被印度的印度教和佛教视为神物，其中有两种复生无花果最为神圣。在印度的英国人大多很傲慢，但是我听说（印度人告诉我），那些傲慢的英国人却能够尊重圣树，很多古老的圣树在英国占领地内保存得完好无损——包括一棵极美的样本树（虽然在 1947 年的一场风暴中被劈成两半），现存于喜马拉雅山脚下德拉敦森林研究所内。193 这个研究所创建于 19 世纪初，所在地曾经有 22 个村庄（当时很多村民留在研究所做工，村民的后代至今仍在研究所内工作）。但是大多数土著村民已迁移到别处，这棵至少从 18 世纪甚至更早就开始生长的了不起的树，却留存下来。

榕树从树枝上送下来的根扎到土里形成很多树干

世界上最巨大的榕树生长在加尔各答，因树干周长达四分之一英里而赫赫有名，几百根树干与上面的树冠连在一起，形成了一间巨大的带柱廊的房子，可以容纳 2 万人。这棵巨树沿着树枝往地下伸展扎根。

194

无花果是神圣的树，也许所有树木里最神圣的树应该是菩提树，也称作 bo。公元前 6 世纪的某一时刻，年轻的王子悉达多坐在一棵菩提树下，经过沉思冥想，最终开悟，成为世人皆知的佛祖。菩提树“心如明镜台”。

许多热带树木的叶子都有“滴水末梢”，即叶子尖端延伸出一段长度的末梢，好像建筑物上的滴水嘴似的，可以尽快弹掉多余的水分。菩提树的叶子呈心形，一般大小如成年男子的手，它的滴水末梢非常长，能够达到叶子总长度的三分之一。这种叶形非常独特，已经成为佛教的象征。菩提树经常作为菩萨画像中的背景。它们是最谦逊的小树，生长在印度的公路边，或者有时就长在马路中央，很多牛车和色彩鲜艳的冒着黑烟的货车，就在它周围扬起的尘土里奔来驶去。在印度，圣物长在哪里还是圣物。人来车往为它让路。

最不寻常的是无花果属的繁殖方式。无花果的花，或者不如说是花簇，从花柄开始，形成一个胖胖的杯状；在这个肥硕的杯子里，成百朵花在绽放，花簇由细心的黄蜂授粉，这些黄蜂是特别的专家，750 个无花果种各有一个特定种的黄蜂。一个基本原则就是一种无花果对应一种黄蜂，然而现实情况却更复杂，也更令人惊叹，我们将在第 13 章中详细讨论。

最后是一对非常相近的科——荨麻科和伞树科。北方人都知道荨麻科，这种草本植物刺起人来会很疼（同时也是优质纤维的来源），这一科也有一些生长在热带森林中的树种，其中一些树也是带刺的。在昆士兰我听过一个令人惋惜的故事，一位很有名的英国生物学家在荨麻的枝杈间挥臂过猛，结果不幸病逝在医院里。

伞树科是最有魅力的一个科，它包括了生长在热带的号角树属。号角树是最卓越的先锋树，树干中空像竹子一样，生长非常迅猛，枝条都集中在树干上部，形成伞状，略显银灰色的叶子粗看上去很像七叶树。

195

中空的树干里生活着蚂蚁，像在金合欢树上一样，这些蚂蚁都是大树管家。在一片空旷的土地上，号角树能快速生长，覆盖住整片土地；同时它的叶子、根和树的乳液都是很有效的药物，用于治疗一系列的病症，如高血压、抑郁症和胃溃疡。在热带美洲，三趾树獭喜欢生活在号角树上。在当地，树獭是极其常见的动物，而且我所见到的树獭似乎都生活在号角树上（这与巴拿马的情形是一样的）。由于号角树银色的叶子在森林中非常突出，而且它们在空旷的地方生长非常迅速，因此会显示出一些新形成的森林间断带。有些林间空地是自然形成的：例如一部分老树自然死亡而造成空地；或者在森林的某些地段，一些名贵树木被有选择地、谨慎地砍伐，从而留下空地。但是你经常会在那些不容许砍伐树木的山冈间，发现号角树的残枝碎叶被掩藏在其他树木之中。它们表明非法伐木者正在暗渠行动。在巴西和世界其他地方，这种景象太常见了。

当今根据贾德的划分，伞树科还包括了大麻属——粗麻和大麻毒品的来源——和葎草属。根据植物分子研究，它们应该被划分开。可是在过去的一段时间，大麻属和葎草属连在一起，通常被放在另一个科——大麻科里。这个科又与荨麻科一起被划分在荨麻目里。而荨麻目又曾经和金缕梅属的巫榛（现在已经被分开了）联系在一起，有时被划分在锦葵目里，这个目会更靠后一些。号角树属一直在荨麻科和桑科之间被换来换去。直至本书写作时，粗麻、槐树与号角树属共同划分在伞树科里，属于蔷薇目。让我们共同希望它被继续保留在这个目里。大麻属和荨麻都可以产生很好的纤维，适合制作绳子，尽管荨麻绳在如今并不多见。

橡树、山毛榉、白桦、榛子和核桃：壳斗目

壳斗目的8科里是一些最优美、最有代表性、最名贵，并且在生态和经济上具有举足轻重意义的温带阔叶树。它们中有橡树、山毛榉、栗子树、南方山毛榉、白桦、赤杨、鹅耳枥、榛子、异木麻黄、月桂果、核桃、胡桃和山胡桃。关于这个目的树种的统计数字差异很大：贾德预计有1 115种，但实际上可能会大大超过这个数字，至少这个目里包含的生长在中国的种，在很大程度上还未被研究。所有的壳斗目都是树或灌木，没有一种是草本植物。最早期的壳斗目植物化石（花粉和植物其他部位的化石）的生存时间距今大约是100万年，当时恐龙家族还在地球上纵横驰骋。壳斗目源自何方，到目前还是一个谜。这个目里最古老的科是南方山毛榉科，它是壳斗目里唯一生活在南半球的科。其他科主要生活在北半球，只有几个敢于冒险在赤道南部附近零星生长。然而，壳斗目整个目的进化历史，充斥着七零八落的细枝末节。

196

壳斗目里最为人熟悉的是壳斗科，它有着最为重要的经济和生态意义。这一科可能起源于大约9亿年前，在热带高山上，位置靠近赤道，但是气温相对凉爽一些。随后，它们就从热带到温带，向着北半球生长蔓延。它们中不论是树木还是灌木，都富含单宁酸。所有种结的都是坚果，即在果实的外表包裹着一层带刺的或有鳞苞的种囊——有的坚果全部包裹在种囊里，有的只是象征性地被遮掩一下，好像放在鸡蛋盅里的蛋羹。

生物学家习惯于将9属划分在壳斗科里。栎属有300种至600

种，不同的人有不同的统计标准（贾德认定有450种），是最大的属。很多亚洲种的橡树属应该被划分在密花石栎属，目前这个属大约有100种至200种来自北美洲，只有一个来自亚洲的种是被正式认可的。山毛榉属有大约10种。栗子属也有大约10种。某些分类法也将栎属包括在锥栗属内，有150种矮化板栗树或北美矮栗树，分别来自北美洲、中国、印度和马来群岛。南美三棱栎属只有一种，生长在南美洲的哥伦比亚；三棱栎包括两个种，它们生长在中国和马来西亚。在壳斗目中，有大约八分之一的种被列在了2003年濒危植物红色名单上。

197 北欧人和美洲人认为栎属生长在温带土地上，是冬季来临时会褪掉树叶的高大至尊的树木。这个认识也适用于两种英国本土生长的橡树，一种是英国橡树，也叫普通橡树；还有一种是无梗橡树。这两种橡树再加上桦树、斯考特松，曾经从北部苏格兰的苔原一直生长到温暖多雨的康沃尔地区。从我们的祖先开始，人类从来没有停止的就是将后冰川期的森林砍光，开垦农庄，尤其是用橡木建造中世纪风格和都铎王朝风格的城市。在橡木帮助下的英国海军打败了西班牙无敌舰队（"橡树之躯是我们的战船"，这是我们曾经在学校满怀爱国之情演唱的歌曲。不过后来，英国舰队更多使用从印度引进的柚木）。

橡树是分布最广泛的一个森林树种，并不局限于北方。实际上，普通橡树和无梗橡树仅有的两个种敢于生长在赤道北部——北纬50度至60度的地带。进化研究表明，栎属最早生活在6亿年前的东南亚一带，大多数生长在北纬15度至30度之间，如墨西哥、中美洲和中国的云南省。在南部，有少量栎属分布在哥伦比亚（那里的橡树生长在高地）和印度尼西亚。生长在北美的种最多，欧洲和亚洲也有不少，还有几个长在北非。这些不同的种已经适应了各自的生长环境：从沙漠到沼泽，从海平面到高地，甚至到海拔4 000米的高原（云南）——与落基山一样高。自然界中分布最广的种是：在北美有红橡和白橡；在亚洲有麻栎和蒙古栎；在欧洲有普通橡和无梗橡。其中有很多是灌木。还有很多，如生长在加利福尼亚的槲树和白栎木；或者生长在南部欧洲的灌木栎、麻栎和木栓栎，它们都是常绿乔木。

橡树的生长非常成功，正如其他成功的树种那样，橡树有很多繁殖方式。它与大多数壳斗目并不相同，却更近似于山毛榉和南方山毛榉。橡树依靠风力授粉，同一棵树上有雌花和雄花两种单一性别的花朵（这意味着它们都是雌雄同株）。在好年景里，橡实的产量惊人；种子主要由哺乳动物传播（特别是啮齿动物）。橡树能从折断的树干上萌发新芽，长成一片矮树林；而矮林作业遍布欧洲，曾经支撑了整个护林人（大致范围如此）的产业。另外，森林大火之后，橡树仍会从地下生出新枝条，所有新的幼树分别来自单个母本的克隆。 198

现在，很多树种能从原生地移栽而到处生长。生长在美国东部的红橡，现在遍布欧洲；来自欧洲的普通橡树，现在更是随处可见；如此的例子比比皆是。很多橡属的木材都神奇般地笔直、美观，可以制作矿柱以及最好的胶合板。在美国，橡树占了硬木树的一半。橡树的木材可以燃烧得很干净：橡木屑可以用来熏制鱼和肉类；橡木还可以烧制木炭；可以用来制作最好的酒桶，适宜储存雪利酒和威士忌；单宁酸可以鞣制皮革；软木橡树的树皮下有一层很厚的防火软木，这种软木在葡萄牙和安达卢西亚的传统经济里起了重要的作用。软木橡树种植园不仅能够提供软木材料，还可放养黑猪，黑猪肉可以制成品质精良的火腿——是一项农林合一的值得称道的实践活动。在安达卢西亚，街道两边排列着整齐的商店，似乎只卖火腿。小猪仔身体呈姜棕色，紧紧跟随着猪仔队，小步奔跑，像一队队小野猪那样。如果你在伊伯利亚的小路上遇见它们，它们会面露不安之色——是野生动物常有的那种表情，好奇又紧张，一幅迷人的样子，在你的身旁奔跑。软木橡树林也是仅存的西班牙山猫的家园。自然的软木正在被塑料取代，这又是一个世界生态和文化退化的例子。

密花石栎的果实与橡实类似，但叶子很像栗子树叶。塔诺克树不像橡树那般传奇，但是它的材质也是坚硬结实，虽然大多用作纸浆和燃料，它的单宁酸也同样可以用来鞣制皮革。

在山毛榉属的 10 种山毛榉中，大约有 7 种生长在亚洲东部的温带地区。有一个在北美洲，一个在欧洲，一个在高加索地区。通常，它们与其他落叶树一起生长在森林里。温带气候下，土壤里的水分保持得很好，不会有水涝，山毛榉既不喜干旱又不爱洪涝。它们不介意阴凉，在其他树的阴影下可以生长几十年。欧洲山毛榉可以在无柄橡树、普通橡 199 树和欧洲橡树旁边快乐地生长。在种植园里，山毛榉与欧洲橡树种在一起，是为了“训练”它们，鼓励山毛榉长得笔直而高大。随着它们越长越高，下面的枝条逐渐脱落。在美国东部有大约 20 个美洲山毛榉树种，它们有时在一片森林中是主要树种。通常和它一起生长的树木包括山核桃木、橡树、黄桦、糖枫、红枫和美洲的美国椴木，黑樱桃树再加上东方白松树和红果云杉。在南方，山毛榉会与睡莲、木兰种植在一起（我很想在野外看见这一组合，但是至今没有）。总的来看，山毛榉是

温带地区最有价值的硬木之一：山毛榉

很容易亲近的树种。它们也很长寿，在美洲的阔叶树里，据说只有白橡和糖枫活得更长。山毛榉如橡树一样，深受赞誉。它的像丝绸一样细滑、淡色的木材，适合制作木地板、家具、胶合板，也用于镟制工艺和蒸汽弯曲。被菌类侵染过的山毛榉——奶油色的木材上有一条条被菌类蚀刻的黑色痕迹——可能更有价值，更适用于镟制工艺。与这种“高贵的腐坏”可以相提并论的，是接种酵母和菌类到葡萄和奶酪上，产生出美味无比 200

的葡萄酒和蓝奶酪。这恰好也符合了西方艺术的主题，那就是美丽和腐朽永远相隔不远。山毛榉的坚果或所谓的“果实”既可以被人食用，也可以养活野生动物。有一次，我在荷兰等候汽车，看见有一群猪正用鼻子专注地嗅着路边山毛榉的果实（如我所料）。山毛榉树是美丽的，树干光滑得像大理石柱子。在阳光的照射下，透明的叶片就像淡绿色的玻璃。有些培育在花园里的品种美妙绝伦，青铜榉（实际上是深红色）的枝条环绕四周垂下，就像一个个大圆球，长长的树枝在风中摆动，拂扫地面，使得那些四处寻找嫩芽果腹的小动物们不敢靠近。它们也很适宜种植成树篱笆。在冬天，深红色的叶子会一直挂在树枝上不落下，美不胜收（山毛榉其实是森林里的落叶树种）。总之，榉科是一个不同寻常的科。

栗属大约有 10 种是甜栗。在一些地区也被称为灌木板栗。甜栗的自然产地是欧洲南部、北非、亚洲西南部和东部，以及美国东部。栗子很受欢迎，传统的食用方式是烘烤，栗子馅拌成的填充料塞进冬季的鹅肚里，味道鲜美诱人。在 20 世纪 30 年代前，美国栗树木材很受赞誉。但是，美国栗树像很多其他树木一样，一直遭受病害的毁坏——主要是栗疫菌导致的枯萎病，这种病与荷兰榆树病一样，病菌只侵害高大一些的树木。美国栗树有机会长到灌木大小，再长高树干就会被病菌侵害致死。但是树根得以幸免，新的枝条重生，长到足够高度，又再度被摧毁。如此重蹈覆辙地循环着，真是既可悲又无奈。

南方山毛榉属第一次吸引约瑟夫·班克（Joseph Banks）的目光是在 18 世纪后期，当时他和詹姆斯·库克（James Cook）正在南方旅行。后来在 19 世纪 30 年代，年轻的约瑟夫·胡克（Joseph Hooker）被不同南方山毛榉在不同大陆上具有的相似性所震撼。特别是新西兰的红假水青冈木或银山毛榉，材质非常好，与另一种材质同样好的澳大利亚红桃金娘极其相似，一直被称为塔斯曼尼亚青冈木，令人混淆；南美洲的桦叶假山毛榉也是如此。这些观察有效地支持了一种观点，即分布在各地的不同种，都是从共同的祖先演化而来的（后来胡克成为查尔斯·达尔文的挚友，他是南方的另一位博物学先驱，后来继承了他父亲的职位，成为英国皇家植物园的园长）。植物学家们将南方山毛榉与山毛榉比肩划在山主榉科中已经有很多年了。但是后来发现，包裹着山毛榉、橡树和栗子果实的萼是由花柄发育而来；而南方山毛榉的萼是由苞片紧密结合在一起形成的。这样看来，它与其他树的关系并不似看上去那样亲密。现在南方山毛榉有自己特定的科——南青冈科，但仍旧属于壳斗目。南青冈科是壳斗目里唯一生长在南半球的科。

已知的南方山毛榉有大约35种，虽然自然界里可能会有更多。它们绝大多数是常绿树木，有两个是落叶树。有9种生长在南美——巴塔哥尼亚高原的安第斯山脉两翼大片的森林里，主要树种是矮假山毛榉和朗灰蝶，这些森林是美洲狮、原驼（驼马的个头矮小的亲属）、南方河獭、鹅，安第斯兀鹰和鹿的家园，是世上另一片可以且行且看、令人忘返的乐土，但是现在这里却受到过度砍伐的威胁，尽管一部分森林位于阿根廷巴塔哥尼亚的莫雷诺国家公园。还有3种生长在澳大利亚。当气候湿润时，它们曾遍布澳洲各处，在当今干燥、火灾频发的时代，纷纷被桉树所取代。目前在新西兰，它们还长得非常茂盛（有4种）。另有18种分布在新几内亚、新英格兰和新喀里多尼亚（当然，又是新喀里多尼亚！），还有几种生长在其他岛屿。非洲没有任何种类。在南极洲向极地漂移，随之被冰层覆盖之前，曾生长着非常壮观的南方山毛榉林。通常在它们的生长区域内是主要

202

的阔叶树；可是在新西兰和南美洲很特殊，它们倾向于与高大的南方针叶树如罗汉松、各种南洋杉生长在一起。我们有理由认为，南方山毛榉在南半球的生长与北半球的橡树、山毛榉和栗树势均力敌，各分半壁江山。事实上，南方的温带森林有截然不同的特征，最典型的特点是湿润。在新西兰的森林里，树木的下面生长着令人惊叹的巨型蕨类植物，每一棵蕨类都值得种在大陶盆里，在国家级的温室内收藏。

能够与壳斗科植物的多样性和生态性媲美的（尽管没几个科敢于向壳斗科挑战）是桦木科，它包括桦树、赤杨树、榛子树和角树（鹅耳枥树）。这个科也都是树木和灌木，广泛分布于北半球——包括温带地区和最北部地区。只有几种——大概是赤杨属——流落到了南半球。崭新的土地上最早出现的树木应该就是桦木科。所以在上个冰川纪过后，在冰河逐渐消退、大地苏醒之后，它们就迅速地占据了北半球。在这种条件下，赤杨树的生长得益于根部根瘤里的固氮菌——弗兰克氏菌。特别是赤杨树，与水中的红树林一样，能够在被水浸泡透的土壤里生长良好，这也同样得益于固氮菌。在西伯利亚和加拿大无边无际的森林里，桦科是主要的树种。它们的花为葇荑花序，由风力授粉；种子也大多靠风力传播（赤杨和跳角树通过水流将种子带走传播）；只有榛子树靠啮齿动物，特别是松鼠的帮助。为了松鼠的这项服务，它们可付出了高昂的代价。

贾德确认这一科有 6 属，共计 157 种：60 种的桦树（桦木属）；35 种的赤杨（桤木属）；35 种的角树（鹅耳枥属）；15 种的榛子树；10 种的跳角树（铁木属），有时也称为铁木；2 种虎榛子，它们的模样和跳角树相似。早期植物学家将赤杨、桦树和柳树放在一起组成一个副科，称为“葇荑花序亚群”：因为它们都是树，都有葇荑花序。核桃树、无花果树和榆树在分类学上也曾经被捆绑在一起，只是为了省事。但实际上，它们的葇荑花序都是各自独立进化而来的，没有一位共同的祖先。赤杨、桦树和柳树的确有共同点，都可以作为先锋种，也有相同的用途——至少可以提供木炭制成人类需要的火药。

203

依靠固氮菌的帮助，赤杨生长迅速，有时只要10年就可以长到30米高。它如此长势汹汹，有时竟被视为野草一样低微无用的树种。但是它们也有不可否认的优点。因为可以固氮，它们能够极大地提高土壤的肥力，使得整个森林受益匪浅。它们是优秀的先锋，在各地被广泛栽培，特别是被用来进行土壤肥力再造。

贾德认定赤杨有35种，这不是一种正确的说法。斯蒂芬·哈里斯（Stephen Harris）——牛津大学植物科学系标本馆馆长——将这个数字定为25。但正如在第1章所述，赤杨属到底包含哪些种最终很难弄明白。它们很容易进行多倍体杂交，所以出现了很多地区特有的桤木，而且经常生长在偏远、人迹罕至的自然环境中。有一点可以确信，赤杨确切的种数到底有多少，有待鉴定。

赤杨的确是一种很普通的树种，A.acuminata（赤杨的一种，暂无译名）的生长从美洲中部开始一直延伸到美洲南部，人们为了它的木材和燃料而大面积种植。黑赤杨遍布欧洲，它们被普遍用于加固河岸和道路，还作为燃料。它还曾经因为一度被用于制作小提琴而登上大雅之堂。不幸的是，近些年来，至少在英国，由于受到一种类似真菌的栗黑水疫霉菌的侵袭，黑赤杨的生长受到很大的伤害，栗黑水疫霉菌也和马铃薯枯萎病有关。生长在喜马拉雅山脉地区的尼泊尔赤杨，也因其可作为木材和燃料而被广泛种植，它同时也为牛羊提供了饲料。生长在美洲西北部洪水泛滥的平原地区的红赤杨，是一种高大的树木，可达 40 米，非常适合建筑房屋和制造家具，也可以做燃料和纸浆（主要是混合纸浆）。在松树种植园里，红赤杨对松树的生长造成威胁。赤杨属在水涝地带也生长良好。在树木家族里，赤杨属会在细胞里积聚金属元素，例如金子。是否值得从赤杨里提炼金子，我可不清楚了。赤杨树的树皮也是一种止血药，在传统医学上用于治疗烧伤和感染。

204 已知最早的赤杨化石出现在第三纪中新世，大约 1.8 亿年前。桦木

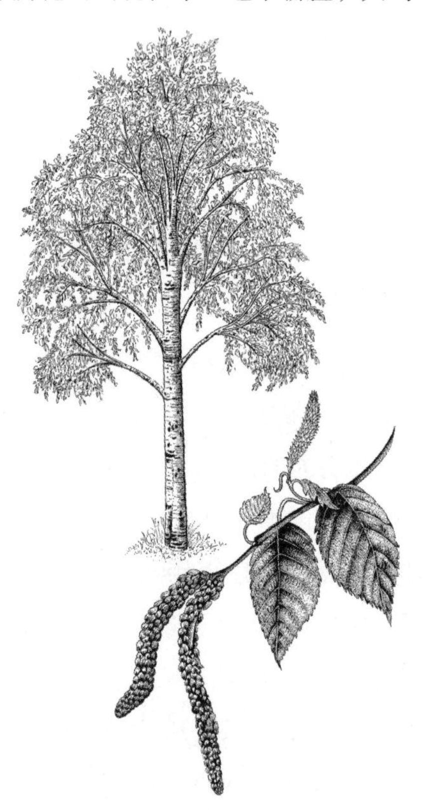

忧郁、坚强而出众的桦树

属出现的年代更早，桦树的化石显示的时间是前白垩纪，那是恐龙时代，也许是始新世时代，大约4.5亿年前，桦树就有了很多种类。在那个时代，大约有60种灌木和树木，生活的地域比桦树更宽广，从温带直到树木能生存的地球最北端。桦树也许还是那个时期的主要树种，它们生长在泥炭土壤里：在小溪两边的湖岸上；在湿漉漉的树林里；在公路和铁路边；在阿尔卑斯山下；在寒冷的苔原上。桦树由风力授粉，花粉量很大。对于如我这般深受花粉热之苦的人，这可不是一件好事。205 但由于桦树的魅力，这点痛苦是微不足道的。桦树也易形成多倍体，有杂交繁殖的倾向。

桦树还是优秀的生化学家——除了引人注目的白色木材，桦树还有很多其他用途。桦树叶树脂含量很高，桦树皮（特别是树皮呈白色的种类）富含酚。有些种含有桦木醇，可以防水（据说这些化学物质更重要的作用是“防止被动物摄食”。冬天可以驱逐饥肠辘辘的食草动物，也可以防止很多昆虫和真菌侵害桦树的心材）。桦树的树枝在历史上是体罚工具，桦木属的总称就来自拉丁文“鞭打”。桦树皮（例如纸皮桦树）可用于搭建屋顶和木筏，这一记载出现在印度人最早的手稿里，大约是公元前1800年。由于富含淀粉和油脂，在饥荒年代它也被充当食物。像赤杨和柳树一样，桦树可以烧制很好的木炭，是制造火药的很好成分（当年有多少俄国人倒在英军的枪炮之下！）。当春天到来时，有一种桦树（Appalachian B.lenta），树汁被抽提出来，经过发酵制成桦树啤酒。冬青油富含甲基水杨酸盐（阿司匹林的成分），可以从藤枝竹和黄桦中提炼。欧洲种的绒毛桦和银桦可以生产出一种绿色染料。桦树也像山毛榉那样，叶子会积累重金属，可以揭示它们所生长的土壤的状况。桦树属的木材很好，也适合做纸浆。很多桦树被作为观赏树种植，令人赏心悦目。

角树也称为铁木，真的是坚硬如铁。很久以前，在铁还没有便宜到可以替代它时，角树是车轴和手推车的制作材料。在我幼年时居住的村庄里，有一间酿造房，不知它是如何幸运地逃脱了被破坏的噩运的，里面有一台 19 世纪的蒸汽发动机，用来提供动力，发动机上活动零件的延伸部分都是用角木做雄榫连接的。我听说它们比铁做的更好用，而且不需要冲模剪切。角树常被忽略，它们的样子看起来像山毛榉，但是叶子更小，有更深的纹路，树干有凹槽，种子有翼瓣能飞散；而山毛榉的种子就不能。如山毛榉一样，角树也同样可以做篱笆，通过树枝编结把毗连的树紧凑地种成一排，上面的枝条经过修理，看上去像栅栏上的篱笆。七月的一天，在剑桥的植物园里，我第一次遇见来自亚洲、欧洲和美洲的跳角树——它们的树皮像旧衣服；它们的雄花序呈肉桂色，低垂着；它们的雌花序是有些苍白的绿色，紧挨着雄花序悬垂着，就像枝头上恋爱的男女。多么可爱的树木，又是那么坚硬。大多数品种的榛树，与其说是树，其实更像灌木；而产于土耳其的土耳其榛，竟然可以长到将近 25 米高。

206

木麻黄科只有一个木麻黄属，早先产于澳大利亚，现今遍布于亚洲和太平洋各岛屿，包括斐济和新喀里多尼亚。像赤杨属植物一样，它的根部也有固氮菌弗兰克氏菌属；但与赤杨属不同的是，这类树喜干燥，可以用作木材、燃料，在中国作为绿化带树木，在非洲和美洲的热带和亚热带海滩上作为遮阴树。有 3 个种在佛罗里达安家落户（3 个自然树种），它们生长茂盛，与野草无异。木麻黄树的树枝有花纹，呈绿色，交缠在一起，有观赏价值。

胡桃科包括核桃、山胡桃树和亚洲坚果树。有的果实丰满富含营养，有的果实气味芳香为动物所喜爱（主要是啮齿动物），有的有翼瓣，果实能飞散，可以借助风力传播。所有胡桃科的花粉都需要风力传播，而且大多数都是葇荑花序。胡桃科多为模样标致的树，只有几种是灌木，一般都分泌树脂，有香味，富含单宁酸。

整个胡桃科就像栎属一样，应该起源于温暖的纬度地带，大约在4亿至5亿年前。当时地球上还很温暖，达科塔州有棕榈树，西伯利亚有温带森林。如今，在相对凉爽的气温下，这一科分布在热带和温带，生长在北美洲和中部美洲、安第斯山脉附近的南美洲、欧洲和亚洲的印度及东南亚。

分布最广的（在美洲、欧洲和亚洲）是大约20个左右的核桃树种。它们不喜欢阴凉，所以只要长在森林中，就必然是那片森林的主要树种，有盖过其他树种生长势头的能力。它们的这种能力有如天助，因为它们的叶子、树皮、果实的外壳和根都能产生胡桃酮，据说这种物质对其他树木是有害的，所以在胡桃科生长的地带，其他树会保持一个安全距离。纸桦树、苹果树和各种松树都对胡桃酮很敏感。渔民利用核桃树的树枝、叶子和果实迷昏鱼儿——如果把钓鱼作为一项体育运动，迷醉鱼似乎很不光彩，但对于以捕鱼为生的人们，这样做还是可以原谅的。

207

东部黑核桃生长在美洲东北部，以木材制作成精美的家具而闻名于世。波斯胡桃有时又称为英国核桃，尽管它的自然分布范围很广泛，从寒冷的西伯利亚草原到湿润的亚热带森林，却唯独在英国不见踪影。

这是因为英国，特别是英格兰，在征服物种上有着无可比拟的天分。据此来看，苏格兰松树生长旺盛，遍布欧洲和小亚细亚，也被称为俄国松（它至少是自然地生长在苏格兰）。但核桃树是被广泛地栽培的。古老的希腊人和罗马人就有核桃树花园。欧洲北方人早在 1 500 年前就栽种核桃，因为核桃木可以制作成很受欢迎的高档家具。虽然后来被来自美国的桃花心木所排挤，但一直是制作枪托和名牌轿车内部装饰的重要木材。英国人有很长的核桃栽培历史，尽管并非总能成功，却总是充满信心。现在，牛津大学的培植专家们一直在试图培育各种新品种，以便忍受逐渐荒芜的土地和日益不稳定的气候条件。已经有了至少 400 个人工培植的核桃品种。土耳其是世界上较大的核桃生产国，但是，最大的核桃生产地如今是在加利福尼亚。

贾德认定有 16 个山胡桃树种，其中 13 个在北美洲（有一个种只生长在墨西哥），还有 3 个在亚洲。山胡桃（包括美洲薄壳胡桃）的果实和木材都很有名。山胡桃木有极好的抗震性，非常适合制作铁锤和斧头的手柄，在过去的好时光里（当然是进入 20 世纪之后），山胡桃木被用来制作高尔夫球杆的柄，也曾经一度被用来制作酒桶的桶箍。我们祖先所有关于植物的复杂知识和对每一种植物的利用，及对其潜在价值的认识，都始终令我惊叹。可惜现在这些知识大多失传了，或者局限在学术领域内，或者像我这样做一点古怪的描述而已。也许当地球上石油用光，重工业走到尽头的那一天，这些奇妙的知识会重新被发现和利用。

208

热带的黄芪属和亚洲坚果树的木材材质都很好。姿态各异的核桃树和山胡桃树还有观赏价值。亚洲坚果树也像核桃树一样，有着长长的、低垂的像鸟羽一样的叶子。我所知道的一棵亚洲坚果树生长在剑桥植物园里，有 12 根树干，可以很明显地看出，这些树干都围绕着中间一根主干萌发出枝条，就像一棵巨型水杉，也和水杉的生长状况一样，中间的主干已经消失了，留下外围的一圈树干继续生长，犹如古老的祈祷场所高耸的石柱。世上最令人吃惊的植物都生长在植物园里，得到几十年甚至上百年的保护，使它们免遭动物和其他竞争者的伤害，比在野外更加繁茂巨大。

最后介绍的是豆目的纤花草科，它们都是有芬芳气味的灌木或树，富含单宁酸和芳香精油，广泛地分布于热带和温带地区。纤花草属包括月桂果、杨梅和蜡杨梅，可以产生芳香的树蜡。有些纤花草属植物有可食的果子，还有一些是观赏植物。这些树的花都很小，由风力授粉，果实大多由鸟类传播，蜡杨梅的小果实包裹在苞片里，就像带着救生圈，可以顺水漂流，去别处萌发。纤花草科是喜水植物，与喜水的赤杨属植物一样，在根部生长有固氮菌。

有关豆科的植物就介绍完了。可以肯定的是，没有一个目可以与豆目相提并论。而且，相比蔷薇目中的其他各科植物，豆科理所当然是最了不起的。

榄仁属、桃金娘和油加利树：桃金娘目

桃金娘目很庞大，有 14 科 9 000 种。有些科没有像样的树，其中的几科很令人感兴趣。千屈菜科包括紫色的黄连花，在英国是一种很可爱的路边小花，但是引入北美就成为湿地里最主要的野草。石榴属

209 也一样，包括一些灌木和矮小的树木。柳叶菜科包括柳叶菜。美丽的晚樱科植物包括 kotukutuku 树，它是倒挂金钟属，遍布新西兰，树高可达 14 米。来自中美洲和南美洲的蜡烛树科包括几种树（有少量分布在非洲西部），我曾经在巴西的干旱森林塞雷多见过，有一些适于制造船和家具。

使君子科与众不同，它包括一些重要的红树品种——生长在亚洲、澳大利亚和非洲西部的太平洋榄李属。这个科还包括榄仁属，其中有很多热带树木，这些树木外观美丽（满树都是红色或黄色绚丽多姿的花朵，非常适合种植在别墅外的园地上），木材很有价值。榄仁属里有几个品种被称作“印度月桂树”，包括在市场交易中被称为印度银灰木的树、西非的黑阿法拉树，以及同样产于西非的阿法拉树或西非榄仁树。

与使君子科很靠近，甚至比它更重要的是桃金娘科。它的家族成员都有美妙的香气，是制作香精油的原料。这个科是根据桃金娘命名的，它是唯一生长在欧洲的属。它也包括丁香树。众香树和香叶多香果树都是众香属。白千层属有着瓶刷形状的花朵，是很赏心悦目的用于观赏的灌木，绿花白千层树可以提炼医药白千层油。桃金娘属里也有可口的水果，其中引人注目的是产于美洲和西印度的番石榴。最重要的是，桃金娘属包括了不同凡响的尤加利属，也被称为橡胶树。根据现在的统计，尤加利属是一个庞大的属，大约有 700 种，这个属太庞大、树种太多样，真应该划分成几个小属（就像金合欢属一样）。

桉树很幸运，你能在生活的各个场合遇见它，随时随地都有它们的身影，它们利用各种适应环境的小技巧武装自己，在其他树木凋萎疲210 弱的时候仍能生机勃勃。从现在的分布情况判断，这个属起源于第三纪早期，大约5亿至6亿年前的澳大利亚。那个时期的澳洲比现在潮湿，桉树必须要与针叶树如柏树、南洋杉、阔叶树异木麻黄属和南方山毛榉争抢生长地盘。但是这块陆地很快就变得干涸起来了，干燥带来了火灾。此外，这块土地非常古老，土壤受到很严重的侵蚀，小的火山活动就会搅动地质层，使得这块土地失去了昔日的肥沃。值得注意的是，与岩石密切相关的氮和磷，这两者是植物的主要营养成分；还有钾、硫和一些基本的微量矿物质。

今天，桉树可以生长在任何地方，但相对来说，它们还是偏爱干燥地带，可以从很深的底层吸收水分。尽管当周围的温度太高时，这些树也会出人意料地被灼伤，那是由于树木所含的精油被高温蒸发引起树冠爆裂；但总体看，它们还是不惧烈火的。就像拔克西木属（来自山龙眼科）一样，桉树的种子包裹在木质的蒴果里，只有在蒴果燃烧后种子才能萌发。大火过后，这些裸露的种子躺在光秃秃的焦土上，枯枝落叶和其他植物都被烧成灰烬，而这些草木灰恰好富含丰富的营养成分。与红树林（另一个很明显的生物趋同现象）一样，桉树的叶芽在树皮下面，当树皮被烧掉，叶芽就会在适宜的条件下萌发，所以烧焦的桉树会重新冒出新芽，形成树林。很多桉树都有“芽苞”，它们是位于树干下部的一些凸起的结节，一般被土壤掩埋，结节里有叶芽和再生组织，当主枝干被摧毁后，仍可以像凤凰一样浴火重生。桉树通过与菌根的密切联系解决土壤肥力很低的问题，通常会得到一种以上根瘤菌的帮忙，这样就大大提高了根系的延伸和吸收效果。我们在第5章已经读过，在北部各大洲生长的松树，也会在菌根的帮助下成功地适应贫瘠的土壤。很多树都有菌根存在，但是松树和桉树似乎尤其自如地与之共处。

这是又一例自然界生物的再创造。

如今的环境，桉树只有在极端干旱的沙漠地带、最高的山峰（澳大利亚的高山还算不上高）和雨林地带不能生存。包括昆士兰和北新南威尔士的热带和亚热带雨林，不适合它们生长。但是有更大片的地域适合它们生长，它们适应环境的能力远远大于柏树、南洋杉、异木麻黄属和南方山毛榉。在过去的上亿年间，这些树木已经退出主导地位了。在陆地的大多数地带，桉树放弃了主要的位置，那里通常形成开放的、常绿的林地。它们的演变也非常美妙，据最新一次的官方统计，有超过700个种被划分在13个“系列”中（有时也会冠以“副属”）。有少数种生长在澳大利亚以外的地方。大约有5个种生长在其他的北部海岛，还有几个生长在新几内亚。

桉树的各个种外形差别巨大，有一些看上去像黄胶树—— 一种山边生长的灌木，可达100米高。高山白蜡木是最高的开花植物，几乎可以与加利福尼亚近海的红树林相较量（我曾在新南威尔士见过世界上最高大的高山桉树，让我肃然起敬）。桉树具有很强的杂交性，因此新品种还会进一步增加；非生物学家由此可能会认为桉树的种可能比现有的数字更多，这是因为幼小的树叶是“无柄的”（没有叶柄），树叶水平生长，但是成年树木是有叶柄的，叶片垂直于树枝上。植物的化学成分同样可以改变，它对虫害的敏感性也会随之改变。这的确是真实的形态变化，就像毛虫蜕变成蛾子——体内的一组基因停止工作了，另一组基因开始发挥重要作用。有时，当一棵桉树从叶芽和芽苞重新长出，长成一棵桉树时，新枝干上又长出无柄的幼叶。

当然，桉树现在已经遍布世界各地——加利福尼亚、印度、非洲，甚至在地中海地区你也会看见它们的身影。但需要强调的是，它们的原生地是澳大利亚。第一个样本进入欧洲（应该是斜叶桉）是在1777年。植物学家查尔斯·路易·莱里捷·德·布吕泰勒（Charles Louis L’Héritier dc Brutcllc）在1788年创造了一个新词：桉树。直到1790年，桉树才被带到印度。1804年，它们开始在法国生长。然后在1823年，到达南美洲的智利。1825年到达巴西。1828年，南非开始接纳它们。在葡萄牙出现是1829年。

212

最初它们生长在植物园，进军商业的路一直不平坦。第一批引进的桉树几乎没有多少遗传变异，对于它们自身的品种改良倒是没有什么必要。有一些树种从植物园移栽到种植园后出现了杂交现象。杂交一代“F1”通常长势良好，但其后代的基因就变得混杂了（基因重组），杂交二代“F2”、杂交三代“F3”以后，基因组就完全不一致了。因此，要培植生长状况稳定良好的树木群体，需要花费漫长的时间，这些群体必须是真实的，不能有太多同系内杂交的品种。

从19世纪开始，人们就很明确地知道，桉树必须在合适的地方才能有惊人的生长速度。桉树种植园迅速在巴西和南非开辟，从这些树产生的木材用于铁路建设和供给当地火车燃料。在巴西，它们被烧制成木炭，用来冶炼钢材。在智利和南非，它们被用作矿坑的支撑柱子。桉树还被广泛地用作防风林，兼用来进行土壤改造。它们叶子里所含的油脂也是一项额外的赐予。桉树叶散发的气味可以驱赶蚊虫，避免蚊虫携带的病菌引起马来热瘟疫，它们因此成为广为人知的“退热胶”。因为这个原因，人们种植桉树的热情更高了。桉树的花也为蜜蜂提供蜜源。

在 20 世纪，桉树的种植面积越来越广，因为它的木材含有大量短而均匀的纤维，很有价值，适合制造纸张和满足其他一些用途，如印刷法院离婚判决书、制造手推车、纸尿布，等等。桉树在建筑工程上的使用也越来越多——用作锯木、中密度纤维板，甚至制成胶合板，还可以用在塑料制造业。谦虚一点说，在印度、中国、越南、秘鲁和埃塞俄比亚的乡村，高贵的桉树起码还是重要的燃料。桉树在 90 多个国家种植，总种植面积似乎很难统计：有人说 1999 年大约有 950 万公顷，到 2010 年可望增加到 1 160 万公顷；又有人说 1999 年有大约 1 600 万公顷，到 2010 年可望增加到 2 000 万公顷。不管哪种说法，种植面积都是巨大的，虽然这些数字与在澳大利亚野外生长的桉树相比，实在太小了。澳洲也有桉树种植园，澳洲的各种桉树生长面积达 1.3 亿公顷左右。桉树生长率也越来越惊人，世界上每年每公顷大约产出 20 立方 213 米成材，在有些种植园甚至可达到 60 立方米。高大而且深受欢迎的大桉，每年每公顷可以得到 40 立方米木材，树木长到 6 年至 8 年已有足够规模，可供采伐了。

毋庸置疑，桉树是很有价值的树种。同样毋庸置疑的是，桉树在各方面都占优势，越深入观察，它们的遗传和生物特性就越能得到很好的研究，品种的改良也越能得到很好的提高。桉树和其他植物树种间的差距越大，它们就越有生长的机会和条件。在世界的大部分地区，它们都不属贵重树种，并不出现在当地的植物志上。在某些地区，因为它们难耐干渴，有很强的从深层土里吸水的能力，能使土壤迅速干旱，因而使得本地生长的树种很难生存，还提高了火灾的可能性，使得生态平衡向更适合桉树生长的方向倾斜。总的来看，桉树给人们带来的祝福是复杂的，它们的安全和有益的发展，既需要基于美学的视角，又要有所节制，还要经过优良的种植，而不能睁一只眼闭一只眼，任其发展。这才是整个生命界真实的一面。

椴树、可可树和猴面包树：锦葵目

锦葵目是根据锦葵科命名的，这个科永远吸引人。随着现代分类学家着手于锦葵科的分类，这个科就更显得充满意趣了。传统的锦葵科包括英国本土的锦葵属植物锦葵、英国花园植物蜀葵。热带奇异的木槿属包括秋葵，它的果实也叫秋葵，别名美人指，还叫作“滨海”。木槿属中的棉花，它那毛绒绒的种子比橡胶树的乳胶更重要，它改变了整个世界。现代DNA分析还表明，锦葵科的定义划分还应该更宽泛一些。根据贾德的观点，有几个科在传统划分上一直偏爱独立，这些科里包括几种非常重要又很不同凡响的树，现在这些科都应该划分在锦葵科里。这些科包括椴树科、梧桐科和木棉科。因此，新风格的锦葵目是丰富而且包罗万象的。用老眼光看，锦葵科可能不值一提，但是新的分类法使得这个科值得书写一番，这符合本书的写作目的。但在接下来的叙述中，214 既是为了方便读者使用，也是为了与传统文本互为参照，我还是沿用各个科的旧名称。

椴树科也即欧椴科，别名也叫椴木，或美国椴木。椴树可以大刀阔斧地修剪，所以你常可以在街道两侧看见它们光枝秃叶的身影（它们的缺陷是，分泌出的一种神秘树胶会招引蚜虫，蚜虫又会引来真菌，使得停泊在树下的小轿车被粘上一层漆黑的胶质）。当它们自由生长到高大壮观时，就在林荫道上形成了一道无与伦比的风景。在英式别墅前，在柏林菩提酒店的大街两边，成熟的椴木林让人心动驻足，一条可爱的椴树大道一度从勃兰登堡门通向威廉二世皇宫。椴木品质精良，欧洲的心叶椴可以制作乐器和精美的家具（包括雕花的牧师讲道坛）。美国椴木可用于镟制工艺（如果诗人朗费罗的诗篇《海华沙之歌》是可信的，美国甚至在没有镟床之前，就用椴木制作木碗。“如此华贵，诺克米斯的豪宴 / 在海华沙的婚礼上 / 椴木制成，一切碗盏 / 多么洁白，多么细润光亮”）。椴树由蜜蜂授粉，椴花蜜非常鲜美。椴树科的其他几个成员产生的纤维可以制作绳子，众所周知的是鹅耳枥属，它生长在印度，从某种程度上说是因为它的黄纤维才被引入非洲。生长于西非的罂粟尼索桐，木材的柔韧性很好，适合制作任何物件，从电线杆到枪托、四轮马车、轮船和胶合板。

梧桐科的名字来源于拉丁文 *stercus*，意思是“粪便”。高大的印度“野杏仁”树（高达 36 米）也叫香苹婆，拉丁文为 *Sterculia foetida*（意思是“恶臭”），好像故意在强调它的臭气。正如考文夫人（D.V.Cowen）在她的经典著作《印度的开花树与灌木》(*Flowering Trees and Shrubs in India*) 中所写：“当人们经过一棵正在开花的野杏仁树时，仿佛靠近一处敞开的下水沟。树的很多部位在擦伤或割开后，都会散发恶臭，令人非常不悦。可惜的是，这棵树非常英俊——树干高大笔直；树冠呈深珊瑚红色，优雅盘卷，经常不见一丝绿色。它屹立在绿茵环绕之中，是那么地美丽高贵。”有刺鼻臭味的花（有很多这样的花）从来没有例外 215 地能吸引苍蝇来授粉。苹婆属通常的生长状况是：花在叶子长出之前开放；四月开始结果，结果之后不久叶子就冒出来。如考文夫人所说，

"果实像男子的拳头一样大，木质的、钱包形状的果实就像很多怪异的深色物体投掷到树上。"野杏仁树还有很多优点。叶子和树皮都是药材，树干和树枝间会产生一种有用的树脂，树皮内所含的纤维可以制成绳子，种子煮熟后可以食用。另外，野杏仁树的木材并不需要劈开，可以直接用作圆柱（考文夫人是一位多才多艺的女主人，经常描绘那些美丽的植物，也是一位有资格证的猎鸟人，还曾获得高尔夫球冠军。她的著作在出版界令人仰慕，应该人手一册。我在德里就曾买过一本）。

梧桐科还有其他很有意思的树，也有一些灌木和攀缘植物。翅苹婆树有着槌球大小的木质的果实，里面填满带有苞片的种子。这个科既包含高大优美的街边树，也包含其他珍贵的带有黑色斑点的黄色木材。产于东南亚的银叶树，木材呈深色，是很宝贵的硬木单叶银叶木。可可树的拉丁文是 *Theobroma cacao*，其中 *Theobroma* 的意思是"神的食物"。Cola nidia 和 C.acuminata 结可乐果，是那种著名的软饮料可口可乐最原始的成分。在过去的百年间，它产生的政治和经济影响再怎么评价都不为过。

也许在木棉科所有奇异的树中最不平凡的是猴面包树。在保存下来的 8 种里，有 7 个原产于马达加斯加；另一个的原产地也是非洲；澳大利亚有一两种。人们一度认为猴面包树属于一个古老的冈瓦纳属，但是 DNA 研究表明，这个属是从马达加斯加生长的植物进化而来——从冈瓦纳大陆分离出来很久之后，那几粒种子渡过印度洋和太平洋，漂洋过海扎根在非洲和澳洲。事情就这样发生了。有几种是被人类携带传播的，所以今天，印度有很多猴面包树。

这种树的外观也不同寻常。不仅整个树身出奇地高大（大约 20 米

左右），树干也肿胀充满了水，好像填充得太满随时要爆裂的香肠一样，

216

非常之粗壮，直径可达10米，周长达33米。树顶部像拖布一样蓬乱弯曲的树枝（通常都很巨大），看上去更像一团树根。因此有很多关于它的神话流传下来。有一则神话讲到，很久以前，所有的动物都分配了属于自己的树。猴面包树派给了鬣狗，但是鬣狗厌恶猴面包树，就将它倒种在土里。另一个版本的传说是，最早的猴面包树美丽非凡，于是它不由自主地骄傲起来，上帝为了惩罚它的自负，就将它拔起、倒提着，根朝上种回土里。这则故事模仿了希腊神话中阿刺克涅的故事，她太骄傲了，以至于不想再缝制上帝所喜爱的东西，所以上帝就将她变成世界上的第一只蜘蛛。

事实上，这些树干都装满水，所以猴面包树具有异常耐旱的能力。它的木材像海绵，没什么大用，但树的其他部位很有价值。它那巨大的花苞，“像淡绿色的绒面皮球”，考文夫人描述道，“七月某一天的夜半时分，硕大、奶白色的花朵静静地开放，在清晨的微光中凋谢”。（很多植物开花的时间都很短促，它们显然对于动物会来为它们授粉有足够的自信）花谢了，果结了，果实呈白色，像葫芦。猴面包果的木质外壳富含蛋白质，在非洲被用来喂养牲畜。在印度的古吉拉特，渔民将猴面包果捆绑在渔网上做浮漂，僧人们用果实的外壳做成储水罐。种子富含价值很高的油料。每颗种子外面都包裹一层果肉（干燥后呈粉末状），含有大量维生素C，在非洲和印度它们被用来制作清凉饮料，可以防治坏血病，还有其他医药用途。包裹着种子的果肉被小纤维固定住，这些纤维可以作为靠垫的填充物。树叶也可食用，树皮可以制作结实的绳子。古吉拉特人也把猴面包树叫作高科树，据说有位名叫高科的和尚，曾在

猴面包树下给自己的门徒传经讲道，故而得名。在津巴布韦的非洲物产交易市场，你可以看到猴面包树产品。这个市场的主要宗旨就是从原生植物那里获得经济价值，从而使当地居民获益。

没人知道猴面包树的寿命有多长。它们长得那么阔大和长久，最大的树看起来有上千岁了。它们生长的速度很快，大约可以长 500 年。判断树龄实在困难，随着树龄的增高，树干内部的空洞越来越大；而随着空洞的扩大，它们会被赋予各种不同的用途。树干内部通常充满水，就像是村庄里的水库。树洞内的空间大得像郊外住宅里非常宽敞的餐厅。有些树在它们的有生之年曾经被用作酒吧和邮政局。令人毛骨悚然的是，非洲人有时会将死去的亲属的尸体放置在树洞内，在这种干燥的树洞里，尸体无须进一步处理就很快风干成木乃伊。所以，在进入一个猴面包树洞前，小心一点是明智之举。

217

木棉科还有更加不同凡响之处。木棉属包括各种木棉树：它的种子毛绒绒的（像棉花一样，当然，它们之间有一定的亲缘关系），可以填充床垫、睡袋，以及中式风格的棉袄，随你怎样想。木棉树生长的范围很广泛。在巴西的贝伦，生长着一些相当美妙的木棉树，我曾悠然地在树下散步，享受它们的阴凉，它们长在那里作为教堂花园的边界。印度的红丝棉遍布印度，直至马来西亚和缅甸，现在热带也广泛种植，包括非洲。还有几种树也叫丝棉树，开各种颜色的花（白色和黄色），有些属于木棉科，有些不属于。棉桃状的种子是很普遍的形式，很明显，它们进化了不止一次。

与苹婆属相同，木棉树的花开在光秃无叶的树枝上。如丝般光洁的花朵初开时是红色的，然后渐渐变成粉色再到橘黄色，最后落到地上的残花，会被鹿儿吃掉，或者被村民吃掉，他们将这些落花加进咖喱菜肴进行烹饪。花谢后长出手指状的果子，成熟变硬后裂开，暴露出棉絮般的种子，在风吹动之前，整棵树都被覆盖在厚厚的棉絮里。乌鸦、鹎科鸣鸟、家八哥、白头翁、太阳鸟和啄花雀成群结队地飞来，啄食富含油脂的种子。木棉树灰色、光滑的树干和树枝间有一些尖利的枯枝，让猴子望而却步，不敢接近。木棉树的材质白、软、轻，被称为simul，可以制作独木舟、漂浮板、火柴和棺材。

在所有树木中，材质最轻的一类（不是最轻的一个），是来自木棉科的热带美洲轻木，原产地在热带美洲，遍布从墨西哥到巴西（古巴也有）的地区，现在印度和印度尼西亚都有种植。每个小孩都会通过制218作玩具模型认识这种木材。人们用这种木材来制作木筏、轻型飞机、隔音隔热材料、水上运动器材、剧院或电影摄制所需要的道具。当然，木材道具会减少演员受到的伤害。当今主要的商业来源是厄瓜多尔。

最后我们要提到榴莲，它的果实个大而多刺。有些人十分偏爱这种水果，说它是奉献给上帝的又一种食物。但是它的气味刺鼻难闻（从中可以看到苹婆属的影子），绝对禁止带上飞机。

按照新的划分方式，锦葵科将椴树科、梧桐科和木棉科都收容到麾下，拥有这些不同凡响的树木使得它脱颖而出，成为出色的一科。锦葵目还包括另外一科树木，就是与锦葵科毫不相干的龙脑香科。

龙脑香家族非常庞大，大约有680种被划分在16属或17属里（不同分类学家的划分方式有少许不同）。最主要的（也是当今最重要的）是娑罗属、龙脑香属和冰片香属。绝大多数龙脑香种类来自东南亚，主要集中在马来西亚，包括465种，分属14属；在非洲另外还有

49 种，划分在 3 属内。南美洲和塞舌尔群岛各有一种。有这么多不同的种分布在不同的生长条件下——从海岸到丘陵高地、各种不同的温度条件（主要是热带）、肥沃或贫瘠的土壤。有一些生长在干旱地带，但是大多数还是偏爱潮湿，有不少生长在沼泽地，最高大的树种生长在终年湿润的地方。我听说在吉隆坡，有一个多年的龙脑香树种植园，很多树高超过了 60 米。

龙脑香树的英文——Dipterocarp 的意思是“双翼果”，它们的果实乍一看像美国梧桐的果实，通常个头大一些，有的果子的颜色非常鲜艳。龙脑香的用途很广泛。娑罗属和龙脑香属有很多种的果实可以做蔬菜。娑罗属和茸荚的种子含有很高的植物蛋白，甚至高达 70%，有些近似椰子酱，但更硬一些，非常适合制作巧克力和化妆品（这里可以进一步看出龙脑香和椰子树所属的苹婆属之间松散的系统发育的关系）。多数龙脑香树会产生有用的树脂；樟脑来自于冰片香属，是一种香料。

总的来看，在国际交易市场上，龙脑香树是主要的热带木材。东南亚的娑罗属在市场上被称为梅兰蒂木。在交易中，梅兰蒂木不同种木材分别呈浅红或深红色。木材的确是红色的，并且花纹很美，适合各种用途。另一组娑罗双属是白色或黄色的，也有很多用途，从木地板到轮船，从夹板到胶合板。梅萨瓦木和布拉巴克树是两种很相似的木材，都是来自东南亚的异翅香属。冰片木是冰片，来自马来西亚和印度尼西亚。综上所述，龙脑香科是一个杰出的家族，可以与生长在更北端的橡树和山毛榉相媲美。

219

乳香、没药、柑橘和柠檬、枫树、桃花心木和印楝：无患子目

无患子目与锦葵目有很近的亲缘关系。正如锦葵目，无患子目也赶上了重新分类这趟列车，所以传统上的11科，现在减到了8科。无患子目中有6科都有树，有1科现在扩大了很多。这些树有的名气不大但很有趣，其他的无论对自然界还是对人类都意义非凡。

虽然不重要但有趣的是苦木科，它们有100种的树和灌木分布在21属里，遍布热带和亚热带。苦木科拥有很强的生化效力，被广泛应用于医药行业，特别是来自非洲的苦木；生长在美洲的牙买加苦树，一度出口欧洲，用于治疗丹毒和性病。非洲白色紫丁香可以长到18米，木材有很多用途。它长有肿胀的根，可以储存水，在干旱时期可以作为当地的水管。在西方，臭椿是人们熟知的花园树和街边树，大约在18世纪中叶，它被从原产地中国最先引入英国，然后遍及其他西方国家。它不惧污染，在短短20年时间里可以长到30米，它的羽毛状的叶子排列起来，就像梣树。

按照世俗的标准，橄榄科并不重要，但却非常吸引人，因为这个科有乳香和没药。它总共有500种，分布在17属中，遍布整个热带地区，但主要集中在马来西亚、热带美洲和非洲。很多树木都能产生树胶，用于作制造香水的香精油、肥皂、绘画的颜料、清漆和香料。乳香来自于索马里的乳香属;没药来自于没药属，值得注意的是其中的C.abyssynica（暂无译名），生长在阿拉伯和埃塞俄比亚，现在被大量种植。在伯利恒，东方三博士把它作为礼物赠送给婴儿耶稣，其实它来自国外。第一个由政府资助的植物种类探险队，其目的就是为了寻找没药，位于凯纳

220

克神庙的德尔巴赫里寺里的浮雕，表现的是没药在1495年用平底船运输出来的情形。橄榄科的树木里也有一些有用的木材，在马来西亚和非洲被广泛使用。其中了不起的是奥克榄，也叫非洲加蓬木，适合制作任何东西，从雪茄烟盒、赛马的马具到高档家具。有时加蓬木会有斑驳的杂色条纹，适合表面镶饰工艺，价值很高。

芸香科是根据芸香命名的，芸香是一种矮小有香气的灌木，有毒但可入药，几个世纪以来都被种植在草药园中。它多次出现在我们耳熟能详的莎士比亚戏剧中，莎翁本人就是一个真正的博物学家，他的女婿是一位出色的药剂师。芸香科整体包括900种，分布在150属中，生长地域遍及所有温暖的大陆，包括澳大利亚。目前最有名、最重要的是柑橘属，包括柠檬、香橼、塞维利亚酸柑橘（一个柑橘种，也是格雷伯爵茶的重要成分）、普通甜橙、各种不同种的中国柑橘、无核小蜜橘、欧洲柑橘、酸橙（不能和欧椴树混为一谈）、葡萄柚。与柑橘属很接近的是金橘属，这个属包括金钱橘，可制成泡菜出现在餐桌上，我本人倒不觉得这种食品有多出色。

芸香科也出很有价值的木材。巨盘木属包括很多树种，肉桂色的“昆士兰枫树”同样可以制作名贵家具、枪托、船桨，以及任何物件。生长在澳洲东部的南方银桦用途广泛，呈淡黄色。南美洲的巴福芸香木木质强韧，色淡，柔顺易弯，很适合制作船桨、工具把手、鞋楦头、家具和镶嵌细工活儿。塞隆缎木生长在印度南部的次大陆，这种木材看上去微微发亮，像一匹卷起来的绸缎，所以被称为缎木，作为镶板和外饰板，深受赞誉。淡金色的西印度椴木在18世纪广泛使用，受到英国著名的壁炉和家具工匠的青睐，其中具有代表性的是亚达姆式、谢拉

221

顿式和赫波怀特式家具。

但是缎木却因不与其他成员相像而被挤出了楝科。楝科有51属550种，包括几种出色的树材。的确，它们在当今和历史上的重要性值得一番渲染。在长达4个世纪之久的时间里，这个科的世界级明星是桃花心木属，也称美国桃花心属，或者“真正的”桃花心木。包含3个很相近的种，当它们在野外生长在一起时，杂交现象会时常发生。小叶子桃花心木偏爱干燥的土壤，从北方生长到墨西哥。桃花心木是三个成员中第一个被命名的（由澳大利亚植物学家斯维腾命名），它来自于加勒比地区和佛罗里达南部。大叶桃花心木来自于巴西和洪都拉斯，这种突兀的巨树，像塔一样高耸在季节性干旱雨林的冠层上，可以达到70米高，有很多巨大的根肿增强树干的支撑力，树干的直径可达3.5米。

这至少是一种原始的状况。如今，在桃花心木和小叶桃花心木曾经生活的地方，那些大片的森林已经减小或不复存在了。大叶桃花心木在亚马逊森林南部还可以发现，分布状况是每10公顷才有一棵高大的树，或每公顷生长着3棵未成年树。据说，针对这种树木的野外采伐和谋利活动还在持续。在野外，这种树木在数量上的增加实在困难，因为它们都是喜光者，需要有开阔的地带或者森林中多余的空地才能生长。如果只是简单地将它们种植在其他树的中间，则无法成活。但是，大叶桃花心木和桃花心木现在却被大批地种植在林场中，特别是在热带的亚洲和大洋洲。在它的本土——美洲热带森林里，数量也在增加。在林场里，它们会受到致命的虫害。那是一种麻楝梢斑螟，会钻入嫩枝里，使得一棵原本可以长成参天大树的树苗变成矮小的灌木，这种虫害可以被控制，由它们所引起的问题已经被充分意识到了。世界上大叶桃花心木的种植园只有柚木种植园的二十分之一。野生桃花心木已经 222 被列在濒危动植物保护名录上，市场上这种木材的交易也越来越规范。在未来的几个世纪里，无论是野外生长还是人工种植，桃花心木将发生的任何变化，都会引起人们的兴趣。

桃花心木有几个真正的近亲，木料的材质也很不错，它们是：印度的骄傲印楝树；非洲核桃；南美雪松、香椿；亚太红雪松、红椿；沙比利木和非洲桃花心木。还有几种完全不属于楝科，但在市场交易时也被作为桃花心木，包括几个龙脑香属（娑罗双属）下的树木，偶尔桉树也会被冒充桃花心木。

奇妙的印楝树与桃花心木属关系较远，但也同属楝科。令人关注的是它可以作为有害的罗望子果的解毒剂。印楝树可以长到 20 米甚至更高，常绿，树叶与楞树很像，因为树木四季婆娑，越显其宝贵。它原生于南亚，它的深深扎入土层的根，可以确保其枝叶繁茂地生长在干旱、贫瘠的土地上。它被带到热带亚洲种植，但很快就如鱼得水，生长遍及这一地区；与此同时，英国人在 20 世纪初将它带到撒哈拉，在那里慢慢繁衍开来。它也被带到斐济、毛里求斯、沙特阿拉伯，以及热带和亚热带的美洲各地，包括美国的佛罗里达、亚利桑那和加利福尼亚。在美国还有一些印楝种植园。

植物界有很多出色的“化学家”，印楝是其中最优秀者之一。很多个世纪以来，应当说几千年以来，印度人就视印楝为珍贵的药材：它出现在一些古老的印度文献里。很多印度人咀嚼印楝叶作为新年的开始。很多人用印楝树枝清洁牙齿。它的汁液可以治疗皮肤病，用它泡酒可以滋补身体。树皮所产生的树胶用作染料。印楝对超过 200 种以上的昆虫有毒杀的作用，阻止昆虫蚕食其树叶，抑制昆虫的繁殖，防止其产卵，干扰已产虫卵的发育。1959 年印度曾发生过一次蝗虫灾害，蝗虫所到之处寸草不剩，只有印楝树毫发未伤。它的木材有抗白蚁的功效，因此非常适合高温气候，可以制作家具、工具手柄等物件。印度人将它的223叶子放在衣柜里，可以保护柜中之物。印楝树叶也是很好的草料，种子含油率高达 45%，可以制成很好的种子饼，喂养牲畜，榨出的油可以点灯。印楝受到了人们的尊重。很多地名都与它有关：尼姆奇、尼姆瑞纳、尼玛沃，有上百个之多。据说印楝一直享受着从天而降的甘露般的礼遇。

科学增强了世人的法律意识。印楝树不同的部分，特别是种子，含有一种有效的有机成分，可以抑制一切有害因素产生：细菌、真菌、病毒、线虫、螨虫，同时还有害虫。它还含有一种很强的杀精子剂，可制成一种有效的男性避孕药，点燃了人们的商业欲望。这种树里的提取物看起来并不会伤害哺乳动物或者鸟。至今，所有这些有机成分中，最让人感兴趣的是印楝素，现在已经纳入商业化生产，不仅疗效显著，更因为天然的原料和自然的制作方法而深受欢迎，可以说是工业生产的化学品向生物技术转移的一个例子。在这一点上，故事变得不那么令人愉快了。1990 年，以美国为总部的公司，开始将印楝里的各种成分申报了专利。但是很多优秀的印度科学家并没有为这事费心，因为根据印度法律，这类药物是自然资源，不应申请专利。因此，深植于印度的土壤和文化中的慈善、神圣的印楝树，成为肮脏的法律条文的争论对象。

漆树科是一个极有特色的科。有 70 属（600 种）包括一些很美的观赏植物，像漆树和黄栌属的烟树，它们有着圆形的叶子，一束束灰色的花序。这些种类应该算是灌木。开心果树倒是真正的树，只能长到10 米。它的原生地是近东和中亚，但长久以来，一直在地中海和美国南部有人工种植，因为它那令人喜爱的绿色果仁是很有名的小吃，配以冰淇淋或者印度的“靠非”（印度冰激凌），味道美妙至极。腰果树原本生长在美洲，现在印度和非洲东部大量种植，是一种非常好的作物，比大多数水果树和坚果树更偏爱干燥一些的土壤。腰果同样令人喜爱，营养价值很高：含有 45% 的脂肪和 20% 的蛋白质，通常作为餐前的零食。224 它们就像花生一样，营养丰富。树木如果需要借助动物播撒种子，必须能吸引动物的注意，但没有任何树木能比腰果更加漫不经心了。腰果果实包裹在枝头的“苹果”里，视觉效果就像带底座的雕刻品，只是位置上下颠倒地挂在枝条上。有些人将这种“苹果”发酵制成一种名叫“卡舒”的烈性酒。腰果的果壳含有一种油，会刺激手，但可以用于工业生产。我第一次看见腰果树是在巴基斯坦，当然，整个旅行非常值得回忆，但是，爱树之人会理解我的说法，每遇奇树，就会照亮我的行程。

漆树科还奉献了另外一个热带的欣喜——芒果。芒果最早产于印度或缅甸，现今蓬勃旺盛地生长在各种土质上，遍布热带地区，直到埃及和佛罗里达，通常作为街边树（就像在贝伦的大部分地区一样，尽管你可能会想到巴西本国的原生品种已经够多了），它的深绿、闪亮、柳叶形的树叶，给人带来清凉树荫。的确，芒果树通常旺盛得像野草一样。在巴拿马，我曾在暴风雨天躲进一个巴士站台，听见芒果撞击顶棚的声音，它们真的像野草一样顽强。芒果还可以提供能量（含有 10% 至 20% 的糖分），特别是富含维生素 A。维生素 A 的缺乏是一个严重问题，据说有 4 000 万儿童受到影响，很多孩子因此而失明（它会导致眼角膜变干，成为“干眼症”)。所有深绿色叶子都含有很高的维生素A，但是需要园艺培养，这是传统农业技术；而有了身边的几个芒果和木瓜，问题就迎刃而解了。

最后，要完成无患子目的框架，同时也完成全部双子叶蔷薇亚纲，就要书写极为吸引人的无患子科。就像前面所讨论过的锦葵科(还有第3章讲到的柏木科)，传统的无患子科很有趣，而后来很多很好的树 225 木被划分进来，这个科变得越发引人注目。现在贾德将过去的槭树科(枫树)和以往的七叶树科都划分进来。我很欣赏如此清晰的划分，我将会继续用最突出的文字，对这3个科单独进行讨论。在未来几十年，我能想象它们都会被作为无患子科讨论。

传统的无患子科非常与众不同，它包括了150属，大约2 000种，大多是树木或者灌木，还有大约300种攀缘植物(通过卷须攀爬的植物，通常有巨大的生态学意义)。无患子科植物生长在热带和亚热带，遍布热带美洲，非洲撒哈拉沙漠周边、印度、东亚、马来西亚和印度尼西亚，继续南下到达澳大利亚。这个科的命名来自于无患子属，从无患子中提炼的油料用于制造肥皂。无患子属里也有好吃的水果树，酸甜的荔枝来自中国南方。从植物学角度看，这种水果是假种皮，就像紫杉一样。它的一个近亲是蜜果，生长在美洲。红毛丹的外形像一颗荔枝，但有着一蓬乱发。西非荔枝果(*Blighia sapida*)是根据那个不幸的“恩惠”号上倒霉的布莱夫(Bligh)船长命名的(事实上，他是一名杰出的业余植物学家，也是很不错的艺术家)，在非洲被称为阿加果，在西印度群岛被称为阿吉果。它是牙买加国家的首席水果。阿吉果也是假种皮，烹饪后味道像炒鸡蛋，如果采摘时间不当会有毒。无患子科还有一些观赏植物：栾树（街边树）和文冠果（因为美丽的花而被种植）。番龙眼树生长在南太平洋沿岸，可以令人惊叹地长到45米高。树干的直径可达1米，木材是可爱的、平滑的红色，纹理很美，适合制作很多物件：托梁、木筏、钢琴和轮船的推杆绞盘。

槭树科，古老的枫树家族，它下面的槭属至少包含100种，还有两个在金钱槭属。槭树也称枫树，生活在北部各大洲，绝大多数在中国，有一个在非洲北部。栓皮槭原生于英国群岛，是那里唯一的枫树种。大多数槭树种类都生长在中国。日本有19种。北美有12种。枫树较小，普遍个头中等，有些则可以长得很高大，是常绿树。有几个生长在马来西亚直到爪哇。正如我们在橡树里看到的，在任意一个属里，有些树是常绿的，有些树则不是。枫树的果实很好辨认：它的外观像一串钥匙，在风中看起来，就像旋转的直升飞机一样飞舞，在植物圈里称为“翼果”。与此相反，金钱槭树的种子坐落在圆形的翅膀中央，就像一个煎熟的鸡蛋黄。枫树的木材很不错，其中一种被英国人称为“美国梧桐”，而美国人称它为“飞机树”。美国梧桐在英国通常都很高大，长势凶猛，像野草一样生命力顽强。它们不被人重视，可能是因为它们不像橡树那样可以养活大批昆虫和动物。但是它们的确养活了周围不少昆虫和鸟类。英国人可以打心眼里鄙视野生杜鹃花属，它的确应该属于别的地方，尽管秃鹰喜欢在上面做窝；可是英国人应该善待他们称为美国梧桐的枫树。枫树还有别的好处。糖槭是制作枫糖的原料，这种糖很容易使人上瘾。在美国，这是让你轻而易举增肥的途径：松脆、肥瘦相间的熏猪肉，和高高的一叠荞麦面饼，上面浇上一圈枫糖，这可能是最让人禁不住诱惑的美食了。

226

七叶树科里有七叶树属，包括七叶树等13种，遍布北美、南欧和温带东南亚；而七叶树科中的三叶树属只有两个常绿种生长在墨西哥直至南美热带地区。七叶树的拉丁文是 *A.hippocastanum*，分解开就是 hippo（马）和 castanum（栗子）。在自然课上，孩子们对七叶树手掌状的叶子进行素描，还勾画树干上留下的有趣的马掌形状的伤疤，鳞状的叶芽带着松香（我在学校的时候就画过），棕色的大种子，是七叶树奖励给孩子们玩康克游戏的。而大人们更看重七叶树，因为可以用它们装点可爱的街道，人们将它们视为重要的观赏树木。七叶树也有很多医药用途，在北美洲，其提取物可以用来迷晕鱼（似乎这种捞鱼活动作为全国性的爱好正在兴起）；七叶树的木材质轻，并不坚固，只用来制作木箱子和烧制木炭。

第 10 章

从手绢树到柚木：雏菊一样的真双子叶植物

手绢树是由大英帝国的孩子们命名的

双子叶植物的第二大群体“菊类植物”是根据菊科命名的。很明 227 显，它们长得并不都像雏菊，就如蔷薇类植物并不全是蔷薇模样。但是，它们相似的 DNA 细节和微结构，尤其是子房，显示出所有的菊类植物起源于同一个祖先，能组成一个真正的进化枝。贾德提倡的现代分类学将菊类植物分成 10 目，其中 3 个目包括一些灌木，但是基本上不包含任何意义上的树。

228 在绞木目中，有一些灌木来源于中非，它们当中包括鹅莓，是一种观赏植物。伞形目的命名是根据伞形科而来，也就是原伞树科，其中就有我们很熟悉的胡萝卜、芹菜和香菜（学名胡荽），但是不包括伞树。

229

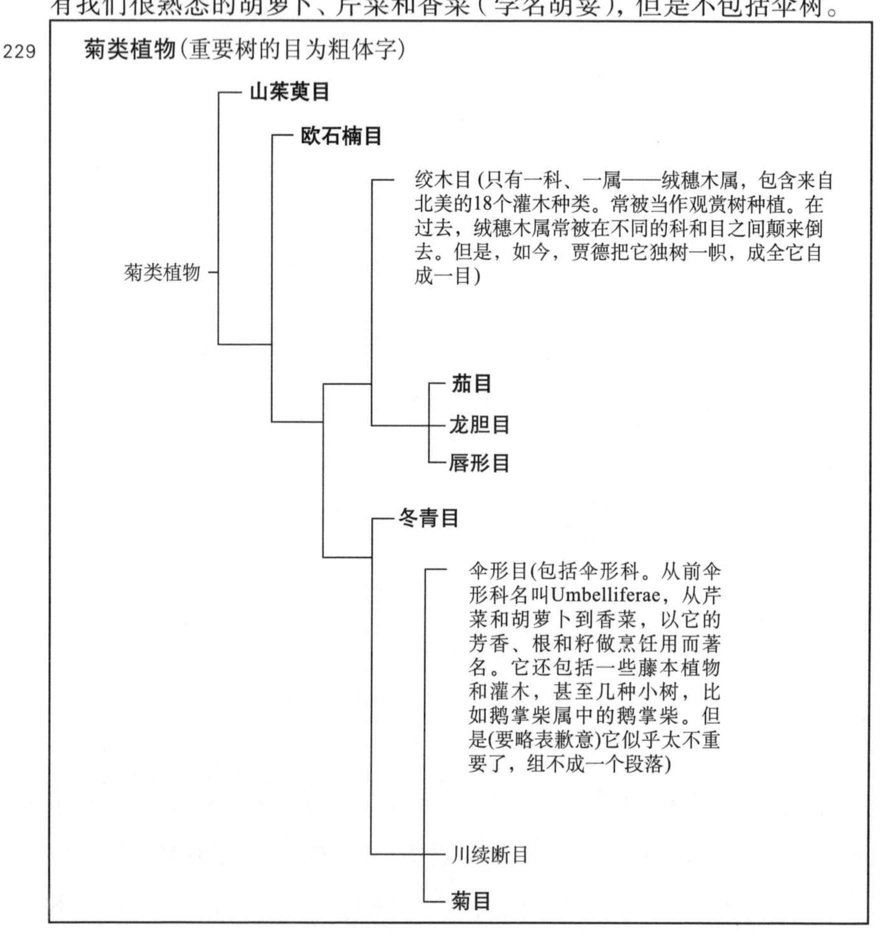

川续断目包括起绒草和忍冬。川续断目里最具有树状特征的要数雪果树和接骨木。川续断目剩下的 7 目之中还包含着最壮观和最有价值的树。

山茱萸树、多花紫树和手绢树: 山茱萸目

贾德辨别出山茱萸目的 650 种，它们分在 3 科下面，但是只有山茱萸科包含了比较重要的树。这一科的大多数树种生活在北温带。

山茱萸属的名下包括 45 种山茱萸树，多数都是灌木。珙桐就是可爱的手绢树，它最初是由耶稣会的自然学家大卫神父报告的，他于 1869 年在中国西部的山区发现了它。大卫还让西方人知道了大熊猫，他以自己的名字命名麋鹿为“皮埃尔大卫之鹿”。

30 年后，另外一个传教士将珙桐的种子寄至欧洲。寄去的 37 粒种子中只有一粒发芽，种下后，长成一株矮小的树，叶子有些像酸橙树叶，模样喜人，却无特殊之处。但是 1906 年当欧洲人第一次看见它开花时，他们终于体验到了神父大卫当初是如何被它痴迷的: 每朵花有两片手掌大的花瓣，是腻腻的乳白色，伸展出来像是要探寻整个世界。花儿绽放结彩时，拥满枝头。据说是印度的英殖民行政官家的孩子们为珙桐起的通俗英语名字。它的花与漂浮起来的手绢可有一比，当它们成簇成群在枝头招摇时，像极了万圣节的幽灵，又像鸽子，所以它也叫精灵树，或者鸽子树，统统名副其实。我曾经在一个阳光灿烂的七月的早晨，在剑桥的植物园里遭遇它的鲜花绽放之时，真正是明艳夺目。

其次是蓝果树属，有十几个种，大多数是些观赏性植物，但是其中 230

的多花紫树、水蓝果树和黑紫树个头高大，足以用作北美人修建铁路的枕木（尽管蓝果树属曾经有自己的科——蓝果树科，贾德还是将它归于山茱萸科下）。

柿树、黑檀树、橡胶树、茶树、石楠和巴西坚果树：欧石楠目

欧石楠目大约有 9 450 种，分布在 24 科下面，其中的很多树非等闲之辈，特别是柿树科。柿树科都是树或者灌木，遍布于热带，只有少数分布于温带地区。柿树科的主角是柿树属，大约有 450 种，其中约 200 种生活在马来西亚的低地；还有不少出现在非洲热带；在拉丁美洲的略少；一些在澳大利亚和印度；美国、地中海和日本则只有零星的几种。

柿树属包括了一系列可食的果树，在成熟以前，它们的果实一律非常青涩，直到完全成熟，才美味可口。最著名的就是柿子，乍看上去就像个大、皮厚的西红柿，可以生食、烹饪，也可以做果脯。日本柿树被广泛种植——尤其是在中国和日本，在美国加州和法国南部也有种植，是于 19 世纪末传入美国的。美洲柿土生土长于美国，个儿小，果实深红色，树干细而高，可达 30 米，它的果实可以在野外采摘到，却没有多少人会种植它（美洲柿通常被用来嫁接日本柿树的初生主根）。黑柿树生长于意大利和远东。黑肉柿就是黑色的美果榄。并不是所有的柿树属的水果都好吃，有些种类难以下咽，在马来西亚和印度尼西亚，它们的种子被碾碎，作为诱捕鱼的醉鱼药。

柿树属还包括多种极其珍贵的木材，像人人知晓的黑檀树。这类树

并不高大，一般约 15 米至 18 米高，树干粗约 60 公分，所以木材只能买到短的。一些种类的心材是墨黑色的，另外一些则呈深棕色，或者带有令人倾倒的棕与黑相间的条纹。由于漂亮的颜色、强度以及敦实的重量——远远超过水的分量，黑檀木自古就被视为贵重木材。

231

埃及法老的珠光黑色家具就是用黑檀木制作的。它还是制作精致品的极佳材料，包括雕塑、可拧动的门把手、台球杆的端柄、象棋子；具有精致、镶嵌工艺的钢琴和风琴琴键、单簧管，还可以制作苏格兰风笛管。

非洲的树种繁多，黑檀木是森林中重要的树种，包括深黑色木材的非洲柿树和 D.reticulata 树，来自毛里求斯，价格昂贵。乌木来自斯里兰卡，它就是锡兰乌木，人们称之为“真正的黑檀木”，因为其木材颜色是标准而纯粹的乌黑色。安达曼岛的黑檀木矮小（只有 6 米高），但是其木材棕色与黑色斑驳相间，美不胜收，被喻为安达曼大理石木。

与黑檀木形成强烈对比的是美国本土的柿树，有着稻草色的边材，市场上称之为“白檀木”（人们还称之为蟒蛇木、黄油木、负鼠木，或弗吉尼亚黑柿树，名字真可谓花哨繁多）。它可用来制作工具把手，据说用它做的纺织梭子每只使用寿命可达 1 000 小时。它浅色的边材与薄而黑的心材常被一起使用，做成不错的胶合板。

山榄科堪称是树与灌木的大科，跨越热带潮湿的低地，包括了 53 属，约 1 100 种。其中很多树的果实可食用。桃榄属是它的一个大属，下有 325 种，其中包括曼密苹果树和鸡蛋果。金叶属则有 70 种，其中就包括星苹果，它会长成像西洋李树那样的观赏型植物。据说所有山榄科水果都很甜美，不过我个人可以担保的只有长青果，它有着大麦糖一样甜美的果肉。很多热带水果令人失望，即使有些味道尚可，似乎也只能被当地人青睐。但是长青果却可令人大快朵颐，完全可以加入芒果、香蕉等最受世人喜爱的水果行列。酪脂树则是一种食用油的来源。

山榄科还有很多可圈可点之处。长青果树可以析出树胶，它的乳胶是口香糖的原料。已知有 110 种胶木，特别是来自苏门答腊、爪哇和婆罗洲的硬质橡胶，它们析出的乳胶变硬后形成古塔胶，化学成分与橡胶相近（好像是异戊二烯另外一种的聚合体）。

19 世纪工业化学家们发现当乳胶热而软的时候，可以任意塑形，232 变凉变硬后形状不变。不久，乳胶被用作补牙的材料，制成高尔夫球，还有海底电缆的绝缘线。采集胶液时，人们用刀在树干上刻出“人”字形划痕，胶液便如自来水一般流出。由于乳胶采集会对野生树干造成损害，因此在爪哇和新加坡建立了专门的种植园栽培它。现在，只剩下牙医还使用古塔胶（即乳胶）了，而且是临时性补牙。

山榄科里的很多树，木材上乘。其中一些高大的，可长到 30 米，树干达 2 米粗。有一些木材的材质很重，长有硅刺，而材质轻的通常不带有硅刺。在铁榄属的 75 个种当中，有我们知道的木材，像鼠李、铁木或是乳香树。在市场上，紫硬胶属被称作樱桃桃花心木。

来自西非的猴子果木树可长到 45 米高，1.2 米粗。心材颜色从浅血红到红棕色，边材颜色略淡；还有些木头上带有斑点，有着水波纹绸缎一样的光泽，钟爱迷恋它的人认为，猴子果木比桃花心木纹理更细腻。用它做家具、胶合板和能转动的工具都很理想；不仅如此，还可以做实验室的工作台、马车、船板以及具有防水功能的复合板。

一些胶木属的种类，与马来西亚和印度尼西亚的巴耶榄属混在一起，在市场交易中被称作银叶木和巴丹疏林，其木材是深粉色到红棕色，并夹杂有深色条纹。它们也是理想的制作家具和门的材料，还可用于房屋外贴饰。做房顶和镀层建筑上的外贴木瓦时，会有鱼鳞一样的装饰效果。

最后，是毛里求斯伤感的大颅榄树，属于山榄科。称它伤感非常贴切，第 13 章会揭示其中的原因（尽管导致伤感的原因已经比从前减弱了）。

虽然肉豆蔻科足够庞大，但是关于这一科的报道却非常少，它有 32 属、1 000 种散布在温带和热带地区。紫金牛属算得上是家喻户晓，它们中有一些是观赏植物，另有一些则是种植在花园和暖房的果树。像八爪金龙和东方紫金牛，在菲律宾是烹饪鱼的调味品；马来西亚人用着色紫金牛的叶子调养肠胃；爪哇人用 A.fulginosa 与椰子油煮在一起，治疗坏血病。

山茶科充满别样情趣，它有 20 属、大约 300 种，其中包括弗兰克林树，花朵华丽而炫耀。在山茶属下的 80 种当中，较为怪异的是大叶茶。它最初生长在中国，大概是作为滋补品，富含咖啡因和基础油脂。现在全世界已经有一半人把它作为饮料，在印度、斯里兰卡种植面积最大，还有东非、印尼和俄国。正是这些植物改变了整个世界的经济和政治。种植园里的大叶茶如果任其生长，可以出落成令人肃然起敬的巨树。我听说乌干达伊迪阿明（Idi Amin Dada）将军时期，曾有一个被抛弃的大叶茶种植园，茶树在其中任意生长，最终变成了一片名副其实的森林。

233

但是在经营活跃的种植园里，人们根据种类、地点和气候，每 15

天左右将茶树的叶尖采集下来。结果是茶树被盆景化，只有篱笆高矮，大约到人的腰部。在典型的茶园里，茶树丛生长在陡峭的山坡上（你真应该去亚洲看一看那里的山坡有多么陡峭，那些中国古典画家的水墨画一点也没有夸张）。茶树丛林是鲜艳的绿色，放眼望去，布满山坡，其中间隔以采茶人行走的狭窄、阴暗的小径，呈“之”字形弯曲。茶树喜阴凉，在印度的喀拉拉邦，我曾住在一个茶园里，茶园被遮挡在浓密的树丛中，我看到一株澳大利亚银桦正为茶园遮挡住强烈的阳光，它也兼为水牛提供饲料。这里的风景如爱丽丝仙境一样迷人：树木盆景般矮小，茶园棋盘格般齐整，株株茶树像绿色的拂尘。世界上传统的农场、果园和种植园显示了美丽与生产力可以手牵起手，珠联璧合。在这样一个拥挤的世界里，它们确实有如此存在的必要。

杜鹃花科充满了名作佳品，整个目也叫杜鹃花目，经过宽泛的定义（被贾德）之后，它现在包括130个属，2 700种攀缘植物、灌木，当然还有树。杜鹃花科几乎遍及世界（但是从未登陆澳大利亚，至少那里没有野生种），它特别喜爱高地，尤其是酸性土壤，深深依赖其根部的菌根真菌长大。杜鹃花科中有几个是附生植物，有一些摒弃了叶绿素，进化成了寄生植物。位于欧洲边缘苔原地带的苏格兰人对这一科里的石楠花很熟悉，也就是山坡上生长的紫色小花，是北方被风吹散的离群植物。相关的欧石南属中的石南在南非种类多样（达450种），能长到与人等身的高度。

234

杜鹃花科当初究竟起源于哪里？没人清楚，喜马拉雅地区是比较接近的猜想。杜鹃花属的1 200种里至少有700种，还有相关的马醉木属，生长在令人仰止的几条大河——雅鲁藏布江、湄公河和扬子江——的源头。很多杜鹃达到了树的高度，由于杜鹃枝干很多，它们普遍被归为灌木类。另外，新几内亚的300种杜鹃花，很明显是原始的喜马拉雅种的分支。杜鹃花被英国人看作植物界的坏小孩，虽然杜鹃花为秃鹰提供了适宜的鸟巢栖息地，但是它们所到之处总是喧宾夺主，显得过于猖獗，故而屡屡被当作野草一样对待。

草莓树属中有草莓树，还有可爱的玛都那树，它的树干平滑，红色的树皮剥离时，露出的是黄灰色的树身。我曾经漫步在北部加州的山林中，玛都那树是此地迷人风景中的尤物。它橙红色的果实被鹿、鹌鹑，还有美国土著人所喜爱；木头被当地人烧成不错的木炭。玛都那树长得不大，但是寿命却至少有两个世纪。

玉蕊科有世界上最诱人、最了不起而且经济上极为重要的树种。这一科包括30属400种，有灌木、攀缘植物和树。玉蕊科集中在南美，但是非洲马达加斯加和亚洲热带地区也发现过它们。它们当中最小也最古怪的拉美玉蕊木，长在巴西的塞雷多，很像亚塔棕榈，树干常常钻入地下，这一独到机制可以使它幸免于火灾。然而玉蕊科的其他很多种高峻如塔，冲破森林天蓬，遥遥领先于其他树种。最高的是小花卡林玉蕊木和星芒纤纤皮玉蕊木，均超过60米。它们有自己的境界。风是高空的授粉媒人，这在热带玉蕊科树种中是少见的。树干高大笔直的玉蕊木是珍贵木材，森林的猎人把从小花卡林玉蕊木的树皮中挤出的毒液黏在弓箭尖上，用于狩猎。玉蕊木是玉蕊科乃至热带林区所有树中最长寿的，有历史记载的树是1 400岁。

最令人心动的是许许多多的玉蕊科水果，它们的样子像极了大木球或是大木圆筒。一般直接长在树干上，充满了籽。果实的木头“盔甲”估计是为了抵御捕食者而进化的。不过，亚马逊卷尾猴有时还会偷袭成功。

235 有些玉蕊科的种子很大，肉质丰满，令人垂涎。种子通过动物和鱼儿传播。但是有些属的种子像灰尘一样飞在空中，当外壳裂开时，便随风撒播。这些种子太轻，无法承载多少营养，为了弥补这一不足，种子的胚芽是绿色的，在萌发的同时就已经开始光合作用了。

巴西坚果对人类的重要性非同一般，它大约有 20 多种三角形、坚硬无比的果实，像橙子里的瓣瓤，被坚不可摧的果壳紧密地包裹其中。巴西坚果树几乎和玉蕊木一样高，木材材质很好，但是无人忍心为了木材而砍伐它，因为人们更贪图那些坚果：其中有 66% 的脂肪、14% 的蛋白质，而味道更是不同凡响。欧洲人和北美人每年从巴西和委内瑞拉进口 5 万吨巴西坚果，有野生的，也有种植的，生长地不局限于巴西贝伦亚马逊河口。野生树是受到保护的，但近些年它们却渐趋衰败，被遗弃在森林里不知所踪。它们不再受青睐，而是让位给需要阳光的牲畜和大豆。巴西坚果树极易遭受火灾，尽管它们高大，但是寿命不如玉蕊科，最长寿的超不过三个世纪。

密封着的巴西坚果上面长有小木圆帽，果实落地便脱落下来，但是坚果仍深藏壳中。从这个意义上说，巴西坚果要感谢刺豚鼠的帮助。刺豚鼠是豚鼠的长腿亲戚，它将坚果壳上的洞捅大，并搬走种子。刺豚鼠吃掉一些种子，再埋掉一些作为将来的储备，就像松鼠藏橡子一样（这种行为实际上是啮齿动物自欺欺人的小把戏），被刺豚鼠遗忘的种子，经过长达 12 个月至 18 个月才发芽，渐渐长成了新树。因此，巴西树的繁殖不是简单地依赖于刺豚鼠，而是依赖于刺豚鼠的健忘症。种子被吃掉后，巴西坚果的空壳会充满雨水，成为昆虫和青蛙的育儿所。

玉蕊木属结出的果实，有人美其名为天堂之果，据说味道比巴西坚果还要好。我不能担保它果真如此出色，尽管我也有同样美好的愿望。236 很明显，这里存在着另外一种东西——市场，附着在美学意义和生态学优势之上，其实是经济原因保护了巴西森林免遭砍伐。包裹着坚果的木外壳被称作“猴壶”，顾名思义，可以把甜美的果肉放入空果壳，用它捕捉猴子。当有猴子跑来将爪伸进壳抓取果肉时，就很难再拔出来了，况且连猎人走过来敲它的头时，它还不肯丢掉眼看到手的战利品。猴子是热带森林人不费吹灰之力就能抓获的猎物。

炮弹树的果实直接长在树干上

237 亚马逊和巴西太平洋森林中的圭巴正玉蕊木，在所有科中果实最大。果实成熟需要1年的时间，长的和人头一样大小，还在树上时就裂开了，种子暴露出来，被颜色鲜艳、肉质丰满的假种皮包裹着。果实裂开的当天夜晚，就会被蝙蝠衔去撒播。动物授粉和种子撒播，若将两者各自的功效分个伯仲，是无法定论的，只有二者联手共同进化，才可见真正成效。圭巴正玉蕊木由树蜂授粉，树蜂是最大的蜂，比大黄蜂还要大。圭巴正玉蕊木的木材非常珍贵，市场上标作瓦达德拉。

圭亚那炮弹果木的木质果实直接长在树干上，直径20厘米，人们称此树为“炮弹树”。它的果实掉到地上后摔裂，露出蓝绿色的果浆，充满了毛茸茸的种子。对于人类来说，它的果浆的味道刺鼻，但是野猪不这样认为，尤其是美国野猪——对它情有独钟。种子或至少有一部分种子直接被野猪排出体外，很明显，种子的外层毛保护了种子不被野猪的胃液消化掉，种子最终在野猪的粪便中发了芽。炮弹树的果肉常常用来喂养本地猪和家禽。炮弹树通常作为观赏植物，先是开出蜡质的、硕大并且散发出香甜气息的花朵，然后结出令人瞩目的果实。还有作为观赏植物的玉蕊属，它是马来西亚和印度原始森林里最重要的属，它奉献给人类的是用途广泛的火绳树（或称“肚子木”）。

茄属植物、琉璃苣，以及一些非常出色的树：茄目

茄目是否能形成一个一致的整体，一个真正的进化枝？目前尚不能完全肯定。然而我们暂且将茄目大致分为6科，包括7 400种草本植物、灌木、攀缘植物和树，其中有3科特别引人瞩目。

马铃薯、番茄、辣椒和茄子均属于茄科，至少在野生状态下，它们全部具有药理学功效。野生的马铃薯和番茄普遍带有毒性。似乎最接近茄科的是烟草、曼德拉草和茄属植物。灌木曼陀罗能提炼类固醇，制作口服避孕药。茄科里包含的树并不多，我在塞雷多见过，颇具魅力但是不够高大。 238

紫草科到底属于茄目，还是另有所属？贾德说“尚有些争议”。名花谁主姑且不论，它包括 2 650 种，划分在 134 属（包括琉璃苣和聚合草）内，它们有的生活在热带，也有的在温带；有草本植物、攀缘植物和灌木，还有一些是非常有影响力和重要商业价值的树。破布木属，包括东非的破布甘蓝和米氏破布木，还有西非的聚伞破布木，有大约 320 种，这些种类尽管在当地都有悦耳的名字，在市场上却被统称为非洲破布木。它们能长到 30 米高，1 米粗。树干是不规则的形状，边材是怡人的奶油色，心材则呈金棕色。尽管木材软而易断，却适宜做边角的装饰，比如图书馆书架的木贴边，或者做胶合板；它的木材共鸣好，很适合做鼓及音响板面；非洲人用破布木做船；巴西人有自己的破布木——亚马逊破布木，人们将它称之为 freijo；在美国叫破布木，或者珍妮木。一些破布木的种类生活在海岸地区，它们软木质的种子是由水撒播的。

咖啡树、奎宁树和优质木材：龙胆目

龙胆目包括 4 科，14 200 种，其中很多是优质和重要的木材。比较大的茜草科包含 550 属，大约 9 000 种。它们大多数生活在热带和亚热带，生活在热带的多数是树和灌木。它们包括很多不错的观赏树种，极具价值的是栀子属，其中不乏野生品种。在许多茜草科中，比其他属重要得多的是具有药理学价值的咖啡属，小果咖啡的品质最佳，通常生长在热带美洲，特别是巴西；而中果咖啡树产出的“罗布斯塔咖啡豆”，质量稍显逊色，但是产量比较高，并且在非洲和亚洲大面积种植。咖啡的生长方式多样，质量上乘的都是生长在树荫下，因为果实可以缓慢成熟。遮荫树有很多种类，通常栽种豆科类的树，可以同时得到饲料，因而增加了附加值，两全其美。

239

似乎到处都可以种好咖啡。感谢现代全球贸易，全世界所有热带的农民正被劝告去种植咖啡，多多益善——从东帝汶岛到越南，还包括一些传统种植国家，直至后来出现了世界范围的积压。到 2004 年，咖啡价格在 5 年内降低了将近 70%。农民从银行或者借贷者那里贷款建成了咖啡园，随之却发现，他们卖出所得低于生产成本，最后纷纷破产。我在巴西东部亲眼看见过一些倒闭的咖啡种植园。令人费解的是，商店出售的咖啡价格并没有显著地降下来，消费者从破产的农民那里获益了吗？真正的获益者是那些交易者。此般景象似曾相识，好像自古皆然。

有几个金鸡纳树种是生产奎宁的重要原料，具有药理学意义。在很长时间内奎宁是首选的抗疟疾药物，深受美洲大陆早期英国移民的喜爱。不管当初英国人从巴西暗度陈仓获得橡胶树的手段是否道德（19 世纪从玻利维亚带出金鸡纳树的种子毫无疑问是违反玻利维亚法律的），靠着这些种子他们建立起了爪哇的奎宁工业，并在 1939 年之前一直主宰着世界贸易。

茜草科也提供优质木材。生长在热带西非西海岸沼泽的毛帽柱木，树高达 30 米，木材颜色从淡黄到粉棕色，很适宜做模具和木地板；由于具有抗酸性，也适合做蓄电池的外壳。还有更高的树，是狄氏黄胆木，达 50 米。它的奶油粉色边材和金黄色心材，因美观而具价值，适宜做家具、地板、车削工具和胶合板；还适合做户外粗犷些的材料，从防洪码头用材到各种用途的枕木。极白红厚壳树生长在古巴、墨西哥、危地马拉和哥伦比亚，个头比它们非洲的堂兄小一些，20 米高，也同样适宜做雕塑、车削工具、家具和地板。

240

夹竹桃科高大而且种类繁多，有 335 属、3 700 种，包括树木、灌木、攀缘植物和草本类，它们主要生长于热带和亚热带，只有少数在温带。夹竹桃科的很多属包含有毒植物，天然的毒性可以合成有价值的药物。其中没有哪一种比得上长春花，它是抗白血病的最有效药物。萝芙木，是用于治疗过度紧张的药物。而夹竹桃科包括我们熟悉的栽培观赏树木，它们有玉黍螺（蔓长春花属）、夹竹桃（夹竹桃属）和牛尾菜花（豹皮花属，一种古怪、形似毛虫的多汁植物，开花时散发出魔鬼般的味道，引来苍蝇授粉，也深受养花人的喜爱，我也是其中之一，还想再养些）。

夹竹桃科的树全部长在热带，通常树型巨大，给人的印象深刻。马来西亚和印度尼西亚的戴尔夹竹桃属包括南洋夹竹桃，是我们知道的节路顿胶树，耸立在 60 米高处，木材呈奶油色，成熟时又成为稻草色，除了可以做木鞋底，用作雕塑和雕刻原材也极佳。析出的胶可以生产口香糖，在采胶过程中，通常会发生菌类感染而导致木材颜色发生变化，出现类似山毛榉树或者蓝乳酪的颜色，这使其身价倍增。盾籽木种生长于巴西东南部，市场上称之为罗莎多脉白坚木，树高大约 15 米，边材呈奶油黄色，心材呈玫瑰红色，坚硬、厚重密实，几乎适于任何用途：从造船到镶木地板，从镟制车床工具到做成漂亮的胶合板。

夹竹桃科所有树中最知名的是赤素馨花树，别名寺庙树或宝塔树，有时树能长到 6 米高，被当作大灌木。赤素馨花树是从老家牙买加、墨西哥和厄瓜多尔引进印度的。考文夫人在《印度的开花树与灌木》中描写了它那“惨白臃肿的树干与芸芸树中美女无缘”，但是“它的花儿香甜，飘香绵绵近乎一整年，开花、绽放、凋落，完美地回归土里。对于佛教和伊斯兰教教徒来说，赤素馨花树从钻出土壤起，直到枝叶繁茂，花团锦簇，一直拥有强大的生命力，象征着永生。它因此常被种植在寺院旁或者墓地之间，每天鲜花飘送清香，慰藉了长眠之人。佛教徒则通常把它的花作为拜献佛祖的贡品”。赤素馨花树有很多药用价值，它的木材呈黄棕色和红色，短小，易于制作各种物件。

龙胆科（约 84 属、970 种）中的龙胆属，它的整个科与属同名。它们不是树，而是观赏类草本植物。一些科的成员是纯粹的攀缘植物，小叶子，没有叶绿素（再一次证明开花植物有极强的寄生倾向）；还有一些是令人心仪的灌木。很多可入药、做烹饪调料。龙胆科当中还有一些珍贵且重要的种，数目不多，且不再隶属于马钱科，马钱科是龙胆目的最后一科，最近被重新审核，重新归类。因此，亚洲热带的灰莉属已经从传统上的马钱科转移到龙胆科。灰莉属包括一些重要的成材树，其中的一种香灰莉木花朵肥硕，可以作为观赏树栽培。留在马钱科里的植物，再没有多少值得一提的了。

橄榄树、白蜡树和柚木：唇形目

在过去的几年中，分类学家已经深陷唇形目分类的困境中。这个目在变大，它现在将传统上包括金鱼草属和毛地黄属的玄参目收并过来，还包括了以前的紫薇目，其中有一些精彩的树，稍后再对它们进行描述。除此以外，不同科之间，也有属的删减和改变，这些不同的科从前属于 3 个目，现在归纳在 1 个目——唇形目之中了。我不再探讨那些细节，因为多数改变不涉及树，我之所以提及这些，是为经典的教科书提供一个衔接［比如，如果你读了海伍德（V.H.Heywood）的书（每个人都应该读一读他的书），当你看到玄参目时，如果我不在这里解释，你就会产生疑问：怎么会有玄参目？］。

属于扩充后的唇形目的，包括 24 科、17 800 种。其中 19 科包括主要的草本植物，有些是寄生植物，比如热带猖獗的野草独脚金，还有温带路旁的肉苁蓉。其中有很多附生植物（尤其是非洲紫罗兰科中的），[242] 还有一些藤本和灌木（最受园丁喜爱的醉鱼草就是从以前龙胆目里转移到唇形目来的）；但是唇形目毕竟还是包括了几种树的，在唇形目的 5 个科中，实际上仍然有一些举足轻重的树。

关于海榄雌科（包括海榄雌属），在第 11 章讨论红树林时将作描述。直到最近，才把海榄雌属放在红树科内，与最为著名的红树林为邻。现在清楚了，海榄雌属与红树属很相似，是趋同性进化，即两种生存条件相似的植物，采取了同样的解决问题的方式以适应环境。

苦槛蓝科有 4 属，150 种，生活在澳大利亚和南太平洋，有一些在南非、南亚和毛里求斯，它们主要是树和灌木。最著名的是具有高抗旱能力的角百灵，包括颜色花哨的长叶角百灵灌木和一些木材优质的树；苦槛蓝属中也有一些令人喜悦、香气扑鼻的灌木和树。

海榄雌科（与苦槛蓝科一样）在生态和经济上的意义不大，但是木犀科却在任何方面都极具意义，它有 29 属、大约 600 种，生长在热带和温带气候下，包括攀缘植物和灌木。灌木包括女贞、丁香、连翘和茉莉；树则包括 60 多种白蜡树和 20 多种橄榄树。

欧洲白蜡树，是杰出的树之一。如果不是人类把自然风光改变得如此彻底，到现在，冰川后时代英国国土的一端到另一端无疑将被苏格兰松、橡树或橡树与白蜡树的混合树所覆盖。白蜡树木材是奶油白色到浅棕色，有的心材呈深色，市场上称作“橄榄岑”。美洲白蜡木则是美国岑树或白岑树。这两种木材弹性极好，非常适宜做船桨、工具和棒球球棒，由于可以对它们施以蒸汽加工和弯曲成形，它们也适于制作弯曲带拐角的家具、雨伞柄等。花白蜡木在西西里有种植，析出的甜胶就是著名的“甘露”。

243 地中海的橄榄树是喜人的油料果实，不只如此，它们还是传统的农产品。这些树身形较小，样子怪异；但是来自肯尼亚、坦桑尼亚和乌干达的橄榄树种类，比如东非木樨榄和韦氏木樨榄，树高可达25米，颇具价值。橄榄树木材呈浅棕色，带有深色、卷曲的条纹，耐磨性强，是制作地板、家具、雕塑、旋转型家具及胶合板的上乘木材。

紫葳科包括非常重要的树——尽管多数是攀缘植物，以及纯粹的灌木。113属下面有800种，大多数的老家是南美，其他的贯穿于热带和亚热带，另有一些在温带。其中40多个种属于南美蓝花楹属，包括含羞草叶蓝楹花木，祖籍巴西，而它美丽的蓝色花朵却开遍热带和亚热带。蓝楹花木也是优质木材，散发沁人的香气，常带有暗紫色条纹。不知何故，希腊人喜欢用它做钢琴。

梓树是紫葳科中的一个生长在温带的种，由于果实是长豆荚，有时人们就叫它“印度豆”，事实上，它既不是豆，也与印度无关。卓越的非洲吊灯木，果实很像悬挂在意大利厨房梁上大而肥的腊肠，只是颜色不像腊肠更像饼干。我在印度见过它，在我心底的愿望里有一项，是希望在它的老家非洲与它会面。

郁金香树，或者是火焰树 (很容易将它与木兰科的北美鹅掌楸混淆)，来自热带非洲，于 19 世纪末被引进印度，由于它既可供人乘凉，又有成串成簇的鲜红色花朵，故而被称作“森林的火焰”。紫葳科中的有些品种是非常有用的木材树。塞黄钟花木来自巴西海岸森林，可以长到 40 米高，淡淡的金黄橄榄色的心材是熟知的多脉白坚木，非常适宜做家具、船、地板和胶合板。梓树则可以用来做篱笆桩。

现在要面临一些令人困惑的问题了，让我来尽力解决它们。在传统教科书上，你会发现马鞭草科和唇形科在很长一段时间内被认为有很近的亲缘关系的。唇形科 (Lamiaceae) 从前被叫作 Labiatae, 至今不知还有多少人依然习惯地将它们称作 Labiatae, 甚至包括我自己。旧习难改，可以想象有多令人困惑。马鞭草科以多年生的马鞭草命名，还包括过江藤、柠檬马鞭草和马樱丹，它们是南美的观赏植物，是现在所有野草的祖先，自从被引入后，占据了热带的路边和森林，无孔不入。自从大象对它弃之不理以后，它变本加厉了。传统的马鞭草科中最著名的是 *Tectona grandis*，别名柚木，如果考虑到它的数量和质量，它算是热带最有价值的硬木。唇形科 (就是以前的那个 Labiatae) 包括几个大的木本植物，它们是印度、马来西亚和澳大利亚的石梓属，包括 57 个著名的种。它们当中有木材用途广泛的树——云南石梓。但是，让唇形科最负盛名的是它的一系列烹调香料：薄荷、牛至、罗勒、迷迭香、鼠尾草、薰衣草和百里香。

直到晚近，分类学家才发现旧属马鞭草科并不是一个进化枝，而是一个杂物包。它们绝大多数的成员更接近于其他的科，或许本就应该放在其他科名下。从这一点来看，三分之二的传统马鞭草科似乎应该属于唇形科。所以，现在的马鞭草科落寞了，不再如往昔引人注目。它

244

还包括柠檬马鞭草和马樱丹。但是此科的明星——柚木属，现在发现自己与薄荷、百里香、牛至等唇形科的其他植物重组在一起了。现代分类学总是制造出古怪的同伙，唇形科以一个庞大、世界性融合的姿态重新出现，包括了逾 250 属，接近 7 000 种。

柚木大体上可以生存于混合热带森林的任何条件中，不过，一般地说，它们喜欢干燥胜于阴雨连绵。在印度、缅甸、泰国和老挝，它们总是和谐地与森林里的其他树种并肩生存。它的祖籍似乎并不是印度，而是印度僧人在大约 14 世纪从印度尼西亚携带来的。巨大的柚木种植园 245 不仅在巴西可以看到，而且几乎遍及热带。

柚木生长缓慢，印度的种植园传统上每隔 80 年方可收获一次

一些印度森林学家认为，尽管柚木很了不起，但是它的意义被某种程度上夸大了。从2004年起，为了寻求平衡，印度德拉敦森林研究所的帕达姆（Padam Bhojvai）博士组织了研讨会，旨在将重点转移到柚木以外的其他400个左右的印度树种上（从4 000多印度本土种类中挑选），它们有些已经存在4 000年了。但是柚木的魅力是显而易见的，它的木材结实而坚硬，不经任何处理就可以承受风吹日晒，光阴使它的颜色褪成沧桑的冷灰色。它的长度可观，平添价值。美索不达米亚人早在公元前3000年就认识到它的价值。欧洲直到16世纪才知道柚木，但是从那时起，他们用柚木缔造了海军。现在的柚木种植园远不止在巴西，而是遍布热带；并且柚木也成为研究遗传学、组织培养和病虫害防治的重大课题。有一个专项课题就是研究蛾子，蛾子会导致经常性的落叶，使得柚木的外貌丑陋并减缓生长。如果不算野生狮子占据的自然森林的那一部分，到1998年，世界范围的柚木估计还是达到了2 800万公顷。柚木颇具价值，柚木属的另外4种则对于当地的生态意义大于经济意义。 246

冬青树：冬青目

冬青目只有唯一一个科，冬青科。它包括3属400种，其中97%又被冬青属囊括其中：这些形形色色的树与灌木都叫作冬青。它们绝大多数生活在热带山峦，分布广泛，只有一两种（至多两种）是生活在英国的长青阔叶树。很多人种植它们是因为它们光亮而多刺的叶子，还有鲜艳的红色或黄色的果实（由鸟来撒种），不仅如此，它们富含咖啡因，并具有药用价值。巴拉圭冬青用来酿造高含量的咖啡因伴侣。美国东南部的当地人则提炼冬青的叶子酿制“黑色饮品”。冬青木呈白色，结实而平滑，价格也不俗。

冬青木傲立严寒，木质洁白

雏菊和其他几种树：菊目

菊目由12科，近3万种组成。菊科以前的拉丁文名称是

Compositae，包含绝大多数的植物，也许是最大的科（有人持不同观点，认为兰花科包含更多的植物）。菊科中很多是观赏植物，比如雏菊、菊花和万寿菊等；其中可食用、入药的草本包括菊苣、朝鲜蓟、向日葵、洋姜（或称耶路撒冷菊等）、蒲公英和生菜。这一科没有多少令人瞩目的树，尽管有些树（包括巴西的塞雷多）确实为当地人提供了木材。哈氏短被菊木是不可多得的名贵树种，给人印象深刻。它生长于非洲东海岸坦桑尼亚和肯尼亚的高原上，树高 25 米，木材短小，质地厚重。边材呈灰白色，心材则是橙棕色，非常漂亮，持久耐用，从木板到动物木刻，几乎适合于任何用途。哈氏短被菊木散发诱人的气息，在油被蒸馏分离之后，可以取代白檀。它甚至出口到印度，作为火葬用的香料。 247

第三部分

树 的 生 活

第11章

树是怎样生活的？

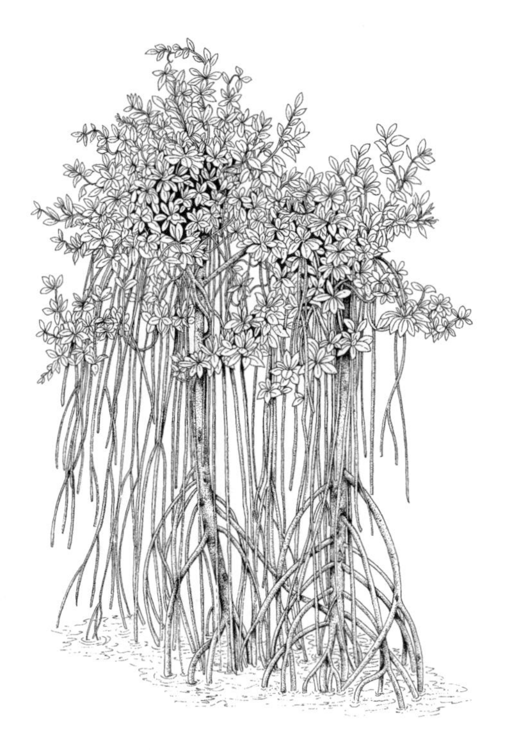

红树林：树如何能够在海水里生活？

早于亚里士多德一个世纪左右，苏格拉底之前的哲学家提出了一 251
个理论：所有物质，包括生物，都是由四大元素组成——土、空气、火和水。这一理论现代人听着并不陌生，常有人以此作为证据来说明古希腊人的思想比较接近真理，并非原始粗糙。不仅如此，在许多方面，他们的这一思想也得到了证明。

252

如今，“元素”含义已经明确，不再是古希腊人所认知的那样。化学家确认了大约100个基本元素，它们是构成宇宙所有有形物质的组成部分。例如，水（H_2O）是由两个氢元素和一个氧元素组成的。二氧化碳（CO_2）是由一个碳元素和两个氧元素组成的。氨（NH_3）是一个氮元素和三个氢元素组成的。如此等等。

19世纪早期，肉体被揭示出来也是化学范畴——它不再是尤为特殊的，至关重要的物质，而是由宇宙中的普通元素组成。随之，生物化学诞生了。碳水化合物，比如糖、淀粉、纤维素，还有鱼、蔬菜油和蜡类中所含的脂肪，无一不是碳、氢、氧、氮和磷的化合物。蛋白质是由碳、氢、氧、氮，加上一抹硫磺组成。构成基因的物质DNA，它的同伴核酸RNA，是由碳、氢、氧、氮和磷化合而成。

而现实生活没有这么简单，实际上，有机体还需要各种额外的矿物质来充实细节。矿物质包括金属，比如钙、钠、钾、镁、铁、锌和锰；还包括非金属或准金属，比如铝、硼，氯和（动物中的）碘。肉类是由六大元素碳、氢、氧、氮、磷和硫磺化合而成。碳是关键角色，组成所有生命里最具个性特征的分子的核心结构。“有机”一词很博大，它的最基本、最简单的意思是“含碳元素”。我曾经听到过非科学家的谈论，他们争辩道：将生命降级为纯粹的化学是贬低生命。他们显然曲解了化学。简单的元素，经过恰当的排列，可以使生命成长升华，显示出它们的精彩卓越。生命，将其所有非凡之处隐藏于错综复杂的宇宙之中。我们只能去猜测：宇宙还可能再呈现些什么……

这一切似乎使得苏格拉底之前的希腊哲人显得有点迂腐——既然有形的宇宙与其中的所有生命体是由100个元素构成，每一个元素与其他所有的元素发生作用，进行亿万次的组合；那么“所有物质是由土、空气、火和水组成的”这个命题还有意义吗？所有的意义皆存于世间，这至少回答了我们谈论树时产生的疑问。

253

土、水、空气和火

生命体非常复杂，由很多不同的成分组成。更为重要的是，它是“有生命的”。表面看去，它静止不变，实际上在不停地更新自己。它不是一个静止的物体，而是一个运动的物体。建立生命体的物理成分需要某种形式的营养，所以需要不断自我更新即新陈代谢，不断汲取能量。

营养和能量对于动物似乎同等重要，两者必须从食物中获取。动物通过分解碳水化合物和脂肪得到能量。它们吃动物、植物或者两者兼食，以得到富含能量的食物，很像我们人类。自然界中的这类有机体叫作异养生物。在实际的生态系统中，与异养生物形成对照的是植物。植物可以从原始材料中，即化学元素和尽可能简单的化合物中制造碳水化合物、脂肪、蛋白质和其他所需物质。它们能这样做，是因为直接从太阳获取了能量。它们是自养生物，自己养活自己。

自养生物的关键是光合作用。植物的叶子中停泊着精彩的绿色色素，即叶绿素。叶绿素从太阳捕捉能量——光量子，然后作为催化剂，利用光子能量，将水分子分家。原本的H_2O变成H加O。O（即氧）飘散到空气中成了氧气。如果不是由于光合作用，空气中根本不会有氧气，像我们人类这样的生物也就不可能存在了。这个情景中有意思的是氢，在叶子里面，它与空气中的二氧化碳结合，这样，简单的有机酸产生了，由碳、氢、氧反应而成。这些简单的化合物，经过转化变成糖（最简单的碳水化合物）；糖改性后，变成了脂肪，加进氮，制造出蛋白254质；再结合其他一些化学元素，一切可能的生命体成分都可以合成了。叶绿素本身是基本的蛋白质，中心含有一些镁。

绿色植物是光合作用的发动机。我们应该对它们的创造与劳动感激不尽，如果不是它们的所作所为，我们这些无忧无虑的异养生物就不会存在了。树是自然界最杰出的进行光合作用的引擎。树对光合作用的需要，诠释了树所具有的完整的、广博的、精细的结构。树叶是二氧化碳（空气吹送来的）、水（土壤吸收来的）和阳光凝聚的地方。当各位元素嘉宾到齐时，叶绿素以主人和调节人的身份出现。叶子的原形扁而薄，以最大面积暴露出里面的叶绿素来接纳阳光。叶绿素在叶子的中间层，松散地裹在细胞之中，像海绵一样地排列，允许空气自由流通。空气从叶面下的小孔即气孔进入，气孔根据条件一张一合（通常在太干燥濒于凋萎时或者天黑时合拢）。所有的绿色植物都能完成这一过程，但是树，伟大之极的植物，叶子竭尽所能地高高举向天空，最大面积地暴露给空气和阳光。水（携带着矿物质）主要来自地表，有时是地下深处，所以必须一路传上来，途经树根、树干和树枝直到顶端的叶子。

树干最高大的应该是红杉树和花旗松，还有一些桉树，可达100米高，如果算上树根，就更高了。生活在半沙漠地带的桉树，还有生活在干燥的巴西塞雷多的当地树，树根可以钻到土里几十米。最长的树根是我们知道的南非无花果树，达到了120米。这一宏大、复杂的结构是进化而来的，将空气和水在太阳面前交融在一起；水和伴随而来的矿物质则主要来自于土壤。

所以，古希腊人是完全正确的。至少树就是由土、水、空气，还有太阳——也就是无与伦比的火元素——赋予整个树王国以威力的。另外一些古代的神话编织者想象树是天与地之间的连接，他们也是对的，并且完全正确。

但是一棵树怎样才能把水从如此低的地下深度运送到如此高的树冠上呢？

255

水的问题

一些植物，尤其是附生植物，经常长得高于林地，从空气中获取部分或者绝大部分的水。一些树也是如此，令人惊叹的是，加州高大至尊的红杉从太平洋刮进来的晨雾中获得大约三分之一的水分。然而，更多数的情况是，树从地下吸收水，经过木质部的导管传导，源源不断地流入树干和树枝。如果用能透视木材的X光之眼来看一片森林，将会发现一个梦幻般的世界。森林是一个精灵王国，每棵树都是穿着紧身衣的精灵，它们的体内，水流不息。

水又是如何跑到叶子里去的呢？意大利的物理学家伊凡吉利斯塔·托里切利（Evangelista Torricelli，1698—1747）提出了空气有重量的学说，之后，一些人设想植物中的水是由空气从地下根部施加压力推动上来的。但是显然，这从一开始就不可能做到。需要太多的空气产生出压力，才能从地下深处把水送到一棵大树的顶部。现在看来水似乎不是被推送到叶子上的，而是通过渗透和蒸发的合力，被吸吮上来的。叶细胞内的叶汁是矿物质和有机物浓缩的结果，水通过渗透从传导的导管流入。由于叶内细胞（通过气孔）对空气敞开，里面的水通过气孔（一定程度上是通过叶表面）蒸发并消失了。失掉水，叶细胞里剩下的叶汁就更加浓缩了，于是需要从下面吸收更多的水。

所以，水不是从下面抽上来，而是由上面的叶子拽上来，顺着树的木质部的导管；不是莽撞狂躁地涌入，而是沿着成千上万条有序的细微线路顺流而上。每一股液流只有传导导管的小孔那样细——最粗的直径也只有400微米，多数比这更细。小孔之间的压力巨大，细微线路就像钢琴弦那样紧绷着。当然，不遇到极端的压力，是不会崩裂的。水分子紧紧贴在一起，附着力之大令人惊讶。如果不是这样，就不可能从下面推送水上来，而且还要送达得如此之高。实际上，如果水的拉力是树成长的唯一力量，这种拉力可以使树长到3 000米高。但是水的细微线路有时会断，这一事故叫作气穴现象，即在导管上留下一个洞，就像水管工所说的气塞（或阻隔室），或者外科医生所说的栓塞物。如果时间充裕，条件允许，植物会逐渐填充好这个洞，运转服务恢复正常。否则，气穴过大，依赖于导管的组织就会死亡。寄生植物像槲寄生等增加了气穴现象的发生，因为它们从宿主植物的传送导管中通过蒸发速度快过它的宿主而吸收水分，产生的渗透压力比宿主植物自身的还大。生命线上的水分经常在如此状况下散失殆尽。槲寄生是很精彩的植物，为人类编织的神话成千上万，但是它最终通过榨取水分杀死了宿主植

256

物。

水最终从叶子蒸发，通过气孔，它应该被看作整个植物机理的负面结果。然而，蒸发能够降温，给植物带来益处，就像是在太阳下出汗，带走热量。一些耐旱植物可以进行一种精妙的光合作用，就是著名的景天酸代谢（它最早是在深受园丁喜爱的景天酸属的多汁植物中发现的，故而得名）。这一机制是为减少水分流失进化而来的。这种植物的气孔只有晚上张开，二氧化碳在夜间被植物体吸收，作为临时性的化学储备，当第二天太阳出来时再释放出来，参与新的光合作用。还没有哪一种树能够进行景天酸代谢光合作用，所以和我们这本书没有直接关系，不过，它提供了理论知识，至少表明，有些植物当没有水分蒸发的时候，还是可以不被太阳过度灼烧。所以，多数植物还是通过气孔散发水，原因很简单：这个过程在所难免，为了将光合作用的效率最大化，它们付出了值得的代价。植物构造的关键点、所有的传导导管、所有带孔的叶子，是将希腊人所说的基本元素整合在一起，在空气面前，将水呈现在阳光之下。如果没有水的散发，就很难将它们汇聚在一起，257 尽管蒸发量有时超出了植物的本意。

水自根流入，经过导管到叶子，然后到空气中。全过程中，树表现得像巨大的蜡烛芯。最终通过蒸发导致水分流失，称作“蒸腾”，从土壤到空气的水流全过程叫“蒸腾流”。它所形成的规模，尤其是当很多的树同时进行蒸腾时，对土壤和气候产生的影响，蔚为壮观。因此，对于周围的植被和景观，乃至整个地球上的生物，包括我们自己的生命，至关重要（我会在第 14 章进一步讨论）。

那么，关于土，希腊人所说的四大元素中的第四个，在这里是土壤的意思。

土壤

空气和水提供了碳、氧和水，是植物最基本的物质，余下的则全部由土壤提供：氮、磷和硫是植物需要量最多的原料（不算碳、氢和氧）；土壤还是金属寄身的地方。来自土壤的所有这些额外元素，统称作“矿物质”。如果任一基础矿物质缺失（或者具体到碳缺乏或水缺乏），植物的生长就会受到限制。如果某一成分不足，就会阻碍其他成分，被称作“限制性因素”。在多数土壤里，最有可能成为限制性因素的是氮、磷和钾，它们是制造农用化肥的 3 个基本成分，包装袋上常见的标志“NPK”就代表这 3 种成分。

事实上，这类化肥也许还应该包括硫。工业发达国家的田地和森林，在过去的 200 年里，通过工厂的煤炭燃烧，使作物和树木从富含硫磺的浓烟中得到了充足的硫元素供应。现在工厂燃烧干净得多的燃料，作物需要的硫肯定不足，我们很可能就要看到农药袋子上增加个 S 标

258 签了——“NPKS”。氮，主要来自汽车尾气，以氨和硝酸钾的形式从降雨中洒落到植物上。实际上，欧洲森林曾经一度从这类污染中得到足够的氮，维持生长，甚至到树木成材和果实成熟。这似乎是一把双刃剑，因为另一方面，硫和氮以硫磺酸和氮酸的形式存在于酸雨中，被证明极端有害，它污染肥沃的土地，使森林病态地、不稳定地发展。

氮是植物需要最多的矿物质。作为一个化学元素，它异乎寻常地普遍，几乎占据了空气中所有气体的 80%。但是当它以气体和元素的形

式存在时，对于植物和动物无任何用途。植物要吸收氮，必须先将它转化成可以溶解的形式，最普遍的形式就是硝酸钾和氨。当然，偏爱有机肥的园丁会想办法为植物施用有机形式的氮，广义上讲，就是蛋白形式的氮（或分解后的蛋白产物），通过沤粪或沤肥等方式得到。这样，氮应该可用了吧？但是，植物吸收不了有机物中的氮，只有当氮被分解（由土壤里的细菌进行）成氨和碳酸钾这两个简单的化合物时，才最终可被利用。

在自然状态中（毋需含氮的汽车尾气帮忙），可溶解的氮有几种来源。有机物，像动物的腐尸、败腐的植物、真菌和细菌，还有动物的粪便，都是重要的氮来源（但是林地上堆积的腐枝败叶，氮含量极低，因为树在叶子脱落之前，已经把氮摄取得差不多了）。另一种来源是通过固氮，其中一个形式是通过闪电固定数量惊人的氮，电子闪光是氨形成的必要化学条件，形成的氨会被雨水冲入土壤中。不过，大量的细菌也可以完成此举，只是不像闪电那么惊悚了。

这些固氮菌的生活方式多样。很多蓝藻可以固氮。你常常可以在树干上看见它们，像深蓝色的黏土；但是你可能看不到蓝藻产生的氨（它转变成了硝酸钾）下雨后形成了氨溶液，顺树干冲下，流入土壤，滋养了树。很多固氮菌自由地生活在土壤里，它们在很大程度上（似乎如此）被碳水化合物养育，那是树有意释放出来的，以博取固氮菌的欢心。这是共生现象，就是“互利共生”：树为细菌提供糖，细菌像任何单细胞生物那样吸收了糖，然后回报以可溶解的氮。如果不是这样，树就会呈现氮元素缺乏。

259

已经知道大约有 700 种树与固氮菌存在着亲密无间、互利共生的关系（据猜测，另外 3 000 种树也有此种可能）。它们的关系表现为：细菌寄居在树专为它长出的根瘤上。

有根瘤的多数是豆科植物，即“豆类”树，像金合欢、含羞草和洋槐，还有热带美洲的安吉利木。豆类树会固氮，任何园丁对此并不陌生，其实，还有来自同一科的甜豆和豆角也会固氮。在所有的豆类植物中，树根上的固氮菌来自根瘤菌属（它包括的种类很多）。然而，多数园丁也许会惊讶地发现，还有 10 个开花植物的科，它们中的很多种类也像豆科一样，知道如何固氮。它们均来自蔷薇目。能够固氮但不是豆科的树，包括澳洲木麻黄、木麻黄树和桤木。在非豆类的植物中，固氮菌不再是根瘤菌属，而是迥异的弗兰克氏菌属。

能固氮的树不论怎样，大都能够在非常贫瘠的土壤里生存，它们可以自制肥料，所以我们在阴湿和贫瘠的河岸也能看到桤木。固氮树还能够提供特别有营养的叶子，作为饲料。豆类树，就好像是树木里面的牧草，与苜蓿、三叶草、紫花苜蓿和野豌豆一样，滋养了世界的草原，深受养殖牲畜的农户们的喜爱。由于所有这些原因，固氮树常常被有意识地种植，尤其是在农业森林中，人们在固氮树之间种植作物或饲养牲畜。因此，金合欢树和刺槐很受世人欢迎，它们不仅独善其身，还帮助其他生物共同生长。

260

很明显，植物与固氮菌之间的亲密合作（通过根瘤）经过了不止一次的进化：有些是在带根瘤菌属的豆科里进化，还有一些是在带弗兰克氏菌属的蔷薇科植物里进化。我们看到了自然界是如何层出不穷地发明出类似的结构或运作模式的。所以，这一次也不必惊奇了。实际上，这种合作很美满，植物显然得到了免费的氮肥。我们大概会觉得奇怪：为什么不是所有的植物都如法炮制？天下没有免费的午餐，固氮菌并不是利他主义者，它们要求回报，它们索取糖。因此，大豆、桤木和其他植物必须通过光合作用产生有机分子来满足固氮的投宿者，即固氮菌，而不是被白白养活。很明显，这样做物有所值。在自然界里，豆科是很成功的一科，它们出现在热带各地低氮的土壤里。在世界的很多地方，甚至寒冷阴湿的拉脱维亚，都可以看到繁荣茂盛的桤木。还有澳洲木麻黄，也在那里找到了让自己立足的生态环境。同样很明显，如果没有共生的细菌，这些植物也会想办法从其他植物那里得到滋养（而且不限于从相邻的豆科植物那里）。

比固氮菌模式更为普遍和广泛流行的，是树与侵入树根的真菌结成联盟，真菌并不像寄生植物那样，而是作为有用的、某些情形下是必要的帮手。这种合作称作菌根，意思是“真菌根”。多数森林里的树和很多其他植物会利用菌根，橡树和松树好像尤其依赖菌根。

菌类通常是由大团大团的细丝和子实体组成。它们开出蘑菇和伞菌，常常转瞬即逝。秋天里，法国、意大利和其他许多国家的农民采撷着伞菌，是如此地快乐和贪心不足。伞菌是真菌的子实体，生于地下，与树根的菌根共生体长在一起，助它们一臂之力。这样，真菌比我们想象的更具有价值。蘑菇和伞菌通常是整个真菌种的九牛一毛，地下菌丝体包括菌根，有时覆盖面积达方圆几亩，重量达几吨。森林真菌，多数生长隐秘，不易被发现，包括地球上一些最大的真菌有机体。

261

菌根形式多样。有些简单地嵌入纤细的树根中。有时，菌丝刺入根细胞之间，以多种结构排列，它们去进攻细胞，这种关系极为亲密。通常，一棵树一次会与多于一种的真菌形成菌根共生体，每次使用不同的策略。比如，豆科中的金合欢树，细菌停泊在根瘤上，形成的菌根种类之多，可称之为菌根动物园。

树与真菌的合作，正像树与固氮菌的合作一样，双方各自深受其益。真菌受益是从树那里得到了糖分——光合作用的产物，而真菌菌丝回报以使树根有效地延伸（具有实际的结构意义），极大地增强了根的功能。菌丝通常使树根更大面积地伸展，打破了根的局限性，极大地拓展了根的吸收领域。它们以真菌通常的方式发挥作用，即产生酶，消化周遭的物质，然后再吸收掉。这样，它们直接利用土壤里的有机材料，也许还分解了含硫的石头，硫缺乏（以硫酸盐的形式）会是植物生长的一个严重问题。所以，真菌又是异养生物，靠分解有机物质生存；橡树、松树，或者金合欢树，由于它们的树根适应了菌根，而兼具自养生物（通过光合作用）和异养生物（通过真菌的协助）的优势。不仅如此，一个单独的菌丝体有时会覆盖方圆几亩地，与很多种树互相作用。这样，一片森林中所有的树，甚至不同种类的，也可以互相产生联系，每棵树也因此间接地分享他人的福分。树彼此间的合作有几种方式，我们在下面两章中还会讲到，这里是其中的一种：协同喂养。

262 很多树，包括松树，之所以成功长大，是因为它们与产生菌根的真菌之间进化出了特殊的互惠互利的关系。经验丰富的育林人通常会为小树培养菌根做初始的动力。很多热带树种更喜欢长在尽可能远离同类的地方（原因下一章会讨论），但是温带小橡树，据说与同类树靠近时长得最好，挨在一起，它们各自得到对方的菌根。

尽管我们习惯地认为真菌是植物的敌人（通常确实如此，如霉菌、铁锈菌、多孔菌，等等），它们其实也是树的重要盟友。苔藓是真菌与藻类的共生体，作为岩石上的附生植物，苔藓到处可见，形态万千。植物学家现在意识到，真菌和植物组成共生体，是双方双赢的本质原因。真菌和植物最初都是从水中进化而来的，如果不互相合作，任何一方根本没有登上陆地的可能。其实有一些化石证据显示，第一个登陆的藻类就是由真菌陪伴。从那时起，真菌开始全方位进化，不只是制造出我们现在知道的伞菌这样精彩的生物，还有经过千般进化的植物，直到现在的树——世界上最杰出的发明。但是旧习性依然保留，植物与真菌依旧相依为命，互为至善。无须怀疑，它们还将继续下去，直到永远。

各地的土壤不同，这里我们要简单地梳理一下，各种树如何应对所生存的土壤这一基本条件。土壤之间大相径庭，有些类型非常怪诞离奇，而树可以应对那些最怪异的土壤类型。

怪异的土壤：红树林和所有的毒性

在 114 个国家和地区的热带和亚热带的低浅海岸，覆盖着声名显赫的森林——红树林，它的英文名称 mangroves，既指森林，也指生活在森林中的每棵树或灌木。红树林是典型的矮树，但是有些还是长到了 50 米至 60 米。红树林延伸到陆地只有几公里，在全球范围覆盖面积也不过 181 000 平方公里，但是地位极其重要。像任何森林一样，它们是一大帮陆地生物的栖息地，在那里养育了包括昆虫、蜘蛛、青蛙、蛇、鸟、松鼠、猴子在内的生物；还有，它们是众多附生植物的宿主。它们为当地人提供食物、燃料和遮风挡雨的木材。像任何森林一样，它们

263

吸附住大量的二氧化碳，使世界的气候（特别是未来的气候）得以改善。与多数森林不同，它们没有林下层偏爱阴凉的植被，在土壤层中，只有根、水和泥。与其他森林更为不同的是，红树林是水中生物——包括鱼、甲壳类、贝类（或软体动物）——的生息地，是它们的长期依靠；在红树林的树根附近还有海藻的足迹。这样，红树林把陆地和海洋的食物网连接到一起了。不仅如此，它们过滤掉从陆地流入的泥沙（以不自觉的方式），保护了海草床，使它们进一步延伸，并彻底浸没在海水中，而这些海草则是珊瑚生长的温床。它们还会保护陆地免遭海啸侵袭。拿 2004 年年底发生的灾难性海啸来说，如果一些海岸能够多保留些红树林，破坏性还不至于如此惨重。如果我们毁掉了红树林，那么所有以它为家的生物、所有受它保护的海草床和珊瑚，都有可能受到牵连，而从此消失。

多数植物，像任何种类的生物一样，会被过量的盐分杀死，而红树林的根部多数时间浸泡在纯粹的盐水中。有时雨水将海水冲淡，但是，其余时间蒸腾作用使水中的盐分含量升高直到饱和，并析出结晶；不仅如此，随着潮涨潮落，树根间歇式地暴露在外。红树林的树根埋入泥土很浅，除了树根上端的几厘米，树根极度缺氧，而根需要氧。在温带纬度地区，柳树、杨树和桤木要应付涝渍土壤，也会遭遇类似的缺氧困境，但是至少在它们的情形中，水是淡水；咸水带给红树林的，是大量的新难题。

毋庸置疑，热带海岸在很多方面适合植物生长（营养、水、阳光），264 但是总体条件如同沙漠或者寒冷的苔原地带一样令植物窘迫。所以，只有罕见的、非同凡响的特殊植物能够生存下来。世界各地的红树林，包含很多种树与灌木，来自几个不同的植物科，有 30 种或 40 种，它们是红树林的核心植物。核心植物组中各种各样的“白红树”来自使君子科；红树及其他种类来自红树科；木果楝来自桃花心木所在的楝科；海榄雌属来自神秘的海榄雌科，属于唇形日（就是包括柚木和薄荷的目）；棕榈树则属于水椰属。

来自不同树科的彼此无关的红树林，各自进化出一系列生理学的本领，从而应对生存所面临的极端恶劣条件。树根的木质部外围有一层组织形成外壳，可以作为超滤器，能够防止盐分从传导导管进入而侵染植物的其他部分。所有的红树林种类都有此本领，但是其中一些尤为擅长，它们就包括红树。一些过滤盐分不够有效的，像海榄雌科，吸收了少量盐，但是叶子上的特殊腺体会积极地过滤掉（利用能量进行处理）盐分，在被太阳晒干后，叶子上形成了清晰的盐晶体。如出一辙，很多鸟也会通过它们的喙过滤盐分。

红树林以其独创的构造与没有空气的土壤抗争。它们绝大多数会至少有一些气根直接暴露在空气中。气根表面有能穿透的“皮孔”，这些小孔允许空气进入。树根内部的组织像海绵一样，细胞之间带有大大的空气间隔，占据了总面积的 40%。很多树还是高跷根，多数裸露出水面。红树属中，高跷根从树干处弯拱进入泥土，但是随后，重新钻出形成一个圈弧，就像蛇一样钻进钻出。有一些种类包括海榄雌属，它的高跷根会变厚，形成板根。很多不同科的种类，各自独立地进化出了出水通气根，垂直地长到空气中，作为通气管。在海榄雌属中，出水通气根像铅笔一样细。在其他种类中，它们进行次生变厚，并发育成高而坚固的锥体。

现在为红树林的呼吸作一个最后的优美收笔：好像空气确实进入[265]根的内部，但不是简单地自由出入。上涨的潮水赶走旧的空气，退却的潮水送来的新鲜空气又从皮孔和出水通气根涌入。这样，红树林的树根进行着有效的呼吸。它们不像动物，毋需肌肉的力量，动物则非肌肉不能。大海好似它们的横膈膜，送来潮水，潮涨潮落使它们的根充满空气，风和善解人意的动物忙碌不停地撒种和传播花粉。树不像动物，不需要肌肉、血和神经系统的苦心经营。

纵观总体，红树林面临的严峻问题是化学问题——高浓度的盐分、太少的氧气。然而从化学角度上看，海岸还不算是地球上最恶劣的环境。

还有比海岸条件更恶劣的——被火山污染的土地，那是天然污染。土壤里会含有一系列的浓缩金属，对于多数植物，甚至任何生物，都会产生致命的威胁。一些金属天生带毒；还有一些金属，当它们在土壤中少量存在时，是植物生长的必需条件，但当浓度高时就会致命。然而，很多来自不同科的植物已经进化出耐受力。有一系列不同科的植物明显地表现出可以完全忍耐镍、锌、镉和砷。另外一些，根据已有报道（尽管还没有进一步确认），可以抵御高含量的钴、铜、铅和锰。

最杰出的树来自新喀里多尼亚岛——一个从各方面看都不同凡响的岛屿。塞贝山榄（它以超富集植物著名）属于山榄科，它生长的土壤富含镍，它不是从传导导管中排除掉这种金属，像红树林绞尽脑汁摆脱掉盐分那样；塞贝山榄反而积累镍，而且实际上，积累得很多。当树干和树枝受伤时，里面的胶状液体（乳胶）呈鲜艳的蓝色流淌出来。经过分析，乳胶含有镍的分量达 11%，当干燥时，镍的分量就上升到可观的 25% 了。

究竟为什么一些树要积累金属（尽管没有谁可与塞贝山榄相匹敌）？无人知道。不言而喻，这是应对富含金属土壤的策略。但是其他植物可以长在同样的土壤里而并不积累金属，只是简单地排除它们，就像红树林排除盐那样。一些实验显示，富含金属或富含砷的茎和叶是天然杀虫剂；另外一些实验对此则无明确结论。不论哪种情形，这种超富集植物似乎在被采矿之类的非自然活动污染之后，采取了重新生长、重新成林的手段。这种森林恢复的例子世界上有很多。有人认为土壤大概有意识地通过培养超富集植物——让它们长大，收获，然后抛弃——来除掉带毒金属。但是这样做未免太漫长，是否值得姑且不论，它们也引发出新问题：如何处理收获后的富含金属的植物？也许其中的金属可以被提炼出来重新为工业服务。但是计算的结果显示，这样做在经济上很不划算，而且只适用于镍和镉；锌则没有可能。同时，超金属积累是植物学上的怪胎。 266

所以，树不仅懂得利用土壤和空气所赋予的，而且逐步进化成能够隐忍土壤和空气带来的极端条件。但是它们不是单纯地忍受，树不是消极者，它们实际上更为巧妙。

树如何知道自己下一步该做什么

树的生活简单，或者看似简单——脚埋在湿润有营养的土壤里，站在阳光下一整天无所事事。其实，它们的生活非常丰富，并非像我们眼睛看到的那样。树，像我们人类一样，要做很多不同的事，而且必须在正确的时间做正确的事情。它们的经历与哈姆雷特和埃及女王克莉奥佩特拉一样错综复杂，只是没有那么富于戏剧性。树的生活与生俱来就曲折坎坷。所有生物都要应对它们的环境，树的应对方式多种多样。正如所有植物那样，许多树，随着周围环境的变化，相应地改变。花朵以及叶子上的气孔，有开有合，这些应变就是我们知道的“感性运动”。从更大处来看，所有植物，包括所有树，会根据环境改变它们的形状。它们的茎挣脱地球引力，朝着光的方向生长；它们的根也是如此，只是方向相反。树不是简单地长高，它们有方向性，最经济地去填补可利用的空间，这种有方向的生长叫“向性运动”。追随 267 阳光的生长（像茎那样）叫作“正趋光性”；背离光线的延伸（像树根）就是“负趋光性”。

树的聪明之处还不止于此，它们不只是在此时此地简单地呼应环境，它们也应对下一步将要发生的事情。北方的落叶树，比如橡树、桦树和酸橙，年年秋天抖落掉叶子，春天如期开放花朵。落叶和开花，一定是几个星期前做好的准备。如果是夏天落叶，未成年就开花，会显得荒唐好笑。

最后，树像我们所有人类，必须寻求伴侣，而且发生关系；所以，同类型的树必须在同一时间性感活跃，每棵树一定知道对方的状况如何，或者至少求偶双方必须呼应同样的气候提示、日照长度，或者任何什么择偶线索，才可以配合默契。很多树，尤其是但不限于热带树，依赖于昆虫、鸟或蝙蝠传播花粉，甚至依赖于更多的动物撒播种子；所以必须吸引来合作者，而且必须确保它们在季节来临时准确无误地完成这些分工。树像我们人类，会被走进坟墓的观念所困扰，对于潜在、有威胁的寄生者，一定会想办法驱逐它们。

树没有大脑和神经，是靠很少的几个化学剂鼎力相助来经营全部生命活动的。化学剂的名单极为简短精干，只有5个基本荷尔蒙，加上少数色素，还有一点其他物质。通过它们传递信息给同类，或者其他有机体，包括那些企图来袭击它们的敌人。荷尔蒙控制生长进而控制所有发育形态——发芽和落叶。在基本的色素中，只有两种特殊色素交替产生影响，使植物跟踪季节变换并参与下一步的行动。有很多种化学剂使树与其他树以及动物发生交流，虽然化学剂的种类多样，但只属于三个类别的化合物，它们是“次生代谢物”，实际上是新陈代谢的副产品。绿色植物产生5个基本荷尔蒙和主要的色素，但是只有一些植物能够产生某种次生代谢物，帮助植物传达信息，它们无处不在。动物体中 268 的化学物质可以协调动物的生活，并使之与其他动物进行交流，因此要复杂得多——它们有神经和大脑。但是，一棵树也许会问：何苦有个大脑，平添多少负荷，还有伴随而来的烦恼？即使没有它，生命依然可以运转。

树如何塑造自己的身姿

植物一生中使用最多的5个荷尔蒙是：植物生长素、赤霉素、脱落酸、细胞分裂素和气体乙烯。荷尔蒙（无论植物还是动物中的）通过细胞表面的接收器相互作用来影响体细胞。接收器再连接好细胞内的第二信使作为回应，第二信使传送荷尔蒙信息到应该作出反应的细胞部位，作出迅速反应的范围要十分精确，因为不同的细胞有不同的接收器，与不同的第二信使连接。在细胞 A 上，一个荷尔蒙会与接收器 X 接触，产生一个影响；在细胞 B 上，同样的荷尔蒙也许被接收器 Y 挑选上，产生一个不同的影响。简短地说，每一个细胞从一个特别的荷尔蒙萃取它想要的信息，就像我们读书，读过一段内容，会把重点放在一个特定的方面。接收了什么信息，部分在于书中的文字，部分在于读者的特殊兴趣。

不同的荷尔蒙成对或成组工作。有时它们一起工作时彼此互相加强；有时特定细胞并不对特定的荷尔蒙发生反应，而要等待另外的荷尔蒙先采取行动；有时两个荷尔蒙之间互相对抗，等等。5 个荷尔蒙在数量上似乎少得离奇，但是当每一个荷尔蒙产生了不同效果（取决于接收器）时，由这少数的几个荷尔蒙所传达的信息总量，就变成了无限的可能。即使这样，系统之简洁、精巧令人赞叹。

最早认真研究植物反应的人中，有达尔文和他的儿子弗朗西斯。他们在 1881 年的《植物运动的力量》（*The Power of Movement in Plants*）269 一书中，特别描述了植物会根据阳光调节生长的方式，即趋光性。达尔文父子那时研究的不是树而是燕麦，研究燕麦更容易一些。但是适用于燕麦生命最初几天的生长原理，同样适用于橡树、红杉以及其他生长了好几个世纪的森林巨人。

燕麦（如橡树和红杉那样）趋光生长；当阳光从侧面照耀时，它们跟随着光的方向弯过身去。达尔文父子认为，恰好是生长锥下面的区域发生了方向改变——弯曲发生是因为当阳光照在侧面时，阴影面的组织比阳光面长得快。他们还发现，如果在生长锥上面扣上不透明的帽子，弯曲就停止了。

大约过了40年（到20世纪20年代），其他的生物学家揭示了其中的机理。燕麦的生长锥（或者是小枝上主要的顶芽）产生一种化学成分游向下面的组织，刺激组织生长。但是这种化学成分回避光线，遇光会迁移别处。所以，当阳光从侧面照射时，这种化学成分就跑到了茎的阴面，促进阴面而不是光照面的生长。没有比这更简单的了，一个工程师如果能提出类似的机理，应该被授予诺贝尔奖。参与其中的化学成分是5个主要植物荷尔蒙的第一个，是现在知道的植物生长素。

但是，植物生长素并不总是充当促进生长的角色。生长素从树枝的顶芽或从主干的顶端游向下方，抑制下面的次芽发育。如果顶芽被破坏，生长素就停止了游动，于是次芽开始萌发。所以在北方丛林，我们常看到一个针叶树树干上长着奇怪的结——过去某时，生长锥一定遭到了破坏，离顶端最近的次芽于是接替了主干的位置。

有时，树干看似不再向上长了，顶部长出像灌木一样的一堆枝杈。顶芽在过去什么时候被去掉了，生长出的枝杈不只是一枝，有时是几十枝，下面的次芽由于抑制它的植物生长素停止了游动，而生长出来。有时候这种情形是自然界所为。我记得印度森林研究所有一棵巨大的榄仁树就是这个样子，研究所的萨斯·比斯瓦斯博士告诉我，在20世纪40年代它还是小树时曾经被闪电劈断。虫害（比如侵扰桃花心木的毛毛虫）也会制造出同样的效果。除此以外，林业工人和园艺师会故意剪掉树顶梢，以使下面的侧枝立刻成为新枝和新杈的预备队员，这叫作“树冠修剪”。树冠经过修剪的柳树、角树、橡树、榛子和栗子树，曾经是欧洲长达几个世纪的主要工业原材。英国有一些最受世人喜爱的树材就取自从前的树冠经过修剪的种植园。造型修剪也具有异曲同工

270

的效果。紫杉、女贞、山毛榉树和黄杨如果无人干涉，会长得高大壮观，但是它们在被修剪后，表面的枝杈经纬交错，而它们原本是被抑制在主枝身下的。城市树，像悬铃木或酸橙树，通常被剪枝，树顶整洁利索，像大墩布或者棒棒糖，有一个直直的树干，上面是一顶由树枝编织起来的树冠，几乎与树干等高。

生长素会促使茎折断，然后产生一种根，叫作“不定根”，它们直接从茎上长出来。很多树在不同情形下生长不定根，在第 7 章我们看到，所有棕榈树的根都是不定根。育林人会利用不定根，他们倾斜修剪，以便植物生长素能够帮得上忙。人们正在运用“微繁殖”技术对椰子树和柚木进行培养，即植物繁殖的全过程由细胞培养，生长素就是其中的关键部分（尽管它不是唯一参与的荷尔蒙）。运用这种方式，椰子树和柚木有机会进入正在扩充的重要树种名录。

果实只有等花儿授粉之后，才会发育，结出种子。是种子产生的生长素使果实长得肉质丰满。如果从一颗草莓上摘掉种子，肉质化就停止了。但是有些植物，如果人为地施加生长素，会生出无籽果实，所以，我们享用到无籽的西红柿、黄瓜、茄子和葡萄。栽培的香蕉产出无籽的果实也是出于同样的道理。可以推测，它们在无籽的情况下，想方设法产生了生长素。

生长素是否刺激了秋天里果实和叶子的脱落？仍无定论。当叶子掉落时，植物生长素的水平也降低了，但是它们之间不是因果关系。当然，多余的生长素会阻止叶子脱落，这种办法被用到了商业用途——为了装点节日，冬青木那油绿的叶子和鲜红的浆果可以不如期坠落；橙子则结结实实地挂在树枝上，耐心等待采摘。另一方面，大量的生长素可以

271

促成果实掉落，因此，有时用于收成不好的苹果树和橄榄树——让过于密实的苹果和橄榄先脱落一部分，使得留在树上的果实长得更饱满一些。

最后，生长素已经被改良为除草剂，主要用来抑制植物过快生长。这可以在农业上产生很大的商业价值，真是妙不可言。植物中的化学药剂可以人为控制，如果有选择、有节制地运用，对于野生生命具有相对的良性影响。但是，生长素曾经被用来制造声名狼藉的药橙剂，在越南战争时期用于脱落叶子，用意明显，为的是暴露越共武装。这一改造可怕地摧毁了野生生物，伤害了当地人民，而且军事用途非常有限，因为越南军队应对以深挖坑道，并且多数人本来就躲藏在地道里。药橙剂还包含二恶英——一种污染物，能够引起可怕的头部和身体疱疹，甚至致癌。科学在这里堕落沉沦。现在美国已经禁止药橙剂的生产。

赤霉素也是 20 世纪 20 年代发现的，像生长素一样，也可以刺激植物生长，而且，它还能做很多其他事情。尤其是高度浓缩在不成熟的种子里，会打破种子的休眠。赤霉素也像生长素一样，在无籽的状况下，能催熟果实。所以，它们也用来培育无籽的苹果、柑橘、杏、桃子，还有黑醋栗、黄瓜、茄子和葡萄。

赤霉素被发现以后，脱落酸（又称 ABA）也被发现了。与生长素和赤霉素形成对照，脱落酸的主要角色是压迫细胞的分裂和增大，换句话说，抑制组织生长。它还可以抑制未成熟的种子过早发芽，即让它们等待条件成熟再发芽。但是脱落酸好像在叶子和果实脱落上并无用武之地。

第四个主要的植物荷尔蒙是细胞分裂素，与脱落酸的作用正好相反，它刺激细胞分裂。1941年第一次发现细胞分裂素是在椰子汁中，但是现在人们知道了它们出现在所有的植物中。在某些环境里，它们与生长素对抗，并覆盖了生长素的作用。所以，园艺学家会巧妙地利用细胞分裂素，当顶芽还在其位时，便诱使侧芽萌发。

272

第五个荷尔蒙是乙烯，它影响着植物生活的很多方面，从果实成熟到叶子脱落，还有更多。乙烯是简单的化学气体，被选作荷尔蒙似乎有些蹊跷，因为气体是任性的分子云，无拘无束，好像难以胜任精细的工作。但是近几年有一个奇特的发现，动物生理学，还不只是人类生理学，深受一氧化氮的影响。一氧化氮比乙烯（在化学上）更简单。像乙烯那样，一氧化氮好像能参与可观察的每一个系统。它甚至是伟哥发挥作用的关键因素，通过刺激一氧化氮的释放而充当肌肉放松剂，使得器官充血。乙烯在任何植物里都不是简单地充当荷尔蒙。它从一个植物游离到另外一个植物，充当信息素，这是一种由空气传播的激素，它并不用于产生它的生物体本身，而是游离到其他生物上发生作用。一氧化氮是否也像乙烯那样发生作用，尚是一个令人迷惑的问题。

乙烯作为荷尔蒙的角色，最早于19世纪80年代被揭示出来。那时，在很多城市，排列在街道两旁的树开始脱叶。德国科学家率先发现了其中的原因：当时街边用煤气灯照明。但同一棵树的另外一些树叶却并未遭此厄运。1901年，一个叫尼尔朱博（D.Neljubo）的科学家指出，煤气中的几个成分中只有乙烯会引起叶子脱落。乙烯即使含量极低——每百万单位有0.06份——也会非常活跃。而另一方面，街灯的光可以使叶子延长寿命，所以，同一棵树，没有灯照的一面叶子早就掉光了，而接近灯光的一面，叶子长久不落。城市的树在煤气路灯年代一定被大大地戏弄了。

乙烯很快又被证实还有其他作用。诱使果实还有叶子掉落，而且像生长素那样，乙烯用于商业化生产，给李子和桃子疏果，降低果实密度以提高产量；使樱桃、黑莓、葡萄和蓝莓的果实松动以便于机器收割。乙烯还促进果实成熟。这里有一个奇妙的传说，19 世纪初，果农为了使储存在窖内的水果和核桃加速成熟，用煤油炉给果树取暖。但是后来，更多的果农转向了使用电能加热，使用电既干净又可靠，似乎更令人满意；但是唯一的麻烦是，果实没有变熟。原来不是温度催熟了果实，而是乙烯，它从呛鼻的老式煤油炉子里挥发出来。

273

所以植物懂得如何控制自己的形态。达尔文描写英国的路边是“纠缠不清的岸边”。在丛林中这些纠缠更是有过之而无不及。然而，混乱之中的植物知道自己该做些什么。每一个植物都使出浑身的解数将叶子朝向阳光；根伸向土壤（除了一些附生兰花，可以令其根朝上生长）；而一些攀缘植物缠绕在其他植物上得到支撑以便生长。简短地说，所有的植物在大灾害来临时，都清楚地知道自己在做着什么。每一种植物都懂得调整它的形态以适应环境，也适应其他的植物。植物能达到如此成就，似乎是通过简单到惊人地步的化学剂。树的运作，也像其他植物一样，精巧得无与伦比。

但是树不仅生活在现在，它们记得过去，而且参与未来。

过去和未来：记忆与参与

树是如何记忆的，我无从知道：我还没有发现。但是，它们有记忆。至少它们现在做什么非常依赖于过去在它们身上发生过什么。如果你摇晃一棵树，它以后就会长得粗一些、结实些，它们记得过去被摇晃过。风是天然的摇晃者，所以长在野外的植物，即使给予等量的光照，还是比温室的长得更粗壮。生长在空旷的、风吹不断的温带地区的橡树，比起森林中的结实要多很多。类似地，落叶松记得曾经被毛毛虫袭击过。被袭击的第二年，落叶松长出了比以往更短更结实的针叶（落叶松是为数不多的年年落叶的针叶树）。短而粗的针叶不如薄而长的针叶那样可以更有效地进行光合作用，但是，它们能更好地抵御害虫。几274 年之后，曾经遭受虫灾的落叶松的叶子又恢复到从前的样子了。不过那时，捕食落叶松的蛾子数量大幅下降，因为曾经造成虫灾的毛虫（后变成了蛾子）的后代找不到食物，大多数已被饿死。

树和所有植物一样，可以意识到季节交替。更为关键的，树能意识到下一个将要到来的是什么季节。当冬天（或热带旱季）临近时，落叶树的叶子脱落并进入休眠状态。休眠不是简单的停工，它需要几个星期的准备，树脱落叶子之前，要吸收掉叶子里的大部分营养，包括叶绿素，留下其他色素为秋天涂抹壮丽色彩。但是，叶子是从导管尾部的软塞上脱落的，软塞被树留下以保存水分。

北方温带树在盛夏之时如何知道冬天将会来临？它们是如何判断季节的呢？有很多季节的提示，包括温度和降雨。但是温度与雨水反复无常，它们不能成为大树们赖以生存的可靠信号。有时冬天温暖，但是霜冻总会跟随着冬天。春天和秋天有时寒冷，有时温和。但是有一点是一成不变的，不论任何纬度、任何一天，日照长度——至少在高纬度地区——随季节的变换而发生明显的变化。植物把它作为主要的指南来采取行动，同时，也允许它们自己按照其他的暗示，比如温度等进行有规律的调整。所以，温带树春天普遍叶茂花开，踏着太阳严格的天文学鼓点行进；但是它们也会根据当地的气候调整具体的开花日期，这一现象叫作“光周期现象”，即根据日照长短判断一年中的季节。大多数光周期现象的基础研究依据的是作物，而且多半是草本植物；而树与草本植物的生长方式雷同，适用于菠菜和烟草的，也同样适用于树。

对光周期现象的认知也是从 20 世纪 20 年代开始的，美国的农学家在植物（如烟草、大豆、菠菜，还有一些小麦和土豆）中发现了这一现象。如果昼长时间少于某一重要时段（通常是 12 小时左右），植物就不开花了。但是，另有一些植物，如果白昼太长也不开花，草莓和菊花就是如此；如果昼长超过 16 小时，是一定不开花的。我们把所知的植物分成 3 组：“长日”植物、“短日”植物和“等日”植物。长日植物总是在盛夏开花，而短日植物开花的时间则在春天或秋天。如果进一步理解，植物也似乎“明白”，绝对的昼长在不同纬度有不同的重要意义。在高纬度地区，最长的白昼是 24 小时，太阳从来不落，14 小时的昼长是最保守的。但是在亚热带，14 小时的白昼是漫长的一天，是最长的昼长。有时，同类树既生活在高纬度地区也长在低纬度地区，比如白杨。北方白杨得到 14 小时的昼长感觉是最短的，而接近赤道的白杨得到 14 小时昼长则感觉是最长的。身处异地的白杨，最懂得适应。

275

到了 20 世纪 30 年代晚期，人们终于明白了，植物并不计算白天的长度，而是计算夜晚的长度。如果夜间只开上一会儿灯（1 个 25 瓦的灯泡开 1 分钟就足够了），短日植物比如草莓，就不开花了。反之亦然，1 个经历 16 小时昼长、8 小时黑暗的长日植物，当它的黑暗被灯光简短地干扰时，也会像经历 8 小时白昼、16 小时黑暗的植物那样开花。事实上，长日植物应该被叫作短夜植物，短日植物应该叫作长夜植物。

在随后的几年里，下面谈到的机理变得很清楚了，其实也极其简单。这个机理不可避免地依赖于色素，因为色素的定义是吸收并反射光的化学剂，因此调节一个植物（或一个动物）的应对反应。这里的色素是光敏色素。光敏色素有两种存在形式：或者抑制、或者促进植物开花；由光把它们从一种形式转变到另一种形式。这一次又是植物的领悟力发挥了作用。曾经有菊花园丁，令其温室夜灯长明，以推迟开花等待圣诞节来临。直到 20 世纪 30 年代，人们发现，只需夜间一个简短的瞬间灯光，就可以产生同样的效果，非常之轻易节省。相反地，适量的闪烁光通过人为地缩短黑暗，可以使长日植物加速进入花期。

276 所有这些机理都是进化而来的，是植物根据无数代的经历而发生的改变。当现在和未来的条件与从前相似时，进化就成功了，能够很好地为植物效力。如果条件是随着时间渐变的，任何生物——动物或植物——的后代都能够适应变化。但是，如果条件变化太快，那么，生物于早期和不同时期进化出的生存策略，就会无用武之地。

人类正在深刻地改变着世界，如果以生物的标准看，是极速变化。尤其是，我们正在改变气候。如今的松树、橡树和白桦在北纬地区已经适应了长日温暖、短日寒冷的概念。它们所作的一切：发芽、休眠、落叶、开花繁殖和结出果实，均是迎合这一概念的设想。如果长日变得比预期的冷，或太热、更干燥、更潮湿，而冬天变得不那么寒冷了，那么它的整个生命周期就被抛入紊乱之中。当温度不再与光照同步，城市树就会错乱；这是一个警告，它影响的将是全世界的森林，因为光照、冷暖和湿度之间的相互作用是在全球规模上变化的。如果植物，不论是野生的还是栽培的，被严重地干扰，那么其他所有的生物都会遭受折磨。在当今世界面临的所有威胁中，这是最严重的一个。气候变化对植物的影响实在难以预测，这一点在第14章会进一步讨论。现代科学的观点固然十分出色，但是绝对知识在逻辑上具有不可能性。最终，我们还要拭目以待。

本章以粗犷的手笔描述了植物如何生存，而作为生物要想生存下去，还要完成两项任务：要繁殖，要与身边的植物——同类的或者是异类的——相濡以沫。下一个章节我们来讨论它们是如何做到的。

第12章

哪棵树住在哪里，为什么?

加利福尼亚沿海的红杉树从晨雾中得到水分

[277] 在世界的无论哪个角落，相似的地区总是存在着相似的问题：光照、黑暗、热量、冷、涝、旱、海拔、毒性等问题；而所有不同种类的树不论生长在何处、从何处进化而来，无不采取了同样的解决问题的方法。于是，花旗松、松树、极北端的云杉，还有新西兰南方的新西兰陆均松，都长得高大呈尖塔状，以捕捉从侧面来的光照；而中东和地中海 [278] 的雪松和日本金松，树冠平坦，目的是接纳直射树冠的阳光。热带雨林的树腰杆笔直，鹤立鸡群；而生长在巴西塞雷多、非洲大草原或者澳大利亚的灌木丛则低矮得像猫儿们趴在地上。

所以，世界上的森林根据不同的气候呈现各种不同的生态类型，气候根据北方温带或者热带的不同主题划分为：潮湿的（热带雨林），或者颇为干旱的；季节性的或非季节性的。季节性的意思是有冬天和夏天，或者有湿季和旱季。在这一总体框架下，形成了一系列的“专指林型”。有的森林追随河流——称作“沿岸林”，也叫“走廊林”。群山之中的则称作“山地林”；生在一定坡度上的就是“高山林”；但是，在一些湿热地方——多数指东南亚，树木迷失在山顶的薄雾中，称作“云雾林”。一些森林浸在水中，即沼泽林，有沼泽柳树林、桤木林、沼泽柏树林；还有其他的，比如浅海热带边缘的红树林。

没有两个一样的森林，它们就像艺术博物馆的珍藏，都是图画，但是没有两幅画一模一样。东南亚森林不乏龙脑香科树；桉树，如果不是人类到处栽种，或许仅限于澳大利亚。在非洲和澳大利亚开阔的土地上都可见到刺槐，但是种类不同。美国、中国和欧洲有许多的橡树，不过，每个地区是不同的橡树种类。橡树与柳树总体上（很少例外）局限于北半球。南方的山毛榉是根深蒂固的南方佬。同样地，南美杉至少在近代非南方莫属。有些树种，实际上是有些属甚至科，只生长在特定岛屿上，于是，它们被称作“特有种”。全世界共有19种南洋杉，其中的13种是新喀里多尼亚岛的特有种。世界上有8种猴面包树，其中6种生长在马达加斯加，而且那里还是唯一拥有龙树科的地方，龙树科是最受世人瞩目的树种。而英国，在寥寥可数的39个本地树种名录中，没有一个特有树种。即使英国的本地树种也会生长在世界其他地方，而且比英国的数量还大。当然，“英国树”有几百种，很多是野生树，但是绝大多数是引进来的，英国人最具拿来精神。

279

所以首要的问题是“为什么？”我们推测，每个地域生长的植物能够适应本地区的环境条件，否则它们很快就会被能适应的植物所淘汰。但是，为什么每一地区的本地种有自己的一系列特征？为什么有些种类（或属或科）覆盖广阔，而其他种类只拘泥于单一岛屿？为什么一些岛屿拥有丰富的特有树种（像新喀里多尼亚、马达加斯加、夏威夷、卡纳利岛），而其他岛屿（像大不列颠）在特有种方面几乎是空白？

另外还有一个令人困惑的现象：鸟、蝴蝶和鱼，不管你看它们当中的哪一组，都会发现生活在赤道的种类多于北方和南方。如果你从赤道向南或北旅行，走得越远，植物的种类下降得越多。对于树而言，下降的数量就更多了。加拿大北方无垠的森林，很明显，只有9个本土种：几种针叶树和山杨。美国共有620个本地树种，印度（比美国国土小多了）大约有4 500种。秘鲁的曼努国家公园，位置接近赤道，它的版图面积总共15公顷，有21项研究描述过那里生长着不少于825种树，大概是整个印度树种的五分之一，远远超过美国和加拿大的总和。

如我们在第1章看到的，亚马逊杜克保护区有1 000种树。整个热带美洲，从巴西、秘鲁、厄瓜多尔到墨西哥，有上万个树种，实际数字之大只能靠推测。为什么这片地区有如此众多的种类？

这两类问题已经困扰了生物学家们（至少）几个世纪了，仍然是热门话题，我参加了2004年3月在伦敦皇家学会进行的国际会议，讨论的就是这些话题。围绕生命科学的每一方面，学者们提出了几百条假定的解释。一些与植物生理学相关，一些与遗传学、历史和进化论相关。所有解释相互关联，实际上相互交织。下面是几条主线的简要指南。

树为何长在此地

每一棵树的谱系从一棵树开始：从那曾经的第一棵橡树、第一棵杉 280 树，还有第一棵贝壳杉等开始。那些第一祖先树是从哪里起源的？每一个种类（或者每一个属、科或目）“起源的中心”在哪里？

一定有一个基本常识让我们可以猜测第一祖先诞生的地方（我们总要从什么地方开始）。

桉树极其多样，而且几乎是非澳大利亚莫属，可以肯定，那里是最有可能的发祥地。再比如橡树，跨越北半球，种类最多的地方出现在北美洲和中国两个地区。若从某一方向出发，它们被太平洋分开；如果从另一方向看，它们则是被欧亚其他地区和大西洋分开。如果我们假设橡树起源于美洲，或者起源于中国，那么，它们一定经过了遥远的洲际旅行。但是如果它们能走得这么远，或许它们可以从中间的某个地方，比如欧洲开始，或许它们从完全无关的地方开始，比如非洲，然后不复存在于那里。

不管从哪里开始，很明显，即使我们搞明白了起源中心在哪里，它也无法解释目前各种树的分布。显然，在遥远的年代，一些树种从某一个地方开始生长，然后撒播到了其他地方。当它们发现新的地方情投意合，于是在那里扎根，经过漫长岁月终于形成了一系列全新的种类。所以，这些边缘地区变成了多样化的第二中心。有时候第二中心也许就是诞生新种类的地方。墨西哥有很多种松树，但是我们没有必要就此推测：墨西哥就是松树起源的地方。它们呈多样性是因为，虽然松树初来乍到时对此地一见钟情，但是之后，山峦提供了很多不同的生态环境，于是在半封闭的树群中，沿着各自的脉络发生了进化。将这幅画面再涂抹得糊涂一点，任何特定树的谱系很有可能就是在它们出生的地方灭绝。任何特定的树如今枝繁叶茂的地方，也许其实是它的第二起源地，也许还是第三、第四、第五或第六次出现的地方。

281 "多样性"尽管（像所有生物学名词）有丰富的含义，但是，在这里不应该纯粹地以种类的数量去衡量。我们需要知道，不同的种类之间彼此是怎样地不同，这就要对它们进行分子研究。据研究，地点 A 有 20 种左右的橡树，或松树或不论哪种树，它们有着非常近似的 DNA。地点 B 也许有不到 10 个种类，然而它们的 DNA 有天壤之别。

也许可以顺理成章地总结出来：地点 A 的种类全部起源于一个单独祖先，它们到达时间不算很长，发现此地称心如意，接着很快出现了种类多样化（或许像第 1 章概述的，是重新杂交）。但是，更杰出的遗传学多样性观点认为：地点 B 可以用两种方式解释。也许，所有树确实来自原产地的同一个祖先，在很久以前来到此地或是起源于此处，给予它的后代充裕的时间多样化。或是一些互相之间非常不同的树起源于其他不同的地方，然后汇集到了如今我们对它们进行研究的地方。然而，我们于是有了进一步的问题，从DNA可以推断出，在特定的任何一科（或者特定的任何一目中的那个最原始的科）中，哪一个种类的DNA是最原始的？——它似乎就是那个与原始祖先最有共同之处的。从常识上看，那个具有真正种类多样性（DNA的多样性）的地点，同时包括了那最原始的种类，那么，这些种类所在地点可能就是真正的起源中心，至少是可能性最大的。但是，当然，这一地点也可能是远古时分化之后的第二中心。一个树的群体，也许就是在其真正起源的地方完全灭绝的。

化石在这里助我们一臂之力，在世界越来越多的地点，古生物学家正在发现质地令人惊诧的化石，以最细腻的细节揭示了古代植物的结构。花粉化石尤其蕴藏了丰富的信息。它极具特征，可以在植物属的水平上进行鉴定。它经得起时间的磨砺，常常在湖泊的最深处发现，或者来自淤泥演变的岩石上，而淤泥上的湖泊早已消失。花粉对于古生物学家，就像是牙齿对于研究古代哺乳动物的学者一样举足轻重。花粉化石和亚化石有时是对超过几千万年的古代植物群的一个连续记录。

然而化石可能具有欺骗性，石化是一个罕见的过程，已经发现的 282 任何特定群体的最古老的化石，并不见得代表的就是那一群体的第一个。实际上，找出所有群体的早期化石是难乎其难的，已知的最古老化石很有可能不是最早存在的树种，已知年代最近的化石也不一定代表树种出现的年代很晚。最新发现的水杉和瓦勒迈杉化石都已经几百万年了，两种树分别在中国和澳大利亚依然健在，而且生机勃勃。

但是，化石的确给了我们一些确定信息。如果出现在岩石上的某一特别树种的化石已经有 1 亿年了，那么我们知道这棵树确实生活在那里，而且这个种类也至少 1 亿年前就在那里了。所以，我们肯定，如今只局限于南方生长的南洋杉科，确实在北半球生活过。相反地，在北半球没有发现过南方山毛榉树的化石，并不能证明南方山毛榉不曾向北跨越过赤道。正如格言所说，“没有证据，不能证明没有。”但是历岁经年，在几百个地点数以千次的化石搜寻中，北方从未曾出现过南方山毛榉的花粉化石，至少这是一个有力的证据，南方山毛榉自发现以来就是不折不扣的南方佬。估计南方山毛榉真的是起源于南半球了。

但是，还有一个更大的困惑。针叶树作为一个整体起源于几亿年前，一些现代针叶科也已经 1 亿年了。尽管开花植物作为一个群体年轻很多，但是，它的很多科也有几千万年了。自它们开始形成以来，其脚下站立的土地已经戏剧般地移动了。

它们真的移动了

第一个提出几大洲正围绕地球移动的，是德国地质学家阿尔弗雷德·魏格纳（Alfred Wegener）。他在 1915 年缔造了一种表述，被人们称为“大陆漂移”说。魏格纳发现，如果你把世界地图剪成块再重新洗牌，你会发现现存的几大洲和几个大的岛屿，特别是澳大利亚、非洲、南美洲和南极洲（还有马达加斯加和新西兰）就像小孩子玩的智力拼图，可以重新拼在一起。在北方，北美的东海岸加上格陵兰岛和冰岛，可以与欧洲西海岸严丝合缝地对接上。隔在中间的大西洋形状就像一条蛇，这好像太巧合了。魏格纳说，可以肯定，各大洲及其岛屿从前

283

大陆漂移示意图

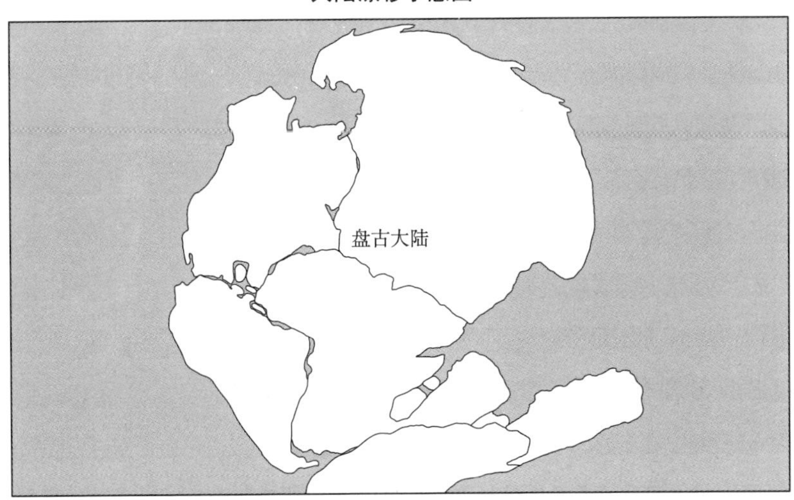

大约 2.25 亿年前，地球上的大陆是连在一起的，组成超大陆，称为盘古大陆。

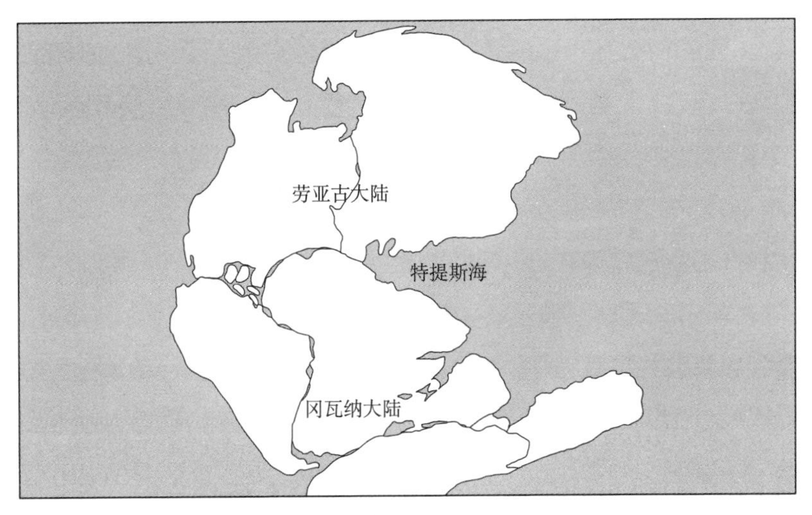

最终，盘古大陆分裂成两个大陆。

285

大陆漂移示意图

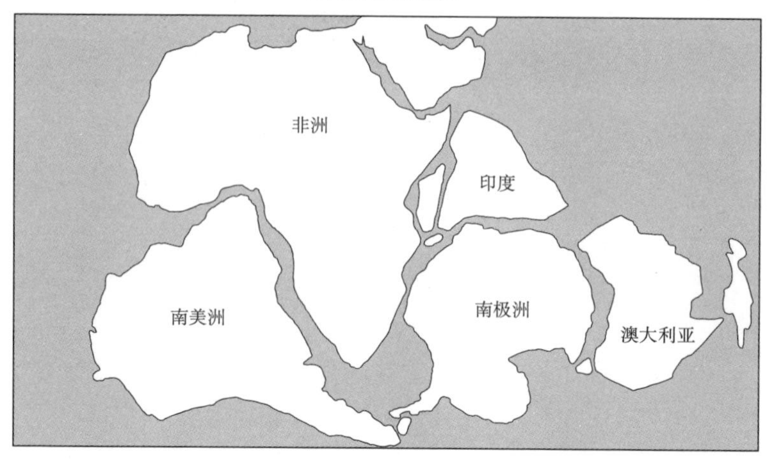

冈瓦纳大陆分裂后，形成南美洲、非洲、澳大利亚和南极洲；再加上印度、马达加斯加、新西兰和新喀里多尼亚。很多（尽管肯定不是全部）如今生长在南方的树都是从冈瓦纳起源的。

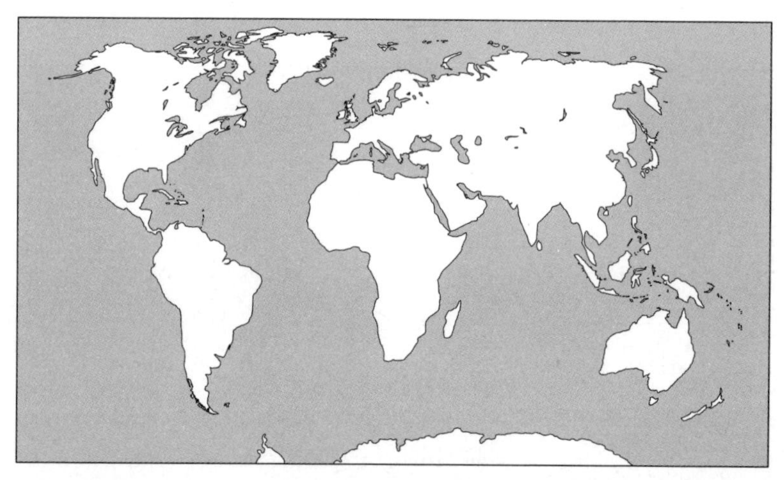

大陆依旧在漂流。也许几百万年后，澳大利会与南亚相撞，就像印度曾经发生的。也许与日本碰撞，或者也许从日本旁边经过进入北太平洋。每一种可能的设想都将惊天动地，但是没有哪一种设想迫在眉睫。

一定是连在一起的，然后分裂、漂流着分开了。最初，很多科学家为魏格纳的理论欣喜若狂。但随后他们判定这是不可能的（实际是他们想不出它的机理），于是多数人宣称它简直是痴人说梦。当1930年魏格纳去世的时候，他多多少少被排挤在外，只有少数几颗勇敢的心仍然支持他。

但是这几颗勇敢的心最终证明是正确的。大陆移动了，可以测量出来，它还在移动着。驱使移动的机制20世纪50年代以后变得明朗了。地球中心是热的，其实几十年前人们就已经知道了。由于地球中心非常热，使得整个内部形成流动的气流旋涡，像一个正在滚开的热水锅。内部岩石变成岩浆，当火山爆发时喷射出来。大陆由较轻的岩石组成，在咕嘟不停的岩浆上，好像是缓慢流淌着的河流上的泡沫。

大陆移动缓慢，一年只有几厘米，但是它们有充裕的时间，在过去几十亿年里，它们的游历实在太广大了。5亿年前（寒武纪时代），现在的大陆是当初零零散散的岛屿。现在的热带，那个时候挨着北极。反过来，现在的大陆中心是当时的岛屿，而现在的岛屿曾经是堂堂大陆的一部分。现在北美洲的大部分是当时一个横跨赤道的岛屿。西伯利亚是南半球亚热带的一个岛屿，等等。

所有这些发生在植物登陆之前，比树的出现更早。但是到了2.65亿年前（二叠纪中期），那时已经有很多树，所有的岛屿聚在一起，组成了一个巨大的陆地叫作盘古大陆。在大约2亿年前（侏罗纪早期），当针叶树与苏铁树处于鼎盛时期，开花植物还不见踪影，盘古大陆开始分裂成大致两块的样子，组成两个巨大的“超大陆”：北方的劳亚古大陆和南方的冈瓦纳大陆。

286

从那时起，开花植物持续不断地进化出来，两个超大陆也在逐渐分裂。劳亚古大陆分裂后，组成现在的北美、格陵兰岛、欧洲和亚洲的绝大多数地区。冈瓦纳大陆分裂后的片段组成如今的南极洲、南美洲、非洲、阿拉伯、马达加斯加、印度和澳大利亚，还有一系列相当长的当今岛屿的名录，包括新西兰和新喀里多尼亚。

大陆重新分配的细节在前几页的图表中作了大致的描述。有两个特征尤其突出。第一，南美洲曾经是一个几千万年的岛屿，直到比较晚近的时代才通过现在的巴拿马与北美洲连接在一起，这大约发生在300万年以前，而以地质时代计算是离现在很近的。印度也曾经是个岛屿，向北漂流了上千万年，直到最后与南亚碰撞。这次碰撞发生在6 000万年以前（在恐龙消失后不久），它的影响缓慢，并无可避免地导致了喜马拉雅地区的升高（如果不是因为侵蚀，喜马拉雅地区比现在还要高）。澳大利亚始终是一个岛屿，还在向北飘移，意见于此产生分歧：它是否会与整个亚洲擦肩而过？是与中国碰撞，还是吞噬掉日本？

大陆无时无刻不在飘移着，现代植物和动物群不断出现。虽然现代陆地哺乳动物已经不太容易跨越正在变宽的海洋，但还在明显地表现出其所受的影响。所以，19世纪的阿尔弗雷德·拉塞尔·华莱士（Alfred Russel Wallace）指出，东南亚的哺乳动物与那些澳大利亚和新几内亚的截然不同。亚洲曾经有现在还有猫、猪和鹿，而澳大利亚曾经而且依然被有袋动物占据主导，包括独特的卵生单孔类动物，像鸭嘴兽和针鼹鼠（不过，新几内亚也有针鼹鼠）。两类动物群（在亚洲与澳大利亚）的界限就是人们知道的“华莱士线”。华莱士有所不知，他的这条线划出了劳亚古大陆和冈瓦纳大陆的边界。

大陆漂移也注定丰富了我们的解释，给出了现代树位于现在地点的原因。明确地说，每个种类在某一地点，即它的发源中心起源。每一种类也许传播到了其他地方，然后继续传播；也许在起源中心这一种类灭绝了。但是发生这些变化的土地自身，无时无刻不在漂移着，随着陆地在地球上徘徊、分裂，有时候还与其他陆地连接。

287

基于这些观点，我们开始明白，为什么当今不同岛屿之间具有如此不同的特征。马达加斯加很早就是一个岛屿，但是，它曾经是超大陆冈瓦纳的一部分。当它与母体大陆分开时，它包含一个随机的植物与动物的群体，动物中（也许）包括狐猴的祖先，但没有现代食肉动物和有蹄动物的祖先。岛上不论何种植物，自由地向着千奇百怪的方向进化，还没有大陆特征的竞争。旅人蕉、猴面包树，还有龙树科，就是这些进化的产物。新喀里多尼亚也是一个大小相当、与冈瓦纳大陆长期分离的片段；但是，自新喀里多尼亚以岛屿的身份存在时起，随之而来的冈瓦纳大陆的不同生物群，现在几乎与马达加斯加的生物同样稀奇古怪了。相比之下，夏威夷、加拉帕戈斯、亚速尔群岛和加那利群岛并不是由大陆分离的一小块开始的。它们从海底升起，经历了火山爆发，生命从裸石开始，它们有自己独特的本土生物种群。但是，所有岛上的“居民”，它们的祖先无一不是被风吹送、随波漂流，或者飞翔，或者游泳，或者搭乘飞翔者、游泳者的顺风车而来。没有这样的本领，就去不了那里。显而易见，在一个大洋中心的火山岛屿上是不可能见到针叶树的（除了亚速尔群岛上的一种刺柏，它是由鸟撒播来的种子）。新喀里多尼亚虽然是座孤零零的岛屿，但是，它曾经是大陆的一个片段，其本土上的针叶树起源于冈瓦纳，之后，这个岛屿才加入了地球漂泊者的行列。

大不列颠像曾经的马达加斯加，也是古代大陆的一部分。在冰川时代，在过去的几百万年里，当海平面下沉时，曾经不断地与欧亚大陆连接。然而，它不像邻居欧亚大陆，缺乏丰富的种类，也无本土特有种可言，除了几种鱼，包括嘉鱼和鳟鱼的分支种类。但是，我们还遇到另外一个困惑。大不列颠经历了动荡的冰川时代，那时，不列颠群岛是与欧洲主要大陆连接的，它的动物与植物种类应该曾经丰富过。也许，至少是可能，冰川扫荡之后，那些动植物种类才荡然无存了。而马达加斯加，长期处在热带纬度地区，才免遭冰川劫难。

这个故事属于下面要讨论的，然而，为什么热带比温带有多得多的物种？

随着这些基本原则（起源中心、多样性的第二中心和大陆漂移说）各就其位；再借助于现代技术（DNA 分析和逐步丰富的化石记录），生物学家正在将理论骨架充实以血肉。2004 年 3 月的皇家协会会议向世人展现了：现实世界正在被证明有多么丰富，多么出人意料。

现实：几个历史故事

拿美洲的热带（新热带）为例，它是最具多样性的生态体系。南美洲，是白垩纪某一时间冈瓦纳大陆与南极洲分裂后的一个片段，像个岛屿，在 1 亿年的光景里向北漂移，大约在 300 万年前，它最终靠岸北美（“最终”在这里不过是“最近”的意思）。大陆的旅行，也好像那艘不回家的“飞翔的荷兰人”号，没有停止过。动物之间的关联相比植物的更容易看到，很明显，南美洲有很多怪异的动物，特别是三趾树懒、食蚁动物、犰狳和一系列特有的有袋动物——可以反映出南美洲起源于冈瓦纳大陆，并且已经长期与它分离。但是南美洲还包含北方种类，有美洲虎、美洲狮，以及来自北美洲的各种鹿。所以，我们也许期待着树有同样的模式——以冈瓦纳植物为基础，夹带着一些主要来自北美的外来客。

这些常识性的推测，很有局限性。如今南美洲北部的植物特征是热带雨林。如果森林中的树确实起源于冈瓦纳，那么它们的祖先已经在那里几千万年了。但是密歇根大学的罗宾·伯纳姆（Robyn Burnham）博士研究了玻利维亚的植物化石，几乎没有发现任何约 6 000 万年前热带雨林的证据。最早的热带雨林化石似乎只可追溯到大约 5 000 万年以前。但是她在北美几处化石地点发现了清晰的热带雨林的证据，比 6 000 万年还要早。据此可以推测（不是证明，只是推测），新热带的大雨林，包括南美洲，起源于北方劳亚古大陆，树就是从那里找到去南美洲的路的，那时是上新世，远比南美洲与北美洲碰撞时的大约 300 万年前还要早很多。这一推测与其他很多种证据吻合，南美洲远在上新世之前与北方大陆有过某种接触。比如，小南美猫、豹猫或虎猫好像在上新世前就已经在那里了。南美洲的猴子，像吼猴、卷尾猴和金丝猴这些动物的祖先也起源于其他大陆，但是同样，它们在北美与南美洲最近的碰撞之前抵达南美洲。于是可以假设，过去还有其他的连接陆地的桥梁，现在早已消失了；或者如果不是真正的桥梁，至少是岛屿链，我们在加勒比海还可见到。

289

然而，爱丁堡皇家植物园的托比·潘宁顿（Toby Pennington）博士有分子证据，强有力地提出：今天南美洲和中美洲森林的树并不是来自北美洲，它们最近的亲戚——至少他研究的几组——似乎是来自非洲。这好像把我们带回到最初的观念：非洲与南美洲的植物都来自冈瓦纳大陆。但是更严密的DNA比对显示，很多今天南美洲的植物起源于南美洲与冈瓦纳大陆分裂之后，自非洲通过这样那样的手段进入南美洲。这幅图画越来越神秘了。

至于南美洲以及澳大利亚，却有另外的问题。在南美洲，我们用最初的原则预测，包括树在内的植物，也许基本上是起源于冈瓦纳大陆的种类。从某一点上看，这是真实的。但是，还存在一些严肃的复杂性。

290 如今，南澳大利亚的植被多种多样。有些是山地植被，多数是灌木林和草地。草是近代才来到澳大利亚的，但是其他的植被，多数如我们所预测的，基本来自冈瓦纳大陆。

但是，阿德莱德大学的罗伯特·希尔（Robert Hill）从化石得出结论，大约7 000万年前，当澳大利亚第一次与冈瓦纳大陆分离时，南澳大利亚大部分被雨林覆盖着（如果认为“雨林是从南极洲继承而来”是荒诞无稽的想法，那么整个世界就是荒唐的）。但是，当澳大利亚向北移动时，被循环于南极洲的冷气流降温。低温使岛屿上的陆地变得干涸。在500万年前，多数地方干旱。澳大利亚还被严重侵蚀，营养匮乏，导致植物不得不应对缺水和缺乏营养的问题。不仅如此，澳大利亚还被冰川时代侵袭着。

堪培拉澳大利亚国立大学的迈克尔·克里斯普（Mike Crisp）有更详细的观点：澳大利亚继承了冈瓦纳的南方山毛榉树，山毛榉的形象维持了一些时候，然后分化出了令人瞩目的多样性。但是，当干旱降临时，山毛榉不堪忍受所剩无几。而桉树更能抗旱，取代了多数的南方山毛榉树。希尔教授觉得桉树是后来进化的，而且实际上，有可能独立起源于澳大利亚本土。与希尔教授的观点相反，克利斯普教授相信，桉树像南方山毛榉，实际上很像拔克西木属，它与银桦属于同一科——山龙眼科。桉树起源于冈瓦纳大陆，在澳大利亚白岛屿时代开始时就出现了。澳大利亚的金合欢（当地人称作金合欢树）来自哪里还不确定，但是毫无疑问，当大陆变得干旱时，它们竭尽可能变得多样化了。

澳大利亚的树和其他植物的生存状况被各种动物包括人类活动变得极为复杂了。澳大利亚曾经有一些比现在大得多的哺乳动物——包括河马大小的袋熊——叫作双门齿兽。还有一种巨大的袋鼠，站立起来有 3 米高。还有更大的爬行动物包括恐龙，是澳大利亚早期陆地上独有的动物群。也许它们中的一些动物帮助了澳大利亚早期树的种子散播，随着它们的消失，树也遭受牵连。有证据表明，从东南亚来的土著居民到达后的一段时间里，至少在 4 万年前，也许更早，8 万年前，大型哺乳动物（包括双门齿兽）逐渐消失了。土著居民已经大规模用火，以刺激草生长，也引诱并捕猎动物。他们使用的火，也许不可逆转地改变了中部澳大利亚的植被。当然，还有欧洲人，17 世纪第一次落脚澳大利亚，并最终于 18 世纪通过詹姆斯·库克的航行占据了那里。他们大批引进植物和动物，包括半野生动物，像兔子、狐狸（影响了当地有袋动物，进而影响了植物），以及家养动物，如羊、水牛和猫。然而在遥远的过去，在人类到达的几百万年前，实际上是人类物种起源之前，澳大利亚从冈瓦纳继承来的那些原始植被已经被气候、侵蚀和当地动物复杂化了，并且大大地改观了。

291

北半球也有可以相提并论的故事来讲。耶鲁大学的麦克·多诺霍

（Michael Donoghue）研究了东亚（主要是中国）植物和北美洲东西部植物之间的关系（通过它们的DNA揭示出来）。

我们知道，几千万年前，如今的整个欧亚大陆在其最西端是连接着的，直到格陵兰岛和冰岛，进而与现在的北美洲连接。那时北美东部比北美西部离亚洲东部更近。依直觉来看，在遥远的过去，植物从亚洲东部抵达北美洲最容易的路线应该是途经欧洲和格陵兰岛。所以，我们预计北美东部的树比北美西部的更像亚洲东部的树（当读着这些变迁时，手边如果有一幅地图会很有帮助）。

而多诺霍（Donoghue）教授说，实际上，北美西部的树比起东部更像中国的树，这似乎有其道理。北美西部的树起源于中国，毫无疑问，要跨过现在的太平洋，这似乎太不可能了；但是，我们铺开地图观察，从西伯利亚到亚洲东北顶端和阿拉斯加，直至北美西北顶端，它们之间 292 的间隙很小，如今，那个间隙由一串岛屿连接着。但是过去，冰川时代渐退期间，海平线下降了600米（因为水多被冻结成冰，被围困在最北端和最南端，当然包括南极洲还有澳大利亚）。在那期间，西伯利亚和阿拉斯加之间是一片干涸的土地，叫白令角，它很大，和今天荷兰的面积大小相仿。很多动物就是经过这条路线从欧亚穿越去了北美，包括狮子、野牛和古代大象；还有很多其他动物从美洲到达欧亚，包括狗和犀牛。人类也从白令角陆地桥梁抵达美洲。简而言之，北美今天的植物，包括很多树，似乎来自东亚，特别是中国。但是，它们不是（像大陆漂移说引导我们预期的那样）向西经过欧亚到达北美，而是经过白令角向东移动，到达了北美洲。

我们看到广义原则确实解释了很多现象。每一个植物谱系确实从特定地点起源；每一群植物也许随后向第二中心撒播了，而且变得多样化了；并且无时无刻不处在阶段性变化中，而大陆围绕着地球发生变化。但是，如果我们把广义原则看得过重，我们就被欺骗了。每棵树的历史真实性通过化石痕迹最好地讲述出来，树之间的关系通过 DNA 反映出来，其复杂性一层接一层地揭示出来。现在，我们能够把树的起源和变迁讲出一个相当好的故事了。但是再过 20 年，故事一定会很不同而且更丰富；再过一百年，又有新的不同。当然，我们也许从来不能肯定任何事，毕竟有太多的变化、太久远的过去。但发现是无与伦比的快乐，哪怕只是分享他人发现的成果。

其他的问题呢？为什么热带物种比高纬度物种多很多呢？

为什么热带的树这么多？

从已发表的文字看，大约有 120 个不同的解释试图说明为什么热带有这么丰富的物种，比高纬度地区的多很多。很多观点并非正襟危坐的科学家的假说，也不是头脑发热令人难判真伪的投机观点。这些观点引出的假设，可以拿去验证。实践中，很多的推测尚未经过实验检验，一些经过检验，有些支持了假说，有些不可避免地引出了更多的疑问。一些解释互为补充，而其他的则显然相互冲突。把对自然历史的观察（这里指的是物种在热带数量巨大而在温带贫薄）转化为硬科学实在不易。归纳起来，有三类问题。有些人将热带的多样性归于物理因素，尤其是指充足的阳光和热量；有些人认为是以运筹学为基础的，包括复杂性的定义、自然选择的结果，等等；还有些人借用历史方法，认 293

为热带森林的多样性和温带相对的贫乏，取决于热带地区在过去几十年、几百年，或者几万年，甚至几亿年间发生了什么。实际上，任何现象从这三个角度——物理因素、运筹学和历史——展开讨论都是理所当然的。在下面我会先讨论前两种观点，而历史这张王牌，要单独讨论。

热量、阳光和运筹学

“能量是最能预示多样性的因素之一”，这是密歇根州立大学的学者道格拉斯（Douglas Schemsk）在“关于热带多样性起源的生态与进化分析”中说过的［记录在（《热带森林生物学基础》（*Foundation of Tropical Forest Biology*）一书的第 163 至 173 页］。能量，在这里的意思是热量和阳光，包括紫外线。这似乎适用于任何地方。即使是在英国，阳光充足的地方生物种类总是多于阳光少的地方。为什么会这样？

294

对于刚出生的植物尤其明显，更多的热量意味着更多的变化。植物当然在温暖处长得更快。有了这些观念，一些生物学家认为如果生物长得快，就会成熟得早。这意味着它们会在同样时间内产生更多的后代。所以我们预测它们也进化得更快。

这一争论的前面有一小部分（有机体越温暖生长得越快）在一定程度上站得住脚，但是，远没有那么简单。比如，哺乳动物和鸟是“恒温动物”，它们可以通过自己的身体产生热量达到自给自足而不依赖于环境的温度。这就是说，即使天气寒冷它们也可以长得很快。没有谁比冰冷海水里的蓝鲸宝宝长得更快了。北极雏鹅，还有大块浮冰上的幼海象，长得速度之快令人瞠目。它们必须如此，因为从离开水面到再返回海洋之间它们只有短暂几个星期的生长期。然而植物，很显然，如果温暖升高（但不要太热）它们长得更快，总体上像我们所预期的那样，热带确实在同样单位的时间和空间里，产生了更多生物量。

长得快的生物有可能每一代的寿命更短，因而也许进化得更快，然而，这一观点似乎太模棱两可了。很多热带森林的树，经过一段不易察觉的漫长时间，才繁殖出第一批种子（竹子则需要几十年），很多热带的动物，从蝎子到大象，成熟很慢，繁殖的后代很少，而且间隔期很长。人类最初的进化是在热带，按照我们自己的节奏从容繁衍。简言之，尽管常识暗示了热带生物也许成熟得早，繁殖得快，但是自然界的现实远比这细腻多了，不是简单的因果关系。

尽管如此，总的来说，哪里的能量越多，哪里的生命也就越多。在给定的时间和空间里，生物量产生于热带的比温带的多。生物量被分为很多不同的个体，它表示有更多的个体。更多的个体意味着更多的竞争，竞争的实质就是通过自然选择的手段发生革命性的进化。当大批个体在竞争中被淘汰出局时，我们会期待越来越多的新种类被引入。

295

但是，为什么要产生更多的种类？毕竟，我们应该能够正视一个种类的个体战胜其他种类，而不太适应的种类全部消失，于是，我们有了足够正确的个体。它们也许只是某一种——那种能够更老练地适应环境，并以牺牲其他为代价取得成功的。所以，在给定的时间和空间里，更大的生物量、更多的个体并不一定产生出更多的种类。同样，在高纬度地区，我们发现森林中有很大的生物量，但是种类很少；在冰冷的海洋里也是如此，我们在整个海洋世界发现最大最为集中的生物量是浮游生物，形似小虾的甲壳类生物，即人们熟知的磷虾。不过，所有的磷虾都是一个种类。

第二类观点——运筹学观点，最早由阿尔弗雷德·拉塞尔·华莱士正式提出，然后被20世纪两位伟大的进化生物学家——乌克兰裔美国人杜布赞斯基（Dobzhansky）和英国的R.A.费希尔(Fisher,即罗纳德爵士)进一步完善。他们是这样说的：本质上，复杂性建立在复杂性之上。一个群落的个体（一个群落指一个地区的生物集合，可以是也可以不是同一种类）明显地抑制了其他个体可获得的空间和资源。但是同时，每个个体，也许为其他个体提供了新的生态环境。树正是恰到好处的例子。树有叶子、花蕾、花朵、果实、枝茎、一个有木材有树皮的树干，还有根，在它的周围创造了一个特殊的根域环境。树能带来浓密的，或者稀疏的，或者时断时续的树荫，这取决于阳光怎样照射。在雨林地区，树根周围尤其湿润，而树顶在大约30米高处暴露在火辣的阳光之下。任何雨林地区的树根也像沙漠的树根那样存留住水。因此，任何树都是一个微观世界的主人，也是供养他人的主人——喂养着树叶上、叶之间、叶子下，以及林中的生物，还有树皮或叶子上长大的真菌和原生动物，等等。每一个生物开拓着任何可能的生存环境，同时为其他生物提供机会，也提出难题。于是，每一片叶子上的甲壳虫还会有尾随而来的寄生虫和捕食者。任何一个生存环境也以多种方式被开拓着（有些是296 昆虫叮咬，有些是昆虫吸吮，等等）。每种开拓方式为其他生物提供了新的生存环境。比如，吸食植物树液的同时，也许又吸进了寄生虫（就像蚜虫吸进了病毒那样），然后传播给新的宿主。于是我们肯定有一个循环的反馈圈：当多样性增加时，它刺激了进一步的多样性。

但是，我们这里进入了更多的怪圈，这次是遗传的本质问题。

首先，如果很多不同的物种拥挤在任何一个地方，每一物种的数量就会较少。当群体数量变少时，它们随着后代的延续，就会失去基因多样性，因为每一代的父母只遗传他或她的一半基因给下一代。如果后代繁殖的总数少了（因为父母辈的数量少，后代就会少），那么，很有可能父母的基因根本无法传给下一代。因此，随着后代继续延续，小数量的群体会变得越来越趋于遗传上的一致，因为同等数量之内，较为罕见的基因类型得不到延续。这种损失叫作“遗传漂移”。

遗传漂移有负面影响。因为当一个群体在遗传上变得越来越趋于一致时，其中的不同个体就变得更加近似（在遗传上）。当遗传上太近似的个体交配时，后代将很有可能遭受近亲交配的苦难；同样的现象曾经使一个由于傲慢而拒绝与平民通婚的贵族家族最终从历史上消亡。还有很多孤立的村庄也是如此消亡的（它还激发了很多哥特式小说的灵感）。遗传漂移，简言之，通常导致物种灭绝。

但是，1966 年，A.A. 费德洛夫（Federov）对遗传漂移赋予了较为正面的评价。他指出，每一代基因的丢失，在下一代上产生了性质的变化。比如，一个以白花为主的父辈植物，也许包含着很少的几个红花基因，因此繁殖出一些开红花的后代，或者，实际上（取决于白花基因占主导的程度）是带有不同粉色暗纹的白色花朵后代。但是由于漂移中的缺失是一个随机的过程，而且非常随机，较罕见的红色基因可能会被丢失，于是，所有个体的后代只开白色花。花颜色的改变也许不那么重要，但是我们需要正视可能发生的其他变化。比如，基因分类的变化可能会导致交配模式的变化。那么，后代的开花时期可能与父辈的不同。

如果真是这样，那么后代的类型，不再可能与偶然还存于周围的任何297父辈类型进行交配了。一旦两组各自分开繁殖，它们会按照不同的脉络进化，于是有效地形成了新的种类。将所有这些联系起来会发现：在一个地点有很多种类，意味着每个种类的群体数量较小；不同的群体数量通过遗传漂移，丢失了遗传多样性，所以（如果它们没有走向灭绝！）它们经历过几代之后，很快变得性质不同了，这些性质的改变可以导致新种类的出现。于是我们有了一个遗传依据——多样性为什么可以导致更大的多样性。

1967年，另外一个美国生物学家丹尼尔·詹曾（Daniel Janzen）提出了又一个假设，性质上既是生态学的又是遗传学的。他推测，由于热带种类生活的条件称心如意（适宜的热量、阳光和湿度），它们也许忍受不了变化太大的不同条件（这个观点从前被广泛接受，它假定热带树一定是十分敏感的植物）。詹曾于是提出，如果同一种树的两个群体被一座并不太高的山隔开，它们会完全隔离，因为即使在有限的高度上，它们也无法生存。相比之下，他认为温带植物才是硬汉，它们可以让一座像样的大山，如落基山和阿尔卑斯山坐落在当中，但是不会让仅仅一座山将它们分隔。由于这个原因，他说，热带植物不同群体之间比温带地区的有可能更加隔离。詹曾动情而且诗意地将他的论文冠名为"为什么热带山峦关隘更高"（Why mountain passes are higher in the tropics？①）。

直觉告诉我们，所有的变化和多样化的动力，似乎都是可运作的，

① 《美国自然学家》（*American Naturalist*），1967年，第101卷，第233—249页。

并且我们可以轻易地看到它们是如何一起发生作用的：由于无法跨越显然并不太大的边界而导致物种隔离，隔离导致小数量的群体进一步通过遗传漂移引起更深刻的变化，如此下去。然而，这些设想太难检验。热带森林的任何事情都难以定论，测定出小数量群体中基因丢失的频率这一微妙的假说，实际上非常困难（尽管适逢巴西树遗传项目正在进行专项研究当中。但是，他们有不同的目的，并不是为了直接检验我们这里的观点）。

然而，有一些相关的观察并不完全支持费德洛夫和詹曾的观点。比 298 如，很容易看到一棵树如何为其他成百上千种有机体提供生态环境，像真菌、附生蕨类植物、昆虫、白蚁，还有其他，等等。但是，我们的问题不是为什么热带森林里有这么多的蕨类植物和昆虫；我们要问的是：为什么树有这么多的种类？为什么任何一棵树的存在为其他树提供了更多的生存环境？不过，加利福尼亚北方海岸的红杉显然不是这种情况。

一个可能的答案如詹曾所提出的：热带森林的树具有高度的特殊性。比如，很明显，亚马逊流域的土壤，在地区与地区之间有着显著的不同。如果树存在高度的特殊化，我们也许会发现不同的种类生长在不同的地方。一些树喜阴凉，而很多其他的树喜灿阳，还有另外很多树，也许幼时喜阴，但是遇见了阳光，照旧成长。先锋树们普遍喜爱阳光，所以，当一些森林巨人崩溃或者倒下时，它们会迅速占据任何出现的空间，以争夺阳光。加利福尼亚海岸的红杉树在阴凉处长得非常缓慢，但是一旦它们的邻居倒下，阳光照耀进来时，红杉就会倏然长大。伊曼纽尔·弗里茨（Emanuel Fritz）观察到，一棵海岸边的红杉 160 岁时只有 100 英尺高，意味着它一年只长了 1%；但是后来森林天蓬出现了一个缝隙，于是在以后的 10 年中，它每年以 20% 的惊人速度占据空间，几乎眨眼间长到了令人刮目相看的 300 英尺高。通过红杉的例子我们可以看到不同的树有着怎样的生长行踪，如何为其他树创造机会。

然而事实上，热带森林的树似乎远非设想的那么具有特殊性。我们发现，任何一个种类的个体都可以生长在五花八门的土壤上。牛津森林研究所的尼克·布朗（Nick Brown）也发现，亚马逊的桃花心木适应了在森林边缘生长，它们年幼时，在阳光下茂盛成长，然后不久，被它们身后从森林蔓延而来的其他树所遮盖。所以，当它们成熟时，已经置身于浓荫遮蔽的森林中。换句话说，多数桃花心木在大部分时间里生活的条件并不理想，但是它们一样长大。如果热带森林的树木确实是灵活善变（似乎很有可能）的，那么，它们不会明显地受益于因其他树的存在而制造的特殊生存环境，或者被一座区区小山带来的略有不同的生存环境而隔离。但如果单个树是灵活多变的，那么似乎没有明显的原因可以解释，为什么一种或者几个种类碰巧比其他的更有生命力而占据几乎所有地域；这似乎又恰好发生在北方森林。这一发现，也即热带森林的树按它们的习性比设想的更为灵活，向所有的假说——热带森林是多变的，原因是不同种类的树需要特别的生存环境——抛出了质疑。

但是，有一个观点，似乎真的可以站得住脚：热带总体上确实有大量的生命。周围有几百万求生的生命，彼此之间，进行着几亿种可能的互动。并非所有互动都带有敌意，合作是生活重要的一面，但剑拔弩张是肯定存在的。捕食者与猎物之间的关系是敌对的——杀掉对方或者被杀。还有寄生者与宿主之间的关系，同样是敌对的。所有的树都会陷入腹背受敌的攻击中，而且持续不断——树液被吸吮、树叶被啃啮、树皮被虫蛀、树根被刨、果实被偷，还有种子被分食；从病毒到细菌，从真菌到象鼻虫，从巨嘴鸟到猩猩，等等。

在此情形中，还有一处特别引人注目，就是引发树疾病的寄生者，包括病毒、细菌和真菌。这些小寄生者喜欢并且需要大量且密集的群体发生作用。它们喜欢亲密接触，它们不像大个捕食者，比如猩猩和巨嘴鸟。它们很难从一个宿主迁移到另外一个宿主。多数这类寄生者高度专一，不会轻易在树的种类之间跳槽。它们在大量的、数量密集的同种树上恣意繁殖。

所以，一棵树要躲开寄生者，就要想方设法远远离开同种类的其他树。可以普遍地观察到（尽管并不总是），树苗靠近母树长大的，比远离母树的死亡得快多了。小树比老树更脆弱，那些离家近的树，是被母树身上的寄生者杀掉的。如果离自己亲人太近而被杀死，那么以后，同类树就会远远地避开。隔开的空间，会由其他种类的树填补上。每一棵树会急于尽可能地远离同类。它们以巨大的多样性和相当远的距离而告终，距离之远在任何两棵同类树之间，半公里是常见的。 300

所以，热带多样性的秘密，至少，树自身的多样性，也许有赖于寄生虫。这似乎太谦卑了，如此重要、纯粹的多样性，竟然出自一个如此卑微的原因。但是杰出的英国生物学家比尔·汉密尔顿（Bill Hamilton）随后提出，正是为了躲避寄生虫的需要，刺激了性的进化，而有性繁殖产生了代与代之间的不同，使得寄生虫难于生存。高度的特殊性使它们得以立足。

这个简单的原因似乎比所有的理论都能站得住脚，也许它就是关键。但是很快，两个显而易见的问题被提出来了。第一个，如果最近的同类个体远在半公里地之外，热带雨林里的树如何设法找到交配伴侣？这确实是一个难题，下一章会讨论它，它导致了自然界中最具创意、最卓越的进化行为。

如果疾病引起热带森林如此具有多样性，为什么它不对温带森林产生同样的影响？温带森林也有很多种疾病，如榆树上的荷兰榆病、北美的栗疫病，等等。

答案尚不明确，但是有两大类观点似乎最切中问题。一个出现在20世纪50年代，还是狄奥多西·杜布赞斯基，他指出，在热带生活很容易，众多不同的生命可以找到生存环境，真正的压力是生物的。换句301话说，任何生物的压力来自它周围的其他生物。比较起来，温带地区的主要问题是由另外一些因素引起的——寒冷的冬天，潮湿或者干燥；迟到的霜冻；夏天缺乏适当的热量刺激生长。毕竟只有不多的硬汉能够承受北方所有的坎坷。我们也许可以进一步推测，寒冷同样打击了寄生虫，所以减轻了它们对树木生存的威胁。毕竟暖冬使温带果树遭受寄生虫的伤害更大，因为会有更多的寄生者存活。

很多历史事件为杜布赞斯基的观点提供了有力的支持，北方生物必须应对第一个因素，也是最重要的，纯粹恶劣的物理条件。我会以北美的三个例子来完成这一章。但是之前，我们应该提一下这次研究行程的最后一张王牌：热带为什么比北方具有大得多的多样性？这最重要的原因也许与历史有关。

历史

历史与无限的时间同步行进。每一个生命以及给予它起源的祖先，被昨天、几十年前、几万年前或几亿年前发生的事件影响着；而且同样地，任何时刻发生的事件也影响着生命的下一秒钟、下一年，直到无限的未来。在较短时间内（几年、几十年或者几个世纪），所有地方的所有树（还有它们的祖先）被风暴、洪水、山崩和火灾影响着。在宏大的时间刻度上，所有树被大陆移动影响着，如前所述。在中等时间表上，从几个世纪到几千万年，世界经历着巨大的气候变化。

特别是在过去的 4 000 万年左右，地球逐渐变冷，虽然中间被几个暖季打扰过，最终还是到了200万年前的冰川时代。这种气候变迁改变了所有进化的历程。实际上，很明显的是，把我们自己变为人种。那时是在几百万年前，一系列的寒冷侵袭而来，东非森林缩小了，迫使我们的树祖先埋入地下。这里与树最相关的是地球的普遍降温，尤其是冰川时代，很有可能既导致了热带树的多样性，也造成了北方树种类的稀少。

变冷的核心原因是大气中的温室气体，特别是二氧化碳的水平。所有证据——包括核心证据，来自格陵兰岛极其古老的冰，它仍然含有古大气中的泡泡——证明了当二氧化碳水平高时，地表气温会升高，这似乎正在眼前发生着，正在引起全球变暖；反之，当二氧化碳水平低时，全球变冷。物理学原理支持这个观点。基本原因是温室气体（像二氧化碳）可以隔离远红外线。地球白天被阳光变暖，夜间再以红外线形式失去热量。但是二氧化碳阻止红外线的丢失，因此减缓变冷。这就是温室玻璃的作用，这就是为什么二氧化碳被说成是温室气体（还有很多类似的其他气体，比如甲烷，但二氧化碳是这里要讨论的）。地球作为一个整体，在 4 000 万年前左右冷却下来，因为大气中二氧化碳的浓度 302

已经逐步地减少了。

为什么会是如此？马萨诸塞州技术研究所于20世纪80年代亮出了它最富有说服力的解释。它与大陆漂移有关联。我们已经知道，6 000万年前产生的大块岛屿陆地，也就是现在印度的构造板块，开始撞击亚洲南部，挤压它前面的土地，产生了西藏高原，包括它北部和南部的昆仑山和喜马拉雅山。高原和山峦组成的形状，如瑞莫所形容——“一块巨石”。风横扫太平洋南部和东部，途中敛起大洋水分，当遇到印度边缘的高地时上升、冷却，释放掉水——以暴风雨的形式，即我们知道的季风雨，流入八大河流，包括恒河、雅鲁藏布江、印度河、长江和湄公河。丰盈的水源哺育了亚洲的森林和农场（尽管还有土地被遗忘在雨水之外，它们中有戈壁、地中海和撒哈拉）。

303

然而，季风中的降雨并不纯净。雨水里常常含有从大气中溶解的气体，其中最可溶的是二氧化碳。所以，任何雨水都是二氧化碳弱酸溶液，又称碳酸。当碳酸降落到喜马拉雅山脉和西藏高原时，它与岩石中的钙和镁形成低浓度的碳酸盐溶液。碳酸盐被冲到河里，再流入大洋，与洋底结合成其一部分，最终（感谢板块筑造学）渗透到洋底的岩浆。最后的结果是，二氧化碳被一次又一次的暴风雨逐步地从大气中滤出，经过了4 000万年。二氧化碳的减少导致了人们所说的“冰盒效应”，它与温室效应恰好相反。这听起来好像捕风捉影，但是经过基础化学和地形学的冷静计算，它是异乎寻常地值得信赖的。

还有一个可变因素。20世纪早期，南斯拉夫数学家米兰科维奇（Mimutin Milankovitch）试图探寻：气候波动与地球围绕太阳旋转时产生的变化，这二者之间的关系。总体上，地球轨道几乎是圆形的，但是某个时期更显偏椭圆形。椭圆轨道像扁平的圆圈，端点在两头。当地球运行到端点时，离太阳比圆形轨道时更远。米兰科维奇说，当地球离太阳更远时，光照会下降30%，气候于是明显冷多了。轨道从接近圆形到趋向椭圆是周期性的，称作米兰科维奇周期，它需要10万年。所以，米兰科维奇说，我们可以预期相对冷的时期与相对热的时期每10万年相互交替一次。

当大气中二氧化碳总体水平高的时候，由米兰科维奇效应引起的周期性冷却也许不会影响太大。但是，当大气中的二氧化碳水平低时，加上额外的降温，就会引起地球根本性的变化。大约200万年前（感谢西藏高原上的岩石持续不断地损耗大气里的二氧化碳），地球到了结冰点。实际上在200万年前，地球已经到处结冰，每10万年左右至少部分地结冰。这些周期性的结冰就是冰川时代。在北方大陆，冰河和冰山结冰之深有时可达几英里，冰河延伸，穿过了欧洲到达英国南部和法国，穿过了北美洲到达现在的纽约，继续向北。冰层在南极洲集中，堆积成南面海洋的大部分，并继续拓展，至少到了南面的澳大利亚。冰川时代期间，地球当然冷多了。而且还很干燥，因为很多活水被冻结在冰内，冰冷的大洋很少自由地蒸发。生活在极圈（尤其是北面）和赤道周围的生物忍受着低温和干燥的双重折磨。但是，北方与赤道附近的生物多样性受到的影响完全是相反方向的。

在北方，冰河的推进与退却大约10万年一个周期，它的累积效应实在令人绝望。在北美洲、格陵兰岛、冰岛和欧亚大陆，当冰河从北方进军时，吞噬了沿途所有无法移动的生物，导致所有可以移动的生物向南迁徙。驯鹿和猞猁，以及北极原型生物南下到了欧洲南方。一些树种

304

销声匿迹了，其他的树在冰河来到之前撒过种的，它们的后代得以生存下来，但是迁移到了更遥远的南方。冰川时代末期，当冰河退却时，剩下的生物又可以向北延伸了。植物总是按照非常严谨的秩序行进，通常，由于陆地土壤被冰河冲刷过，有导管的植物要等到最坚强的先锋——苔藓——把土壤重建起来。树按照自己的程式，硬汉在前：桦树、白杨、松树；然后是橡树、山毛榉和栗子树。北方古代花粉化石的记录，一遍又一遍地显示出树的这一生长顺序或者说"演替"过程。橡树和榉树是典型的后期建立起的种类，并且成为某些国家比如英国的主导树种。当任何特殊植物群成为主导时，它们及其下层林被普遍认为组成了最稳定的"顶级植被"。然而最近几年，"顶级植被"在某种程度上引起争议。从地质学年代看，一切都是暂时的。橡树林也许古老，但是在一个不断被发现的树木生长序列中，橡树不过是最新出现的。

305 很清楚，北方冰河的推进与退却减少了生物多样性。当冰河来到南方时，引起了种类灭绝。跟随冰河来到北方的树，是南方动荡环境中幸存下来的精选树种——只有硬汉才能承受北上旅途的艰难，而且这种移动非常迅速。不管北方生物曾经如何多样，每次冰河时代光顾之后，总被席卷一空。在过去的两百万年，这种斩草除根的浩劫至少重复了十几次。

与此形成对照，在热带纬度地区，降温没有那么令人绝望。即使在冰川时代，赤道也是温暖的。但是，由于全球变冷，北极中的水被冰封而导致干燥，赤道生物也受到影响。在冰川间隔期，始终生长在大陆内的广袤的赤道森林分散得零零落落了。分散恰好为产生更多种类的需要提供了条件，当不同的树木群体分开繁殖时，每一群体按各自的脉络进化。于是，当每个冰川时代结束时，分散再度扩大，来自每个不同地方新进化的种类被带到一起，重新接触，形成了令人惊讶的我们今天在亚马逊见到的多样组合。这些虽然是理论上的，可是颇具现实性。我们在鱼类中看到了同样的现象，尤其是大非洲河上的丽鱼（或濑鱼）。冰川时代，它们的数量骤减，只剩下一系列的几个鱼池（较大的）。它们于是在各自池中发育自己的丽鱼种类，再重新聚集时，形成了今天的一个巨大的大内陆河群体。人类的多次干预曾经导致丽鱼的灭绝，但是到了近些年，维多利亚湖已经有至少300种丽鱼，非洲马拉维湖的丽鱼已经超过了500种。

简短地说，北方森林和赤道森林，两者都体验了冰川时代的影响。然而冰河的到来和离去，使北方森林丧失了越来越多的种类，赤道森林反而变得越来越丰富多样。

冰川时代还有另外一个戏剧性的影响。它们引起森林在某些地方消失，但是也让它们得以在其他地方茂盛。如果我们能够看到地质时代的森林，我们就能看见它们在地球表面奔跑的景象。昆士兰的热带雨林似乎始终在那儿，但是像大堤礁才离岸飘向东北，它是在上一次冰川时代结束时到那里的，距今还不到1万年。1万年前的人类是像我们这样的现代人。有一些人正在建造城市，杰里科城大约就建成于那个时代。那时已有很多航海家。农业种植刚形成初步规模。可以肯定，那个时代就有牧师而且纳税。至少在圣经故事里，古埃及人那里，还有今天澳大利亚原住民的回忆录里，我们可以追溯到那么久远的过去。 306

似乎上面所有概括的观点都解释了热带森林的多样性、温带森林树种的稀少，并且可以适用于任何时间。每一种影响建立在其他影响之上。有两种观点似乎最令人信服（至少对于我来说）。第一个观点是北方植物与动物的稀少以及热带生物的多样是由冰川时代的波动引起的。第二个是既宏大又简单的杜布赞斯基的观点：热带主要的压力是生物性的，而在温带和北方大陆，压力主要是物理性的。热带主要的压力来自寄生虫，它转变成一种优势，使得任何种类变得稀有，个体之间间隔大幅度分散。而在北方，物理的压力多种多样，只有最坚强的或者最适应环境的能生存下来。山杨、班叶松和北美海岸的红杉树优美地验证了这一观点。

三个北方佬的童话

加拿大是世界上第二大国家，国土面积接近上千万平方公里，而超过三分之一的土地是北方森林。这些巨大的森林，几乎是不列颠国土面积的 15 倍，然而只被 9 个树种占据着。有 6 种是针叶树：短叶松和黑松；黑云杉和白云杉；冷杉；还有落叶松，即人们熟悉的美洲落叶松。3 种阔叶树是山杨、香白杨和纸皮桦，有些树种单一，有些则与其他针叶混合。北方森林（包括更多的阔叶树种）的南部，种类更多样一些，它们的美丽令人眩目，但是生存条件艰难，只有少数种类可以应付北方的冬天。

307 听上去似乎古怪，在这片最冷的土地上，一个关键的特征是火。那些装备特殊能够对付火的种类，优胜于不能适应火的种类。其中就有山杨，有时称作颤杨。

如果你漫步在一个市内公园遇见一棵山杨，你不觉得稀奇，它是自然界中资源最充裕的树。它的样子倦怠，高大而扁平的树干上摇曳着苍白的树叶，秋天，叶子变成忧郁的蜡黄色。它的树干，年轻时魔鬼般平滑，白色泛绿，年迈时则有深嵌的刻纹。尽管憔悴、看似毫无生机，山杨在北美散播的范围最广，胜过了任何其他树，向北方深处拓展，成为主宰树种，有时是唯一的种类。它为什么有如此功力？

经过不断在扑朔迷离中探索，终于有了答案：山杨的树叶呈旋涡状，它们乘风、随风，通过不抵抗与风周旋。树是明智的，叶子冬天无用武之地，于是被脱落。究竟是什么使山杨主宰了北方一片接一片的土地？当明显改变北方树的压力已经消失多时，谁能对付火灾后重生就成了关键。

由于山杨的侧根很长，不时送出吸根，长出全新的树。很多其他阔叶树也产生吸根，包括纸桦——它是另外一种苍白得像魔鬼般的北方居民。只有山杨，把自己传播得最远。莱斯利（Leslie Viereck），一位阿拉斯加生态学家，已经发现这种吸根可以从母树干长出 80 米。火是不可避免的，迟早会袭击北方森林，如果发生在春天或夏天，会烧死山杨以及周围所有的其他生命，因为火会烧掉土壤里的有机物，包括山杨的拖根。但是如果火情发生在冬天，当土地仍旧冻结，或者春天土地还潮湿时，拖根就会活下来。于是迅速长成新树，非常迅速，因为它们已经建立起一个庞大、成熟的根系。这样，曾经多数是针叶树只包括少数山杨的混合林，也许在几个月内就被一丛丛山杨林所替代了。

从整体形式上看，山杨有带吸根的侧根是从芦木继承而来的，芦木树是现代问荆的原始亲戚，也带有长长的拖根（埋在土壤里变得肿胀后发育成贮存器官）。在山杨林中，围绕着母树发芽的，如果成活，就与 308

母树一起组成一个克隆体——一个基因完全相同的个体间相关联的群体。它们一起开花，一起落叶。由于树身间保持着连接（通过侧根），一些生物学家提出，整个树林可以被看作一个单独的有机体，它向着各个方向长出几百米，如此树林，在地球上可以排名在最大有机体之列。据猜测，一些山杨林可以追溯到最后一次冰川时代末期，因为它们可能是冰川消融时出现的第一道景观。那么，大约 1 万年前左右，地球上最古老的有机体当中或许有一个山杨克隆体。

这是一个引人入胜的想法，值得反复推敲，但是也别太严肃。树林中的树看上去是独立的个体，从所有意图和目的上看，它们也确实是个体的。如果发生意外，或者是野外的育林人切断了连接邻近树的侧根，每棵树各自照旧快乐长大；就像小草莓，从长匐茎被剪下来，又独自重新长大。山杨真正的本领是无性繁殖的能力。多数脊椎动物包括人类，还有很多植物，如果不经过性媒介就无法把基因一代接一代传递下去。但是很多有机体可以绕过性，至少有些时候，它们能够自己复制自己。人类只能在希腊神话中做到。但是山杨所呈现的无性克隆，是出于在逆境中生存的原因。

山杨的神话还呈现出两个深刻的哲理。首先，外表在自然中极具欺骗性。山杨看上去并不粗壮，而当其他树严阵以待——带有针叶和尖尖的树冠，明显是为了抖掉积雪——却屈服于自然时，山杨可以在其他树曾经茂盛的地方生存。但是，很多自然界中最成功的生物似乎超越寻常，相貌奇异而精致。有时奇异是一种炫耀，试图吸引异性，就像孔雀和天堂鸟身上的紫红色。有时色彩华丽是一个警告，就像带毒的蜥蜴和毛毛虫身上的颜色。但是有时，当我们看一个动物和植物时，我们会犯下以貌取人的错误。蛾子和蝴蝶看上去无可奈何，实在弱不禁风，是任何动物的攻击对象，但是它们却到处可见，在亚马逊，在蝴蝶的季节里，你会在暴风雪中遇见黄蝴蝶。自然以神秘的方式运行，对于妄想置 309 自然于股掌之间的人来说，那可是一个猜不透的谜。

第二，很多生物，你第一眼看上去时对它不以为然，它们却会凭借某种技能生存下来。类似的道理，一个患关节炎的击剑老将能轻而易举打败年轻的新手，只是因为他掌握了几个新手不知道的技巧。吸根，似乎听上去理由不够充分，但吸根发挥了真正的作用。山杨之所以能茁壮成长，而其他树繁衍失败，正是因为吸根。

但是，这一技能只有在森林大火对侧根手下留情时才能起作用。如果火情发生在夏季，当土地干燥或者没有冻结，根就会像煮饭一样被烧熟，山杨也就灭亡了。于是短叶松就会脱颖而出——每一种不同寻常的树都带有不同寻常的生存策略。

大卫·亨利（David Henry）在《加拿大北方森林》（*Canada's Boreal Forest*）里称短叶松是“一棵好斗的树”，它在正式场合（当高贵的白松更获青睐时）被视若草芥。然而如今，当其他的树消失，别无选择时，短叶松被广泛用于篱笆的柱子、电线杆和地窖支柱，实际上还被当作圣诞树，亨利说它和黑云杉还是“造纸业的支柱”。

短叶松一生中由几种特质装备起来应对火灾。像很多的针叶树，离土壤近的树枝由于见不到阳光，当树长高时就渐渐死亡。短叶松死亡的树枝会掉落，据说这是树“自我修剪”。如果死去的树枝还在树上，就为森林野火搭建了一个从地面到树顶的“梯子”。火的物理学在各方面都与直觉相反。尤为关键的是，迅速燃烧的烈火比温火持续的时间短，破坏的程度轻。短叶松的针叶中树脂高而含水少，尤其在干燥的春天和夏天易燃起火来，而且火焰炙热迅速。同样，短叶松的树皮易剥落，火只燃烧表面而且迅速，造成不了多大损失。澳大利亚桉树树皮纤维化，松垮郎当地披挂着，里面是铁一样平滑的树干，其保护作用与短叶松异曲同工。在两种情况下，丢弃的树皮俨然是一种圈套，就像三驾马车上扔下去的引物，引开后面追来的狼群。

310　另一方面，由于短叶松的树枝在地面堆积（如果火灾间隔期很长，就会形成堆积），很容易引起表面起火，尤其是在春夏季，火焰常常非常肆虐。很多树葬身于火海。但短叶松总是在火后第一个露出生机。夏天烈火烧掉地表的树叶堆，还有土壤中的有机物质，留下的是无矿物质的土壤。短叶松在这样的土壤里正好发芽，实际上，弃叶会阻止发芽，有机物并不是所有树的朋友。短叶松喜爱明媚的阳光，也喜爱空旷。

一旦发出芽，短叶松的幼苗就在别的树种难以忍受的干燥的土壤里开心地长大了；不仅如此，小树苗可以忍耐长达一个多月的干旱，还可以忍受温度骤降，这些条件对于很多种树都是致命的。小树长得很快，每年长 35 厘米。按热带树的标准，这无异于天方夜谭，热带树当中有些 5 年才长 20 厘米而已，但是对于阳光和热量都匮乏的土地，如此快的长势是件好事。到了第五年或第六年，很多短叶松长出了第一颗松果，对于树而言，这实在是太早熟了。加拿大生态学家斯丹·罗和乔治·斯科特（Stan Rowe & George Scotter）解释了为什么它们如此早熟，为什么不把宝贵的精力用于成长而是过早地浪费在繁殖上。森林大火之后，总是留下很多可燃物，有时第二场火极有可能接踵而至。如果在紧随而来的火灾之前撒下一些种子，似乎不失为一个好主意。

但是，短叶松的松果和种子对于火的适应，绝无仅有，令人难忘。松果硬得像铁，与壳紧紧地黏在一起，大卫·亨利说是通过一种“树脂胶”。有很多动物袭击松果，但是，只有美国红松鼠吃短叶松的松果，尽管红松鼠更喜欢容易吃到的、新鲜的云杉果肉。短叶松的松果能挂在树上很多年，里面的种子不会死。有一项研究证明，保存了20年的短叶松种子，有一半还能够发出芽。松果直到发生一场火灾才会打开，50摄氏度的热度，可以连同“树脂胶”一起融化。于是，松果像花朵 311 一样打开了。所以，种子的释放要等到火清洗了地面上所有敌对的有机物质，创造出正好它们需要的条件，火的贡献可谓大矣。针叶林带经过一场火（最北端的森林于是让路给苔原）之后，燃烧的土地上短叶松蔓延到大约每公顷500万棵。

松果不仅可以应付火还极能抗火。早在20世纪60年代，一位生物学家彪凡（W.R.Beaufant）发现，当松果遇到900摄氏度的高温时——类似烧陶的温度，里面的种子可以存活30秒钟；当温度达到700摄氏度时，至少在3分钟内，种子可以毫发无损。简言之，当种子还裹在球果壳中，需要超强的温度能量才能摧毁它。树似乎进化出软木就是为了适应火灾,短叶松的松果就含有软木。

然而不止这些，大卫·亨利还发现，松果不单会应对火情的出现，它好像天生具备一种自动装置，当松果被加热时，能从里面释放出树胶，渗透到裂缝的表面，“在球果周围产生一个轻盈的、近似灯泡的火焰”，可以持续1分半钟左右。亨利说，总之，“它似乎是如此运行：一旦启动，松果按自己的计划，在恰当的时间内产生火焰打开松果……而一场森林之火恰到好处地启动了这一程序。松果本身可以提供所需要的火焰和持续的时间，以打开并散播种子”。他还指出，刚打开那一刻，加热过的松果不会立即释放种子，而是等到冷却下来，在野外的条件下，这一过程需要几天时间。所以，最初的开启是有控制的；但是，当松果第一次打开时，种子还保留在内，而不是像《但以理书》里被送进烈焰熊熊的火炉中的三个人一样。亨利提出一个机理：也许种子周边裹着的毛当加热时变黏，粘住了种子，当再变冷时失去黏性。这是推测，还需要证实。

不论何种情况，其适应性令人刮目相看。短叶松，当之无愧，应该跻身于一个感动人心的树的名录之中，不仅抵御火灾，而且变得依赖于火，没有火就不能繁殖。如果它们的一生中不曾有火，就会死后无嗣。经过火灾，短叶松会茂密丛生，一公顷连接一公顷，形成单一栽培。但是没有进一步的火，短叶松森林就会渐趋衰落。

312

然而，还有最后一个疑点。现实中，不是所有的短叶松的松果都需要炙热的火打开。在北方，大约有十分之一的短叶松的松果，在阳光的热量下就会打开。在五大湖区以及以南的地区，火情很少发生，多数短叶松的松果可以在阳光下打开。因此，短叶松有着“混合的策略”：基因使它们的松果有如此特殊、分明的两类：一类是火焰驱动松果；而另一类由阳光驱动。遗传学家称之为“平衡的多态性”，也即在自然选择的驱动下达到平衡。北方树具有火依赖，而南方树是阳光依赖。短叶松难道不正是超级行家吗？又名杰克松的短叶松，在某种程度上，不正是树中的那位多面手杰克吗？很多种松树可以对抗火和依赖火，但是没有任何一种的适应能力可以超越其貌不扬的短叶松。

但是在芸芸树木中，能彻底适应北方特殊条件的，不是在极北端，而是在中部和加州的北方沿海，是沿海的红杉树。

海岸的红杉树栖息在（或者不如说红杉树创造了一个）不连续的、大约15公里宽的温和的雨林带。从圣·弗朗西斯科的大南方岬向北到俄勒冈的边界。它们当然不同凡响——有60米至70米高，可与大教堂尖顶看齐。最高的树被人们淳朴地称作“最高树”，在红杉树国家公园，有111米高。它的树干胸径3米，按红杉树的标准，还太苗条了，通常胸径可达5米。很多活过1 000年，有些超过2 000年。

所有的森林都是宁静的(你可以在沉睡的亚马逊森林中安稳地睡着，宁静中不会被贪婪的蚂蚁抬走或啃成碎片)，但是，没有谁能与宁静的红杉树森林相比。相比之下，热带森林集中的都是小树，30米的高度似乎太普通了，只有寥寥几棵树有着可敬的园林树大小，在浓荫的昏暗中可以瞥见的巨人屈指可数，它们被攀缘植物或附生植物缠绕着、装点着。但是，海岸边的红杉树，除了那些围成小圆圈的“仙女环”之外，普遍的是巨人军团，在世界上也算得上高大。它们脚下的土地上，随意堆积着像紫杉一样优雅的小枝条，是树每隔几年脱落下的，落地以后呈栗棕色。苔藓和蕨类植物，药草和灌木，若隐若现地零星点缀在大树脚前。没有纠缠不休的攀缘植物，几乎没有鸟鸣，你无法想象像沿海红杉树森林这样的静谧。阳光穿过色彩醒目的千竿大树，摇动着耀眼的绿色。一个温暖、黄昏中的太平洋红杉树雨林，也许是尘世里最寂静的。

但是，红杉树森林的世界不是永远如此。

第一个打破宁静的是洪水。红杉树喜湿，有人曾描写到，那里是“温和的海洋性气候”（尽管它们并不喜欢含盐分的空气）。实际上，它们向外伸展得很远，以捕捉并浓缩清凉的加利福尼亚夜晚和早晨的浓雾，输送到叶子里。它们降“雾滴”，在无雨的夏天，红杉树为自己及时补充 30 厘米的降雨。所以，它们自己制造气候——湿润和阴凉。

但是降雨会过度。冬天降雨会达到 250 厘米。暴风雨经常发生，伴随而来的是洪水。在洪堡镇——红杉树之乡，有过几次严重的洪水，分别发生在 1955 年、1964 年、1974 年和 1986 年。1955 年的洪水冲走了沿伊尔克拉马思和范杜曾河岸的锯木场、农场和整个社区。建筑被深埋在泥土之下。超过 500 棵红杉树顺着公牛河——伊尔支流——被卷走，其他的林地被埋在 1.3 米深的淤泥之下。

借助放射性碳的帮助追溯过去，保罗·曾克（Paul Zinke）揭示出公牛河在过去常常蒙受此类灾难。实际上，一项由弗娜·约翰逊（Verna R.Johnson）1968 年引用的研究表明，大约在过去的 1 000 年里，已经发生了 15 次大洪水，洪泛之间，整个地区被抬升超过 9 米，有 3 层楼房高。

简言之，沿着北加利福尼亚沿岸的河流、河岸和周围地区，随着时间在某些地方被侵蚀后，又在其他地方重建起来。这类模式在欧洲海岸也不鲜见，好像北海在某一处提起了整个海边，然后在另一处松开手投下它们。东英格兰的绘图师已经在过去的几个世纪里频频忙碌于此类绘图，当地球变暖时，相信他们比任何时候都要忙。

当被淤泥掩埋，岸边的红杉树自己重生出根

这是红杉树揭秘它们戏法的地方。当然，如果红杉树周围的土地被冲蚀，它们也会被一并卷走。但是如果它们仅仅是被埋在下面1米左右深，它们不会有麻烦。多数的树会不堪忍受，被窒息而死。但是红杉树，被埋在地下的侧根垂直地生长出来，钻进上面的淤泥；这些竖根长得很快，到了某一时候便冲破土壤表面。 314

然而，这些成长迅速的竖根仅仅是应急方案，是先遣部队。不久，新的侧根从埋在地下的树干长出，正好在新沉淀下来的表面淤泥之下；一般说来，比地下从前的根更大更粗。所以，一棵老红杉树，注定在多次洪水中幸存；而那些年过千岁的，一定已经在十多次洪水中生存，最终形成一个多层次的根系，很像一个倒立的宝塔：略小的一簇根在下面深处，略大的一簇根在上面高处，这样不断叠加起来，每一层都是上一

315

次洪水的纪念。最终的结果是根系坚固如锚。这样就可以把并不稳固的树干身躯，稳稳当当地支撑起来，长达千岁之余。嵌入的淤泥杀死了多数的树，但是红杉树已经化敌为友。这又是一位自然中的机会主义者。

然而，人类正试图把树的计划化为泡影，他们对森林的洗劫，把更多幸存的树暴露在强风中，它们被风掀倒，再坚实的锚也无济于事。公路改变了从山上排水的自然路径，也就改变了洪水的模式，导致了无法阻止的山体滑坡；加剧了淤泥在河中央堆积，迫使河水流向两边，拦腰切断岸边的树。加州巨人大道超过 100 棵的古树，在 1986 年被这种方式杀死。那时，9 天之内就有 58 厘米的降水。尽管红杉树已经将部分埋于土壤的侧根利用起来，然而，如果上面的土壤太密实了，它们的根还是会被破坏——被那些专用于锯木的集材机，还有碾压它们的其他机车破坏。在一些大花园中，像基尤花园，土壤被前来瞻仰树的游客的千万只脚踩压密实，之后，要在压力之下灌入氮气，再把土壤变松。在新西兰的一些森林中，观光者在土壤之上 1 英尺左右宽的狭径上行走，上面的小桥架在了暴露出来的树根上。人类需要野生树。但是，有时我们需要像呵护花园中的植物那样呵护野生树。“有管理的野生界”听上去自相矛盾，似是而非，但是现实需要我们去面对和妥协。

红杉树也可以顽强抵御火灾，并显示出更多的生存策略。它们的树皮是消防队员梦寐以求的：坚实、多纤维，厚度可达 1 英尺。木材里储存了大量的水，制造了一个几乎不可燃的隔断层。一场烈火可以烧透树皮，令下一场火趁机而入。但是，很多老红杉树上烧焦的树洞就是它们历经火灾考验的见证。

像山杨和短叶松一样，海岸红杉树有惊人的大火劫后余生的本领。几乎在针叶树中独一无二的是，红杉可以从被烧焦、被砍倒或者是被风刮倒的树干上发出新茎和新根。从幼龄起，实际上当还是小树苗的时候，红杉树底部和树干四周就携带着隐藏的小芽。当红杉被伤害或者刺激时，这些沉睡的芽就会发育成新梢或者新根，然后长成全新的树。当母树被损害，底部周围再萌发新芽，围成一圈，形成“仙女环”。幼芽能有十几个。而且，当主树死了，它们顽强地、有意识地形成圈，近乎被施了魔法。有时，这个过程是重复的：树的内圈被损害，其周围会长出更多的新芽。用这种方式，红杉树甚至复原到当初被深度砍伐之前的面积。 316

每棵红杉有好几千个松果，结出的种子硕果累累。它们发芽的情况却不尽如人意，红杉树林中的小幼苗很稀少。但是，像短叶松一样，红杉树的种子可以在光秃的、矿物质被火和淤泥剥夺一空的土壤里生长。红杉为火后重生又一次装备好了自己，为了有性繁殖，据说至少是有赖于它。这再一次证明了一条贯穿自然界的普遍原则：当条件恶化时，有机物通常会推迟繁殖，直到需要新一代接过繁衍旗帜的那一天。但很多有机物只在极端条件中繁殖。

不管西部沿岸森林的红杉树有多么孤独、壮美，它们并不生性冷漠。比如，它们不像有些植物那样，先声夺人，送出毒物给认定的敌人。当远离洪水、生长在山坡上，它们会与花旗松、石栎、大冷杉或加州月桂并肩融合。石栎也会在火灾之后生机勃勃地发出芽，忍耐阴暗，它们还有其他灵活的生存方式——树皮中富含单宁，保护它们抵御昆虫和真菌。但是（像花旗松、石栎、大冷杉或加州月桂一样）石栎屈服于洪水和淤泥，也畏惧洪泛平原，只有红杉树沉舟侧畔，超群卓绝。

现在总结一下我的观点。热带显示了自然界到底能做什么：当条件轻易时，或者当球心大炉不断搅动，冰河时代以富有创造力的方式变得干燥时，热带种类变得异常丰富。与热带形成对比的是，在高纬度地区，主要指北方，自然界被冰川时代反复割据，我们现在所看到的，是树中不多的勇士和特级幸存者的后裔。

到现在，这本书主要描述了树的基本概况——树中名流，它们生活在哪里，为什么。当我们问及所有不同的出演者如何相互作用时，就要引入生态学了。这是下一章的主题。

第13章

树的社会生活：战争还是和平？

750种无花果需要各自的黄蜂传播花粉

坦尼森（Tennyson）勋爵在19世纪30年代写道："腥牙血爪的大 317 自然。"约翰·多恩（John Donne）50年后说："没有一个人是独立存在的孤岛。"两个人都是对的。战争与和平贯穿生命始终，从摇篮到墓地，从种子到变成堆肥。所有这一切折射出的是冲突与合作的矛盾。

318 繁殖的压力显而易见。没有哪一个生物必须繁殖，很多单身的叔叔或者阿姨没有子嗣，依旧快乐。但是，如果任何物种一并抛弃了繁殖，它可就要断子绝孙了。当然，繁殖要付出代价，产生配子体需要能量；生出能存活的、可育的卵子，需要更多的能量。很多生物死于唯一一次的生殖之痛，包括大多数年生植物，甚至一些堂堂的大竹子和一些最大的棕榈，就连一些真双子叶树，也会出于无奈遵循如此策略。在巴拿马森林里，豆科中的 *Tachigalia versicolor*（暂无译名）年过八旬，长在任何皇家花园中也算得上仪表堂堂，然而，开花后产下种子，便撒手人寰。我曾站立在一棵死去的 *Tachigalia* 树脚前。如果父代生命体不因生殖而死（多数不死），就像很多鸟儿家庭还有我们人类社会一样，当运转正常之时，后代们就会成为得力助手。但是孩子们也有可能变成对手。反过来，后代最大的威胁，通常来自父母，所以，我们常会看到，热带树若不能割舍母亲，离得太近，就会死于母树身上的疾病。想到 *Tachigalia* 后代面临的危险，当个孤儿倒也不是很坏。父母与子女之间对抗的故事，穿梭于文学领域，开始于《圣经》和希腊传说（毫无疑问，也贯穿于文字以前的时代），不过，最伟大的题材还是存在于自然界之中。繁殖是必需的，毋庸置疑，但是要历经重创。

性增加了另外一层复杂性。在自然界中，有性繁殖比起很多无性繁殖的策略，效率要逊色多了。即使只生单独一个后代，如果是通过性手段，也需要父母两位，而克隆则只需一位就行。然而，多数生物是有性繁殖，包括我所知道的树，尽管它们当中的很多也进行无性繁殖。事实上，性与繁殖无任何直接瓜葛，自然青睐于有性繁殖另有原因，因为它

319

把来自不同有机体的基因混合，因此产生变异——经过有性繁殖的后代遗传上独特，不同于父母任何一方，也不同于它们的兄弟姐妹。这样就显示了长期优势，因为变异是进化性改变的一个关键成分。但是，自然选择不看未来，性必须带来短期优势，如果不是这样，那么进行有性生殖的人类，就会在原则上输给繁殖可以快两倍的无性生殖之物。什么是短期优势呢？有两个主要假说：一个［来自美国生物学家乔治·威廉姆斯（George Williams)］认为，因为所有的后代不同，那么，至少有一个会发现自己更有机会处于有利条件，携带着父母的基因生存下去。另外一个［来自英国的比尔·汉密尔顿（Bill Hamilton)］认为，短期的变异会把寄生虫压制在不利地位。如果群体的所有成员是相同的，任何能够进攻它们的寄生虫就会轻而易举将它们全军覆没。如果它们各不相同，每个个体都是横出的新问题。有一个直接证据可以恰到好处地支持这一观点。现代作物——遗传上是完全相同的单一栽培——最易遭受寄生虫的攻击。

有性繁殖要成功，每一个生物必须要找到配偶。对于动物这是在玩火，很危险，因为很多雄狮和雄鹿死于争夺配偶的决斗，很多雄性蜘蛛死于配偶手中。树，根埋在固定地点，必须想出办法将花粉从雄性传给雌性，雌花（或者花的雌性部分）必须相应地接受花粉。当然，它们一定不能错乱交配，不能允许错误的花粉类型有机可乘。总之，它们拒绝异类花粉。很多树，包括栽培李子和苹果树，还会拒绝和自己遗传太近似的其他树的花粉。通过这样的自交不亲和性，它们避免了由于乱伦而招致的遗传灭绝。种植李子和苹果树的果农必须把不同品种并肩种植，彼此互为弥补。雄性与雌性之间的对峙也响彻文学主旋律，从《圣经》到《古兰经》，遍布世界任何角落，发出同样的悲怆之音。

当然，同种类生物之间的关系——父母与后代、朋友与敌人、雄性与雌性——只是复杂生活的一部分。每一个生物势必与其他的所有种类，特别是生活于森林之中的物种互相作用，共享同一个生存环境。寄居在同一屋檐下的种类实在很多，社会学与生态学相互交织。每个个体或者每个种类之间与其他所有物种之间的冲突无法避免。这一观点（像坦尼森流派暗指的那样）未必真实，这里还是要引申一下多恩的比喻，没有一个物种是独立存在的孤岛。合作通常是最佳生存策略，像达尔文强调的，那么，不同种类的很多伴侣，还有很多的群体被相互之间的关系维系在一起，这种关系对于任何参与者至关重要。当然，即便这样，也存在关系僵持的时候。无花果需要黄蜂，黄蜂需要无花果，它们的相互依赖是绝对的。但是，我们不久就会看到，没有一劳永逸的和平320协约，从来不曾签订过。当伴侣中有一方图谋利用对方时，相互关系常常可能破裂，白食者（一个生物学技术名词）坐收渔人之利。马基雅弗利在《君主论》中诠释了这种关系的错综复杂。文学的主题，实际上也是自然界的主题，至今仍未改变，尽管近来所争论的不是那么真实——人类应该摆脱自身的生物本能，以变得拥有无私品行，成为具有道德的种类——但合作与友善，至少应该与邪恶占据同等分量。这不是要掩盖我们自身的天性，而是要为树立正义增加一个机会。

所有这些争论，对于树意味着什么呢?

首先，一棵树要进行有性繁殖，必须接受另外一棵树的花粉（传给柱头)。理论上，一个雌雄同体的花，很容易通过自体授精得以满足，但是，现实中很罕见。多数的野外树是“体外授粉”。花粉从一棵树的雄花（或者雌雄同体的雄性部分）旅行到另外一棵树的雌花（或雌花部分）。由于树是不移动的，它们必须雇用信使。在红树林中，水有时就是传送信使。在温带森林中，任何一棵树都有可能被其他同种树包围，空气四周总是轻风拂动，风完成了授粉任务。当然，由于风授粉的命中率不高，依赖风繁殖的树木必须产生巨大数量的花粉。轻摇一株雄性小松果，花粉便如旋涡般飘出，像橙色烟雾。一次初夏，在牛津郡，我看到两只斑鸠在桦树枝头为争夺地盘推搡着，各不相让。隔着一块田地望去，依然可见厚厚的黄色花粉被它们扬起。此景正在不经意地告诉我们：风授粉大概是由动物帮忙。

然而，在热带森林中，任何两棵同类树相距大约半公里之遥，其间是数千棵其他树种，哪里会有四面来风按最佳理想传播花粉呢？在热带，只有几棵生长在森林空地上的号角树在一些开阔的热带草原或者高草草原上进行风授粉。多数热带树依赖动物携带它们的花粉。这就引出所有自然界中最令人惊叹的互助论的典范。

动物穿梭其间传递花粉

321 由动物传播花粉，需要很多层次的共同进化。花，不论雄与雌，其具备的形状和颜色，必须展露得恰到好处，必须使授粉者情有独钟。同样地，授粉者必须依赖植物的信号为引导。当蜜蜂在一个玫瑰花园奔忙时，看上去再简单不过，然而，在一个热带雨林中，蜜蜂、黄蜂、苍蝇、鸟，或者蝙蝠，不得不在喧闹嘈杂的颜色、形状或者气味当中，寻找某一特定闪烁的颜色、形状或者味道，因为有100万种不同的有机体发出100万个不同的信号，向着它们潜在的配偶、同胞、捕食者或者猎物；除此之外，还常常有很多其他的干扰，包括那些已经腐烂的生物挥发出的气味。

这如何是好？就好像当柏林交响乐团演奏之时，人们如何听得出哪个是单簧管发出的低鸣声？但是，我们确实能够，或者至少乐队指挥可以。一些生物学家推断，黄蜂有能力侦测出它情有独钟的无花果；或者一个夜间蛾能够辨认蝙蝠的超声波脉搏。这暗示着动物拥有一种高等能力，可以过滤掉所有不相干的气味或者声音，正像在一个鸡尾酒会上，任何人都可以不顾周围的嘈杂与同伴惬意地聊天。但是也许真相是颠倒过来的。也许，特定动物只专一对应喂养它们的花朵，或者只专一对应它们要躲避的捕食者特殊的外观、气味或者声音，对于别的一概置之不理。同样道理，我们看光时，不必被无线电波和紫外线干扰，更不用说无时不在密集地干扰我们的中微子。我们的感官只是不在乎它们，毋须过滤。

我们也明白，共同进化是动植物在实践中的获取与给予。树必须感恩动物的帮助。很多原始植物，比如百合花和番荔枝科的树，允许并鼓励花粉使者——昆虫们——大片饱食自己的花朵。其他树还提供特别为授粉者量身定做的美食，通常是花蜜，又甜蜜又滋养。有时候，它们以带香味的油引诱授粉者。传播花粉的动物自己也吃掉了很多花粉。简言之，寻求动物帮助的树付出了双倍代价。首先，它们为了自身的繁殖必须制造出花粉和胚珠，还有花瓣和萼片之类所有的辅助工具；然后，为了取悦授粉者，还必须多制备一份。

树与授粉者之间的关系，某种程度上是松散的——很多树恳求几个或很多动物的帮忙，而很多动物似乎乐于为多种不同的树传播花粉。比如，驯化的蜜蜂是最慷慨的授粉者。但是通常，动物和树之间的关系是专一的，一个特别的植物完全认准某一特别的授粉者（只此一种蜜蜂、一种蛾、一种黄蜂、一种蜂鸟），与此同时，每种授粉者绝对依赖于特定的某种树。慷慨者放开选择，但是减少了专注度。动物的专一性的确提高了授粉准确度，但是同时也意味着，任何生物的命运与其他生物的命运绝对地维系在一起，二者同生死共存亡。失去了授粉者（比如，由于使用过于猛烈的杀虫剂）也就意味着失去了依赖于它的植物。

昆虫和鸟是主要的动物授粉者，对于它们来说，颜色至关重要（不像接近色盲的哺乳动物）。它们各自有颜色偏好。甲壳虫，大概是世界上第一个动物授粉者（早在开花植物成为地球景观之前，甲壳虫就为苏铁树传播花粉了），它们喜欢白色花，对于红色花不予理睬。蜜蜂像甲壳虫一样，也偏爱白色，尽管蜜蜂可能对我们根本看不到的紫外线最为敏感：我们肉眼看上去浅淡得近乎白色的花朵，对于它们则变成亮眼的紫色（而且花纹纵横交错，有时会出现通向蜜槽的线路地图）。

红色或紫色花吸引蝴蝶，但是招致所有对白色有偏爱的昆虫的反感，包括潜藏的吃白食者。蛾与蝴蝶有很近的亲缘关系，然而它们像甲壳虫和蜜蜂一样，喜爱白色。蝴蝶与蛾的颜色取向，分别反映在亚马逊两棵有亲缘关系的树上——*Hirtella* 和 *Coupeia*（暂无译名），它们都属于金壳果科。

很多亚马逊蚂蚁树种完美地适应了蝴蝶。它们那粉色和紫色的花朵（白色花很罕见）在白天盛放，花朵带着兜帽是为了蝴蝶着陆；它们奖励授粉者以丰盛的花蜜，它们只有少数雄蕊（作为盛花粉的器官）整

齐地、散开地布列着。很多种类的蝴蝶，同时由视觉和嗅觉指引，从容

323 地在 *Hirtella* 花上着陆，悠闲地饱餐，同时被花粉蘸了全身。*Coupeia* 树将信赖赋予了蛾子——尤其是大身材的天蛾，夜间飞翔，像蜂鸟一样盘旋，悬立于空中就餐。*Coupeia* 树夜间开花，一次只开几朵，总是白色。它们有很多的雄蕊，从 10 个到 300 个，它们让悬空的天蛾花粉涂身（偶尔也有蜂鸟），数量丰盛，因为天蛾吸吮花蜜时，就钻入了交织密集的雄蕊之中，*Coupeia* 比 *Hirtella* 更加慷慨地提供了花蜜。

作为南美洲番荔枝的亲戚，亚马逊的番荔枝非常原始；它主要由甲壳虫传播花粉，这种昆虫也很原始。但是"原始"并不意味着"简单"，或者仅仅是"雏形"；亚马逊番荔枝与它的授粉者相互适应的程度之深非同一般。亚马逊番荔枝的花结构简单：3 片肥硕的花瓣从不完全打开，紧凑地围绕着中心的锥形旋钮，那里是柱头（雌性）和雄蕊（雄性）。

大约傍晚 7 点钟，热带丛林中天才黑下来——花开始升温，达到 6 摄氏度以上。你也许觉得奇怪：毕竟我们都在学校里学过，只有哺乳动物和鸟是"温血动物"，才可以在需要时升高体温。事实上还有很多生物可以做到，大概包括一些恐龙，当然还有现代昆虫和一些鲨鱼，甚至一些花也可以做到。温度上升有助于加重气味挥发。亚马逊番荔枝不会呼出紫罗兰和金银花的香甜气味，在莎士比亚戏剧中，那些迷人的气味将爱恋之人迷魂，但是普蓝斯爵士说，亚马逊番荔枝挥发的气味，更像"氯仿或者其他什么"。但是，它达到了目的。甲壳虫（尤其是那种著名的叶甲甲壳虫），还有成群的苍蝇，寻味而来，纷飞而入。

甲壳虫挤过丰满的花瓣，到达里面的雌蕊与雄蕊器官所在的球果

上。这是一个由昆虫授粉的花中常见的装置：花儿设置障碍，只容许心仪的昆虫跨越进来。柱头这时准备好接受花粉，但是提供花粉的柱头，还关闭着。甲壳虫身上携带的所有此花需要的花粉，于是被转移到了柱头上，但是，甲壳虫在这一阶段不能再从传播花粉的同一朵花上得到花粉。所以，花朵不会发生自我授粉。甲壳虫通常在花朵中等待交配，然后它们四处漫游，传送更多的花粉。 324

甲壳虫传送完花粉，位于中心的球果顶部的柱头就会掉落。然后，其他柱头挺立起来释放花粉，所以甲壳虫被饱蘸花粉。然后，雄蕊掉落。甲壳虫吃掉花瓣底座，然后花瓣掉落，甲壳虫逃之夭夭（它们可以在花瓣掉下之前逃掉，但是它们却总不这样做），投奔到另外的花朵上——身上携带着之前花朵上的花粉。苍蝇在路过时，或许也会成为授粉者，在萼片上产卵，但甲壳虫还是主角。请留意，到此时花朵已被蹂躏，不要说是被甲壳虫摧毁的，是花朵主动舍弃了自己身体的一小部分，为了博取甲壳虫的欢心。但是，那又怎样？花朵不过是诱饵，一旦授粉生效，花粉的工作就大功告成。

苍蝇只是番荔枝生活中的过客，但是苍蝇，包括摇蚊，是很多植物还有很多树——包括可可树的主要授粉者。同样地，可可花奉献自己的一部分（花朵中的一些不育者）鼓励摇蚊，花朵以如此方式经营——当摇蚊只顾饱餐时全身被涂抹上了花粉。花朵开在树干和树枝上（这是“老茎开花”现象，在热带森林中非常典型），摇蚊主要在果荚上繁殖，果荚会落地而腐烂。如果可可树果农太爱整洁，扫净了果实荚，可可树就失去了授粉者。这类似生活中的道理，太过干净不一定是好事。很多被苍蝇授粉的花朵气味恐怖，不经意间模拟了苍蝇所钟爱的腐肉味道；

而且其中有一些花朵变热时，臭气更是变本加厉。最臭味昭著的是世界上最大的花——大王花，来自印度尼西亚。

但是，最广为人知的昆虫授粉者，也是最重要的，恐怕是蜂。一些蜂很小，一些极大，像树蜂和大黄蜂。其他的大小在两者之间，像蜜蜂、长舌兰蜂。很多蜂离群索居，还有些像大黄蜂，通常是小股聚居；还有的像蜜蜂，大群聚居。它们很多是最慷慨无私的授粉者，但是有一些，尤其是专一种类，已经适应了特别的花；同样，花也高调配合适应了它们。蜂是强健的飞虫，20 世纪 70 年代早期，在亚马逊的研究显示，*Euplasia* 属（暂无译名）下的蜂在距蜂巢 23 公里之遥放飞时，依然能飞回蜂巢。在日常的搜寻食物的旅途中，它们通常一天可以飞行很多公里，按照一个固定路线，从一种开花的树穿梭到另外一种开花的树，按照人们所知的"觅食飞行"策略。

325

有些树可以吸引各种蜂。还是 70 年代，哥斯达黎加的一项研究表明，一种豆科树 *Andira inermis*（暂无译名）吸引了 70 多种不同的蜂，从中等大小的长舌兰蜂到大树蜂。同样道理，很多种类的蜂光临很多不同种类的植物。但是，少数蜂，尤其是离群索居的蜂，确实是与特定树有着非常亲密、专一的关系，两者之间需要进行复杂的共同进化。

如果一只蜂在觅食旅行中不加选择地拜访各种植物，那么，它可不是一个好的授粉者。比如，如果来访的蜂把花粉洒向当地的三叶草，它就无法帮助英国路边的玫瑰。因此，任何一次的旅行，多数蜂（亚马逊的一项研究认为有超过 60%）只认准一种植物；只有少数蜂（15%）一次旅行串访 3 种或更多的植物种类，当然，作为授粉者，这样就有效多了。或许这种觅食专注性反映出一种"最佳觅食策略"——保证觅食效率最大化。最佳觅食策略已经在鸟类中被着重地研究过。比如，一只鸽子遇见夹杂了一些豌豆的大麦，它会忽略所有的豌豆。如果面对的是很多的豌豆，只有几粒大麦，它会忽略大麦。它抢夺的是生存口粮，专注的是视力所及数量最多的。不论哪种食物资源，只要是最可靠的，鸽子就不会浪费时间揣摩哪一种是豌豆，哪一种是大麦，或者哪一粒是石子。同样道理，一只蜂一旦遇见玫瑰绽放，它就会认准玫瑰，不再三心二意。让其他家伙们去盯三叶草吧。

有更进一步的其他研究显示，一旦返回蜂巢，四处游动而归的群居蜂就会彼此不经意地交换花粉。所以，一只蜂在蜂巢以东 5 公里之外采集的花粉，会传给另外一只在蜂巢以西 5 公里觅食的蜂。于是树，相隔 10 公里之遥，就这样发现它们之间交换了花粉。当然，在一年的 326 不同时间里，当每一种树进入花期，最慷慨的蜜蜂会从一个树种转向另外一个，这样就保证了一整年（或者在温带纬度上的一个完整季节）的花蜜供给。尽管蜜蜂也许是最慷慨的授粉者，一些树似乎也能够调节自己的开花策略，以满足蜜蜂的需要。于是，在亚马逊，一些树的花朵出现了一个“宇宙大爆炸”式的花卉表演；这样就在总体上确保引起蜂的注意。然而，另外一些树喜欢“稳定状态”，它们在一个长时期内一天只开出一个或几个花序，以吸引像树蜂一类的蜂——它们习惯飞得很远，每天遵循同样的路线。这对于排列空间很分散的树，尤其是一个好策略；但是，当然，它依赖于授粉者有规律的习惯和勤劳的工作。

在亚马逊森林里，原始的生态已经被干扰，在过去几十年里，从非洲引进来的蜂先发制人，它们就是所谓的“杀人蜂”。不过，它们只是我们熟悉的蜜蜂的非洲种类，也是很不错的酿蜜者，被很多的养蜂人喜爱。它们于20世纪70年代从巴西南部圣保罗的一个研究实验室来到了南美。以每年超过200公里的速度蔓延。1982年之前，它们飞越了哥伦比亚，离圣保罗北部已经是几千公里。“杀人蜂”掌握了制空权，它们当然对于人或者其他昆虫都很凶狠。1973年，普兰斯（Ghillean Prance）在马瑙斯观察到了昆虫们为炮弹树属——一个巴西坚果的亲戚——授粉。来授粉的包括黄蜂和蜜蜂。下一年，就只剩下唯一的来访者——蜜蜂了；虽然不完全肯定，但是很有可能，它们就是那来自非洲的入侵者。据推测，普兰斯教授在马瑙斯观察到的情景在南美遍地可见。再据推测，非洲蜂有时也会做些好事，但是总体上，它似乎没有任何慷慨之处。不过虽然好斗，却也能干，它会为新热带区的树传授花粉，其效率不逊于那些大批的已经专门进化成为执行授粉任务的昆虫。

327 当然，巴西坚果自身大概是受益者。巴西树很精彩，它们是新兴的种类，有一半树可以达到森林冠顶的高度。由于它们的坚果极具价值，巴西坚果被列入亚马逊不允许倒下的树的名单。当森林被清除，土地被用作牧场或耕地时，在相距很远的边角处，人们种上巴西坚果树，作为隔离用途。它们不像英国国家公园内高大孤独的橡树，尽管园内橡树生性孤独，却可以从容遍布，随心所欲地长大。而巴西坚果树，自中年期离开了伙伴，孤立又凄凉，看似壮观却面容枯槁。还有，尽管巴西坚果树主要是由于它的坚果而被保留，当它们在空旷地带时，却容易遭遇无人授粉的窘境。它们的授粉者多数不会在开阔地带飞翔，不像英国公园中孤独的橡树那样，风从周围的丛林里携带来丰盛的花粉，不会担心有类似问题。

然而，来了非洲蜂！它的凶悍与它的精力匹配，它显然历经长途跋涉来到孤立的巴西树面前。通常，引进来的种类总体上是不祥之兆。“外来的”除了必定使本地种类丧失栖息地之外，甚至几乎是本地种类灭绝的主要原因。但是至少在这里，唯一一次地有了一些补偿，好似一把双刃剑。

鸟类也是杰出的授粉者，尤其是蜂鸟。像蝴蝶那样，它们尤其偏爱红色。哺乳动物也喜欢红色花，因为它们对红色最敏感。像澳大利亚蜜鼠，还有南非的沙漠鼠，它们是高度专一的授粉者。其他的，像亚马逊的卷尾猴，或者非洲的长颈鹿，也许当它们觅食时，不经意地为它们的猎物授粉了。但是，在哺乳动物中，也是在所有生物中，最有效的授粉者还是那位飞翔者：哺乳动物蝙蝠。

蝙蝠有800多个种类，在哺乳动物中，只有啮齿目的种类较多。它们分两类。微型蝙蝠世界上到处都有。很多我们熟悉的温带蝙蝠吃昆虫；其他的蝙蝠以吸食哺乳动物的血为生，或者吃青蛙，或者吸花蜜和水果。巨型蝙蝠，包括狐蝠，是唯一的生活在旧欧洲的种类。它们体形硕大，多数专门以花蜜和（或）水果为生。它们严重依赖嗅觉发现食物，正像绝大多数的哺乳动物那样。与狐蝠形成反差的是微型蝙蝠，不论猎物是谁，都以回声定位：送出一个高声调的尖叫声，然后分辨回声。两组蝙蝠都是夜间活动。如果它们白天飞翔——有时它们不得已而为之，尤其在寒冷气候里，没有多少夜间飞翔的昆虫可吃——它们很快就会被鹰逮住。一些研究显示，白天飞行的蝙蝠活不过几个小时。哺乳动物和鸟，二者当恐龙和飞翔的爬行动物正在诞生之际，已经成熟壮大。但是，当哺乳动物主宰大地时，鸟类理所当然地主宰了天空。蝙蝠非常成功，无处不在而且各种各样，但是，它们被以往的经验警告，只 328

可在夜间活动，还必须要避开猫头鹰。

树木高高擎起花朵吸引蝙蝠前来授粉

接受蝙蝠传授花粉的树，必须适应它们，就像它们必须适应专门的蜂、蝴蝶或者蛾子一样。没有哪一个比得上含羞草的亲戚——亚马逊的球花豆，它们彼此适应得尤其令人感动。

球花豆被海伦·霍普金斯（Helen Hopkins）博士特别地研究过329（人人钟爱它，像一个邻家小妹，惹人无边的怜爱之情）。球花豆树体态优美，像一个大平顶的雨伞。它的叶子叠成双层，像羽毛。它的树皮平滑，但不是特别光滑，一些种类装饰着红斑点。但是最华丽的是花朵——雄蕊上的绒球，它们有的呈现时尚鲜艳的红色，有的浅黄或者浅铜色，这取决于它们的种类，悬吊在高处长长的细丝上，犹如装点圣诞树的小挂件。

每一个花序最顶端的几朵是不育的，花蜜丰盛，清早时向上漂浮。上午间，开第一朵花，下午间全部开放。黄昏时，花朵开始释放花粉。这时，蝙蝠来了。直到第二天上午，所有的花蜜被授粉蝙蝠带走，盛着花粉囊的长丝凋零，花朵枯萎了。自然界最精彩的表演，只上演了一个夜晚。花卉表演无足轻重，复制与重复复制才是关键。一个夜晚足够了，像我们已经看到的，动物传播花粉极为有效。未来的授粉者总是很清楚自己在做什么。

因此，很多不同种类的树与很多不同种类的授粉者有着特殊的、互助的关系。但是，在这个世界上，最令人惊奇的关系，是无花果与为其授粉的无花果黄蜂。这里，我们明明看见了所有参与者精确到完美的共同进化：无花果为引诱黄蜂付出诱物，双方频频出招诱使对方上当，不过到底还是摆脱不掉一些白食客（包括寄生虫）。

无花果与黄蜂

生命体各不相同，但是正如乔治·欧威尔（George Orwell）所言，有些与其他物种间的差异尤其巨大。没有谁的样子像八爪鱼，也没有谁类似人形。所以，也没有谁绝对地像一棵无花果。无花果，像本书前面章节描述的那样，有两个主要种类：一种像其他树一样生长；另外一种是附生植物。附生植物是绞刑刽子手，缠绕并勒死它们的宿主。但是

附生植物里也有不是刽子手的，像榕树，从高处竭力向地面亲近，则不
330 会摧毁它们的宿主（在所罗门岛，也有几种无花果是攀援植物）。所有无花果新结出的果实是“隐头果”的形式。它们像敦实的杯子，顶部几乎合闭着。通常有几百朵花在杯中出生，面朝里——像 D.H. 劳伦斯不久后观察到的——这就是子宫的功效。每一朵雌花只有一个子房，当花被授粉时，会发育成种子。如果花朵没有被授粉，于是整个果实就流产——通常是会流产的。而我们就要看到，出现了转折（严格地说，一个隐头果只有受过精才能变成一个果实。但是把“果实”一词当作隐头果，是为了方便理解）。

隐头果里面的花朵，是由黑色的小无花果黄蜂授粉的。一只雌性的无花果黄蜂通过顶部的孔飞进隐头果，在一些（多达半数）花朵里产下卵。一只寄居在果实里的黄蜂，生出了新一代，所以，她被称作“蜂后”。她产卵之后死去。果实成了她的坟墓。每一个卵孵出幼虫，以摊派到的花朵里正在发育的种子为食（当然杀死种子）。然后，幼虫化蛹，每只蛹依旧生活在花朵中，直到成年才爬出来。那些小黄蜂至少有一半，甚至超过 95% 是雌性；有不到半数的，通常少于 5% 是雄性。雄蜂没有翅膀，先于雌蜂爬出来，咀嚼各自的种子，夺路而出。然后，继续咀嚼出道路，来到包含着雌蜂的种子里，与还在里面的雌蜂交配，然后死去。交配后的雌蜂，身怀精子，在隐头果内四处搜寻，从雄花中拾起花粉，显然它们并不以它为食。然后，它们飞离开，找到新一代的隐头果。这些年轻的雌蜂，身披花粉，所以，是她们孕育了下一代隐头果的花朵。

一些无花果黄蜂的种类是“主动”的授粉者，而另一些则只是“被

动”授粉者。主动者身上体现了专门的适应性，包括长着特殊的袋囊盛花粉，它们有意识地填装花粉；当它们到达一棵新的无花果时，同样有意识地放置花粉于隐头果中雌花的柱头上。而被动授粉者则仅仅是闲逛，在离开出生的隐头果之前被花粉蘸得遍体都是；然后依旧无意识地把花粉传播给下一棵它们拜访的无花果树上的果实，并在那里产下自己的卵。然而，一些很明显的被动授粉者也长有花粉袋囊，这表明它们是从一丝不苟的祖先种类传承而来的。 331

一个无花果的隐头果（果实）既是子宫，又是坟墓

最终的结果是一个精彩、双赢的互利互惠。无花果受益，因为它们的花得以授粉，可以孕育出种子。黄蜂受益，因为它们找到了一个安全的好地方产卵，而且幼虫有了食物保障。没有黄蜂，无花果树不能繁殖，所以会夭亡；没有无花果，黄蜂既无法繁殖，也得不到喂养。尽管黄蜂小，却可以飞越遥远的距离，所以，任何一棵无花果的花粉可以传播到超过 100 平方公里的面积上。实际上，在非洲的森林走廊里，个别黄蜂可以携带着来自树上的花粉飞行几百公里之遥；可以想象，黄蜂飞

到高空气流中，随风拂扬（它是怎样知道何时落下，怎么落下，我们无从得知）。对黄蜂的直接研究没有发现原因，但是对于无花果DNA的研究，揭示出任何一棵无花果树，在与其相距遥远的地方，都生活着它的子孙后代。

332

无花果获得了巨大成功。已经知道的种类超过750个，甚至比橡树或者桉树还多，它们遍布热带，繁荣茂盛，不只在旧世界，还在新世界，并且进入亚热带。它们卓越非凡，实际上是森林奇迹。每一种无花果有与其共生的一种黄蜂。每一种黄蜂与它授粉的无花果共同进化。

这里，至少有了故事的基本主线。早在20世纪40年代之前，故事长卷就已展开，并且被几代生物学家延章续回，这一研究非同凡响，难度很大。无花果具有生态学上巨大的重要性——它有特供的、时刻准备好的食物以款待森林的生物；互助论的研究由达尔文首次提出，是进化假说的一个来源，而且提供了检验假说的手段。现代技术，包括生物手段，可以使研究者们发现不同无花果与不同黄蜂之间，其进化和遗传的关系。随着时光推移，见解亦日趋丰富深刻。下面的描述建立在过去20余年艰苦研究的基础上，是由巴拿马史密森热带研究所（我荣幸地于2003年拜访过那里）的爱德华·荷瑞（Edward Herrera）博士和他的同事做出的。

从纪年开始的时候起，黄蜂与无花果之间就已有了明确的关系——基本上一种黄蜂对应一种无花果，这种对应关系达到几百个种类。那么，最初是如何进化的？把历史重新构建，肯定性势必无从谈起，但是现代的研究探索，正在引发很多诱人深入的观点。

首先，遗传与解剖学研究显示，所有为无花果授粉的黄蜂，是从一个共同祖先延续而来的。比较研究显示，所有现代无花果也是从一个共同祖先沿袭而来。两件事实放在一起，暗示了今天，持互助论观点的无花果和黄蜂之间的互助，仅仅进化了一次。所有750种无花果和对应的黄蜂，都是从很久以前第一次出现的一种无花果和一种黄蜂延续下来的。更进一步讲，当每一个无花果种系分化，形成2个新无花果种类时，授粉的黄蜂也分化成2个新种类——每个新种类黄蜂，是为了那个新种类的无花果。

世界上第一只黄蜂长得什么模样？遗传学拿出了建议，当今所有的几个黄蜂属中，最古老的是 *Tetrapus* 属。它们是被动授粉者，它的不同蜂种为生活在南美洲一组亲缘关系密切的无花果授粉。也许，这就是曾经的第1个无花果与第1只黄蜂的互助论，建立在南美洲无花果的祖先与一个样子相似的 *Tetrapus* 黄蜂祖先之间。据推测，最初的互助关系的建立发生在南美洲，那里至今还存在着最古老的无花果黄蜂种类，还有它的无花果。

333

如此生死相关的命运是从何时开始的？几年前，这样的问题人们不屑理睬。但是现代DNA研究给出了答案的大致轮廓。生物体的DNA并不是单纯地在自然选择的压力下以很新的方式进化，而是本能地（因为不断被复制），一代接一代地随时间一点一点发生变化，错误因此悄悄潜入。DNA的作用是为蛋白提供代码。但是，在植物和动物（还有真菌、原生动物和海草）中，多数DNA似乎并不为蛋白编码。实际上，似乎这些DNA多多少少接近于没有什么功能，或者至少功能不明。这些DNA“不编码”蛋白的小错误，似乎对于生物的生活产生的影响很小，或者没有造成什么不同，自然选择于是没有将它们铲除。这样，错误随着时间累计。它们确实如此，更进一步说，以相当有规律的频率积累着错误，因此，通过测量两个不同生物之间 DNA 没有标识的部分，有可能看到它们是何时共享最后一个祖先的。随着时间相当稳步变化的生物体 DNA，据说还形成了一个“分子钟”。通过观察现存无花果黄蜂 DNA 的不同，可以发现它们在大约 9 000 万年前，共享着最后一个祖先。对于现存的无花果也是同样道理。可以设想，9 000 万年前的今天，黄蜂祖先开始在第一个无花果祖先的正在发育的种子上产卵。而那时，最后一波恐龙、庞大的海洋动物和飞翔的爬行动物仍旧处在大好年华。

所以，无花果和黄蜂相依为命，并且迈着共同进化的步伐——每一个新无花果种类伴随着一个对应的新黄蜂种类，这样过去了几千万年。很明显，这种伙伴关系相处得很好——无花果与黄蜂双方共同受益。（我们也许可以假设）保持联盟符合无花果和黄蜂的双方利益。因此，传统生物学家争辩道：在类似的关系中，自然选择一定倾向于真正和稳定的互利共生关系。生物间和平共处式的，还不要说相亲相爱式的互助共生，常被描绘成自然的最终状态，势在必然，是迟早要实现的。但是现代理论提出，在短期利益中，任何一方欺骗都是有可能的；由于自然选择不看未来，我们预计短期的背叛也许真的会发生。以荷瑞博士为首的学术派别以及其他派别的现代研究结果表明，在现实中，无花果与黄蜂之间的关系，经常以不同的方式在不同程度上遭到背叛，334 或者遭到戏弄。所以，现在生物学家必须要问，黄蜂和无花果彼此服务得这么好、这么长久，究竟是什么使得黄蜂会不惜代价行欺骗之术呢（无花果也一样，尽管欺骗的程度轻微一些）？

二者之间的关系可以适用“博弈理论”，或者用成本与收益的理论进行分析。底线是无花果与黄蜂必须为彼此之间的服务付出代价，而任何一方不能付出太多。无花果牺牲了很多未来的种子，多到每个隐头果奉献出半数以上的种子来喂养小黄蜂的幼虫。作为另外一方的黄蜂，似乎必然要克制，既然它们在半数的种子上产卵，为什么不能在所有的种子上产卵？因为果真这样，黄蜂就越过了底线，就会把无花果一网打尽。但是这类事情在自然界中分明发生着，因为自然选择不看未来，而将未来让位给此时此地。已经知道野生生物联盟有时会被打破，导致共同灭绝。同样道理，人类社会也时常由于违反协约而导致联盟破裂，一些人得到了短期优势，但是有时，却招致了全体的覆灭。那么黄蜂是如何知道欺骗要付出代价，而克己慎行的呢？

让我们再多些疑问：黄蜂通过散播花粉受益于无花果，如我们已经看到的，主动授粉者尤其懂得“适应”的道理。但是为什么黄蜂会为无花果授粉？是什么使得黄蜂作出这样的适应？当然，从长远看，它们自己会受益——孕育未来一代可食用的种子。但是由于自然选择不考虑长远，我们总是不禁要问，任何特别行为的模式里，什么是短期优势？在此例中，为什么遵守诚实游戏规则的授粉黄蜂会受益？

335

事实上，无花果大约已经进化出很好的机制预防欺骗。也许任何一个隐头果上的种子，并不是所有的都可以食用。植物是最杰出的化学家；实际上，所有生物体都具有某种程度的多态性，即产生的后代有这样一类，还有另外一类。无花果能结出一些好吃的果子，作为牺牲品，奉献给重要的黄蜂；而结出的另外一些种子，黄蜂发现味道难以忍受，就会不予理睬。有一些初步的证据证明，这类情况正在发生着，但是这幅画面还不够清晰。

有另外一种情形，雌性黄蜂进入一个新的隐头果，产下的卵不足够占据所有花朵。这是很有可能的。然而，我们也看到，虽然一些无花果的果实通常只被一只雌性黄蜂占据，但是也有一些较大果实被几只不同的黄蜂侵占。我们也许假设，它们会占据所有的花朵。但是情况并非如此。所以，肯定花中有某种驱虫剂令它们厌恶，这很有可能阻止了它们。

为什么黄蜂——尤其是那些主动授粉的黄蜂——会远道而来为其占据的果实授粉？为什么不只是捏一下它们入侵的隐头果里面的胚珠，产下卵，而不必介意为搁置一旁未受精的胚珠授粉？答案似乎是，任何隐头果内的胚珠如果不被授精，就会流产。黄蜂不授粉，它的后代就得不到养育。像格言所说，没有免费的午餐。简言之，无花果似乎操纵着游戏，那么，黄蜂如果诚实，确实会短期受益；而如果欺骗，即使是短期也会遭到惩罚。

如此机制，似乎使整个体系成为可能。然而很清楚（史密森的研究结果已经显示），就像曾经预测的，还是不够稳定。寻找了很久，似乎应用的就是最简单的规则：每种无花果有自己特别种类的黄蜂；每种黄蜂只适应一种无花果。但是，现代技术使生物学家能够通过检验它们的DNA，发现不同生物种类之间的关系。DNA 确实是一个最可信赖的分子。一些 DNA 片段——尤其是明显没有功能的部分，叫作“微卫星”——变化得很快，以至于它们之间的不同甚至能够揭示出科内的关系；谁是谁的兄弟姐妹、父母，或者后代（有些应用于法律上的亲子鉴定）。在 DNA 变化更为缓慢的其他部位，它们之间显著的差异可以揭

336

示出来——不同的个体属于不同的种类。当两种或两种以上的不同物种看上去非常近似时，这一片段在研究上尤其有用。因此，近些年 DNA 研究揭示出不同群体的猫头鹰、老鼠、猴子和蝙蝠，曾经被认为每一群体代表一个种类，其实应该被分成两种或更多的种类。当某个种类除了DNA就无法区分时，被称作"亲缘种"。

通过 DNA 研究，史密森学派的生物学家们已经表示，无花果黄蜂包括很多亲缘种，他们甚至发现亲缘种中的古黄蜂属 *Tetrapus*，这意味着那条"一棵无花果对应一只黄蜂"的原则已经被打破了，如艾伦·荷瑞所发现的。我们也许可以依此推测，当两种黄蜂为同一种无花果授粉时，这只不过是因为两种黄蜂起源于同一个古代种类，后来发生了分裂，形成两个新种类。但是，DNA 研究显示，有时两只为同一棵无花果服务的不同种类的黄蜂，并非很近的亲戚。这意味着，两者之一一定来自其他种类的无花果。照这样下去，就变成了某些黄蜂种类占据了不止一种无花果。因此，黄蜂可能比当初设想的更像蜜蜂。当两种黄蜂在一棵无花果上相遇时，从理论上讲，它们也许会杂交——而且 DNA 研究显示，有时杂交的确会发生；尽管杂交后代似乎并不传授花粉。当一种黄蜂为多于一种无花果授粉时，无花果也会被杂交——如我们已经在柳树、山楂树、杨树、悬铃木，还有很多其他的树身上看到的，所有种类的杂交植物，能够而且确实进化成新种类（也许这就是为什么现在有诸多不同种类无花果的一个原因）。

在史密森研究所对巴拿马森林的研究中，每当多于一种的黄蜂占据同一种隐头果时，两种黄蜂会是尽善尽美的授粉者。但是，不总是这样。一项非洲的研究已经显示（至少有了一个例子），占据着无花果的一些黄蜂（其中一种亲缘种的），行为就像一个寄生虫，它在花上产卵，337 因此它的幼虫得到了喂养，但是，它确实没有授粉行为；这是欺骗——一个不折不扣的吃白食者。博弈理论揭示，吃白食的黄蜂也许存在，也许有一个小生态环境，使它们能够得逞。我们见到了，简单的无花果与黄蜂之间一对一的关系进化了超过几百万年，达到了完美的互惠共生的程度。其实，事情并不像看上去的那样温暖融洽。这种关系像所有的互助者，是动态的，而且总是倾向于衰退。

通常，任何果实会被来自同种类的多于一种的蜂后占据。这就引起了另外一系列的复杂性，复杂性又一次被现代进化理论预测出来，不出所料，确实发生了。

让我带领你回到前面的观点：通常，隐头果内出生的小雄蜂的比例是从大约 5%（每 20 只小黄蜂里有一只是雄峰）到大约 50%。初步的论断是，很多的生物可以调节它们后代的性别比例。人类做不到，我们不可能在所有事上闪耀光芒。这种调节对于黄蜂（还有蜜蜂和蚂蚁）来说非常简单。因为这些昆虫中的雌性都是从受精卵发育来的，而雄性是单性生殖。母亲黄蜂（或者蜜蜂、蚂蚁）一直到卵子孵出前，斟酌情形，才决定是否要为它们受精。如此精致的机制令人难以置信，却的确在此发生了。

从理论上推测，当只有一只蜂后占据一个特别的果实时，雄性比例应该很少：二十分之一，而不是二分之一。但是当有更多的蜂后时，我们预计雄性比例会增加。这个观点是：每个雌性都会竭力将自己的基因按尽可能高的比例传宗接代。如果任何特别的果实内所有的幼虫都是她自己的后代，那么，她所产下的小雌蜂一定会与她自己的小雄蜂交配（如果她们都要交配）。这样的繁殖方式属于近亲交配，母亲既通过小雄蜂也通过小雌蜂把基因传递下去具有的优势远胜过近亲交配。所以，她只需要足够的小雄蜂以确保小雌蜂全被受精，20只小雌蜂里有1只小雄蜂，似乎就足够了。这样当然好了，蜂后可以专注于小雌蜂，因为她们要产卵，生出孙子孙女一辈。

338

但是，如果每个果实中有多于一只蜂后，那么小雄蜂就会发现自己的对手不仅有自己的兄弟（遗传上很近似），还有来自不同血统的（尽管是同一种类）雄蜂。在此情形下，蜂后也许应该单独生出小雄峰来——大而强壮，足以与其他蜂后的小雌蜂们交配。然而，理论显示，从来没有蜂后生出比小雌蜂多的小雄蜂。雄峰与雌蜂的比例从未超过50：50。自然史再次支持了这一观点。荷瑞博士和同事的研究还告诉我们：当每个果实里蜂后的数量上升到6只时，雄雌比例大约上升到50：50。

但是，还有一个困惑。雄性只有一个功能：与雌性交配。除此以外，不论是从黄蜂的角度还是从无花果的角度，雄性黄蜂都是一个无用之物。尽管如此，无花果还是奉献出一粒种子给每一只刚出生的黄蜂。但无花果关心的只是小黄蜂中的雌蜂，她们飞出来为别的无花果授粉，至于无花果所不关心的雄蜂，他们是越少越好。这暗示了无花果应该鼓励黄蜂一次进入一个隐头果：它们应该进化出黄蜂进入的限制（而在自然界中，能找到很多类似的例子）。事情果然就是这样——小隐头果比起大的，对于多只蜂后更缺乏吸引力，所以我们预期自然选择更倾向于小的隐头果。但在现实中，一些无花果种类确实有小的隐头果，而另外一些种类无花果的隐头果则有大的。那么，为什么自然选择喜欢大隐头果？在后面的不同情境中，这个问题会再次提出。但不管从哪个角度看，大隐头果似乎是个坏消息。答案会有的，将在这一章的后面呈献。耐心点，温柔的读者。

无花果与黄蜂之间的游戏，似乎还不够曲折坎坷，现在又来了第三者：寄生线虫。

来了个线虫

339 已经有人提出，地球上每一生物的种类超过一定数量的，就会有它自己专门的线虫寄生虫。如果真是这样，就意味着地球上生物种类的总数等于非线虫的数量乘以 2。不管是不是这样，似乎每一个授粉黄蜂的种类，确实有它自己的线虫种类。所有巴拿马无花果黄蜂线虫属于同一个属：*Parasitodiplogaster*。由于荷瑞博士工作所在的史密森热带研究所地点是在巴拿马，这个属他们研究得最多。

Parasitodiplogaster 的生活周期依附于它们所袭击的黄蜂。不是所有的无花果都被线虫骚扰，但是，在那些被骚扰的无花果尚未成熟到传播花粉的阶段时，小雌蜂从它们的花朵中浮现出来之前，线虫到达了。于是线虫进入黄蜂的体腔，开始从体内消耗它。它们的骚扰不会立刻致命，然而，它们的宿主，携带着它们到了另外一个隐头果。当被感染的黄蜂最终死去时，通常是它们在下一个隐头果里产下卵之后，会有多达 20 只甚至更多的成年线虫爬出她的体内，交配，然后产卵。小线虫比小黄蜂先孵化出来，它们做好侵略黄蜂的准备，并开始一个新的生命周期。

总体上，寄生虫与宿主之间的关系好似成熟伴侣之间细腻而复杂的关系。寄生虫的目的是长大和繁殖，为此，它必须靠宿主喂养。如果它们肆无忌惮地消耗宿主，很有可能会杀死宿主。如果它们过于羞涩，就会输给比它们精力充沛、交配更快的寄生虫对手。总之，需要寄生虫尽可能充满活力、“不遗余力”；但是，又不能跨越雷池一步。

现在有一个更大的困扰。从理论上推测，如果携带了线虫的黄蜂占据的是自己的隐头果——每个隐头果有一只黄蜂，也许线虫就不该对黄蜂欺人太甚。毕竟，如果太不厚道，杀死了宿主黄蜂，它们也就失去了机会，无法被带到新果实里产卵。但是，如果果实里被线虫所袭击的黄蜂超过一只，它们就可以变本加厉。部分小宿主黄蜂被杀死，并无大碍，因为还可以依赖于其他没有被杀死的，将线虫带去放牧新果实。史密森的科学家们发现这一推论站得住脚。单独占领果实的黄蜂，即使它们被线虫侵染，通常还会飞向新的果实。但是，如果果实里住进了两只以上的蜂后，被线虫侵染后的蜂后会有一些在离开隐头果产卵之前身亡。 340

线虫，毫无疑问是黄蜂的克星，尤其是恶意的线虫，它们也是无花果的克星，毕竟无花果要为每一只出生的黄蜂牺牲一粒未来的种子，当黄蜂死于线虫的攻击时，这种牺牲就白白地浪费了。还有，无花果结出的每个隐头果最好只吸引一只蜂后。那么，小型的隐头果似乎更有优势，因为总体上隐头果越大招来的蜂后越多。既然如此，又引出了新问题：为什么无花果继续结出大的隐头果？

不论是无花果黄蜂还是线虫，都没有自己的领地。有一些种类的黄蜂（其实是有一部分这样的生物）靠隐头果养活，但它们却是纯粹的寄生虫，不以授粉方式给无花果作任何回报。更为令人迷惑的是新大陆的一组黄蜂，用它们的产卵器从外围戳入隐头果，在外围或里面的花肉上产卵。隐头果制造出瘿瘤——一些大片组织——作为应对，既当防卫，也为正在发育的黄蜂提供便利的家。瘿瘤在植物里非常普遍，尤其是年岁久被袭击过很多次的老树。

一个隐头果如果被瘿瘤上的黄蜂袭击，它的花朵得不到授粉，就败育了。我们看到无花果通常会放弃受精失败的隐头果，所以，带瘿瘤的隐头果似乎应该以被脱落的命运而告终。然而，事情却并非如此。很明显地，是瘿瘤黄蜂阻止了隐头果的脱落。无花果调动荷尔蒙，引发受精失败的隐头果的梗发生变化，使它们脱落。但是，黄蜂显然自己制造出化学剂颠覆了或者阻断了无花果的荷尔蒙信号。黄蜂，像一个黑客，已经破解了无花果的保护密码。这是一种生物间“军备竞赛”最好的例子，我们在自然界中常常看到，捕食者与猎物、宿主与寄生虫，在彼此的存在中进化。至于无花果与黄蜂，我们可以确定，它们的角逐没有到此完结，实际上，永无完结之日。我们应该回头看看过去的100万年间，无花果是否曾想出过一个新办法战胜瘿蜂的无赖行为？恐怕没有。原因当然多种多样，但是也许未来的某个时间里，瘿蜂会再次让这种“军备竞赛”升级，这也不足为奇。顺便提一下，瘿蜂身上也有更小一点的黄蜂寄生着。这就是乔纳森·斯卫弗（Jonathan Swift）观察到的跳蚤“被更小的跳蚤叮咬着，于是，无限地循环往复”，这句话用在黄蜂身上，似乎最贴切不过了。

后面，是更有趣的故事。

341

冷暖无花果

尽管无花果根本不爱瘿蜂，但它们还是要尽心竭力地保护至关重要的授粉黄蜂。这一点又被史密森的研究揭示出来了；尤其是，无花果要在隐头果内维持一定的温度，使里面幼小的黄蜂得以发育。

通过初步观察，科学家们发现，当温度高于一天午间温度 5 摄氏度到 10 摄氏度时，巴拿马授粉黄蜂（至少有两种）会因为无法忍受而死亡。但是，荷瑞博士和他的同事在 1994 年发表的论文中说，“当物体毫无遮拦地暴露在阳光的直射下时，这种温度会致命”。而这样的“物体”就包括挂在无花果树上的隐头果。他们测量了隐头果内的温度——发现它们仍然保持着和周围差不多的温度——对于里面正在发育的幼蜂还算舒适。即使是在最暴晒的日子里，隐头果里面的温度也从来不超过 32 摄氏度，黄蜂完全可以接受。

还有更令人狐疑的问题，并且颇为复杂。物理学理论提出：小果实应该比大果实容易保持低温。但是事实上，较大的果实通常比小的更清凉。那么，无花果通常是怎样保持低温的呢？而且较大的果实——明显地在挑战物理学——是如何成为果实中最清凉的呢？

科学家们假设，大果实通过蒸发给自己降温，像叶子，或者像哺乳 342 动物出汗。为了证实这个想法，科学家们简单地把无花果涂上油，以堵住气孔。结果显示，大隐头果内部的温度上升了 8 摄氏度。当外面的温度达到 29 摄氏度时（这很常见），这些涂过油的大隐头果里面的温度上升到大约 37 摄氏度，热度足以在两小时内杀死里面的黄蜂。小果实无需这样的试验，它们没有气孔，或者很少。

所以，大果实可以自己保持低温，但是要付出代价——这样做要浪费大量的水。对于为什么小隐头果比大个的更受青睐这个问题我们已经找到两个原因。其一，大隐头果有更多的雄蜂（因为有更多的蜂后），引起浪费。其二，线虫在大果实里更加猖獗（因为有更多的蜂后），又引起浪费。现在，让我们概括一下，大果实不得不消耗珍贵的资源——水，只是为了保持清凉。但是，为什么那些无花果还要结出大果实？自然选择怎能倾向于如此显而易见的荒谬？

我必须继续延缓公布我的答案，在“散播种子”的标题下，我们应该先看看种子散播的一般性。

散播种子

温带和热带的很多植物依赖动物散播种子，它们与授粉者的关系是互利共生的，给与和索取是彼此双方的事情。毋庸置疑，树一定要传播种子。但是动物们不是慈善家，它们一定要索取回报。可以料见，它们吃掉一部分种子，比如松鼠，很典型，撒多少种子就至少吃掉多少。当树结出肥硕的果实，动物也许只消费果肉，然后，或者吐出种子（经常可以看到猴子像机关枪吐子弹那样有效地吐籽），或者让种子穿肠而过（种子留在哪里取决于它们在哪里托付粪便）。

343 总有压力而且不可避免。如果一棵特别的树进化成依赖于一个特别的撒种者，当撒种者消亡时，树也随之消亡。在热带森林中，似乎有很多种子只是耗尽了，也许在过去，它们是由早就消失的恐龙，或者早就灭绝的巨大哺乳动物撒种的。另一方面，如果撒种者太普遍，它们会吃掉太多的种子，树也会因受到牵连而死亡。平衡至关重要，我们可以找到几千个例子，但是几个就足以说明问题了。

第一个是巴拿马天蓬树，来自豆科，生长在巴拿马心脏部位的巴罗科罗拉多岛，史密森热带研究所对它探究了多年。爱格伯特·利（Egbert Leigh）在岛上工作了30多年。一个密雨连绵的早晨，他把巴拿马天蓬树引荐给我——它实在可爱，树皮是三文鱼的浅粉色，树干分杈后又分杈，编织出来“一个优雅、近似半球状的树冠，层层叠叠的叶子在细枝间盘旋缠绕”。

在巴罗科罗拉多，每公顷森林大约只有1棵巴拿马天蓬树，这在热带森林中是一个非常典型的数量。当六七月来临，纤纤几簇粉色的花开放在嫩枝顶端。分明是晚四月和初五月的雨水催促花朵绽放。当然，如果雨季的开始不明显，比如，上一个旱季不是像应该的那样旱，巴拿马天蓬树开出的花朵就会少很多，结出的果实也少很多。这对于巴罗科罗拉多的动物是一个坏消息，因为巴拿马天蓬树是它们赖以生存的食物树。所以，气候的小变故引起的是轩然大波。当全球变暖持续不断，我们可以预测，气候会变得越来越捉摸不定。

作为名副其实的豆科树，巴拿马天蓬树的果实恰好在豆荚里结出：一个坚硬的木豆荚包裹着一层薄薄的、香甜的绿色果肉，里面只有一个独生大种子；遇上好年景，每平方米的树冠可以结出20个或者更多的果实。收成巨大。利博士说：“动物们成群结队，趋之若鹜，奔赴豪宴。”其中一些直接取走树上的果实，它们中包括食肉动物蜜熊和长鼻浣熊（很多食肉动物肉草兼食，特别是熊），还有猴子、蝙蝠和松鼠。另有一些从地上捡果实，包括刺豚鼠和无尾刺豚鼠，它们是豚鼠（宛似小羚羊和鹿)、棘鼠(也是豚鼠，但并非老鼠的亲戚)、野猪(新大陆的344猪)，还有偶然出现的貘的大个头的亲戚。很多来赴宴的动物只吸出木豆荚外层的果肉；但是有一些，尤其是野猪、松鼠、棘鼠和刺豚鼠，会咬穿坚硬的壳，直到露出里面的豆子。

大多数欢宴者是巴拿马天蓬树的敌人：它们只顾大饱口福，却不撒种。松鼠也吃，但是吝啬撒种。猴子功劳较大，有时它们找到果实，就地吃掉，但是有时它们不吃，将果实从树下带走。一棵小巴拿马天蓬树，像普通的其他热带树一样，不会长在父母身旁，因为广泛撒种是必要的。基于此，最为重要的撒种者，是巴罗科罗拉多最大的食果蝙蝠(尽管重量只有70克)。食果蝙蝠不在果树附近停留，因为它们会被潜伏在树上的食肉捕食者(它们正等待着食果捕食者)或者猫头鹰逮住。蝙蝠携带着果实飞出一段距离，来到能栖身的树枝上，利博士说："它们从容咬掉果肉，安静得无人会被打扰。"

但是仅仅撒种还不够。巴拿马天蓬树的种子还要被种植。蝙蝠不播种，它们剥掉的豆荚(它们只对种子周围的果肉感兴趣)被刺豚鼠发现，刺豚鼠吃掉了其中的部分种子；但是像温带的松鼠对待橡实一样，它们也会埋起来一部分种子，作为饥荒年代的储备。有一些年景，巴拿马天蓬树果实累累，而其他树果实歉收；于是，刺豚鼠会吃光巴拿马天蓬树的果实，而如果它们还有其他树的果实可以充饥，巴拿马天蓬树就会保留下种子熬过荒年。

很显然，撒种的过程极端随机。巴拿马天蓬树的果实和种子，必须首先具有一系列防范动物的手段，特别是对付那些只顾狼吞虎咽者。最终的成功取决于两个不同种类动物的鼎力相助：空中食果蝙蝠和地上的刺豚鼠。蝙蝠自己不吃种子，所以是安全的同盟。刺豚鼠确实吃掉对树有用的种子，但是依然有用，因为它们有时吃不完所有种子——有些种子被遗忘了。刺豚鼠大概找不到它们埋藏的所有战利品，这是因为藏宝与挖宝地点的错位。还有，有些刺豚鼠被虎猫（南美洲中等大小带花斑的猫）吃掉了。但是，巴拿马天蓬树也竭力讨取刺豚鼠的欢心——在某一年使出浑身解数结出更多的种子，即使周围所有的刺豚鼠到齐，也享用不完。大丰收非常奏效，这就是为什么巴拿马天蓬树和其他这类树需要大丰收。一个青黄不接的年景（由怪异的气候引起）意味着大丰收那一年的所有努力化为泡影。 345

利博士说，巴罗科罗拉多岛上的巴拿马天蓬树后继无人，小树很少。他说，也许是因为岛上的虎猫数量太少，所以有太多的刺豚鼠——好事总是过于偏向某一方。也许我们应该说，巴拿马天蓬树的安全撒种需要三种动物——食果蝙蝠、刺豚鼠，还有控制刺豚鼠数量的虎猫。这似乎是一个很不稳定的生存方式，但是直到现在，它肯定有效，不然就不会有巴拿马天蓬树了，这一年（2004 年）长出一些小树苗，明显是虎猫控制了刺豚鼠的数量。

很清楚，尽管整体的多样性对于任何种类的生存都十分必要，难以捉摸的自然平衡的概念才更事关重要。树不是简单地适应某个特别的动物，它们要适应整个环境——气候、动物和植物。但是，在这所有当中，它们非常依赖于特殊的同盟。

我的第二个故事来自另一个大陆。它又一次显示，树的命运多么依赖于环境，并且与日俱增地依赖于人类的匪夷所思的活动。

杰出的德拉敦森林研究所位于喜马拉雅山脚下，比斯沃斯·萨斯博士（Biswas Sas）正兴致勃勃地把一排令人仰慕的毛麻楝指给他的学生们。研究所巨大园区主街道的一边形成一条毛麻楝大道。毛麻楝是桃花心木的亲戚，长得高大笔直，沿着路涯，均匀地排列着。问题是，他问学生（也问我）：“你们认为是谁栽种了这些树呢？”所有被问到的人，猜想了很多大人物：潘迪特·尼赫鲁、甘地、一些来访的英国皇室成员，等等。比斯沃斯博士慢慢堆起得意的笑容。等到学生们才思枯竭，他揭晓了秘密：“是蚂蚁！”

这怎么可能？很容易见到蚂蚁帮忙种一棵树。如果种子足够小，它们可以驮着种子到蚁穴。但是，它们又是如何把种子排列得这样有秩序？蚂蚁群落常被比作军队，尽管它们没有接受过军事训练。但它们不会有意地去均匀分布种子，或者像巴拉克拉瓦骑兵的帐营那样，布置得严谨成行。

346

现在树的位置，曾经是一种白色花——夹竹桃的亲戚的小花床，它们被装在砖做的花盆中，规则地摆放开来美化城市。比斯沃斯·索玛记得，那还是20世纪70年代，每天早晨，他骑着自行车从白花丛旁经过。所有昆虫都对这种植物不怀好感，只有蚂蚁学会了与它相处。它们从一棵年迈、高大的母树（如今还在路的另一边）运送种子到花床。蚂蚁吃不完这些种子，放在这儿又可以躲过其他昆虫的注意。侥幸蚁口逃生的种子于是发出芽，在每一个小花床里有1棵至2棵。而且，在比斯沃斯工作的生涯中，它们蓬勃长大，“就在我的眼前！”他说着，咧出大大的笑容。

但是，要听最复杂的撒种故事，我们还必须回到无花果。

为什么无花果不顾一切要结出大果实：秘密揭开了

当无花果的隐头果里面的种子成熟，并且准备好散播时，就是名副其实的果实了。很多动物来摘取果实，比如猴子，摘取果实的同时传播种子，但是总体上是破坏性的。无花果这一阶段的生命中主要的联盟既要做到撒种，又不能分享太多，它们是各种各类的鸟，还有食果蝙蝠。

每一种无花果或者结出红色果实吸引鸟，或者结出绿色果实吸引蝙蝠。吃果实的鸟白天依赖于视觉，鲜红色正好达到效果。鸟类中，侏儒鸟是主要的食果者，唐纳雀、暴躁的京燕和啄木鸟是机会主义食果者，吃现有的，但是也乐于吃些别的。蝙蝠夜间猎食，对于它们，淡绿色为宜。实际上，食果蝙蝠在明亮的满月夜晚不如黯淡的夜晚活跃。月光皎洁的夜晚它们会被猫头鹰捉住，那会是一种哥特式的野蛮遭遇。为无花果撒种的鸟类几乎同等大小，红色的果实是为了吸引鸟而进化的。蝙蝠，不像鸟类，它们把果实从树上带走到其他地方，在更加隐蔽的树枝上，悠闲享用。这还是一个防范猎食者的办法。要知道，猫头鹰（或灵猫，或豹子）或许正在树的周围盘旋，等待机会。

347

到此时，我们的困惑似乎终于有了答案：为什么无花果不顾一切要结出大果实，尽管这似乎给它们惹来许多麻烦？大蝙蝠比小蝙蝠飞得远，所以，平均起来，大果实比小果实传播得更广远，热带撒种需要传播得尽可能地分散。大果实也许有许多不尽如人意之处，但最终是值得的。

至此，无花果的故事至少有了一个大致轮廓。一些哲理蕴含其中，其中有些观点正如荷瑞所强调的，把理论与野外发生的联系起来，在生物学上有多么不易。无花果与黄蜂的基本关系已经足够复杂，但是，当看似授粉者，实际上是寄生虫的隐匿的黄蜂掺和进来时（还有线虫，它的凶悍依赖于蜂后的数量，还有其他，等等），复杂性就成倍地增加了。然而，不管我们对于自然界了解多少，我们的认识仍然有限。科学很精彩——对于无花果与黄蜂的研究能达到现在的水平，令人赞叹不已——它出色地结合了自然史、坚韧的探索、想象力和智慧，但我们发现得越多，似乎就有更多的等待发现。

已经很清楚了，如果我们不惜做任何事情打扰黄蜂的生活——比如，无所顾忌地使用杀虫剂，那么我们会赶尽杀绝无花果，或者让如今一代的无花果成为最后一代。无花果的果实是蝙蝠和鸟赖以生存的饲料，无花果也是其他众多生物的宿主。在巴拿马，各种各样的无花果全年结果，而其他的大多数果实完全是季节性的。有些时候，无花果遍地可见。如果没有了无花果，一半的动物会陷入严峻的困境，整个生态系统的平衡就会被颠覆。我们也许正不假思索地看着它被吞噬，或者，实际上，即使我们竭尽全力挽救，也只能眼睁睁地看着它从我们面 348 前消失。在另一方面，尽管看上去不稳定，无花果与黄蜂仍然维系着它们之间的关系，以一种或另外一种形式，已经有超过4 000万年未被打破。它的体系充满活力，只要我们愿意为它们出力，也许能帮助它们渡过难关。

最后，如此众多的树，如此深度地依赖于动物授粉者和撒种者，我们于是会问：如果它们的同盟者消失了，它们的命运会怎样？一个极具诱惑力的答案来自印度洋的毛里求斯岛。

渡渡鸟和大颅榄树：一个悲伤的童话带有幸福的结尾

生活在毛里求斯岛上的卡法利亚树，是我们知道的大颅榄树——热带较大科之一山榄科的成员。但是1977年，威斯康星大学斯坦利·坦普尔（Stanley Temple）博士在《科学》(*Science*)中报道，毛里求斯岛仅存的大颅榄树全部超过了300岁，再也找不到年轻的大颅榄树了。由于大颅榄树只生活在毛里求斯，这些老人家是世界仅存的。然而，大颅榄树曾经很普遍，普遍得可以用作普通的木材。仅存的大颅榄树也是可育的，而且明显地被授过粉，每一年都结出丰硕的种子。那么，出了什么差错？

坦普尔博士提出，也许是大颅榄依赖于渡渡鸟撒种。渡渡鸟在1681年之前——也就是在欧洲水手初次踏上毛里求斯岛200年后——绝迹了。大颅榄结出的种子很大，大约5厘米长，被极为坚硬的1.5毫米厚的壳裹住，这层壳太厚了，显然，除非这堵厚墙先变软，幼种是难以发出来的。坦普尔博士说，大颅榄进化出如此坚若石头的种子，是为了对付渡渡鸟。

渡渡鸟吃大颅榄的果实，消化掉外层的果肉，大个木化的果核送到鸟胗，里面堆积的石子可以把种子磨碎。大颅榄种子的外衣进化得越来越厚，以应对渡渡鸟肠胃巨大的研磨力量。最终它们厚到若不首先被渡渡鸟吃下，就根本无法发芽。当然，种子如果在鸟胗里被磨碎，就意味着大颅榄的失败。但是如果仅被肠胃研磨或者“划”一下，它们会比没有穿肠经历的种子发芽更容易。实际上，它们需要划痕。这又是一个共同进化的例子。坦普尔博士把大颅榄种子喂给火鸡来检验他的理论。

349

火鸡与渡渡鸟没有亲缘关系，但是生态学上等同，野火鸡吃山胡桃的坚果。火鸡磨碎了一些大颅榄的种子——17 粒种子当中有 7 粒被火鸡消化掉了，但是 6 天左右之后，它们放弃了另外 10 粒——或者咳出来，或者经过肠子排出去。这 10 粒种子磨损得恰到好处，确实发出了芽。

像我们已经看到过的，很多种子受益于动物以某一种或其他种方式的“预先处理”。在印度，柚木种子有时在播种之前要做些准备，将它们撒在森林地面上，让白蚁找到它们。昆虫啃掉种子壁后，它们发的芽会更好（不过，不要把种子留在那里的时间太长是很重要的）。渡渡鸟和大颅榄树的故事，汇集了古典童话故事的所有元素。

实际上，故事有一个缺陷，这一缺陷似乎不够真实。毛里求斯地区的森林现在已经被围栏圈起，驱逐了猪、鹿和猴子，它们是爱管闲事的欧洲人在过去三个多世纪以来引进岛屿的动物。啊！在清理后的地区，大颅榄的小树苗发出芽了。显而易见，它们需要的并不是渡渡鸟的重现，而是曾经引进的食草动物不再出现。这对于大颅榄树是一个太幸福的消息。但是，多可惜，扼杀了一个凄美的童话故事。

树就像所有生物，与同种类以及其他生物有着混合的关系——部分是战争，部分是和平，部分是不安定的休战。甚至与那些吃掉树、引起树疾病的生物，也是同样复杂的关系。

生命是折磨：秋天的颜色

350

树像所有植物，一生遭受攻击——从还是一粒种子之时，到被捕食者和寄生虫送回大地的那一刻。捕食者在这里是大食草动物，从牛、松鼠到食叶的猴。如果定义不那么严格，寄生虫还可以包括病毒、细菌和真菌，它们通常被认为是疾病的祸水。所有在树上打洞的生物，像虫子、昆虫和螨，实际上还包括所有昆虫和其他一些生物，普遍地被归类为害虫。老式生态学倾向于把它们看成是自然界的偶然之物而忽略过去，然而，它们是整个自然界主要的驱动者，它们也许决定着全部生态体系的形态和方向。我们已经看到无花果与无花果黄蜂关系中线虫的作用。更为深刻的是，躲避寄生虫的需要大致解释了热带森林巨大的多样性——没有一棵树承受得起与同种类的其他树太接近而遭到感染。还有更具说服力的，也许如果没有寄生虫，就不会有性，所有生命的变革就无从谈起。不能简单地理解生物要生活得多种多样，如果不是性把基因结合，像我们（还有橡树和蘑菇）这样的生物就根本不会进化。似乎我们成为我们，树成为树，正是因为我们各自的祖先都要战胜疾病。

寄生虫和其他害虫的确危害不浅，树似乎尤其脆弱，因为它们不得不在同一个地方待下去——不像年生植物，今天在这里，明天不知身在何方。多数时候，多数的树躲过了疾病，但是，不列颠的每一个人都意识到了荷兰榆病，由荷兰榆病属的真菌引起，由多种树皮甲壳虫携带而来。榆树曾经是英国最具代表性的树，榆树篱墙是最常见到的，传统的农民用它遮荫，或者作为未来木材的储备来源，是随手可得的农业森林学的应用实例。榆树的身姿常被来自萨福克地区的康斯特布尔浓重地表现在他的风景画作中。榆树在西部乡村强劲地生长，被称作“威尔特郡野草”。但是，20 世纪 70 年代至 80 年代之间，在大约 10 年之 351 内，英国所有比灌木略高一些的榆树都遭致灭绝，那是历史上最具戏剧性的灭绝。

当然，所有树在某种程度上都遭受从害虫到疾病的侵害。在英国，橡树每年大约失去一半的叶子给昆虫。毛毛虫有时会彻底蚕食掉春天所有的第一茬嫩叶，作为应对，橡树随之会在每年5月和6月二度抽出新叶——人们称作“拉玛生长”。我们会周期性地听到在欧洲和美国，来自真菌或者细菌（或者不论什么）的对橡树或者栗子树产生的各种各样的威胁，似乎要不了多久，我们将不幸地不再拥有任何传统的种类。

世界上最具价值的两种热带硬木树——柚木和桃花心木，两者都被各自的害虫盯住不放，不仅它们在野外的生长被骚扰，也极大地影响了种植园的经济效益。柚木主要遭受食叶蛾的侵扰，毛虫每年几乎把所有的柚木叶子都吃掉，新生的叶子很快又被一扫而光。柚木骨瘦如柴的憔悴身形常常令人不忍目睹，这也意味着它们需要很多年才能长到成材大小。因此，印度传统种植园的柚木一个周期80年是很典型的。现代的优化选择与培养已经把周期缩短到30年，但是，在巴西（谢天谢地食叶蛾没有出现，它们留在了亚洲原籍），收获周期减短至18年（这大概正好是林业主所希望的）。印度生物控制方面的新研究，终于应允要对付这些蛾子，我们还在期待是否会奏效。桃花心木也被侵扰，特别是被嫩桃蛀虫蛾的毛虫，生长锥上先是被咬出洞，然后被摧毁。树却没有死，相反，它顽强地长大，而且长成负有名望的树所应有的材质。桃花心木在被蹂躏的生长锥下面送出一簇簇像灌木一样的新芽，原因在第12章描述过——生长芽通常会释放一种荷尔蒙（植物生长激素）来反抗昆虫的野蛮行为。随着荷尔蒙来源的消失，下面的芽变少，就有了更多的生长空间。在世界范围（马达加斯加的肉桂种植园此刻在我脑海里浮现）内，很多在经济上具有巨大重要性的珍贵树种，都有着自己特殊的树瘟疫。

树像所有的生物一样，绞尽脑汁设计出不同的方法为难寄生虫。352 比较普遍的就是树叶低营养——寄生虫要付出巨大的劳动才能勉强吃饱。所有树为可能来犯的猎食者和寄生虫设置物理障碍，其中包括叶子上厚厚的蜡质外皮，阻止真菌和细菌的侵入。当落叶树的叶子脱落后，树的软木像创口贴那样塞住伤口。最后，树是难以置信的化学家，它们为每天的生存合成蛋白质、脂肪、碳水化合物，还有树所需要的其他原料。除此之外，它们制造出一系列称作“次级代谢产物”的分子。——很显然，它们不是每日生活所必需的。树可以制造出次级代谢产物，不同的树的代谢产物不同，以往的植物学家把它们作为废物或者副产品而忽略掉，似乎那是树不经意制造出来的东西。在深度进化发生的过去，植物最初是如何制造它们的，似乎难以理解；然而现在清楚了，次级代谢产物在植物的生命中担当很多重要角色，它们当中最重要的，是排斥或者摧毁即将出现的猎物者和害虫。

尽管寄生虫和树的关系确实是一个最大的难题，但是，树与折磨它们的生物之间不是简单的斗争。其间的细节很难捕捉——研究难度很大，至今，多数研究还只是专注于禾本作物的害虫，它们比研究树容易，并且可以较快得到经济收获。但是我们已经看到，在树与寄生虫之间，同样存在着对抗与合作的平衡——战争、和平与不稳定的休战，存在于所有的生态界中。随着时间的流逝，我们理解了共同进化，在漫长的岁月中，每一方都以更加细腻的方式适应了另一方。当关系是敌对的时，这种共同进化就演变成军备竞赛，对猎物者与猎物双方提出了更高的要求，这种状态往往经历几个世纪。而当关系是合作的，随着时间的推移，就变得越来越复杂，直到双方完全相互依赖。关于树和它的寄生者之间的关系，到如今光是已经知道的这一点点，就已经显示出无限的复杂性。

军备竞赛的第一个特征就是对双方提出更高的要求。所以，很多353 树有刺和棘。但是刺和棘（像树皮和塞住叶子伤口的软木以及所有次级代谢产物一样）需要消耗很多能量才能产生出来。所以我们发现，树以各种方式尽力做到最大限度的节俭。前面提到过，生活在大陆森林中的很多种棕榈，它们周围的猎食者比比皆是，它们的尖刺锋利得像中世纪监狱的铁窗；而与其有着亲缘关系的棕榈，生活在岛屿上，不曾遭受侵犯，则是无刺的。我们还发现，冬青树低处的枝上长有刺，因为那里也许会被附近的鹿和牛扫视到，但是高处的枝则几乎是无刺的。总体上，一种植物如果可以无刺，免去了这类武装，就可以腾出精力在其他方面，比如在一个竞争的世界里迅速成长，以达到势均力敌。

在次级代谢产物里，我们同样看见一方面是一个不断升级的军备竞赛——树变得越来越带毒，捕食者和寄生虫于是进化出新的方法加以应对；但是另一方面，由于存在持续生长的需求，双方又都努力做到节俭。

最普遍的次级代谢产物——在橡树中最为明显——就是单宁酸。单宁酸与动物的蛋白质结合，能以多种方式阻断动物进食。单宁酸用于鞣制单宁皮革，使它更坚韧，防水性更好，这就是单宁皮革名字的由来。桃花心木中的单宁酸含量丰富，明显地比不含单宁酸的木材更不易腐烂，尽管还是会有树洞。实际上树洞并不可怕，树只是部分有洞，但是不至于倒地崩溃，也许会比那些完全实心的更为强壮，就像一根空心钢管要比一个实心棒结实。牛、鹿和猿是已知的受单宁酸影响的动物，如果单宁酸很多，它们会延迟进食；但是啮齿目动物和兔子已经适应了单宁酸，它们的唾液中产生出一种氨基酸，与单宁酸结合，阻断了单宁酸的活动。其他哺乳动物被单宁酸微苦而清新的味道所吸引，就像人们喜欢喝茶，喜欢品尝略带酸味的红酒。其实对于哺乳动物来说，单宁酸根本无害，可以明显地阻扰血管的异常收缩。人们知道红酒预防心脏病，这大概部分是因为单宁酸的帮忙，使得为心脏壁输送营养的冠状动脉血管得以扩张。心脏病专家现在对我们担保，茶有同等功效，真是喜人的消息。

354

昆虫基本上被单宁酸挡住了进路，但是，作为军备竞赛的一部分，一些昆虫至少进化了多种应对方式。叶子首先要专注生长，只有当有多余的精力时，才产生物理防卫和次级代谢产物；所以害虫，比如蛾子，它们的毛虫以橡树为食，通常专注于最嫩的叶子。落叶树，则以惊人的速度长出春天的叶子，以数量击败蛾子。因此，橡树新芽萌发时“忽如一夜春风来”，立刻就在你眼前展现。尽管如此，蛾子还是会取胜，因为毛虫已经在橡树的芽上产卵。毛虫恰好在叶子萌发之前先孵出来，潜伏在那里等待。蛾卵如何准确地知道何时孵出，无人知道，难道它们也像橡树发芽那样，不过是对同样的气候信号的反应？或者它们识别出了从橡树身上发出的化学信号？

很多植物产生次级代谢产物——“萜烯”，这是一种专门的杀虫剂。萜烯中最著名的是合成除虫菊酯，人类已经专门从非洲雏菊（与花农种植的菊花不同）属的雏菊中提炼出来它们，做成商业杀虫剂。松树、冷杉和其他很多的针叶树，在它们的树脂管中充溢着很近似的成分。当然，树自身合成如此的化学剂要付出昂贵的代价。但是针叶树懂得节省，不会制造多于其真正需要的东西，当它们被树皮甲壳虫袭击时，会多制造一些萜烯严阵以待。

萜烯还包括柑橘果树中的“柠檬柑”，橙子与柠檬的皮中含有这种成分，用以抵御昆虫捕食者。最有影响的昆虫驱虫剂（也是一种柠檬柑）是“印楝素”，它取自具有多种药用价值的印楝树。印楝素，只要一点轻微的剂量就有惊人的驱虫效果，而且还有其他的毒理效果。然而，对哺乳动物而言，它根本无害。所以，像合成除虫菊酯一样的杀虫剂，深受商用杀虫剂制造商的喜爱。

前面所提及的所有化学剂，是存在于（产生它们的）植物中的。但是，其实有更多种是挥发掉了，它们迅速蒸发并且在风中飘散。其中一些，如已知的“基础脂肪酸”，香味扑鼻。

355 散发这类香味的还有鼠尾草、薄荷、紫苏，以及一些柚树的亲戚等。还有，桉树呛鼻的药味也有同样的威力。化学杀虫剂在捕食者咬下第一口之前是不挥发的；而挥发性的化学剂在昆虫和其他生物袭击之前，便发出警告——总之，这是一个更为老练的方法。至于单宁酸一类的基础油脂，它们通常证明：小剂量时才会恰到好处。而人类，最大的机会主义者，从桉树（和其他植物中）萃取油脂，制成香水和药品——只需要将它们煮沸，然后把油脂蒸馏出来。有几种特殊的动物——同样的机会主义者——进化出了应对杀虫剂的方法，能够使多数动物中毒的桉树基础油脂在遇见考拉时遭受了挫折。考拉肠道内装备了巨大的扩展部位，里面充满了共生细菌，它们能把所有桉树叶子中的化合物解除毒素。很少有动物或者昆虫能够奈何桉树，这就是为什么桉树会如此成功。然而考拉却有能力应对，所以，它们几乎占据澳大利亚所有桉树（大约600种）作为自己的宿主。实际上，考拉很少吃其他的食物，除了桉树叶子，它们常常根本不吃别的。不同群体的考拉，会固定地食用一种或几种桉树，而拒绝其他的。很少有哺乳动物像它们这么专一。熊猫几乎只吃竹子，但是只要给半个机会，从蛋饼到烤肉，它们会杂食很多其他东西。自然，专门吃毒叶的生物要付出代价，大脑尤其易感染中毒。考拉，就像食叶猴子，还有亚马逊怪异的食叶鸟麝雉，比起它们更多的杂食动物亲戚，大脑更小一些，即使考拉最要好的朋友也不敢恭维它们的智商。

豆类植物是最成功的化学家之一。它们中的很多制造出像肥皂一样的"皂角苷"来干扰动物的消化，也有很多制造出"黄酮"（其中一些是很强的杀虫剂），这些都被商业开发了。豆类植物常常制造化学剂，限制哺乳动物的雌激素分泌，所以，只吃富含豆类的植物，羊会变得不育。我知道，这类行为在豆科树中还没有直接的证据，但是如果说没有任何例子，那就太让人吃惊了。很多豆科树将类似黄酮的东西隐藏在土 356 壤里——不是去杀昆虫，而是与固氮菌建立友好关系，引诱它们进入树根。复杂的化学剂总体上是多用途的，任何一个分子，经过或者不经过进一步的化学调节，都会起到杀死一组生物或吸引一组生物的作用。

黄酮类直接触及我们的感觉，但是我们却不一定知道它们。它们当中有花青素，为植物提供宽谱的调色板：一概是红色，但从微微带红，到最明艳的猩红，直到栗色和紫色。花朵与果实呈现红色是理所当然的，叶子是红色却出人意料，尤其是热带树新发的小芽，常常也是红色，像秋天的红叶一样。很多温带树的叶子（大概以枫叶最著名）是新英格兰秋天里最光彩浓烈的美色，那是大自然最壮丽的生命谢幕礼。

花青素的产生似乎并非无缘无故。它们肯定是“次级代谢产物”，但是并非纯属偶然。从化学上讲，制造它们代价昂贵。那么，为什么小芽（尤其是在热带）和即将死去的叶子（尤其是在温带）还要制造它们？它们有共同之处吗？

根据美国和新西兰的发现，花青素具有保护作用，这超出了任何一般的猜测。尤其是，它是抗氧化剂。就像人类和树一样，生物当然需要氧，而且源源不断，以保证生存。我们需要燃烧糖为自己提供能量，而氧对糖很有用，因为它很活跃，所以，我们允许氧在当我们需要时进入体内。由于氧处在无陪伴的状态，使得“自由基”得以全面增加，它会摧毁我们的肉体，腐蚀我们的 DNA（这对于树也同样有害）。任何渴望生活在有氧地方的生物，必须用抗氧化剂把自己装备起来，使氧（或者，不如说是氧造成的自由基）被控制在隐匿状态。在人体中，这些抗氧化剂包括很多的维生素，比如维生素 C 和维生素 E。在植物中，它们包括一些酶，还有人们知道的酚类。它们中就包括花青素。

树，像所有其他生物一样，当处于压力之下，最易遭受氧自由基的攻击。嫩叶，当它们所有的化学和物理保护还未就位之前，非常娇嫩。357 高大的热带树暴露在炙热的阳光下，有时还会缺水，嫩叶尤其脆弱。有了丰富的花青素，嫩叶就有了保护。

但是，为什么即将死去的叶子要产生如此昂贵的东西？为什么它们气数将尽了还需要保护？准确地说，温带树到秋天进入休眠状态，并不意味着简单的停滞。在它们准备越冬之前，落叶树要从叶子中竭尽可能地摄取营养。叶绿素，作为主要的蛋白质被分解，它所包含的氮被小心翼翼地抽回到树体，滋养下一年的成长。但是分解是有压力的，它会在分解完成之前，将叶子置于氧自由基的攻击之下。所以，根据现代理论，树，比如枫树，在秋天会制造出花青素监控氧，保证叶绿素的抽回按良好的秩序进行。

当然，我们也许会问，为什么不是所有绿叶植物都像枫树这样，为什么它们多数秋天不呈现鲜艳的红色？进化的总原则会回答：任何获得都是有代价的。花青素帮助枫叶解决问题，但是价格昂贵。其他树也许发现秋天制造花青素有诸多麻烦，还不如忍受一点损失。或者它们也许只是绕开了制造花青素这个可能，因为并非每一个种类都是按照理论上的可能性去做每一件事的。

花青素，总体上说来，具有活跃的保护作用，与一系列的整体活动配合默契，不然在很多不同情形之下，从其他树（和其他植物）的角度看，就太荒唐了。当昆虫咬一下新西兰的鲁皮脱树时，伤口变成红色，是因为起保护作用的花青素流淌而出。当气候变冷，秋天渐行渐深，在人们的期待中，新英格兰秋天的况味最令世人神往，然而在这个时候，树其实处于最大的压力之下。鲁皮脱树是林仙科中林仙树的亲戚。

最后，我们应该已经注意到，并非秋天的所有颜色都是花青素引起的，实际上有一些是激活了多余色素的产生。秋叶的黄色和棕色不过是呈现出来的多余色素，主要是胡萝卜素，是树剥离了叶绿素之后留下来的。它们确实折射出天生的不足，我们却也应该感激它，红色具有惊人的美丽，但是，当周围的婆娑树影中有了棕色、黄色和其他各种深浅的沉静色调，红色才越发显得迷人。 358

当化学游戏被揭秘时，也会增添更多的迷惑。已经有一系列的植物表现出，只有当昆虫开始进食之后，才制造出各式各样的萜烯，这是另外一种节省。这些萜烯干扰来犯的害虫产卵。但是除此以外，它们还吸引害虫的天敌，让它们从很远和很偏的地方赶来——成群的寄生黄蜂或瓢虫被召唤而来，害虫的幼虫成为它们的盘中美餐。到如今，这种效果已经表现在高粱、棉花和野生烟草中。我还没有发现树中的具体例子，但是同样，如果说没有任何例子，那就太蹊跷了。多数草本植物与树有亲缘关系，毋庸置疑的一点是，我们只是需要时间去寻找。这将有可能再次成为商机。化学剂可以召唤来昆虫帮助杀死害虫，这理所当然地会被开发出来用以保护作物。

植物究竟是怎样知道它们被攻击，然后传递信息给基因从而制造出更多的杀虫剂，从细节上我们还不清楚。但是，比较清楚的是，一个化学通讯链的基本成分是水杨酸，它广泛地分布在一些植物中（在柳树皮中尤其丰富，是药品阿司匹林的来源）。一个水杨酸修饰后的型式是甲基水杨酸盐，易挥发，在一种植物中产生后，飘浮在空气中，因而影响其他植物，有些类似"信息素"——一个空中传送的化学信号——的作用。这意味着，当一棵树被攻击时，不仅能够引起同一棵树的其他部位进行防卫，还会向邻近的树发出警告：麻烦要临头。所以，当非洲大象在蝶翅树上进食，叼了几片叶子，转移到了下一棵树。正当大象端详新树之时，蝶翅树增加了单宁酸的分泌，叶子变得越来越难吃。很明显，蝶翅树释放了有机物质——"信息素"，警告下游其他的蝶翅树：攻击在即，你们应当分泌出更多的单宁酸。一些金合欢据说也使用这个办法来对付长颈鹿。我们听不到树的彼此呼唤，不能像诗人 T.S. 艾略特声称的那样听见美人鱼的妙曼歌声。但是空气中回旋着树们的窃窃交流，由挥发其间的化学剂来完成；地面上也有，是通过树根于丛林间“发送电报”。 359

很明显，尽管寄生虫具有破坏性，尽管树与各种为难者相互征服的竞争已经旷日持久，我们还是必须要问：我们观察到的彼此攻击，是否真的像看上去那么具有破坏性呢？很多树——包括蔷薇科的，其中最富戏剧性的也许是酸橙树——每年被几百万个蚜虫攻击，树上爬满了蚜虫。酸橙树叶被“蜜汁”弄得黏黏的，那是蚜虫分泌出来的丰盛的糖浆。黏性吸引来变形的乌黑真菌。蚜虫身上背着细菌，它们沿树一路下坡。但是，牛津大学生态学教授马丁·斯贝特说，也许蜜汁掉落下去有益于土壤。豆科树，比如金合欢，还有非豆类树的桤木，将固氮菌保留在树根。很多其他树，包括很多种草，从树根分泌有机化合物喂养土地中游离的细菌群，因为没有固氮菌。也许从酸橙树叶滴入土壤的蜜汁有这种功效——在下面的土壤里创造一个环境，使固氮菌可以滋生繁衍。也许，当顾全到所有，蚜虫的总体效果似乎是中性，甚至是有益的。另外一些昆虫也许由于分泌氮而帮助了树。白蚁的肠道处有固氮菌，也许它们携带着多余的氮传给渴望固氮菌的热带树，所以白蚁的袭击总体上对树是有帮助的。

求助昆虫授粉的大树，必须奉献出花蜜、花粉、脂肪或者自己花朵的一部分，所有这些在新陈代谢上代价昂贵。树以同样的精神在一个季节里奉献出部分甚至一半的叶子，使土壤富饶。很多树在营养贫瘠的土壤中茁壮成长起来，若不是因为害虫，它们也许难以做到。由此来看，害虫似乎不那么令人生厌。育林人痛恨减缓树生长速度的寄生虫。但是树会在乎吗？我们可以猜测，树不会以长得太快为骄傲。一棵桃花心木是否会介意有一个灌木平头，或者更愿意代之以一个高高笔挺的树干？360 只要能够繁殖，何必要介意呢？专有一类园丁，用他们能发现的最具毒性的农药杀死一切移动的小生命；在晚间，他们还要剪掉能察觉到的任何过剩的生长。为什么不留给害虫来做修剪工作呢？有机花园的园丁对所有那些讨厌的家伙视而不见，依然有最好的花园。

然而，如果条件变了，整个方程式就会改变。当处于丰富的生活模式的顺境一端时，害虫或疾病可能会被摆脱掉，甚至会带来正向的环境收益；但是，如果树处在严重的困境中，它们也许会带来严重问题。比如，害虫摄于简单的树液物理压力，某种程度上会被压制在死角中。所以，（斯佩特教授说）树皮甲虫通常不会向桉树进犯——除非遇到大旱。旱季时，树液压力减弱了，干旱以及由此而来的压力，足以使甲虫活跃起来。同样道理，水涝也很糟糕。

这里有不安分的、好事的物种——人类，在很多地方不甘寂寞。我们已经在世界范围输送整个害虫兵营，到新树林和新草场。在那里，当地的植物根本来不及适应。“外来的”害虫（和野草）总是最可怕的。如果真是这样（好像确有其事），那么，热带森林的数量巨大的异种的存在就是对疾病的一种应对——没有树能够承受得起距离同种的其他树太近。它们严格遵守此项规律，就像黑夜跟随白天。热带树单一种植园尤其脆弱（就像所有单一种植那样）。我不知道种植园里的桃花心木是否比起野生的更易遭受嫩桃蛀虫蛾的侵害，不过，似乎很有可能。因为我们知道很多桃花心木在自然森林中长得笔直高大，远远高出它们的邻居，无需任何杀虫剂的帮助。

人类活动正在全面改变气候。全球变暖，已经使很多的动物害虫从赤道迁移至温带树的领域，温带树种还来不及适应它们，当然也无法逃脱。我们尚不能从细节上预测全球变暖如何影响地球的某一具体地方，但是可以确信，会有更多的干旱、涝灾。寄生虫，总体上比树适应环境变化要快很多倍。一些昆虫繁殖一代的时间可用天数衡量，对于一些细菌，则是几分钟，两者不论是谁，都经历上千代或者更多代，而一棵树还在今生今世中。树是机会主义者，但是缓慢的机会主义者。在双方的交易中，实际上是寄生虫能够更快地抓住新机会。树与伴随它们的大群寄生虫，做好了武装备战，但通常处于友好的休战状态。它们共同进化了许多个千年，然而在后面的几十年中，这种平衡有可能会被可怕地打破。我们可以做的只有几件事——作一些具体的控制、栽植一些更能抵御害虫的树种，还有，尽一份减缓变暖的努力。但是更多情形下，我们只有等待和关注。

361

第四部分

树 与 我 们

第14章

未来与树

噢，如果我们知道我们做着什么

当我们举刀抡斧时

生命的绿色被我们蹂躏斩断！

——杰勒德·曼利·霍普金斯，

“宾夕·颇普勒”，1879 年

365 人类陷入了一团糟。统计学让我们对此一目了然——有 10 亿人长期营养不良，10 亿人生活在贫民窟里（这个数字还在增加），另有 20 366 多亿人每日的生活花费不到 2 美元。更糟糕的是，地球——我们栖身的家园——很有可能最终步入穷途末路。土壤、空气、海、湖、地下水和河流，所有构成地球环境的要素，均处于压力之下。最致命的打击是不容争辩的气候变暖的事实。全球变暖并非暗示着气候的改善：寒冷的北纬度地区出现了温暖的地中海气候；葡萄园出现在苏格兰。气候变暖会带来一百年甚至更久的极端天气、极端不确定的情况——洪水会吞没珊瑚、红树林和富饶的沿海地带，以及从孟加拉到佛罗里达的低地国家和地区，会淹没伦敦、纽约；飓风更肆虐、更频繁；世界上肥沃广袤的小麦和玉米田——我们的“面包篮子”——将渐渐地退化成“干土钵”；古老的栖息地——包括美丽的北极熊生活的冻土地带以及生长着云杉和白杨的北方森林——将永久丧失；破坏最惨烈的是热带雨林。对于我们人类，我最先想到的是我的两个孙子，我为他们担忧。

然而，最糟糕的是解决这一切问题的政策，是由高高在上的、最具权力的各国政府来发布和执行的，并且那是他们政绩的重要内容。他们所言“进步”是行话术语，如果它代表的是人类的美好生活和安全的改善，还算是不错的理念。但在现实中并非如此，它的最终目的是“西化”——整个世界应该更像西方、更加工业化，这就意味着更剧烈的全球变暖和更多的城市化，意味着更加不顾及乡村的发展以及更大规模的贫民窟的出现。按照现在的规划，到 2050 年之前，居住在城市的人口将会是现在全球人口的数量——60 亿。城市无力应付。不难证实，城市将会跑输这场竞赛。同时，世界政治也变得越来越抽象，越来越脱离现实社会，而更加倾向于对金钱的攫取。政府用 GDP 即财富创造的总量来衡量自己的成就。当然，积极的努力可以创造财富，像建造校舍、种植森林；但是财富的创造也会出自恶劣的手段，诸如轻率地砍伐森林，或者是动辄发动战争。滚滚而来的金钱无疑为 CDP 的纸面数据增光添彩，也似乎成就了“经济增长”的梦想。而几千年来与自然环境完美和谐共存的农业经济，却被说成是“停滞不前的”，“已无发展余地的”。“发展”被拿来与货币财富的增长相提并论；而反饥饿、反疾病、反压迫和反不公正的斗争，已经被简化为“应对贫穷的战争”。

然而，简单的算术就足以表明，西方城市化、工业化的生活以及每个人获得无限财富的愿望是无法实现的。要使世界上每一个人达到西方的物质平均水平（或者略低于美国的人均水平），至少需要 3 个地球的资源。进一步说，借以实现这个强加的梦想（以自由、民主、公正、进步的名义）的手段，恰恰是在最大程度地损害人类的幸福。世界上多数人生活和工作在乡村，农艺的主旨就是耕作。工业化会使它们轻而易举地消亡。如果印度的农耕按照英国的方式进行，那么 5 亿人口将会失去工作，这个数字超过了新扩增后的欧盟人口的总和；几乎是现在美国人口的两倍。没有哪个产业能够像农业这样雇佣如此众多的人口（今天仍旧如此），也没有哪个产业像农业这样令人依赖并且持续如此之久。非洲的多数地区与印度相比是更加典型的乡村，因此就更加地别无选择。西化，即城市化、工业化和货币化经济，是以 GDP 为导向的经济，它作为全球通行的法则被世界上最强大的一些国家的政府推向非洲、亚洲和南美洲；就好像一旦应用了那一套公式，所有的问题将会得到解决。更糟糕的是，它正被急不可待地付诸应用，因为世界新经济是被

367

“竞争的需求”所驱使的。在现实中，无理性的竞争是何等残酷！有良知的哲学家以及生物学家皆可证实。

世界需要一场巨变。问题并不只是要改变我们领导人的观念，那难度太大，我们没有足够的时间；问题也不是要更换我们的领导人，因为我们会同样落得空手而归。世界需要一个不同类型的政府，需要不同类型的领导者来管理。为确保这一点，我们（所有人，依赖现在的领导者是徒劳的，他们只会重复现状）必须发现新的途径，选举新型的领导，并赋予他们真正的权力——他们将是对世界真实的物质需求作出回应的人，是针对大多数人的需求作出回应的人。现今的领导者——政治家和工业界的领航人——针对土壤、水和气候的现状惯于提出的所谓全新的倡议，是“不现实的”，因为那样会抑制雄心勃勃的工业的发展以及政府的计划，因而抑制“增长”。“现实”是什么？它应该指的是我们无法逃避的现状——无论从物理学还是生物学的角度，指的是日渐衰落的地球，以及赖以为生的生物。它应该指的是人们生活的真实情况——是否有足够的食物、水和住所，是否能够按自己的意愿有尊严地生活。如今的领导人所言的“现实”是金钱的现实。但金钱不是现实而是抽象。

要进行巨大变革就好像是天上掉馅饼。然而，真实并令人鼓舞的是，很多庞大而且必要的计划已经各司其位，并且付诸实践。很多极有成就的生态学研究已经列入计划。各种低端、高端并且在设计上明确表现为可持续的“合乎时宜的”的技术正在迅速发展起来，有很多技术（包括许多最简单的）还相当精彩。世界范围内的很多团体正在研究新的经济模式，虽然仍以资本主义为基础，却直接以人类的幸福为导向，而不是为了攫取金钱。当然，没有一定能成功的万能配方，我们的生态学项目和经济计划是否能如愿实现，只能拭目以待；但是，一旦我们认准正确的目标，在一个多元的世界里人们就会幸福美好地生活下去。如果我们合理而谨慎地操作，在进行中修正错误，我们就有一线生机；但是，如果我们依然套用今天的模式，无所顾忌地将高科技应用于快速攫取金钱，毫无疑问，我们，连同整个世界，将收获一个破碎的未来。

至关重要的是，人类努力的方向必须使自己适应现实的生物世界，而世界经济必须要为这样的现实服务。当我们开始严肃地思考城市的命运和环境的总体压力、人类的就业与尊严，我们就能看到不久的将来，世界的经济和物质结构一定是以农业为主导的。如今，草率而未经检验的信条——“发展”和“进步”——被阐释为城市化；而以农业为主导的主要条件，应该是使农业得以存续，这才是正道。而现实是，世界上所有最具权力的势力都在与农业为敌。 369

无论在生态、社会、经济、政治、道德还是宗教等方面，树成为争论的核心。树并非一味是好的，错误的地点生长错误的树，可以造成很大危害。并非世界上每一块土地需要更多的树。在某些地方，树太多会降低已经很低的地下水位，错误的地点生长错误的树会污染河流，侵蚀建筑，甚至引起土壤流失。但是，毋庸置疑，大多数自然美景，还有我们的地球，会因拥有很多、很多的树而受益巨大。对现有森林大规模地伐踏，无异于自杀行为。

还有一个精彩而鼓舞人心的事实：全社会围绕树可以建立起一个完整的经济体系，它有益于绝大多数人，尤其是，它比我们如今所作的任何事情都更具有无限的可持续性。树可以站在世界经济和政治的中心，就像它们占据整个地球生态学的中心一样。在这本书的写作过程中，对树了解得越深，我越能感觉到这一点。对于人类的未来，以及整个世界的所有方面，树都是主角。

最大的挑战：气候

世界气候在过去几十亿年间的波动蔚为壮观，可以达到幻想的极致。曾经有一个时期，整个地球基本上都是热带，加拿大和北冰洋的边缘生长着棕榈树。还有一段时期（比最近的冰川浮动时代早很多），整个地面布满冰冻。伦敦街道的地下，勤奋的土木工程师们在过去的几百年里，不断挖掘出鳄鱼和聂帕棕榈树的化石，以及热带河流中的植物化石，还有猛犸象、苔原生物等化石。那些想当然地认为世界或多或少始终保持不变的人们（在过去几十年，一些国家领导者主动选择了这样的看法），他们应该看一看所有这些化石证据，或者至少关注正在出现的证据。

370

所有的证据都表明，地表温度的浮动变化，从全球热带气候到全球冰冻气候，循环往复，是与空气中二氧化碳的浓度相互关联的。最有说服力的证据是现存于格陵兰岛和南极洲古代的冰川，那里滞留了远古时期大气层中的气体，可以被直接用来分析。当大气层里二氧化碳的浓度很高时，同时期的化石显示那时的地球是温暖的；当二氧化碳浓度低时，地球明显是冷的。

原理很简单，太阳持续给予地球热量，而地球不断把热量向外散发。太阳能包含各种波长的光，而地球散发的热量全部是红外光。二氧化碳吸收红外光。所以，大气层里的二氧化碳阻挡了一部分进入地球的太阳能，即一部分红外光，但是也封锁了很多热量，使它们不能从地球被散发出去。所以地球吸收的热量比散发出去的多，最终的结果是空气变暖。温室里的玻璃起到同样的作用，所以叫作“温室效应”，二氧化碳就叫“温室气体”。一些其他的气体也有温室效应，比如一氧化二氮、甲烷和水蒸气。但是二氧化碳在大气层里是主要的变量。

人们对于二氧化碳有如此效应也许会觉得奇怪，毕竟它在空气中的含量很低。如今大气层里的二氧化碳含量只有十万分之三十七。然而，经过计算，如果大气层中不含任何二氧化碳，地球表面平均温度会降到零下18摄氏度。在冰川时代，大气层中的二氧化碳含量下降到十万分之十九至二十，那时气候非常寒冷。4亿年前，当植物第一次登陆时，大气层中的二氧化碳含量大约在千分之七，整个世界极度温暖。20亿年前，蓝细菌首次进化出光合作用，当时大气层里根本没有氧，二氧化碳是空气中除去氮以外的主要气体。地球一定是不可思议地酷热。像我们人类这样的生物（或近代的树），单单是热量就足以致命（更不必说有毒气体了）。

371

现代气象学的记录，还有园艺家和自然主义者的记录，都显示过去的150年来，世界已经在变暖了。政府间气候变化专门委员会（IPCC）在2001年报道，整个世界在1900年至2000年间，平均温度上升了0.6摄氏度。这个数字也许看上去并不高，但是整个地球表面细微的平均变化值，暗示着在地方和区域上的巨大变化，这足以对环境和人类产生深刻影响。这一上升趋势近乎冷酷无情。1998年是自有可靠记录以来最热的一年；20世纪90年代是最热的10年。

温度的变化引起降雨的变化。降雨量（由于更多的水分被从海洋蒸发）总体上升，但是分布不均匀；所以，一些地方更潮湿，另外一些地方则更干燥。在IPCC的记录中，20世纪全球总降水量（雨和/或雪）平均每10年上升0.5%—1%；整个世纪上升高达10%。在北方大陆，中纬度和高纬度地区上升得最多。热带（北纬10度至南纬10度）每10年只上升0.2%—0.3%；在北半球亚热带（北纬10度至北纬30度），降雨实际上减少了，大约每10年减少3%。亚热带农作物、森林和人们的栖息地对于人类至关重要。干旱为这一地区带来的是可怕的坏消息。南半球没有大片陆地，而代之以大面积的海洋，降水量的变化没法比较，至少，也没有这样有规律。

全球的平均变化值无关紧要，但是极端变化的加剧——如同理论上所预言的——却在劫难逃，因为地球表面温度变化不平均。越来越多的地方出现了有记录以来最热的天气。20世纪晚期出现了最为严重的暴风雨和飓风、洪水、干旱和森林大火。令南半球受到极大影响的（有人说是折磨）是厄尔尼诺现象，热气流从西涌向东，每过几年跨越太平洋，形成"南方涛动"。南太平洋西部比东部变暖得要快，温暖的水从西边消失，来到东部。厄尔尼诺气流（这样称呼是因为它倾向于在圣诞节期间出没——Nino意指"小男孩"）引起一些地方洪水泛滥，而另外一些地方干旱，还引起鱼群消失；伴随而来的是海鸟陷入饥饿困境，当地的渔业也受到潜在影响。厄尔尼诺现象似乎越来越频繁地在各处肆虐。

372

在久远的过去，大气层中二氧化碳浓度变化引起的气候剧烈波动，是由自然界的活动带来的。总体上，地球表面的碳以二氧化碳的形式在大气层中自由漂浮，或者溶解在海洋里，或者以“有机”碳的形式被保存在生物体内（也包括尸体）——肉体、落叶堆和木材；还有岩石里的碳酸盐。降雨、火山喷发和板块运动使得碳在四种形式之间循环，它们之间是化学变化　从碳酸盐到二氧化碳，从二氧化碳到有机物（包括落叶和树木），从有机体到二氧化碳，从二氧化碳再回到碳。

过去的 4 000 万年左右，全球温度下降是由于大气层中二氧化碳的持续减少引起的，这一点归因于喜马拉雅山脉和西藏高原的上升，它是由印度与东亚缓慢的构造上的挤压造成的。西藏高原和喜马拉雅山脉是一块巨大的岩体，阻止了从太平洋吹过来的湿润的风，于是引起降雨，表现为季风。雨水溶解了空气中的二氧化碳，与喜马拉雅的岩石产生化学反应，然后流向大海。这样，大气层里二氧化碳的含量逐步减少，地球随之变冷。

但是在过去的 200 年间，大气层里二氧化碳的含量又开始上升——不是出于自然的原因，而是因为无休止的人类活动。大气中的二氧化碳含量现在是百万分之三百七十，而西方工业革命之初的 1750 年，也仅仅是百万分之二百八十，平均每年增加大约 0.4%。甲烷同期增长 151%，一氧化氮上升了 17%，二者还在继续上升。按现在的增长比例，373 到 2080 年，二氧化碳含量大约是百万分之七百五十，是如今的两倍，这会使全球温度比起 1990 年上升 1.4 摄氏度至 5.8 摄氏度。这样的温度会融化极地冰冠（现在已经发生），使海平面上升 9—88 厘米。海平面上升得再高些，如果接近了 1 米，将会淹没一些较小的岛屿（包括几个主要城市）。由于各种原因，统计数字只能是粗略的。

最近几年，实际上是从 2001 年起，人们（特别是美国的气象学家）

已经深刻地意识到，过去几十年中影响全球变暖的重要因素是地球戴着“灰暗层”的面具。它揭示出由颗粒引起的空气污染——煤烟是主要元凶——阻碍了太阳热量输入地球，这一数字令人吃惊地达到了30%。目前清理煤烟的工作正在进行，这在技术上不难做到。汽车上的催化式排气净化器可以满足这方面的需求，它正在被鼓励使用，而它的发展和销售增加了GDP的数字贡献。但是，二氧化碳排放没有相应地减少。自1997年以来，《京都议定书》一直致力于减少二氧化碳排放的工作，或者至少保证所产生的多余的二氧化碳可以被有效去除。但《京都议定书》直到2005年初才签订，美国作为世界上最大的工业二氧化碳制造国，至今还没有签订此议定书。虽然许多国家签订了议定书并且按计划实施，但效果还是远远不够。与此同时，世界上大多数国家还处在工业化的过程中，并且理所当然地认为工业化是必需的。中国已经成为世界第二大二氧化碳释放国。

在必要的规模上减少二氧化碳的排放，意味着不遗余力地削减石油的使用。尽管石油产业带来可观的利润（住房保暖隔热可以而且应该成为一个重要工业），但是减少石油使用总体来看更经济、更具有可持续性。美国的二氧化碳排放实际上没有放慢，还有中国，我们还要看中国目前是以哪种方式发展，似乎她正顽固地朝着更深度的工业化发展。374 虽然煤烟层正逐渐被消除，二氧化碳浓度仍然继续上升，全球变暖的程度和速度似乎超过了20世纪末期最极端的预言。

与以往一样，树一定并且应该是所有气候变化讨论的核心。二氧化碳浓度的变化，温度和降雨模式的变化，以很多方式影响着树；而每个变量又会与其他变量发生作用，在这三个主要变量之间，会呈现众多令人眼花缭乱的可能性。

但若只有二氧化碳浓度上升，温度和降雨保持不变，就能够加速光合作用。从理论上看，这种情况肯定会增加每棵树的碳含量，从而减少空气中的碳含量，而且如果有足够多的树进行更快的光合作用，就能够减少大气中的二氧化碳，降低全球温度。这样就形成一个逆循环圈——一个最令人欣喜的结果。我们知道，增加二氧化碳实际上可以刺激光合作用。商业种植园有时为作物供应额外的二氧化碳来刺激生长。在大面积的森林和种植园试验中，几组树被半封闭地围起，当给与它们额外的二氧化碳时，树木会由于补充了更多的碳而长得更快。

但是，情况并非如此简单。光合作用的关键角色是气孔，它们位于叶子表面，二氧化碳由气孔进入植物。二氧化碳含量上升，光合作用增加，会刺激气孔关闭，这当然会减缓光合作用的进行。所以，不论以哪种方式增加光合作用，都不会减少空气中的二氧化碳。树会哭泣着说：够了！我们已被折磨得不堪重负。

当二氧化碳浓度升高的同时温度也上升时，局面就变得更加复杂了。热量加速了化学反应，由于新陈代谢是有机体的化学反应的总和，温度上升意味着更快的新陈代谢，会刺激光合作用以及一切与之相关的活动。这也还好，因为越温暖，树就会越快地吸收二氧化碳，从而防止气候进一步变暖。

但是（总会有一个但是），温度上升也会刺激植物的呼吸作用——通过燃烧糖，释放二氧化碳。呼吸作用快于光合作用，因此如果太热，会造成植物中碳的净损失。更糟糕的是，土壤中的很多生物——包括细菌、真菌和无脊椎动物，当温度上升时，它们的呼吸作用也会加快。 375

而它们主要以落叶为生，因此落叶会被加速分解，加快碳的释放。温度升高很容易引起森林整体碳的净损失——部分从树，部分从土壤中。最后，如果温度上升得太高，植物体内的很多酶就会被破坏，植物就开始死亡。这时候，光合作用就停止了，生命最终衰竭。于是，释放到空气中的二氧化碳总量将变得巨大，温度上升得更快。有一些直接的实验证据支持了这一推测。

当然，热带的树可以适应高温，应该不会被想象中的高温消灭；而且，如果给它们足够的时间，所有的树都会在某种程度上适应温度的变化。但是，真正的严重性在于气候变化的速度，这并非耸人听闻。如果关于地球的假设成真，我们也许就会看到，在以后的半个世纪，甚至更短的时间内，温度会很显著地上升。没有几棵树可以在如此短的时间内应对得了温度的变化，没有任何树能够对此作出必要的、需要许多代才能产生的基因改变。只有生命周期短的生物——细菌、苍蝇也许还有老鼠——可以在如此短暂的时间内发生重要改变。所以，我们也许会看到生命体比肩接踵地大量死亡，促使更多的二氧化碳释放到空气中，导致更高的温度，引起更多的死亡，如此下去。

还有水的问题。如果说植物体有缺陷，那么这个缺陷就是它的气孔。防范严密的气孔允许必要的二氧化碳进入植物体，但同时也不可避免地导致植物体内的水分从气孔中蒸发。温度升高会加剧水分蒸发。所以，在任何缺水地区，植物被高温煎熬就会凋萎，最终死亡（通常如此，即使是在热带雨林地区，因为很多热带雨林有旱季）。你所不愿看到的情况，也许就会在眼前发生。在这方面还有一个直接证据。巴西的科学家们，包括牛津大学的雅温得·毛力（Yadvinder Malhi）博士，利用聚乙烯板覆盖住地面，让雨水沿着盖板边缘流入排水道，方圆几公顷土地上的树因此失去水供给。随后的情形正如预想中的那样（这类 376 事情总是需要实验证明），很快，树就显示出遭受折磨的迹象，生长停止——这意味着呼吸作用开始超过光合作用，二氧化碳正在释放。

最后是一个园艺上的复杂问题。当条件适合植物进行更多的光合作用时，就会导致更加温暖（在一定限度之内）和产生更多的降水，于是，附生植物、蕨类植物、菠萝科植物、兰花和其他生长在树上的植物，很有可能长得比宿主树更快。这也许对于地球并无大碍，因为只要植物还存在，不管是哪类植物，都可以吸收更多的二氧化碳。但是附生植物过于茂盛，对于树的生长却十分有害，而且会影响整个森林生态（从理论上讲，它增加了生物多样性，然而它在短期内导致的变化更具有破坏性）。这最后的复杂问题证明了另外一个论点——预测事物的发展极端困难，因为我们无法把握自然界中生物的生理状态，更不用说它们相互作用的结果了；即使我们掌握了足够多的知识，拥有能够分析大宗数据的计算机，仍然很难在范围上和规模上模拟出真实的情况。

再谈谈火。人类的活动，不管是有意为之还是出于不可避免，引发的火灾越来越多。但即使是本着合法的以农业生产和自然保护为目的而使用火，有时也会失控。火作为自然界的一部分，通常由闪电引起，但并不绝对。在火灾发生的地区——只要不是终年湿润地区，任何东西都可能引起火灾——当地的植物（和动物）已逐渐适应了自然火灾。如果没有动物帮忙吃草，草尖就会变老，压制下面的新草长出，所以草的上部就需要被火烧掉。我们已经知道，很多树是耐火的，像红杉和桉树。很多松树和其他种类的种子，甚至没有预先被火焰有效地煎烤过，就不会发芽。树“知道”它们可以在烧死的前辈所提供的营养丰富的灰烬中发芽。

377

水、总热量、光、二氧化碳和很多微量的基础矿物质，每一样如果太多，都不是好事情。火对于不能适应的树，是致命的，即使需要火的树木，也要看起火的时机和火灾的程度。不论何种原因，如果大火来得太频繁，或者火焰太过猛烈，那么就连最适应火的树也会被消灭。人类正以各种方式改变世界，但是这些做法与自然界中生长的树的利益背道而驰，甚至使适应性良好的树都苦不堪言。

人类用火影响植被的历史大约有50万年，这至少与人类点燃最古老的火是同一个时期。远古时代人类的模样在解剖学上与现代人相差甚远，他们的头部比我们小，但是，他们懂得用火。有时，我们的祖先将当地的植物点燃，驱赶动物掉入陷阱，就像现在依旧这样做的澳大利亚原住民；或者他们这样做只是为了使植被（草）更新鲜，以吸引更多的食草动物。有时，他们放火烧掉树木是为了种植庄稼，或者种草喂牛。有时，人们毁掉树木仅仅是为了更开阔的景观。随着世界变得越来越拥挤和复杂，利益冲突更加突出，各方对火持有不同态度。自然资源保护主义者想保留树，认为偶尔的火灾是必需的，可以刺激植物发芽。旅游业商人和生活在乡村的人都很喜欢树，他们憎恨火的出现，因为火灾会将森林变成废墟，也会威胁到他们的房屋。农场主对树不感兴趣，但是，如果树不引起火灾焚毁他们的农场，他们还是喜欢树的。大众普遍倾向于认为火是件坏事，而政治家们会附和大众，因为他们盯住的只是选票。

然而，即使没有具体政策的引导，人类活动对于火灾发生的频率，仍然有着深远的影响。森林中的火焰大多发生在落叶堆上，大草原上的火通常由草引起。在过去的几十年中，巴西人（还有北美人）从非洲引进几种牧草，它们是很好的牛饲料。其中一些草生长在干燥的塞雷多森林，沿着被耕种的土地和乡间纵横交错的小路，向周围的土地蔓延。这些特殊的草，当火情开始时，燃烧得比本地草要缓慢，而这种缓慢的烧灼，远比那些燃烧快速的火焰造成的损失更大，尽管本地草燃烧时火焰会更炙热。 378

前面所述是第一个问题。在整个20世纪80年代，驻扎在塞雷多森林的巴西利亚的消防队对外宣布他们能够联合行动防止森林火患。他们的成功持续了14年，在14年当中没有火灾发生。后来，大选季节到来了——现在的总统鲁拉当选。每一个人，包括消防队员，都休假去投票。

当消防队员离开时，塞雷多发生了火灾。由于塞雷多从古至今（至少从上一次的冰川时代，也即1万年以前，也许还要更早）一直有火患，树已经适应了。但是，这次情况发生了两种改变。第一，现在的草燃烧缓慢。第二，森林里有一个巨大的枯草和落叶堆，这要感谢消防队员的英勇贡献。这一次大火来得前所未有的猛烈。沿河岸的走廊林，是不适应火焰的，本来它们不需要适应——走廊林里终年潮湿，通常火焰不能靠近。但这一次是超级大火，走廊林灰飞烟灭，树被火焰席卷一空，留给人们的只剩绝望。但是，几十年前从澳大利亚引进的桉树幸存下来，现在正快乐地遍地生长（我们还看到当地树也在与火抗争）。

由于事故、植被变化，还有错误的政策等原因，这些年的火灾通常比以前更凶猛了。北美、澳大利亚和南欧，在最近几十年里都出现了一些异常猛烈的火灾。1987 年在印度尼西亚，在本不应该起火的热带雨林，火焰持续了几个月，就好像是火山苏醒或者是发生了一场核爆炸。巨大的火灾，以特殊的物理变化呈现出来——升腾的热量产生了一种向上的气流，将周围所有的气体拖进来，形成一股真正的火焰风，然后变成了无法逃脱的波及圈，使所有原本适应火焰热度的树木再也无能为力；火灾牵连到周围及远处所有可燃物，将它们一起烧成灰烬。

由温室效应引起的全球变暖，会以几种方式使火灾变本加厉。首先，干旱明显地增加了火灾的风险；频繁出现的热带暴风雨会导致闪电，引发火灾。其次，更多的光合作用意味着更多的落叶堆，为森林火焰积累了更多的引火物。

379

有一种解决办法是将落叶堆清除，但即使是最小规模的清理，也极为困难，而且会产生其他的破坏。因为落叶堆中带有碳，可以为土壤提供有机物，是至关重要的土壤肥料。我已经在巴西看到这类小规模清扫落叶产生的后果——一些咖啡种植园主有洁癖，喜欢将地上的落叶扫净，这种行为导致咖啡树失去了肥料。可可树的损失尤其严重，为可可花授粉的苍蝇在落叶堆里交配，除去落叶堆，可可树就不会再结果实了。

综上所述，火是一个长期的问题，是全球变暖把这个问题变得更糟。如果树开始燃烧，树中储存的碳就会被释放出来，树所做的好事就白白浪费了。留在身后的是光秃秃的土地。当森林地表土壤中的有机物进行呼吸时，会不断地释放二氧化碳。如果树不存在了，没有谁能吸收这些二氧化碳，土壤有机物会加剧恶化已经不堪重负的气候。有时火焰钻入地表烧毁有机物，有时这样的燃烧会持续几个月。这些情况看似不可能，但它就是发生了。

然而火灾不只是全球变暖带来的唯一威胁。还会有更多的暴风雨，像 2004 年夏末在加勒比地区和美国南方所发生的伊万飓风，就是证据，它出现在完全不应该出现的季节。森林可以适应偶发的、能摧毁局部树木的暴风雨的袭击，一些先锋树木（比如号角树和桃花心木）甚至对偶尔发生的飓风产生依赖，因为它们可以找到空隙，偶尔仰望天空。但是，暴风雨的频率与强度是决定一切的大问题。无论北方还是热带所发生的巨大暴风雨，导致了那些先锋树被全部摧毁，残留在几百平方公里土地上的是无数的腐烂树，储存其中的二氧化碳喷薄而出。

全球变暖不会悄无声息地到来。最初，科学家们已经预测，经过一段时间，也许很长一段时间，全球温度普遍升高会导致气候的突变，这将是历史记录上前所未有的极端高温或者极端严寒，极端干燥或者潮湿，甚至季节背离。巴西利亚附近的塞雷多又一次提供了虽小但有说服力的实例。2004 年 9 月 3 日，雨季开始，天空确实按照惯例下了一个半小时左右的雨。植物送出了绿芽，花儿不知从何处悄悄开放，沙漠里的花朵就是这样出其不意。但是随后，雨再也没有出现，那一天的雨是这个雨季唯一的一场。新芽和花朵在阳光下被烤焦了。这种景象在全球一定发生了上千次，但是这个特别的情况再次被牛津的学者史蒂芬·哈里斯（Stephen Harris）博士记录下来。那是在热带地区；如果出现在我们这里，可能会是虚晃一枪的春天紧跟着来了一场霜冻，很像英国臭名昭著、反复无常的气候，令全国的园丁们对气候谈虎色变。 380

各地的植物也被捉弄，就像我们已经看到的，城市里的树被街灯欺骗。高纬度地带的树已经适应了长日照和短日照的节奏，伴随着容易预见的温度变化——温暖时节日长，寒冷时节日短。而全球变暖将改变这些规则，在短日照的北方，冬天和春天也会变得暖和。而如果情况倒过来，当树对应春天的日照长度准备发芽时，却遭遇突然而至的早春霜冻，树所遭受的破坏要小得多。即使这样，也仍然是一个不祥之兆。生长在不同纬度的树已经很好地适应了过去主宰那里几千年的气候。突然间的气候变化——从生物学标准看，带有威胁性的变化都会太突然——无异于釜底抽薪。

最后一点，虽然昆虫和其他害虫发现目前北方的气候难以生存，但是它们会在不远的未来适应北方的气候变化。动物可以很快、很容易地采取行动向更北方向迁徙，不需要遗传上的适应。它们只要在乡间会合就一起行动了。农业和森林中也的确有很多现象可以证明，它们明显地朝着北方迁徙了。我们只需静观其变。

简言之，严肃对待全球变暖已是燃眉之急。尽管情况还没有明朗，但是大量的证据加上基本常识和生物理论已经表明，地球上的森林越多，树种植得越多，对人类就越有利。经过“启蒙的” 18 世纪和狂热工业化的 19 世纪，树木被大规模地砍伐之后，欧洲人正在种植更多树 381 木。但是其他国家正在迫不及待地加入新自由主义经济的盛会，为着可见的，或被鼓励的现代化而砍伐森林。巴西现在的总统鲁拉是一位有见识的人，但是该国已经提出了讨论方案，要在以后的几十年，使亚马逊森林这块地球上最大、最重要的热带森林的面积减少几乎 50%。巴西理所当然要发展自己的经济，但是，全世界都应该帮助巴西人无须砍伐树木就得到发展。巴西对于大多数人来说很遥远，只有少数人有幸到那里去游览，但是我们都需要它的森林。

水与土：暴雨和洪水的问题

树可以传送大量的水——从土壤中运送到叶子里，再通过气孔散发到空气中。我们知道，通常水沿着木质部长而细的线路以每小时不到6米的流速向上输送，但有时能够达到每小时40米，两个小时之内就可以到达最高的树的顶部。一棵大树一天可以蒸发500升水；一公顷树林或者种植园里若有100棵成年大树（树间距为10米是最适当的植树率），就能蒸发出5万升或者50立方米的水，这足够填满一个旅店的游泳池。一平方公里的森林带（100公顷）会释放出5000立方米的水，足以填满一个奥林匹克规格的游泳池（奥林匹克游泳池的规格为50×25×2米），而这只是一天的蒸发量。一条水面只有几百平方公里的河流就可以灌溉养育一座村庄。大量的水被送到空气中（否则这些宝贵的淡水会直接汇入地下，流失于江河），河水泛滥的危险就减少了。蒸发 382 到空气中的水形成云，不定何时何地，又会重归大地；由于降水在时间和空间上是分散的，不会使土地不堪重负。

树还会改变雨水流经的路线。在热带，很多附生植物爬到树的高处，这是因为它们没有根，需要尽可能地增加长度以获得足够多的水分：凤梨科植物尤其能够充分吸收自己的菠萝形状轮生的叶内的积水（蚊子和树蛙在这样的空中水洼里交配，这是森林中的微型水生生态系统）。热带的树，通常都有巧妙的装置来保留多余的水分，它们的叶子长有滴水叶尖，每一场雨都有相当一部分的雨水被叶子捕捉，而叶子生长在远离地面的高处，就像阳台晾晒的衣服，所以水还没有到达地面就被蒸发，又重新回到了大气层，然后再形成雨降落在他处，或者某一天仍旧降落回原地。几场有间隔的阵雨，比一场滂沱大雨容易对付。气候也会得到改善。因为遍布树根，森林地表更具有渗透性，水到达地面后会渗透下去，不像草原上的水直接流走，土壤也不容易受到破坏。而且，我们知道，一旦水渗入土壤，就会被树吸收上来再重新回到大气层。

总之，成熟的森林非常干燥。在干旱地带如果种多了树，缺水的问题就会变得突出。很多住户发现他们房屋下面的黏土抽缩，地基干裂。桉树在将环境变干燥方面很有名，因为它们的根能吸收很深处的地下水。也许就是它们制造了周围的干旱。如果有些地方错误地栽种了桉树，会导致它们身边其他树木因缺水而死亡。我在巴西利亚附近的塞雷多看见过它们制造的干旱。但是，如果你住在多雨的山脚，那么，山坡上的桉树种植得越多越好。当然，如果像雨季那样大雨滂沱而且连绵不断，森林和树脚下的土壤同样会达到水分饱和，与光秃的土地一样，造成过多的水的流失。但是树阻止了很多洪水发生的可能，即使森林面对这种压力，树也会尽力将多余的水分储存到土壤中。

383 2004年8月，伦敦遭受了一场大洪水，300万升污水被排泄到了泰晤士河里。当然，与今后有可能会出现的洪水相比，这恐怕不过是小菜一碟，但值得关注的是它的抢救方案：集雨桶减缓了从屋顶流向街道和下水道的水流；能渗水的人行道的路面接纳了一部分雨水。这些方法当然不会减少雨水的总量，但是却可能减缓雨水的冲击，使它们缓慢地流入街道、地下水道和河流，所以不会导致城市泛滥成灾。所有这些都涉及大规模的市政工程，看似简单，但是改造起来却极其昂贵。然而，树可以在世界各地的河流积水区免费做这项服务。原则上，我们种树就是要把水留住，而且最终从森林留出的水是清洁的。当光秃的山坡被雨水淹过，冲刷下来的泥土造成的损失会更大，危害更深。

另一方面，没有什么行动是立竿见影的。树可以减轻过多的降雨造成的负面影响，它们当然胜任。总体上，树根能够起到良好的稳固土壤的作用。但是这并不意味着任何老树，或者成年树都能发挥作用。例如，柚木长有典型的大叶子，像一个餐盘。当每一片叶子盛满水分，于是巨大的水珠从叶尖流出。这些水珠在高处像玻璃球，击打在坚硬的地面上，就像破碎的玻璃，增加了水土流失的可能。如果地面是斜坡，会造成滑坡。如果土壤松软，巨大的水珠渗透下去，最终会冲刷出几道沟壑。

人们开始快速行动起来培育新的森林，显得有些急功近利。近些年在中国，农民正迫不及待地刨土种树，树木通常被种植在山坡上，没等树的根系长好，新培的土壤已经被雨水冲走了。只有当森林具备多样性，且有充分的时间自由生长，它们才能表现得非常好。操之过急，或者种植得过于草率，都会引起各种灾难，给本来声誉很好的森林一个坏形象。人类所从事的追逐利益的各种活动正在起到与树和森林的建设背道而驰的作用。最好不要再给那些利欲熏心者任何借口了。 384

最后，树作为一种主要的资源，可以缓解全球变暖带来的危机，当出现石油危机时也可以充当必需的能源。当然，树木燃烧会释放二氧化碳——引起全球变暖的元凶，但所释放的碳是通过光合作用储存于树内的。因此，为获取燃料而种植的树，没有使碳的总量增加。相比之下，石油是植物（或者其他生物）经过几千万年而产生的，我们却在几十年内燃烧掉它们，所释放的碳是古代有机物经过几千万年的积累而形成的。究竟有多少能源我们可以而且应该从树或者其他生物（风能、太阳能和潮汐能）中获取，数量还不确定，但一定比今天要多得多。

建立一个以树为中心的世界

雄伟的建筑（大船）最开始是用木材建造的。然而，我们花费 200 年的时间狂热地寻求新的奇迹，比如钢铁和塑料，以替代树木。钢铁和塑料当然有它们的地位，但是，根植于科技的经济消耗极多的能源。说得更坦白些，立足于工业化学（钢铁行业和塑料制造行业）的经济，现在应该被认为过时了。未来的经济必须立足于生物。我们的建筑业（不仅限于建筑业），必须把注意力转向木材。

以木材建造的城市将会储存大量的二氧化碳。进一步说，尽管将树干制成横梁（锯开、设计和运输）需要消耗能量，但是制造一根相同的钢梁需要花费大约 12 倍的能量。所以，尽量用木材替代钢铁，我们一定会得到回报。木材没有任何劣势可言。如果纽约双子座大厦的托梁是柚木建造的，并且得到恰当的保护，它们会比钢铁更能持久地抵挡炼狱一样的“9·11 事件”。这是因为钢铁加热会弯曲变形，而厚木头烧 385 透则需要很长的时间。有了更多的时间，就会有更多的人逃生。简而言之，未来最有名的建筑，应该尽可能地利用木材的优势而建造。

其实，世界各地有很多值得称道的木建筑。毛利人的集会大厅有着雕刻精美的木墙和木梁；新西兰和美国有很多殖民时期的可爱的教堂；斯堪的纳维亚的现代木建筑令人眩目；美丽的木质民居及商业建筑依然遍布世界——我记得在加利福尼亚有一个美妙绝伦的带房顶的葡萄酒酿造厂，木结构厂房宽敞得像一个飞机库，样子像酒桶。英国目前也有心致力于木质建筑，但是，人们总不禁回忆起1666年9月那场著名的伦敦大火，在市内相互毗连的街道上，木镶边的房子5天之内被烧成了灰烬。有些人——据我所知主要在新西兰——对于枯腐烂的木材有一种病态的畏惧。但是，生活没必要这样过。即使是在英国，很多教堂古老的木房梁撑起的屋顶，依然历经千年不坏。通过娴熟的技艺和现代科技，木材引起的火灾和腐烂现象大多会被避免。相比之下，很多水泥建筑30年已经到头了，纵使铁楼房也会在火中被烧毁（像伦敦的水晶宫，1936年11月坍塌于火海之中，轰动一时）。

木材以其崭新的形式，就像20世纪早期的混凝土和钢材一样，对于建筑审美带来了巨大的挑战。木质的和玻璃建造的建筑应该得到奖章（可以参考悉尼歌剧院，或者毕尔巴鄂的古根汉姆博物馆）。实际上，整个城市可以笼罩在林荫之下。比如现代化的北京，城市大面积地暴露在阳光下（我只在夏天去过），非常地暴晒刺目，但是在使馆区，放眼望去，就像在花园里，房子被浓荫遮蔽，非常优美。这样特殊的优待在市区里令人受宠若惊。不是所有城市都能有花园般的浓荫（缺水是限制因素），但还是有很多城市可以做到。但是建筑师经常会遇到诸如树根会破坏房屋地基这样的问题，有待解决（可以先把树放在容器中生长，然后再埋到地下）。森林城市以及宏伟的木质建筑，是绿色实践。绿色运动常常被视为很土气。绿色活动家有一个绰号——“邋遢王”。然而，不修边幅，穿着带风帽的厚夹克，那些真正的绿色活动家们都是美学家——就像浪漫诗人，爱恋自然。绿色建筑还可以深化城市的改良运动。 386

建筑和土木工程是世界上最大的工业。然而，农业仍旧是最重要和最关键的。农场主和林场主一直以来都不和睦。可是，当种植业与森林业明智地结合在一起时，它们会和谐地互相补充。

森林业与种植业携手：农业森林的承诺

森林奉献给我们的不仅是大量的木材，还有其他很多宝藏，统称“非木材森林产品”。这个清单包括树脂、纤维和强力化学药剂，等等，需要好几本大部头的书才能罗列出来，实际上，应该有很多这方面的主题图书馆，而不仅仅是几个研究中心。可以毫不夸张地说，目前从植物中提取的药剂占很高的比例，其中大部分来自树。在一些小地方，种植一些可以作为调料、香水和药物的作物——价格较高而且便于运输，对于小户农民，也包括农业森林主来说，有着极高的回报。

然而，对于这类生产活动，还需要解决技术、法律、民族等方面的问题。很多取自植物的复杂而有价值的材料的利用，需要严谨的药理学知识，在实际中，这些都是由大学里的专家和商业公司来研究和运作的。那些拥有重要树种的国家，需要拥有一些必要的高科技，但是它们中的多数国家不具备。而最富有的国家，拥有各种专家，却苦于没有足够的资源。所以需要互相合作，尤其是重要植物生长的热带（通常也是贫穷的）国家和拥有必要的高科技的富裕国家之间，因为多数工作需要尽可能地在植物的原生地完成。这类合作对于任何一方都有益。但是，贪婪和机会主义在这里频频现身。亨利·威克姆(Henry Wickham)1876年从巴西征用了橡胶树的种子，也许被公众大度地默认。但是，

387

很多其他的行为则纯属盗窃，是“生物剽窃”。现在有阵营浩大的律师们被雇用，要给生物剽窃穿上合法的外衣，将违法行为引向深入。如果法律明确地站在不公正的一边，人类就走投无路了。对于生物剽窃的恐惧，使得很多国家甚至拒绝那些合法且有益的合作；还有一些排名在世界最有威望的非政府组织之列，也阻止了很多有益的合作。由于一方是在光天化日之下（即使有时披着合法的外衣）行窃，而另一方心存猜忌（有时公正，有时不是），所以丰富多样的野生植物还远未被开发出来，这太令人悲哀了。没有信任，也没有信任的基础，法律上漏洞百出（律师们到对此窃喜），而其实，只需要简单的尊重和诚信。

来自树上的食物富饶丰盛，但是，我们似乎完全没有意识到。众所周知，如果人类没有学习耕种，就不会有如此众多的人口。根据考古学记录，大规模的、固定的农业耕作始于1万年前的中东。那个时候，我们人类已经有很长的历史了，分散在非洲、欧亚、澳大利亚和美国。然而，那时世界人口估计只有大约1 000万。到公元前，也就是固定农耕之后8 000年，世界人口达到了1亿至3亿。现在地球上的人口数量大约是60亿。历史学家特别强调，能够产生这样庞大的人口数字归功于谷物和豆类，也就是说，农业真正依赖的是耕种。在中东，小麦与大麦占据优势；远东则是水稻；北美是玉米。谷物有着明显的优势，已经长期在世界农业中占据主导地位。事实上，水稻、小麦和玉米目前为人类提供了一半的能量，三分之二的蛋白质。所有其他作物（甚至大豆、牛肉和土豆）与之比较，都略逊一筹。树的种子和果实则完全被遗忘到角落去了。

但是，从现状逆向解读历史是一个错误。今天，在地中海地区，橄 388

榄是一种重要的卡路里来源，也是一种美食。可以确信，在1万年前，实际上在更久以前，人们就已经把橄榄作为主要食品了。山羊肉和草本植物含有丰富的营养——蛋白质、维生素、矿物质；但是卡路里太低，蘸上橄榄油食用营养价值就丰富了。今天，印度和太平洋地区的椰子、澳大利亚的坚果，还有喀拉哈里沙漠的坚果，是当地人重要的食品。从地中海以及向东到亚洲的地区，人们非常依赖于开心果、核桃、腰果和杏仁，这些仍然是中东地区主要的烹饪食物。北欧人有榛子和栗子：榛子粉在德国传统的烹饪上占据重要的一席之地；以栗子做馅儿的烤鹅，曾经是餐桌上传统的经典菜肴，现在已经随着烤鹅一起，逐渐淡出。北美人以前有核桃和山核桃，包括美洲山核桃。很多松树的松籽也很不错。坚果兼备丰富的脂肪（卡路里）和蛋白质。枫树、桦树和其他树还额外地提供给我们糖浆。水果不只是美味，也富含维他命，很多水果还是重要的脂肪来源，能量最为丰富，它们包括椰肉、橄榄和鳄梨。一些水果含有重要的蛋白质。

简而言之，农业的兴盛谷物有一半的功劳，因而带来人口的增加。这样说似乎不够严谨，但显而易见谷物在其中扮演了重要角色，而且谷物的便利之处在于，只需简单的技术就可以大量生产及加工。谷物的生长周期短，进行遗传改良的机会很多——传统的农民无须掌握孟德尔遗传学知识，他们只要挑拣最好的作物留种，就能取得好收成。但是，我认为，如果根本没有谷物，没有小麦、大麦；没有燕麦、玉米、大米和黑麦，实际上也不需要高粱、粟米、画眉草、藜麦，或者籽粒苋；人类只依赖于树上的“农业”，也一样会繁荣兴盛。毕竟，如果把在小麦上用的功夫，同样地用于核桃，那么现在的核桃树会有几百种，一些高大、一些矮小、一些长得像葡萄藤、一些长得像攀附在篱墙上的桃子。那样就会有各种形状、大小和味道的核桃，可以酿制一系列的酒品（核桃啤酒和核桃威士忌）。

389

一讲到这些我就思绪飘扬，浮想联翩，但主要是想强调尽管今天树上结出的食物对于人类尚无足轻重（至少根据全球的统计数字判断），但究其原因，那是历史和经济发展的偶然情况。谷物无疑具有优势，但主要是由于它们经历了几个重要时期，才成为今天的主宰。尤其是耕田技术的发展（至少 5 000 年前就已经开始），使得农耕成为日常模式，其他的一切因此退居附属地位。但是如果树曾经受到重视，它们也会成为主要的食物来源，如果历史可以重来，也许现在会是另一种景象。实际上，树在很多方面优越于谷物，它们可以加固土壤，帮助维护气候的稳定。改变一下我们的思路很重要。应该抛弃谷物是核心，而其他食物来源是边缘、次要的成见。

目前，在巴西的很多地方，包括雨林地区和塞雷多，人们都在为大规模地种植大豆而铲平土地。目前大豆已经成为巴西最大宗的出口农产品（种植大豆的目的不是养活人口，而是饲养欧洲的牲畜，因为眼下巴西的大豆很便宜）。但是，研究显示，如果塞雷多人民得到鼓励和帮助去开发本地植物，塞雷多会为社会提供更丰饶的物产，为人们提供更好的服务。在《塞雷多的果树》（*Frutas do Cerrado*）（2001 年）一书中，巴西农业部农牧业研究所（EMBRAPA）列出了 57 种本地植物物种，附带有食谱。这些树包括 4 种不同的番荔枝（番荔枝科的不同种类，与南美洲番荔枝是亲缘关系）、banha-de-galinha 树（铁木豆属）、pitomba-do-cerrado 树和普卡树（一种古老美丽的阔叶树）。但是，《塞雷多的果树》只是一个简要的手册，大量的其他树种并未罗列出来。巴西利亚大学的卡罗琳·普罗尼卡（Carolyn Proenca）教授列举出来120种，她强调说，这也不过是其中的一些例子而已。

树还通过间接途径提供丰富的食物——在多方面为人类做出贡献。在传统的农业经济中，树叶、树枝、树干和种子支撑着重要的牲畜群。很多口味不尽如人意的种子，比如橡实，可以用来喂养牲畜。在印度，你常常可以看见成群的妇女和女孩子，扛着从森林里采折的沉甸甸的大捆树枝，去喂养牛羊。我有一个想法，它可以在技术上进行改进，但有可能实行起来难度很大。这个想法就是，牛群（以及羊群，特别是山羊）可以以树为生，这点对于认为只有草才是饲料的西方人是有益而且很重要的，因为林地总是让位于草地。猪和家禽会去吃人类不屑一顾的种子，比如橡实。目前，世界上一半的谷类（还有90%的大豆）被用来喂养牲畜。由于人们更喜欢以谷物（再加上一点维他命）为食，动物于是就成了我们的竞争对手，而且，实际上，根据联合国的统计，到2050年前，当人口可能达到90亿时，牲畜消费就会再增加40亿，那么世界粮食的负担也会相应地增加接近50%。但是，如果动物以草为食，或是辅以树叶（人类不可能吃草和树叶），我们的食物供给就会得到增加。把树作为饲料（更多营养、更少毒素）的研究，正在取得更大的进展，但是一些人还是认为给大豆增产更有利可图（因为少数人可以赚更多的钱）。

树所提供的物产可以满足各种需要——木材、食物、树脂，等等，它们与牲畜提供的物产，以及普通农作物三者相结合，被称作“森林农业化”。农业森林在各个方面都极为引人注目。在古代，中世纪的经济大多是建立在“森林业”基础之上的，尤其是捕猎猪群，是其中的重要部分。但是，森林农业也是未来梦想的一部分，至少现在，它开始以其自身的价值，吸引研究资金的注入。

关于森林农业有许多趣味横生的故事。在英国，传统的农民常常留下一些树（特别是榆树）做篱墙，让它长高，为今后几十年所需的木材提供有效的来源。田地边缘的树林也具有同样的用途。在法国南部，一排排沿着田地生长的杨树，形成独具风格的景致。大树可以卖钱，短期内还可作为防风林，而且很奇怪，树与树之间保持一定间隔的防风林，比种植密实的防风林能更好地抗风，因为密集的防护会产生更强劲的风。在南部欧洲，你通常会看见蚕豆种植在橄榄树之间。在澳大利亚和葡萄牙，栓皮栎本身就很值钱，因为它结出的橡籽可以使黑山猪增膘，从而身价倍增。牛津郡的食物动物倡议书提议在生长着桦树、山毛榉和榛树的小树林里养鸡。鸡更喜林地，它们原本是从生活在印度丛林里的飞禽退化来的。正因为如此缘故，放养的鸡不喜欢暴露在空地上，如果没有遮挡，它们会感到威胁。而在英国，鸡的主要威胁甚至不是来自地面的狐狸，而是空中的乌鸦，还有银鸥（极少的情况下是来自捕鸟人）。但是，这些空中偷袭者习惯空阔的地面，有了树的遮挡就会阻止它们的活动。

391

当然，在热带，人们从森林农业中收获巨大。品质最佳的咖啡和茶树都生长在浓荫下。一些香料和草药也生长在森林中，其中包括小豆蔻，它是喀拉拉邦当地一项重要的工业。豆科树大多作为遮荫树种植，它们自身的固氮菌可以给周围的庄稼施肥，豆科树富含氮的叶子是很好的饲料。数目庞大的牛群、猪群、鸡群散养在林间，树（作为饲料）与动物双方共同受益，动物可以得到食物（人们从树上砍下树叶），而且树为它们遮挡太阳。树荫对于牲畜的价值是无法忽略的。除了羊以外，驯养的牲畜和森林动物是同一个祖先。在所有的野牛中，只有牦牛和北美的野牛天生适合空旷地带。北美野牛和欧洲野牛是同一个祖先，欧洲野牛是森林动物，至今还在波兰的森林中徜徉。大量的生物学观察被应用在实际的商业经营中。哥斯达黎加的研究表明，热带奶牛如果生活在树荫下，产奶量可以增加 30%。相比之下，传统饲养的牲畜忍受着暴晒，在绝望中煎熬。它们正生活在没有保护的北美草原、南美大草原、萨凡那草原。我们熟悉的牛仔，驱赶着牛犊，驰骋在得克萨斯州和怀俄明州的草原上。这种饲养牛的方式，既浪费又残酷。

392 森林农业以各种方式使人受益。传统的育林人通常要经过大约 30 年才能见到投资回报。但是，如果他们利用林间间隙种植庄稼（包括珍贵的调料和草药），他们可以在短期内得到收入，而且持续生长的树，是未来的致富之源。我在印度卡拉拉邦数次见到过这种情况。有人会问，为什么这种方式不能普及？在世界各地的各种条件下，森林农业显而易见是合乎情理的。相反，现代森林业与农业各行其道，人们对此已经习以为常，农场经营越来越单一，根本没有多少道理可言，不过是一些商家在追逐短期利益而已。快速致富，不应该是农业的追求。

怎样种树

我们可以明确地为着自己的目的种植和培养树，我们也可以因为树有生存的权利并且有利于其他物种，对它们精心照料。当然，即使我们不是有目的地去种植树，树也能够通过改良气候和土壤，使我们受益。

人类所需的树木可以在种植园中生长，找到能提供给我们所需的木材，并且在有限的土地上快速生长的树种是很有必要的。在19世纪和20世纪的大部分时间内，人们对热带森林实行强制性的圈地政策。通常，很多受人喜欢的树是外来品种，被种植在远离故乡的土地上——世界各地从澳大利亚移栽而来的桉树有数千顷，而澳大利亚则成为印度檀香木的产地；中南美洲的柚木源自印度和缅甸；美国的蒙特利尔松在世界各地成片成林地生长；印度则生长着很多欧洲杨树；在巴西利亚郊区有一片巨大的加勒比松森林。英国的森林委员会在第一次世界大战后，在山地上（有时是低地上）种植了美国的西岸云杉，等等。

393

种植这类外来树种有很多优势。将桉树种在非洲和亚洲是明智之举，那里每年生产的木材是原产地的10倍，这至少在理论上，应该减轻了本地森林的巨大负担。更常见的是，外来树种可以避免寄生虫。的确如此，比如在亚马逊长大的柚木，就不会像在印度一样受到引起灾难的食叶蛾的侵害。但也有不足，英国人出于审美的原因，对西岸云杉不抱好感，嫌弃它长得模样呆板。

外来树种确实能为当地生物提供阴凉、食物，但是，它们对于当地野生生物并不友好，有时甚至带有敌意：苏格兰山坡上的针叶树增加了土壤的酸性，使当地植物群无法生长。干燥土壤上生长的桉树会与邻近的植物抢夺水。有些外来树种会像野草一样到处疯长，例如很多桉树和刺槐。来自印度的寄生檀木生长在澳大利亚，有时会威胁到当地生长的桉树，而印度本土的檀木，有时会进攻桉树种植园。人类也许选择以这样或者那样的方式控制自然，但是生态环境中的天然抗争没有停止过。

最后，尽管外来树种在理想的环境里会长得极为茂盛，但是在贫瘠的土地上就不如当地植物生长得顺利——林地通常占据的是贫瘠的土壤，因为最好的土地保留给了农业。还有，虽然本地树种总是受到青睐——它们与当地的人及野生生物能和谐相处——但是在生产实践中，本地树种常常被种植园剔除在外。在津巴布韦的哈拉雷，格斯·布雷登（Gus le Breton）掌管着"非洲植物贸易"，他热心于本土树种的发展，其中不乏精彩多样的当地品种猴面包树。2004年，在德拉敦的森林研究所，当时的所长帕达姆（Padam Bhojvaid）正在为400多个印度树种在本地恢复生长而做着积极的努力，由于人们将重点转向商业用途广泛的柚木（柚木的确是印度的本土树种，但它也以强势姿态生长在规模巨大、树种单一的种植园中），这些树种在过去一直被冷落。事实上，外来树种的种植由来已久，人们有充分的理由感谢传统的林业主们，他们曾经以科学和技术为森林业打好了坚实的生产基础，而如今，他们的394 功劳却被人们渐渐遗忘了。但是，即使有最好的设想也不能在任何条件下都亦步亦趋、不假思索地任意使用，传统的林业主肯定会赞同这个观点。

森林，应该保持其原始性，原始性对于森林，如同严肃的演员对于现场演出一样重要，原始便是一切。在日益拥挤的世界里，我们应该最大化地利用森林而不去破坏它。况且，世界各地有很多人，尤其是非洲人、热带美洲人和亚洲人，还有欧洲人，以森林为生。一些传统的林业人员是真正的森林人，比如，有些人是木炭制造商，有些人从树林中获取食物或者药材。如今，森林旅游业已成为巨大的收入来源——它是肯尼亚最挣钱的行业，尽管带领游人绕行萨瓦纳比穿越东南亚的森林容易得多（在中国的云南亚热带森林，我乘坐缆车从树冠层上空穿过，这是一次令我终生难以忘怀的经历。放眼望去，漫漫竹海无边无际，烟粉色和亮蓝色的蜻蜓在空中乱舞）。但重要的还是将旅游业的收益用于造福当地的社区和居民，而现实中所做的远远不够。

森林是木材长期的主要来源，但是过去所有的伐木人常常只顾各取所需（比如，北美大片地区被砍伐一空，常常造成无端的浪费），而现在是有选择、可持续性地采伐。热带森林树种的范围巨大，各种树的树龄不等，对采伐提出了最大的挑战，而巴西农业部农林业研究所（EMBRAPA）的研究人员正在准备应战。在他们的管理之下，贝伦周边的亚马逊森林被分为几个区域，每一区域只能以30年为一周期间歇采伐，将30年作为一个大致年限是合理的。他们不再只挑拣最高大、最相似的树种，或在对树种进行草率的鉴定后就砍伐。他们严谨地、颇费周折地确认每一棵树的种类，原因在前面描述过：现实中看似同一种树，有可能是不同种的树，如果砍伐时不加区分，那么较为稀有的树种也许就会被砍尽杀绝。在任何一轮的采伐中，伐木人仔细地留下每一树种中比较具有代表性的树，尤其要保存住果实最丰硕的“母树”，以确保下一代的成长。 395

在圣塔伦，巴西农业部农牧业研究所的工作人员伊安·汤姆森（Ian Thompson）陪伴我与巴西森林人度过了一天，他们的工作感动了我。所有被放倒的树在砍伐之前都被事先确认并做标记，将它们的位置绘制在电子地图上。由于不同的树种太多，每一次针对一个树种只能采伐几棵，而这几棵要采伐的树可能很分散。需要寻找到每一棵树、砍倒，然后拖到森林外面的指定地点。执行工作的专门的拖拉机称作“集材拖拉机”，毛虫状的履带有爪钩。在过去的野蛮日子里（现在依旧，砍伐很少在监控之下进行），貌似差不多的树都被草率砍倒，集材拖拉机碾压过去寻找它们时，产生了更为严重的破坏，一些树种就这样丢失了。现在，集材拖拉机选择最简捷的路线，以最娴熟的技术，在不碰到两边的任何树木的情况下，将找到的树小心翼翼地拖到森林之外。在过去，在树干被拖出森林之后，一半的树皮已经脱落，可以推断，拖拉机在途中将很多树摧毁。而现在，它们是被无破相地完整保留着。

但是，即使有最好的意图，也很难达到最高标准。在巴西，我跟随一个与巴西农业部农牧业研究所有关联的一流采伐队伍，他们真正致力于森林的可持续采伐事业。他们只在林中的边角地带实施采伐作业，每工作 11 天休息 2 天，睡在帐篷里。他们的食物有益健康——牛肉、鸡肉、豆类和大米，每天如此。巴西人通常非常友好，但是这些伐木工人太疲倦了，顾不上抬头看一眼。按照规则，集材拖拉机不应该在湿漉漉的地面上工作，因为这会导致地面出现深深的车辙，造成积水使蚊子繁殖，还会毁坏土壤，并弄坏天然排水道（由于这个原因，伐木工通常在地面冻得坚硬的冬季开始作业）。但是，我去的那一天正在下雨，集材拖拉机陷得很深。你让他们如何选择？伐木工与机器要完成配额。但是，我跟随的队伍是最好的一支，有一个和善而开明的工头（是当地人）。有人告诉我，旁边的队伍按合同一天砍 60 棵树，每几分钟砍一棵。这样的伐木速度不允许人们有时间思考怎样做才是最谨慎的采伐。396最近，旁边队伍里有一名队员遇难，这是意料之中的事，而他的队友居然没有获准请一天假参加他的葬礼。这就是我们看到的现代社会悲剧的小缩影——将美好的理想和生命献身给金钱和竞争这一全能的上帝。我们不能容忍以如此的方式经营世界，这太邪恶、太危险了。

我在圣塔伦亲见了简洁、明智、有计划的采伐，但在巴西或者热带地区并未形成一种总体上的模式，情形就是如此悲观并且普遍地存在着。在巴西这个广博而且艰难的国家，60%的采伐是非法的。据绿色和平组织估计，帕拉州的非法采伐已达到了90%。鲁拉总统曾表示，巴西是农业国，多数的巴西人尚处于第三世界（意思是世界上的多数国家）。他期望建立一个以小农场和森林农场为基础的农业经济，与20世纪早期至中期时的美国一样。但是一流的大农场主和伐木工，尤其是非法的伐木工们却另有所图，他们无所顾忌地攫取和采伐木材，那些为小农户说话的人很有可能被谋杀。就在1988年，采集橡胶的原住民奇科·门德（Chico Mendez）被人谋杀，还有不久前来自俄亥俄州的74岁的修女多茜·斯汤(Dorothy Stang)，她从事帮助亚马逊穷人的活动达30年之久，于2005年2月12日被枪杀。刺杀行为在巴西乡村是最正常不过的交易，可以说是一门职业，刺杀者被称作枪手。我遇到过一位，他在金盆洗手以后以开出租车为生。

合法的以及非法的农场主和伐木工，已经铲平了20%的亚马逊雨林（占地400万平方公里，合4亿公顷）。2002年，为挽救巴西的经济衰退，国际货币基金组织贷款几十亿美元刺激其经济增长，结果导致更加严重的森林毁坏。似乎只有以残酷的金钱来定义的经济增长才能反映出人类的幸福。

与巴西类似，在印度尼西亚，据警察局估计，能拦截到的运输非法砍伐的木材的船只占全部非法船只的3%，每一艘从印尼巴布亚（新几内亚的西半部）运出木材的船，赢利大约为10万美金。此时此刻，为了给我们的子孙留下一个可以生活的世界而进行的战斗，正在败下阵来。

397

但是现在，一些几年前还不曾有的规则已经被制定出来。越来越多的进口商坚持所有木材的来源需要具有1989年成立的森林事业委员会（FSC）授予的资格证书，以确保该木材品种是以可持续的行为进行采伐的。但是，仍然存在很多缺陷，小供应商无力担负申请证书的费用，无法遵从这一条款。问题出在申请过程，而不是采伐过程。尽管如此，FSC的指导方针目前已经在30多个国家使用，覆盖了超过1 650万公顷的土地。工业界开始整顿自己的行为，为自己恢复声誉。如果幸运，我们也许能赢得这场竞赛。眼前更为重要的是要拥有见闻广博的消费者。例如，巴西的膜瓣豆木是一种非常特殊的木材，待售价格昂贵，世界各地的使用者也都乐于购买已取得证书的、有计划砍伐的膜瓣豆木；并且同时，生产国能够保证将得到的现金回流到膜瓣豆木生长地。如此，我们就拥有了真正有益于每个人的良性工业的基础。这种情况也同样适用于食品生产。如果消费者愿意为合理饲养的鸡（鸡养在森林中最为理想）和公平交易的咖啡多付金钱，并且如果农民也能拿到这笔收入，那么这个世界真的可以改进。但是，如果生产者的收益太低，生产成本被低估或者被故意压低，抑或他们只追求利益最大化，甚至有中间商侵吞了大部分的收益，那么世界就会掉入深渊，我们也就别无选择，只能听之任之。

在温带和极北端的森林中的生态更为简单。拉脱维亚是个很好的榜样，它恰好位于温带与北方之间，森林业是它最大的工业。2004年年末，我曾与拉脱维亚的伐木工一起散步。在大片森林中只有为数不多的几个树种：银桦、挪威云杉、苏格兰松，还有几种桤木。林间可见红色和黑色斑纹的鹿、麋、狼、猞猁，还有一大群海狸——它们挤满了河道。多么奇异的生物！伐木人有时砍伐个别树种，有时采伐整块地上的树木。通常一次不会采伐很多地块，采伐之后会迅速补种新树。他们只栽种当地树种，禁止来自俄国的奇怪的落叶松。尽管拉脱维亚国家很小，伐木人还是将它划分为四个区域，不同区域的树不会被混种，因为如果混种，树会产生不适应性。

398

拉脱维亚森林工人从很多苗圃中选取树苗补种到森林中。我参观过一个苗圃，主人谦逊地称它为“很小的”苗圃，那儿每年培育的桦树苗有 1.8 万棵，云杉大约有 25 万棵，松树 50 万棵（还有很多喜人的观赏树——柏树、刺柏、欧洲花楸，等等）。这个农场主选用的母树都是野外生长的，它们比种植园的树更富有生机。因此，森林里的树不都是原生态的树，育苗的过程中会发生一些基因的改良。基因改良会把野生树变为杂交品种。从另一方面看，基因育苗避免了通过种子育苗而导致的树苗活力不足。虽然弱苗被筛选掉会造成部分遗传多样性的丢失，但是，这只能算是一种合理的妥协。热带树，从生长的速度看，彼此之间有巨大的不同——巴西人希望用 18 年的时间培育出有价值的柚木；桉树通常不满 10 年就可以采伐；在北温带的拉脱维亚，森林里的树木长大成材通常需要 100 年左右。北半球地区的人们种树是为了后代子孙。

但是，并非所有的原始森林都应该被旅游者或者伐木人开发。我们需要将完整的中心地带留给土生土长的当地人，以及野生生物（当然，那些忠于职守的林业学者们出于研究的目的可以进入，因为改善对森林的理解始终是重要的)。野生生物有它们生存的权利，何况没有中心地带的森林就失去了原始风貌，注定要丢失多样性。不论怎样，我们要坚持不懈地努力，使原始森林不被干扰。

然而，我们对大森林的认识不应该只是出于审美的需要，也不应该只停留在普通常识的层面，两者必须要有严谨的科学的指导。

正确的科学

399 现代的森林科学令人叹为观止，它对树木的介入既可以范围宏大又可以精细入微。盘旋在高空的卫星，可以测量每棵树的高度，甚至精确到几厘米——因此可以监控大片区域内树木的成长，当气候变化时尤其有用；还可以根据反射的光线，在一定程度上对树种进行鉴别。高塔、吊车、聪明绝顶的设计、改造过的攀岩绳索系统，还有在树顶上空盘旋的热气球，可以将树冠层打开，把科学家降落在树枝上，而他们则轻松得好似钓鱼线上的鱼饵。人们的兴奋和希望与半个世纪前潜水员打开珊瑚礁时差可比拟。当然，树冠层比珊瑚礁还要丰富。固定仪表一天 24 小时不停地监控各种漂浮的气体，包括从树上和地面落叶堆中挥发出来的有机物质，年复一年不间断地提供森林生长和健康状态的数据。越来越先进的计算机从这些数据里获得越来越多的有用资料。所有这些设备，以及富有创造性的持续不断地提供的综合分析，在几十年前都是令人难以想象的。没有这些数据，我们几乎无法洞察全球变暖造成的影响；而有了这一切，我们开始能够洞悉环境的变化，尽管还很难捕捉其中的复杂性。

巴西农业部农林业研究所的工作展示了运用科学可以解决精细的森林难题。依赖它可以精确辨认专门的树种，在去掉几个树种后，看看那些留下的树种究竟会在遗传多样性上产生什么样的影响。毕竟，任何一个零散分布的树种在一个地区的总数不可能很多，每一单独的树种，都将会对整个基因池有重要贡献。在巴西农业部农林业研究所，米尔顿·坎纳什罗（Milton Kanashiro）博士有一个协作项目，称作树木遗传，它选自欧洲科学家研发出来的一个可比较的战略计划。它的设计思想是分析树的新生组织的DNA，看看有选择的采伐是否会导致整个群体产生遗传变异。如果某个结果显示多样性正在丢失，那么就要对采伐进行调整。这就是科学对于习惯法则的改进。 400

因此，可以说发展中的森林科学非常奇妙。未来的生物学发展既在于精微的领域，也在于宏阔的领域，并且在任何一个时期（生物技术恰好也是时下的热点）都显得炙手可热。然而，我们不应该对森林科学或者一般科学太迷恋，科学并非像我们想象的那样，总会指出一条不偏不倚的、完美真诚的通向真理的道路。在更深的层面上，现代哲学家指出，现有的一切理论都是不确定的——全部是暂时的，等待着新的见解去推翻它。约翰·斯图亚特·穆勒（John Stuart Mill）指出，不论我们知道了多少，我们从来不能断定我们没有错过重要的东西。总有未知的被揭晓，而又有新的未知出现：甚至是些没有答案的未知。当面对生命体系，特别是像热带森林一样复杂的体系，未知数成倍增加。甚至连最基本的数据的获得都相当艰难而且耗时。从前面的讨论可以发现，即使是判断美洲森林有多少树种，也是非常不易的。然而，物种的发现还刚刚开始。上一章描述的内容，显示了不同生物之间的关系有多么复杂。经过了半个世纪的研究，无花果树与黄蜂之间对话的细节仍未被揭示出来。但是，自然界还有几百万的物种，每一个直接或者间接与其他的几百万物种相互作用；不仅如此，仔细观察可以发现，细菌与病毒对于周遭的生物体也是关键角色，对于它们，我们根本一无所知，只有当特别明显类型的细菌或病毒去攻击某些物种时，我们才注意到它们的存在。

然而，麻烦的是，现代混沌理论表明，几股简单力量的任意接触，也许导致无穷的复杂性和多样性，而且复杂性与多样性天生具有不确定性。在森林中，不仅是几股简单力量，还有数不清的物种互相接触，每一个都承受着自身的压力。有些时候我们能够在有限的范围内推测出即将到来的危急情况，例如气候变化，或者是采伐的特别策略；但是在细节上，我们根本无能为力。一次不经意的行动，可以导致一系列不同问题的出现。比如，被引进新西兰的欧洲黄蜂，以霍氏罗汉松和其他针叶树上的树脂为食，似乎正在彻底摧毁已经适应了树脂的某些昆虫的整个食物链，这些昆虫又是鸟的捕食对象。这类结果实在难以预料。

401

科学，简短地说，即使精彩和神奇，也有着天生的局限，它所描绘的宇宙、生命、树和森林的图画，总是片面的、不完整的，我们永远说不清它的完整模样。然而，要保护森林，要从中获取我们所需要的财富，我们有义务管理它。显然，即使最好的森林经营者也无法达到工程师的精确度。对于他们的最好的比喻是医生，当病人遇到麻烦必须前往医治时，面对不完整的信息，他们必须使用自己的判断。

所以，我们可以围绕着树，以一种睿智的方式调整这个世界的经济结构。有很多很好的传统农牧业值得我们借鉴。虽然从美学的角度看是可欲的，人类却从来不曾真正控制荒野中的森林。但是，生态学正稳步进入，正确的科学可以指导人类的所有行为。

最后的关键问题是政治。政治在广义上，是要建立一个能运转起来的社会，并使人们在相互之间产生良性的关系。政治的关键是社会由谁领导，领导者怎样行使他的权力。总之，我们必须不断地提出那些久已丢弃的问题。我们究竟想要什么？我们想要达成什么目的？

我不相信，如果我们把政治交给职业政治家，世界会变得更美好。我怀疑他们口中的"民主"的真正意图。我在培育这样的信念（因为有大量的证据）——人类本质上是善良的（我最近惊喜地发现，这一信仰也存在于印度教的基本教义中）。只有当民主发挥作用，只有当人性的愿望占据主流时，这个世界才是一个有希望的地方，我们才能够同船共度未来几十年的困境；我们的子孙才可以按照他们的理想，按照人类应该的样子去生活。

最重要的开端，是那些称作"草根"的行动。实际上，如果你冷静地观察一下历史，就会发现它们一直存在着——妇女参政议政运动、行业工会、有机农业。当百姓普遍地挽起衣袖开始付诸行动时，事情就开始变好。所有这些运动的宗旨，可以由肯尼亚的绿带运动来诠释。确切地说，它是由一位来自肯尼亚乡村的妇女——旺加里·马塔伊（Wangari Maathai）——发起的，是围绕着树建立起来的。 402

旺加里·马塔伊和绿带运动

旺加里·马塔伊被授予2004年诺贝尔和平奖。她当然不是第一个获此殊荣的非洲人，近些年还有其他人，包括纳尔逊·曼德拉（Nelson Mandela）、大主教德斯蒙德图鲁（Archbishop Desmond Turu）和科菲·安南（Kofi Annan），但是，她是第一位获奖的非洲妇女。她于1977年开始逐步启动了绿带运动，她在接受诺贝尔奖的仪式上说："乡村妇女了解自己的需求，并表达出来：缺乏木柴、缺乏洁净的饮用水、缺乏平衡的饮食、缺乏居所和收入过低。"在这个世界里，人们的观点真正与实际相符的，是那些在非洲身体力行的人。正像马塔伊教授指出的，"妇女是主要的劳动者"，所以"当资源变得匮乏，环境遭到破坏时，她们总是最先意识到"。

绿带运动肇始于植树活动，以弥补半个世纪以来的乱砍滥伐。旺加里·马塔伊的一生见惯了这些树却又眼看着在不断地失去它们。人们的心态很重要，目前各地的管理者已经普遍认识到，"植树运动很简单，保证会在一段时期内看见成效。它激发了人们的兴趣，并使付出得到回报，这样的事业才能持续下去。"

自1977年开始，参加肯尼亚绿带运动的妇女（以妇女为主）已经种植了3 000多万棵树。树木确实"提供了燃料、食物、居所和收入，支持了孩子们的教育，支撑了家庭的开销"——这几乎是她们所有的需求。但结果远不止这些。如马塔伊于2005年年初在伦敦召开的一次会议上告诉大家的，她们的工作使得整个环境更加宜人。肯尼亚的人们，尤其是妇女，现在还需要扛着水和其他食物走上好几里地，但是走在暴晒的阳光下还是走在树荫下，不仅对于个人的舒适度大不相同，还对社会生活产生了很大的差异。没有树荫可乘凉，妇女在一定程度上就失去了站在树下聊天的习惯，因为太热；而现在，这个习惯又恢复如初了。

403

整个社区的脾气也变得温和了。柏拉图和亚里士多德也是在雅典近郊的树荫下启发学生的。情绪决定一切。

政治的内涵至关重要，对于那些关怀人类的整体利益、反对只顾及个人权利的人，政治才能尽善尽美。妇女们的努力使人们体验到了整个环境的改善，而且极大地改善了“她们的社会和经济地位，以及与家庭的关系”。更具有意义的是，在绿带运动初期，肯尼亚人民“依然迷信问题的解决必须来自‘外部’”，他们还没有“意识到世界经济协议的非正义性”。但是，“经过绿带运动，成千上万的普通居民行动起来，并被赋予权利，以行动产生影响，发生了改变。他们学会了战胜恐惧和无助，并转向保卫自己的民主权利”。简言之，绿带运动已经重新端正了自主权的基本原则，升华了民主。如果“发展”还有其价值，那么，所有这一切才是它真正的含义。

实际上，“树已成为民主奋斗的标志。在内罗毕乌乎鲁公园的自由之角，在肯尼亚的很多地区，人们种下和平树来表达要求释放犯人和向民主和平过渡的愿望。树，已成为人们追求和平、解决冲突的一个象征，尤其是在肯尼亚种族冲突期间。绿带运动用和平树化解了社区之间的争端。当吉库尤人的年长者肩扛思吉树（thigi tree）的树干，放置在争端的两派之间，争斗就会停止，人们开始寻求和解。这一传统在非洲广为流传。在包括北美在内的世界上的一些社区，人们通过“对话杖”调停争端。只有手持树杖的人可以讲话，在讲话过程中，其他人必须倾 404 听。

2002年，肯尼亚最终竞选出一个新的政府，它更加有意识地致力于实现民主与自治的理想。旺加里·马塔伊任职于环境与自然资源部。

2004 年，她创建了旺加里 · 马塔伊基金会，继续在全球规模上运作。在伦敦的盖亚基金会，还有内罗毕都有她的办公室。

肯尼亚的绿带运动并不是唯一的。在世界其他地区，至少在印度，也发起了类似的运动。但是，绿带运动似乎把最紧要点凝练在了一起：它是国民的运动，它解决的是现实问题——“真正的”现实是那些日常生活的现实，人的生命和其他生命的现实。所有的宗旨均建立在农业经济的需求上，根植于生物学的现实，真正地关注人类的幸福，并付诸实践。这些宗旨可以根据不同的背景有的放矢地实行。现实更是有趣多了。在肯尼亚正在发生的，可以在世界各地以上千种不同的形式再现——因为人们要创造一个更适于生存的世界。这与居高临下强制实施的，以及那些以“进步”的名义进行的宏伟计划相比，真有天壤之别。

树，当然是核心。它怎能被藐视，被本末倒置呢？人类大家族是从树开始的。人类现在已经进化得远远超越了我们的猿人祖先，但我们仍旧是依赖森林的生物。

词 汇 表

A

allele 等位基因　很多基因是“多态性的”，意思是它们可以有多于 413 一种的形式。一个等位基因是任何可能变量的其中之一。

alternation of generations 世代交替　所有陆地植物都有世代交替的经历，其中二倍体的一代（孢子体）生成单倍体一代（配子体），又反过来生成另外一个孢子体，如此下去。（一些动物也展现了世代交替，包括刺细胞动物，其中有水母和海葵，但是，基础很不同。）

analogous 同功的　运用于类似功能的结构，但是以不同的方式产生。这样，一只苍蝇的翅膀与一只鸟的翅膀仅仅是同功的。很多植物，包括金合欢树和针叶树，以分叶状替代叶子，完成叶子的工作，但是来源不同。

angiosperm 被子植物　严格地说，字义上指植物的种子完全包裹在子房中。稍随便的说法（但是精确的），被子植物就是“开花植物”。

aril 假种皮　覆盖种子外围，通常从胚珠底座形成的副产物。假种皮通常颜色鲜艳，吸引动物撒种。紫杉的浆果就是假种皮，还有肉豆蔻，覆盖在桂皮种子周围、带香味的花边也是假种皮。

B

broadleaf 阔叶　通俗地说，它指的是真双子叶树。

bryophyte 藓苔植物　原始土地上的一种植物，缺少内部专门化的传送水和养分的传导性组织（“管状分子元素”）。是配子体最典型的一代。尚还生存的例子有角苔类，苔类植物和藓类植物。在早一些的分类中，它们被分在一起，正式的称作苔藓植物类群“Bryophyta”，拼写时，B 大写。但是，这 3 个例子中，并不见得拥有一个共同祖先，并不组成一个真正的进化枝，因此不应该代表一个正式的群体。但是它们都是同样的“级别”，用非正式的“藓苔植物（bryophyte）”一词，拼写时 b 小写。

414

C

cambium 形成层　会产生几排平行的细胞分生组织。针叶树或者被子树木的“次生加厚”就是由新生组织产生的，并在内部产生木质部组织，在外部产生韧皮部。

carbon fixation 固碳　氢与二氧化碳从空气中结合的过程，以产生有机分子。

Catkin 葇荑花序　一个单性花的花序排列成一穗。葇荑花序主要发现于木本植物，包括柳树和橡树。

Chlorophyll 叶绿素　调节光合作用的绿色色素。

Chloroplast 叶绿体　包含叶绿素的细胞器。

Chromosome 染色体　染色体是细而长的结构，携带着基因。在细胞的绝大部分生命中，每一个染色体遍布细胞核中，由于这种松懈的状态，它们无法在光显微镜下看到。但是细胞分裂期间（有丝分裂和减数分裂），染色体收缩成短棒形式，当适当地染色时，可以看得很清楚。以这种可见的、收缩的形式，每一个染色体带有自己特征的大小和形状；每一个有机体带有自己特征的染色体数量，每一个有自己特征的大小和形状。事实上，每一个染色体组成了一个极长的 DNA 分子（或者不如说是“大分子 macromolecule”）。

circadian rhythm 昼夜节律　在大约 24 小时之内，生长与活动有规则的节奏。

clade 进化枝　从希腊语 *clados* 衍生而来，意思是“分支”，在生物学中，一个进化枝是一个分类单元，其中所有的生物是从一个共同祖先传承而来，加上这个共同祖先自己。在现代分类学中，按照这样的定义，没有哪一个组是一个“真正”的分类群。小进化枝巢居于较大的进化枝内：所以，种包含在属内，属包含在科内，如此一路上去，直到界以上的域（domain）；每一个分类群自己就是一个进化枝（使分类学家恰当地完成了他们的工作）。

cladistics 遗传分类学　整套技术旨在帮助分类学家们决定他们要分类的生物是否组成一个真正的进化枝；并且显示相关的进化枝之间是如何的不同。 415

class 纲　纲是门与目之间的一个大的分类群（进化枝）。

Clone 克隆　克隆作为名词是指遗传上完全相同的一组细胞或者个体。克隆也可作为动词。比如，扦插是一种克隆行为。

community 群落　所有的分享一个特别环境的有机体，它们之间相互影响。群落内的不同成员也是不同的种。

conifer 针叶树 结有松果的树。

convergence 聚合 （聚合进化）经常性的，来自不同生物谱系的种以非常近似的方式适应它们的环境，因此彼此全部的或者部分的非常相似。

cork 软木 带多角细胞的组织与木栓质结合为蜡质材料。当成熟时，软木细胞死亡，但是植物中，尤其是树，死去的细胞通常贡献很大。软木通常有保护作用。蜡质可以防水并析出水，而细胞之间的缝隙允许空气进入。

cotyledon 子叶 种子的叶子；胚芽的叶子。典型的但并非是一成不变的，双子叶有 2 个子叶，而单子叶有 1 个。

cultivar 栽培品系 一个本地植物的变种：产生于栽培中的种类，通常只在栽培中长大。很多花园里的树是栽培品种。

D

day-neutral plants 日中性植物 植物开花不管白天的长短。

deciduous 落叶的周期性脱落叶子，像树（和其他植物），叫落叶的。很多温带和北方的树秋天脱落叶子，一些热带的树则是旱季之前脱落叶子。

dicotyledon(dicot) 双子叶植物 基本上，双子叶植物是开花植物，它的胚芽有 2 个子叶。传统上，开花植物被分成 2 类，双子叶和单子叶。但是双子叶的情况就目前所知的还很原始，所以“双子叶”如果像最初所定义的，还不能组成一个真正的进化枝（这在书中有详细的阐述)。

differentiation 分化 胚芽(茎)细胞或者组织由于特别的功能变得专门化。分化通常与细胞的全能性丢失有关。

dioecious 雌雄异株 在雌雄异株的树和其他植物中,个体包含或者雄花,或者雌花,但是不同时包含 2 个。冬青是雌雄异株树的例子。

410

diploid, diploidy 二倍体 一个细胞有二套染色体被称作二倍体。形容词也可应用于有一个二倍体细胞的有机体。二倍体的是抽象名词,指的是被二倍体化的状态。

DNA(deoxyribonucleic acid) 脱氧核糖核酸 是制造基因的物质。DNA 提供蛋白质的代码。

dormancy 休眠状态 种子或者茎(或者,原则上任何器官)进入一种发育停滞状态。生长被主动地抑制(尤其是被荷尔蒙),而且直到植物遇到某种特殊的环境信号才会复苏。比如,很多温带树和其他植物的种子,需要遭遇寒冷(有时是极冷)的袭击才会发出芽。因此,如果冬天太温暖,种子也许根本不发芽——由全球变暖所致。

double fertilization 双受精 被子植物一种奇怪的特征。一个来自花粉的雄性细胞与一个来自胚珠的雌性细胞组成了一个胚,像正常的有性繁殖。但是同时,在被子植物中,花粉中的附属细胞与胚珠的另一个细胞结合。附属细胞是单倍体,而附属细胞的胚珠是双倍体,所以,结果是一个三倍体细胞,并且随后分裂,形成种子的胚乳,为胚的发育贮藏食物,多么不同凡响。

E

Ecology 生态学 研究所有不同生物之间的相互作用，常常是很多不同的种类，分享同一个环境；这些生物之间和物理环境被看作是一个整体。生态学从希腊语的 *oikos* 衍生而来，意思是家务（household），它也是“经济”(economy) 的词根。

ecosystem 生态体系 一个环境和其中的所有生物的总和。

enzyme 酶 一种作用为催化剂的蛋白质，调节新陈代谢的个体反应。

epiphyte 附生植物 生长在另一种植物上的植物，但是不一定是寄生植物。世界各地的树普遍地被各种各样的附生植物装点着——像苔藓、蕨类、兰花还有凤梨科植物。

417

Ethylene 乙烯 一个简单的有机气体，是树和其他植物的主要荷尔蒙，也许还可以作为费洛蒙（信息素，外激素）。

eukaryote, eukaryotic 真核生物，真核生物的 字面上是“好细胞”。一个真核生物细胞里的 DNA 包含在称作核的特殊区域内，被具有保护作用、识别作用的保护膜包围着。具有真核生物的细胞的有机体，就是真核生物。植物、动物、真菌、海草、原生动物等，都是真核生物。细菌和古细菌则是“原核生物”

evolution 进化 有机体随着时间从一代接续一代的过程：是达尔文所说的“经过修正的后代”。他提出进化大致地或者主要地是由自然选择引起，导致适应。然而，其他不适应的结构也起了很大部分作用，包括“遗传漂变”。

F

family 科 处于中间大小的分类单元，比目小，但是比属大（见林奈分类）。

fertilization 受精，施肥 （1）在发育中，受精是两个配子组成二倍体的合子。（2）在植物营养中，施肥意思是增加土壤（词义有时也是应用于土壤质地的改良）的营养成分。

flower 开花 被子植物的发育结构。其完整的结构由4个轮生体组成；外围的花萼由萼片组成；花冠上带着花瓣；雄蕊和雌蕊。然而，很多花是“不完整的”，缺少一个或者多个轮生体。

freeloader 吃白食者 生态学中，一个生物利用其他生物之间的相互关系时只索取没有任何付出。

fruit 果实 “果实”是一个应该专属于被子植物的词汇。果实也许是肉质的，也许是硬的，或者是薄的，但是，任何情形都是在子房中形成的，子房则包括周围协助它的其他结构。其他植物的发育结构——或者其他非植物的，比如真菌——其果实有时叫作“子实体 fruiting bodies”。

G

418

game theory 博弈论 数学分析实体试图量化两个或更多的不同博弈者，或者两个或多个野生生物之间的任何遭遇的结果。通过博弈理论，军事战略家或者生态学家试图明确哪些策略是任何情况最有可能取得成功的。

gamete 配子 一个单倍体性细胞与另外一个单倍体性细胞融合，形成一个多倍体接合子(受精卵)。在一些原始的有机体中，所有个体产生同样大小的配子。但是有机体中，传统上说的比较“高等的”，雄细胞产生的配子很小、能动的(活跃的)所知的精子的(或精细胞)配子，而雌性产生大的配子，有时进一步变大甚至有相当数量的丰富的卵黄。这对于动物和包括苏铁和银杏的植物是同样道理。然而，在针叶树和被子植物中，雄性细胞包在一个称作“花粉”的多细胞结构之中，而雌性细胞包在多细胞的胚珠中。雄性细胞于是通过“花粉管”，传送到雌性细胞中。

gametophyte 配子体 植物产生配子的一代。在藓类植物中，处于支配地位的配子是配子体。在蕨类植物中通常很小。在被子植物和针叶植物中，配子体则被包围在花粉和子房中。

gene 基因 遗传单位。基因由 DNA 组成。

gene pool 基因库 所有对偶基因的(遗传变异)总目录，在生物的群体中，性别上相互杂交繁殖。

genetic drift 遗传漂移 一些对偶基因由于非自然选择(或者人为)的方式从基因库中丢失的过程。最为显著的是：任何一个个体只将它的一半的基因传给下一代。因此，很有可能一些基因根本没有传下去。尤其是在小的群体中，更尤其是在 K 繁殖策略执行者(它们只有几个后代)，很有可能，一些罕见的基因(对偶基因)将从群体中完全丢失。由于遗传漂移失去基因的变异，会导致进化上的改变，通常是极为重要的进化改变，并不主要是适应，而实际上会导致群体数量的下降和种类的灭绝。

genome 基因组 基因在任何一个有机体中的分配总和。

genotype 基因型 有着大致类似基因的相关的有机体，据说它们是同样的基因型。

genus 属 一个小的分类单位，比科小，但是比种大。Genus 的形容词形式是 generic（见林奈分类法）。

419

grade 类别 分类学家常使用“进化枝”（前面有定义）和“类别”。“类别”是描述词语，指的是一个生物组织的总体水平：结构上和生理学上的，多么复杂！因此，苔藓植物、地线和角藓，不论它们所具有的还是所缺乏的，有如此多的共性；它们都很小，绿色植物实践着很明显的代代交替，它的主要一代是配子体，它们缺少专门的传导组织（韧皮部和木质部）。它们也许彼此之间并不紧密联系。所以，似乎不属于同一个进化枝。但是，总体生活的形式和方式上，它们有很多的近似之处，因此可以说是同一“类别”，这一类别普遍称作“苔藓植物”。类似地，在动物学中，通常被当作是“爬行动物”的很多不同的生物，并不组成一个单独的、前后连贯的进化枝。乌龟与蛇有很不同的起源。但是，它们又有很多的共同之处：革皮似的皮肤，相对简单的大脑，把它们联想在一起很正常，再给它们一个共同的名字“爬行类”。但是，“爬行类”，正像“苔藓植物”，是一个类别的名字。

gymnosperm 裸子植物 一个种子植物，它的籽并不被完全裹在一个子房中。现存的裸子植物有：苏铁、银杏和针叶树。

H

habitat 栖息地，生境 生物生长的地方和环境。

haploid 单倍体　一个只有一套染色体的细胞，被看作是单倍体。配子是单倍体（至少当二倍体的有机物产生它的时候）。所以，就像苔藓中的配子体的体细胞也是单倍体。

hardwood 硬木　林业词汇，阔叶（双子叶）树的木材。

heartwood 心材　一棵成熟树的树干中心层，由死去的木质部组织和径向组织组成，通常与单宁酸和其他材料浸透在一起。心材组成木材的较大部分，通常也是最有价值的部分。

herbarium 干燥标本集　一个中心的、储藏（较典型的且多数是干燥的）植物材料的标本库。

hexaploid 六倍体　一个包含 6 套染色体的细胞（或者一个包含类似细胞的个体）。

homologous，homology 同源的，同源性　不同生物具有同样的进化和胚胎的起源，不论它们是否有同样的功能，就是同源的。于是，一只鸟的翅膀与人类的胳膊（但是与苍蝇的翅膀不是同源的）是同源的。同源性的状态就是同源性。

420

homologous chromosomes 同源染色体　在一个二倍体细胞（或者有机体）中，二套当中的一套染色体从母亲那里衍生而来，另外一套则来自父亲。作为同样的种类，两套单倍体非常近似；一套中的染色体在另外一套中有一个对应的配对。两套中的配对被称作“同源的”。

host 宿主　生活着寄生虫或者附生植物的有机体。

hybrid 杂种　两个遗传上截然不同的父母所生的后代。来自不同属之间个体的杂交，称作“属杂交”，来自不同种之间个体的杂交称作“种杂交”。很多但不意味着所有的杂交是不育的。很多不育的杂种通过变为多倍体而能够进行性繁殖。

I, K

inbreeding 近亲交配，同系繁殖 两个亲缘关系非常密切的有机体之间的繁殖，比如兄弟之间、父母与子女之间。植物有时会通过自我授粉进行繁殖。

inflorescence 花序 一串花。花序的形式是种的特征。菊科中，单独的花排列非常紧凑以至于整个花序（像在雏菊中）代表一枝花（花序中每个单独的花于是被称作一个“小花”）。

Kingdom 界 林奈（他提出只有 2 个界：植物界和动物界）确定的最大的分类级别。然而如今，界被归类在更大的“域”之下，并被分在植物门 (divisions) 或者动物门（phyla）之下（见林奈分类法）。

L

legume 豆类植物 俗语，正式名称为 leguminosae，豆科植物的成员，但是现在恰当的叫法是豆科 Fabaceae。

lenticel 皮孔 茎或根表面组织上的孔，松散地排列着木栓细胞，允许植物内部和外面的气体自由交换。在很多植物中，皮孔很常见，但是对于红树林的根有特别的重要意义。

liana 藤蔓植物 一种大的木质藤，攀缘在其他植物上（有时使它们下坠）。 421

lignin 木质素 一种含氮的聚合物，将纤维素纤维紧紧黏合在一起，于是提供巨大的力量。木头基本上是由木质素变硬的。

linnean classification 林奈分类（又称林奈分类法）由瑞典生物学家卡罗勒斯·林奈在18世纪中期设计的分类等级体系。首先，他使命名生物的“双名”体系正规化，将过去几个世纪的体系展露出来。这个体系中，给每一个生物2个名字：第一个是“属的”，也就是属（genus），或者“种类”（kind）的名字；第二个名字是“种的”（specific）即特别种的名字。于是，英国常见的橡树是*Quercusrobur*，也就是*Quercus*是属的，指的是所有的橡树（450种）；*robur*指的是英国橡树的特别种（在这一命名体系中，人类则是*Homo sapiens*）。

其次，林奈提出“分类单元”（组）的等级，其中，小一级的嵌套在大一级之中，如此类推。林奈提出了5个“级别”。他的体系中最大的是界，被分成纲，门被进一步分成目，然后分成属*genera*，最后是种*species*。

自从林奈时代以来，更多的级别已经被添加进来，现代“林奈”分类真的应该被称作“新林奈”（neolinnaeus）（尽管直到现在，我意识到，我是目前唯一采用这一词汇的）。完整的现代序列是这样的：域（domain）；界（kingdom）；门（phylum，指动物）或者门（division，指植物）；纲（class）；目（order）；科（family）；属（genus）；种（species）。种也许进一步分为亚种，或者，不太正式地，分为品种（races）。植物的品种有时也称作“变种（varieties）”。但是由人为育种产生的变种，叫作“栽培品种（cultivars）”。人工养殖的动物变种，称作“饲养品种”（breeds）。由非正式选择和传统农场产生的动物或植物的变种，被称作“地方品种”。

long-day plant 长日照植物 一棵植物并不开花，除非首先以最低限度的时间暴露在日光下（尽管实际上长日照植物是针对短夜而言，而非长的白日；见本书正文）。

M

macronutrient 大量元素 植物需要大量的、无机的营养，比如，氮、磷、硫和钾。

meiosis 减数分裂 细胞分裂的形式，指二倍体性细胞分裂成 2 个单倍体配子。 422

meristem 分裂组织 未分化的植物组织，新的细胞从中诞生。顶端的分裂组织是生长锥。

metabolism 新陈代谢 所有发生在一个活细胞内或者有机体中的化学过程的总和。

micronutrient 微量元素 一种无机化学元素，是有机体生长所必需的，但是只需要很少量。也称作“微量元素”（trace element）。树的基础的微量元素是氯、铁、锌、铜、锰、钼和硼。

mineral 矿物质 任何元素或者自然发生的非有机合成物的通称。

mitochondrion 线粒体 线粒体是真核生物细胞中的细胞器，多数的呼吸反应在这里发生。有时俗语称之为“细胞的发电厂”。

mitosis 有丝分裂 二倍体（或者多倍体）细胞分裂成两个“子”细胞的过程，包含与它的所有染色体一模一样的拷贝。

monocotyledon(monocot) 单子叶植物 （单子叶）基本上，一个被子植物的种子里只有一个子叶。单子叶全部来自一个共同祖先，因此在被子植物中组成一个真正的进化枝。

monoecious 雌雄同株的　指的是植物的花朵是单一性别，但是雌雄两个性别均在同一棵树上。松树和橡树也在众多雌雄同株树之列。

mutualism 互利共生　双方合作者在相互关系中总体上获益，是互利共生现象的形式。

mycelium 菌丝体　是一个真菌中的所有菌丝。一个单独真菌的菌丝体也许会延伸好几公顷，并且与成百上千棵树建立菌根关系。

mycorrhiza(复数 Mycorrhizae) 菌根　真菌与植物根之间的共生关系。很多树，从松树到橡树，到金合欢树（还有太多其他的）绝对的而且很强地依赖于它们的真菌联盟，以达到最佳生长甚至是依赖于菌根而生存。

N

natural selection 自然选择　查尔斯·达尔文提出的进化中主要的适应性的力量。基本意思是所有的生物有潜力生出比环境所能够支持的更多的后代，因此有“竞争”，他称作一个“为存在的搏斗”；在这些后代中有变异：不可避免，一些变异会比其他的更加接近适应（或者是“融入 fit”，像维多利亚语试图说明的）占据主流的条件，因此更有可能生存并留下自己的后代；所以经过世代交替之后，生物的谱系变得越来越好地适应占据主流的条件（直到条件发生了改变）。

423

neolinnean classification 新林奈分类　见林奈分类。

niche 生态位，小生境　尤指栖息地内的空间，为特别能适应的有机体提供机会。

nitrogen fixation 固氮　某种细菌将空气中的氮变成可溶解的离

子，特别指铵进一步在土壤中转化成硝酸盐，而且可以被植物作为大量元素使用，很多植物包括树，在它们的根中停泊着特殊的固氮菌。

nucleic acid 核酸 见 DNA 和 RNA。

nucleus 核 细胞的特殊区域，被专门的双层膜包围着，其间是染色体（DNA）居住的地方。

nut 坚果 干的、坚硬而且不会开裂（意思是它不会自然打开释放里面的种子，而是必须被有意识地撬开）的果实。

O

order 目 比纲小，比科大的分类单位；见林奈分类。

organelle 细胞器 一个细胞内离散的、特殊的结构，比如一个细胞核、叶绿体或者线粒体。

organic 有机的 化学家用这个词汇“有机的”，意思是包含碳（或者至少包含碳、氢和氧，碳作为主要组成成分）。更广义的，有机的用于任何活的材料（或者至少材料曾经是活着的）。

osmosis 渗透 一个地区水的总扩散，从溶解物质含量低的地方到含量高的地方。

outcrossing 异型杂交 不同个体之间发生的受精（与近亲繁殖相反）。

ovary 子房 雌蕊的心皮膨大（或者邻近的心皮融合），形成包含一个或者多个胚珠的腔。

ovule 胚珠 一个植物种子心皮内的结构，包含雌性配子（卵细胞）；胚珠经过受精之后成熟变成种子。

P

palaeobotany 古植物学 古代植物学的研究，通常以植物的化石（包括花粉化石）研究作为指导。

parallel evolution 平行进化 有时2个分离的生物谱系生活在相似的栖息地，随着时间以相似的方式进化，在它们的历史当中的任意时间彼此互相模仿。这就是平行进化。

parasite 寄生生物 一个有机体生活在另外一个通常是不同种类的有机体之内或以它为生，并攫取它的营养。寄生关系中，总是寄生生物受益，而在不同程度上损害宿主。当宿主受益于寄生生物的存在时，它们之间的关系可以说是"互利共生"。这样，菌根真菌也许应该被说成是植物根的寄生者，但是它们也给植物带来了巨大收益。

pathogen 病原体 任何在其他有机体上引起疾病的有机体。

phenotype 表型 一个有机体的外观形式。2个或者2个以上类似基因型的有机体，尽管看上去或者行为上不同，意思是尽管它们基因上相似，但是它们是不同的表型。

pheromone 费洛蒙信息素 一种化学试剂，从一个有机体传到另外一个，影响接收者的生理机能或者行为。基本上是风媒（或者水传送的）的荷尔蒙。

phloem 韧皮部，筛部 形成层外部的专门组织，含有膨大的细胞，传送食物，特别是有机食物，比如，植物周围的糖。韧皮部组成树皮内部的（活的）部分。

photoperiodism 光周期性 植物对应日长的机理，并且根据季节调整生命的循环周期。

photosynthesis 光合作用 由叶绿素调节，植物利用太阳的能量将水分子分裂成氢和氧，然后，将氢附着在二氧化碳上（来自空气），从而形成有机物质的过程。

phototropism 向光性 植物生长时，朝向或者背离光线的运动。总体上，茎朝着阳光生长（正向光性），而根是背离光线生长（负向光性）。

phyllode 叶状柄 一段扁平、伸展的叶柄或者茎，执行光合作用。有些树，包括针叶的芹叶松，以叶状柄取代了叶子进行光合作用。

phylogeny 系统发育 从希腊语 *phylos* 衍生而来，意思是部落；因此“系统发育”是指不同分类单元的起源。实践中，系统发育已经用来指不同分类之间的真正进化关系。整个遗传分类学方法，是专门设计的用来确认这些真正的关系。现代的、新林奈的分类，由进化枝原则指引，力图根植于真正的系统发育，产生一个稳固的分类系统。

phylum 门 一个大的动物分类，位于界和纲之间，等同于园艺学的“门”（division）；见林奈分类。 425

physiology 生理学 研究所有生命体的功能和新陈代谢过程。

phytochrome 光敏色素 一种植物色素（或色素的集合），吸收红色和远红外光，积极参与控制光周期现象的机制。

pollen 花粉 一种由针叶和被子植物产生的小结构，包含雄性细胞。

pollen tube 花粉管 当一个个体花粉粒落在一朵花的柱头上时，会发芽，产生一个花粉管通过花柱组织达到子房的下面。

pollination 授粉 从别处来的花粉传送到柱头上的过程。

polyploidy 多倍体 一个细胞包含两套以上染色体；或者一个有机体由这类细胞组成。

population 群体 这一词以不同方式的运用。最为恰当的是形容来自同种的一个个体的小组，在相同时间生活在同一地点，彼此之间相互杂交（也许被认为当条件允许时能够杂交）。

predator 捕食者 以另外一种生物为猎物的一种生物。它通常用来指的是食肉动物以其他的动物为猎物。但是食草动物比如长颈鹿、考拉和很多的毛虫也许被看作是树的捕食者。

prokaryote 原核生物 DNA 并没有在一个细胞核中隐退的一种有机体。原核生物有 2 个领域：细菌，还有古生菌。植物，当然包括树，属于第 3 个领域，真核生物有真核细胞。

426

R

radicle 胚根 植物胚胎的根。

rank ranking 等级排名 林奈（或新林奈）分类中，“属 genus”比“种 species”高一等，“科 family”比“属 genus”高，如此上去直到“域 domain”——是最高等级。

reaction wood 应力木，反应木材 木材发育出的一种不寻常的结构，以适应特殊的压力和拉伸。它反映在树中，针叶树枝下的“压缩木材”，还有被子植物树枝之上的“应拉木”。

rhizome 根茎状 接近于水平生长的地下茎，常常很肥大，作为一个存贮器官。

RNA(ribonucleic acid) 核糖核酸 隐藏在一个真核细胞的核中，为蛋白质的构造提供代码。RNA 以多种形式传载信息，从细胞核传出，进入细胞质，蛋白质就在细胞质中合成。

S

sap 树液，树汁 木质部里的液体，当茎被砍断时会释放出来。“细胞液”则是单个细胞中的液体。

sapwood 边材 茎或者树干的边缘部分，那里木质部传导组织依然是有生命的，并随着树液流淌。边材通常比心材颜色浅，有时却很醒目，像红豆杉和一些乌木种类。

savannah 大草原 有树木零散分布的草原。

secondary growth 次生生长 从形成层的细胞的分支成长起来，次生生长可以增加树干的围长。

short-day plant 短日照植物 暴露在白天的时间比关键的日照时间天数短，否则不开花的一种植物（或者更确切地说，暴露在黑夜的时间比关键的天数要长）。

shrub 灌木 多年生的木本植物，在地面上或贴近地面长出多个枝。把大灌木与树加以区分是有些武断的。

softwood 软木材，针叶木材 森林人称呼针叶木材的名词。

species 种 生物的基本等级；见林奈分类和书中的探讨。

spore 孢子 一个典型的细胞（通常是一个单独细胞）二倍体，从亲本植物释放出来，直接长成一个崭新植物。于是，孢子可以进行无性繁殖。

427 **sporophyte 孢子体，芽孢植物** 植物产生孢子的一代。实际上，尽管种子植物被恰当地称作“孢子体”，它们并不产生自由生存的孢子而是产生种子。见本书正文。

strobilus 球果 由多片叶子或者鳞组成的生殖结构，通常是在一个锥体中排列成一个螺旋状。

subspecies 亚种 种的下一级，通常与“品种”（race）同义；见林奈分类。

substrate 培养基，底物 植物生长其上的不论什么。

succession 演替 生态学中，当植物占据新的土地时，种随着时间发生变化的次序。

succulent 多汁的 指的是植物有肉质的叶子或者茎，被水充盈膨胀。

sucker 根出条 从根部发出的新芽，会长成一株新的植物，比如山杨和很多种柳树。

syconium 隐头果 宽泛地说，是无花果的果实。然而这并不确切，因为一个果实只有当里面的子房受精之后才会变成果实。但是“隐头果”甚至还指的是受精之前的肉质花序。

symbiosis 共生 字面上的意思是“共同生活”。通常指的是不同种的不同有机体之间亲密的联盟。尽管普遍地被用来暗指相互受益，技术上它可以包括寄生现象，其中的宿主有机体是受害者。共生关系中，伙伴双方（或者全体）均受益的应该恰当地称作：“互惠共生”。

systematic 分类学 基本上与“分类法”同义。

T

taxon, taxonomy 分类单元，分类学 分类单元实际上可以简单地称为“组”（group）；分类学是将生物按类别划分的工艺和科学，也就是分类法。一个分类单元（taxon，复数：taxa）可以是任意“级别”：“种”是一个分类单元；“科”是一个分类单元；“目”是一个分类单元，这样一直上去直到域。然而，自达尔文以来，分类学家的主流坚持，一个分类单元除非其中所有生物互相相关——意思是它们均共享一个祖先，否则不可以被划分在一起。遗传分类学家已经提炼出这一思想，一个“真正的”分类单元包括了一个共同祖先的所有后代，还有祖先自己，但是不包括任何其他谱系生物的部分。

tension wood 应拉木，受拉木 为了应对压力产生的反应木材，生长在双子叶树大枝的上方，还有细枝的上方，并且在板根以内（实际上作用更像牵绳而非板根）。

428

tetraploid 四倍体 一个细胞有4套染色体；或者一个有机体由四倍体细胞组成。

tissue, tissue culture 组织，组织培养 一个组织是任何相似类型和功能的细胞群（器官通常由几个不同类别的组织共同作用组成）。细胞培养是将组织保持在培养物中的工艺和学科，既用于研究细胞，又是正在不断应用的一种无性繁殖手段：一棵全新的树（柚木、椰子树，还有很多）可以从精英树提取培养细胞进行栽培。

totipotent 全能的 胚胎细胞还有其他特殊的“干”细胞，能够分化并形成任何的有机体组织。这类细胞被称作“全能的”。

trace element, trace mineral 微量元素，微量矿物质 生物的营养所必需的化学元素，但是只需要很少量。对于植物，锰和钼是这类微量元素。

tracheid 管胞 针叶树的木质部由拉长的细胞即管胞（有 3 个发音音节：track-ay-ids）组成。

translocation 运输 水或者食物在植物中的传递（通常用来指韧皮部内部营养物的传递）。

triploid 三倍体 一个细胞有 3 套染色体，或者一个有机体由三倍体的细胞组成。栽培香蕉是三倍体（是有性受精）。被子植物种子的胚乳细胞也是三倍体。

trophic 摄食的 指喂养。自我合成食物的植物称作"自动摄食"。一个不同层次生物的食物链中，食肉动物吃较小的食肉动物，较小食肉动物吃食草动物，食草动物吃植物，如此等等，这就是所说的"摄食水平"。

tropism 向性 向性运动，或者更为精确地叫作生长，朝向或者背离外部刺激方向的生成。

turgid, turgor pressure 膨胀，膨压 意思是膨胀的，在一个细胞中，吸收上来很多水紧紧地压在细胞壁上。草本植物能够保持直立，主要是因为它们的细胞中水的压力，就是所说的"膨压"。叶子和树的幼芽能够保持体态也是由于膨压。当太多的水流失时，草本和树叶就会凋萎。

429

U，V

unicellular 单细胞的 只有一个体细胞的有机体。

variety 变种 种的分支；见林奈分类。

vascular, vascular plant 维管，维管植物 维管指的是植物中，

不论木质部还是韧皮部包含着传导组织的部分。现有的维管植物除了苔藓植物，包括所有的陆地植物：苔藓、地钱和角藓。

vector 媒介　任何携带他物的媒介。这样蜜蜂是花粉的媒介，食果蝙蝠是无花果的媒介（蚜虫是病毒的媒介，引发很多植物疾病）。

vegetative 营养的　一般性词汇，应用于参与性繁殖的植物的所有部分。“营养的繁殖”是通过吸盘或者根茎，或者通过剪切、组织培养的繁殖。

vein, venation 叶脉，脉序　叶脉是叶子或者其他平面结构中传导和支撑的组织。“脉序”指的是叶子内的排列图案。

vessel 导管　类似末端打开的管状细胞，在被子植物的木质部形成主要的传导组织（导管宽泛地用于本书中，并不严格地说，对应于针叶树的结构可称作“假导管”）。

W，X，Z

weed 野草　以园艺学家、园丁或者林业人的观点，任何长在不应该生长的地方的植物。任何园艺学家、园丁或者林业人会认为野草是一个讨厌的家伙。

whorl 轮生体　叶子或者花的圆圈部分。基本的花包含 4 个轮生体：萼片、花瓣、雄蕊和心皮。

wood 木　园艺学家将“木”一词用于次生木质部。

xylem 木质部　承载水（还有溶解于水的矿物质）的传导组织。

zygote 合子　一个通过雄性和雌性配子结合形成的细胞。实际上是单细胞卵子。

索 引

431

（索引中的数字为原书页码，在本书中为边码）

ABA 见 abscicie acid 脱落酸

Abies 冷杉属 113，114-15

absicic acid 冷杉 268，271

abscission 切除 270-71

abura 毛帽柱木 239

Acacia 金合欢属，也叫相思树属 25，166，180-84，290

acacias 洋槐、刺槐、金合欢属植物、阿拉伯胶树

acai 巴西阿萨伊果 148

Acer 槭属 161，225-6，180-84，290

Aceraceae 槭树科 225-6

Achras 人心果属 231

acid rain 酸雨 258

Acorales 菖蒲目 142

Adansonia 猴面包树属 85，87，162-3，215-17，278，393

aerobic respiration 有氧呼吸 410

Aesculus 七叶树属 226

afara 榄仁木 209

African blackwood 非洲黑檀，非洲黑木 185

African cordia 非洲破布木 238

African mahogany 非洲桃花心木 222

African violets 非洲紫罗兰 242

African walnut 非洲核桃 165，222

Agassiz，Louis 路易·阿加西 46

Agathis 贝壳杉属 41，101-2

Agavaceae 龙舌兰科 143

Agave 龙舌兰 143

age of trees 树的年龄 85

agoutis，as seed dispersers 刺鼠，种子的传播者 343-5

agroforestry 农业森林学 175-6，180-

81, 198, 259-60, 390-92
Ailanthus 臭椿属 219
akye 阿开木 225
alaska cedar 阿拉斯加扁柏，阿拉斯加雪松 107
Albizia 合欢属 185
alder 桤木，赤杨 33, 189, 202-4, 259
alleles 等位基因 413
aleuritis(*aleutites*) 石栗属 172
algae 藻，海藻类 58, 67-8, 69
aliens 外国的，异国的 182
Alismatales 泽泻目 142
allspice 多香果 209
Alluaudia 亚龙木属 163
almendro tree 门德罗树 343-5
almonds 杏仁 189, 388
Alnus 桤木属 189, 202-4, 259
Aloe 芦荟属 143
Alpine forests 高山森林 278
alternation of generations 世代交替 70, 74, 76, 413
Althaea 蜀葵属 213
Altingia 蕈树属 170, 409
Altingiaceae 阿丁枫科 170
Amazonia 亚马逊大森林 28, 29, 34, 145
Amborellales 互叶梅目 129
Amelanchier 唐棣属 189, 409
Amentiferae 以前的壳斗目
American ash 美国白蜡树 242-3
American basswood 美国椴木 199
American beech 美国山毛榉 199
American chestnut 美国板栗 200
American whitewood 美国鹅掌楸，美国白木 131
ammonia 氨 258
Anacardiaceae 漆树科 223-4
analogous structures 同功结构 413
Andaman marblewood 安达曼大理石木 231
Andira 柯桠树属 325
aneuploids 非整倍体 23
angelim 安吉利木 37-8, 185, 407
Angiosperm Phylogeny Group 被子植物系统发育组 128
angiosperms 被子植物 128, 413

animal pollination 动物授粉 125, 321-38
Anisoptera 异翅香属 219
Annona 番荔枝属 131-2, 321
Annonaceae 番荔枝科 131-2, 321
anthers 花药 123
anthocyanin 花青素 356-7
antioxidants 抗氧化剂 356-7
antirrhinums 金鱼草 241
ants 蚂蚁 182, 194, 345-6
Apiaceae 伞形科 228
Apiales 伞形目 228
Apocynaceae 夹竹桃科 239-41
apomixis 单性生殖 181
Appalachiam birch 阿巴拉契亚桦木 205
apples 苹果树 188-9
apricot 杏树 189
Aquifoliaceae 冬青科 246
Aquifoliales 冬青目 246
araticum(暂无译名)389
Araucaria 南洋杉属 41,102-103,278, 282
Araucariaceae 南洋杉科 41, 100, 101-4
Arbutus 杨梅属,浆果鹃属 234
Arceuthobium 油杉寄生属 165
archaes 古细菌, 古菌, 古生菌 66
Arconthophoenix(*Acanthophoenix* 刺椰子属) 151
Ardisia 紫金牛属 232
Arecaceae 棕榈科 43, 145-52
Arecales 棕榈目 83-4, 142, 145-52
aril 假种皮 413
Aristotle 亚里士多德 39, 46
arms races 军备竞赛 340-41, 352-3
Artocarpus 菠萝蜜属 191
ashes 梣树; 白蜡树 126, 242
Asia, rubber production 亚洲橡胶生产 175-6
Asia-Pacific red cedars 亚太红杉树 222
Asoka 阿育王 186
Asparagaceae 天门冬科 143
Asparagales 天门冬目 143-4
asparagus 芦笋, 龙须菜 143
aspens 白杨 178, 306, 307-8
Aspholodaceae 芦荟科 143
Aspidosperma 盾籽木 240
aspirin 阿司匹林 178

Asteraceae 菊科 126, 246-7
Asterales 菊目 246-247
Asterids 菊类植物 158, 227-47
Attalea 奥达尔椰子属 146, 149
Aucoumea 奥克榄属 220
Australia, origins of biota 澳大利亚，生物区系起源 289-91
Australian blackwood 澳洲黑檀，澳洲黑木 183
Australian names 澳大利亚名 41
Australobaileyales 木兰藤目、八角茴香目 129
autotrophs 自养生物 253
auxin 生长素 268, 269
Avicennia 海榄雌属，海茄苳属 179, 242, 264
Avicenniaceae 海榄雌科, 海茄苳科 242
avocado 鳄梨 133， 388
Azadirachta 印楝属 39, 187, 222-3, 354
azarirachtin(书中原文可能有误应为 azadirachtin) 印楝素 223, 354
Azores 亚速尔群岛 287
bacteria 细菌 58, 66, 180, 189-90, 258-60
Bactris 刺棕属 149
Baikiaea 红苏木属 185
Balfourodendron 巴福芸香属 220-21
balsa 热带美洲轻木，巴尔萨木 217-8
balsam fir 香脂冷杉,胶冷杉 115, 306
bamboos 竹子 153-5
bambusoideae 竹亚科 153-5
bananas 香蕉 15, 24, 155
Banha-de-galinha 加利尼亚·德 389
Banks, Joseph 约瑟夫·班克斯 201
Banksia 拔克西木属 160, 210, 290
banyan 榕树 192-3
baobab 猴面包树 85, 87, 162-3, 215-17, 278, 393
Barbados cherry 巴巴多斯樱桃，西印度草莓,亮叶金虎尾 179
bark 树皮 84, 85-86
barley 大麦 387
Barringtonia 玉蕊属 237
basidiomycetes 担子菌 97
basswood 美国椴木 214

433 Bates, Henry Walter 贝茨，亨利·沃尔特 28-9
bats 蝙蝠 327-9, 344-5, 346-7
bay rum 贝兰香水 209
bay tree 月桂树 133
bayberry 月桂果实 208
beech 山毛榉 196, 198-200
bees 蜜蜂 322, 324-7
beetles 甲壳虫 131, 132, 322, 323-4
berberrries 毛茛科的植物 159
bertholettia 巴西坚果 235, 326-7
betel nut 槟榔,槟榔子 138
betel palm 槟榔树 149
Betula 桦木属 14, 25, 202, 204-5
Betulaceae 桦木科 202-6
betulin 桦木醇 205
Bhojvaid, Padam 巴达姆 393
Bignoniaceae 紫葳科 243
Bignoniales 紫葳目 241
bilateral symmetry of flower 两侧对称花 125
Billia 三叶树属 226
binomial system 二项式系统 6
biochemistry 生物化学 252
biodiversity of tropics 热带地区的生物多样性 279
biomass, in tropics 热带生物量 279
biopiracy 生物剽窃 134, 175, 387
birch syrup 桦树糖浆 388
birches 桦树 14, 25, 203, 204-5
bird cherry 稠李 189
bird-of-paradise flower 鹤望兰 155
birds 鸟 327, 346-7
Biswas, Sas 比斯瓦斯,萨斯 166, 345-6
bittersweet 白英 171
black alder 黑桤木,赤杨 203
black drink 黑色饮品 189, 199
black locust tree 刺槐树 186
black mangrove 海榄雌,秋茄树 264
black pine 黑松 41, 119
black poplar 黑杨 178
black sapote 黑柿 230
black spruce 黑云杉 306
blackwood 黑檀，黑木相思树 42, 181
Blighia sapida 无患子科 225
blue-green algae 蓝藻 259

Bohm, David 戴维·玻姆 62
bois de rose 玫瑰黑黄檀 185
Bombacaceae 木棉科 213, 215-18
Bombax 木棉属 217
Bonpland, Aime 埃梅·邦普兰 28
boole tree 布尔树 97
borage 琉璃苣 238
Boraginaceae 紫草科 238
Borassus 扇椰子属,糖棕属 146, 150
boreal forest, effect of ice ages 北方针叶林,冰川效应 304-5
Borneo teak 婆罗洲柚木 185
boron 硼 252
Boswellia 乳香属 220
botanical keys 植物键 34, 48
bottle palms 酒瓶椰子 146-7
bottlebrush trees 红千层 160
box trees 黄杨树 161
Brachylaena 短被菊属,短盖豆属 246
Brassicaceae 十字花科 169
Brassicales 白花菜目 168
Brazil nut tree 巴西坚果树 235, 326-7
Brazil, rubber production 巴西，橡胶生产 173-5
Brazilian tulipwood 毛黄檀 185
brazilwood 巴西苏木 185
breadfruit 面包树 191
breadnut 桑棵树, 面包栗 191
briony 葫芦科的一种蔓草 143
Brisimum(此处拼写有误，书中拼写为*Brosimum*) 饱食桑属 191
Britain, endemics 英国特有种 278-9, 287-8
broadleaves 阔叶 157, 413
Bromeliaceae 凤梨科 153
broomrapes 苁蓉 242
brown pine 布朗松, 大罗汉松 41, 119
Brown, Nick 尼克·布朗 298-9
Brutelle, Louis L' Heritier de 德布吕泰勒,路易·莱里捷 211
bryophytes 苔藓植物 69-71, 413-14
buckeyes 七叶树 226
buckthorn 鼠李木 232
Buddleia 醉鱼草属 242
buds 芽 140, 145, 148, 153, 210, 269-70
buildings, timber 建筑木材 384-6

Burmese rosewood 缅甸花梨木 185
Burnham, Robyn 罗宾·伯纳姆 288
burrs 刺果;刺球状花序 89
Burseraceae 橄榄科 219-20
butcher's broom 假叶树,花竹柏 144
buttercups 毛茛 160
butterflies 蝴蝶 322-3
buttonwoods 一球悬铃木,美国悬铃木 161
buttress roots 板状根 88
Butyrospermum 牛油果属 231
Buxus 黄杨属 161

cabbage palm 菜棕 151
cabbages 卷心菜 168
434 cachuchu 橡胶,来自印地语“流泪的树”173
Cactaceae 仙人掌科 163
cacti 仙人掌 163
Caesalpinia 云石属,苏木属 185
cajuput oil 白千层油 209
Calamus 省藤属,藤属 146,150
calcium 碳酸钙 252
California fan palm 加利福尼亚扇棕 151
Callitris 柏松属,澳洲柏 105,106
Calluna 帚石楠属,欧石楠 233
Calvaria 卡法利亚属 232,348-9
Calyx 花萼 122
cambium 形成层,新生组织 83,85,399,414
Camellia 山茶属 233
camphor 樟脑 133,218
camphorwood 樟木 134
Canallaceae 白樟科,金梅草科,白桂皮科 135
Canaries 加那利群岛 287
Canada balsam 加拿大香脂枞,加拿大(冷杉)胶冷杉 115
candlebery 蜡杨梅 208
candlenut tree 石栗,桐树,桐实 172
Canella 白桂皮科 135
Canellales 白桂皮目 135
Cannabinaceae 大麻科 195
Cannabis 大麻属 194
cannonball tree 炮弹树 236,237
carambola 杨桃 179

carbohydrates 碳水化合物 252
carbon 碳 252，372，414
carbon dioxide 二氧化碳 302，370-71
cardamom 豆蔻 155
caribbean pine 加勒比松 392
Cariniana 玉蕊木属，玉蕊属 234，235
carnegia 巨人柱 163
carotene 胡萝卜素 357
carpels 心皮 123
Carpinus 鹅耳枥属 199，202，205-6
carrion flower 腐肉花，牛尾草 240
Carya 山核桃属 207
Caryophyllales 石竹目 162-3
Caryota 鱼尾葵属 146，151
cashew 腰果树 223-4，388
cassava 木薯，树薯 172
Castanea 栗属，板栗属 196，200，388
castor oil plant 蓖麻 172
Casuarina 木麻黄属 206
Casuarinaceae 木麻黄科 206
Catalpa 梓树属 243
Catha 阿拉伯茶属 172
Catharanthus 长春花属 240
Cathaya 银杉属 113，115
catkins 柳絮 414
cauliflory 茎花，茎花现象 84
cavitation 空腔化 256
Ceanothus 美洲茶属 190
Cecropia 号角树属 87，194-5，320
Cecropiaceae 伞树科，锥头麻科，蚁栖树科，南美伞科 194-5
cedar, as timber name 杉木的木材名 42
cedars 西洋杉，雪松，香柏 115
Cedrela 洋椿属 42，222
Cedrus 雪松属 115
Celastraceae 卫矛科，卫柔科 171-2
celery pines 芹叶松 119-20
celery 芹菜 228
Celastra 南蛇藤属 171
cell culture 细胞培养 69
cells 细胞 66-9
cellulose 纤维素 72
Celastrales 卫矛目，卫茅目 171-2
Celtidaceae 朴科 191
Celtis 朴属 191
centres of origin 原产地中心 280，281-2

Cephalotaxaceae 三尖杉科，粗榧科 100, 104
Cephalotaxus 三尖杉属,粗榧属 104
Ceratopetalum 车辆木属 170
Cercidiphyllaceae 连香树科,连香科 170
Cerciphyllum 连香树属 170, 409
Cercis 紫荆属 186
cereals 谷物 387, 388
Cereus 天轮柱属，山影掌属 163
Ceroxylon 蜡棕榈（？）146
Cerrado 塞雷多 14-5, 86, 146, 209, 234, 377-8, 389
ceylon ebony 锡兰乌木，乌木，斯里兰卡乌木,台湾乌木 231
ceylon satinwood 缎绿木,锡兰缎木 221
Chaenomeles 木瓜属 189
Chamaecyparis 扁柏属，花柏属 105, 106-7
Chamaedorea 玲珑椰子属 151
Chamaerops 唐棕榈属，欧洲矮棕属 145
cherimoya 番荔枝 131
cherry mahogany 樱桃红木 232
chestnut blight 栗疫病 200
chestnuts, horse 七叶树，欧洲七叶树（英文也叫 Conker tree)226
chestnuts, sweet 甜栗子 196, 200, 388
chewing gum 口香糖 231, 240
Chilean wine palm 智利酒椰子,蜜棕 149
Chinese tallow tree 乌桕 172
chinkapin 栗树果实 196
chinkapins 矮化板栗，灌木板栗 200
chinquapin 北美矮栗树;板栗 196
chlorine 氯 252
Chlorophora 绿柄桑属 191
chlorophyll 叶绿素 253-4, 357, 414
Chloroplasts 叶绿体 66, 67, 410, 414
Chloroxylon 椴木属 221
chromosomes 染色体 414
chrysanthemum 菊花 354
Chrysolepis 栎属 196, 200
Chrysophyllum 金叶树属 231
Chukrasia 麻楝属 345-6
Chusan palm 舟山棕榈 146
Cinchona 金鸡纳属 173, 239
cinnamon 桂皮 133

Cinnamosma 桂皮属,合瓣樟属 135
Cinnamosma fragrans 香合瓣樟
circadian rhythm 昼夜节律 414
citron 香木缘，佛手柑 220
Citrus 柑橘属 220
citruses, insecticides 柑橘杀虫剂 354
clades 分支 126, 129, 158, 414
cladistics 遗传分类学 55-6, 414-15
classes 纲 49, 58, 415
classification 分类 44-9
  see also taxonomy 参见分类学，分类法，分类体系
climate change 气候变化 276, 369-81
climax vegetation 顶极植被 304
clones 克隆 25, 26, 415
club mosses 石松 73
Clusiaceae 藤黄科,金丝桃科 179
coachwood 角瓣木 179
coastal redwood 沿海红木,海岸杉 110
Coccothrinax 银榈属 150
coco de mer 海椰子 126, 149
cocoa 可可树 215
coconut 椰子 145, 150, 338
Cocos 椰子属 146
co-evolution 协同进化，共同进化 321, 332-6
Coffea 咖啡树属,咖啡属 238-9
coir 椰壳纤维 150
Cola 可乐果属 215
collaboration 协作，协同 67
Colombobalanus 南美三棱栎属 196
Colophospermum 可乐豆属 358
colour
  of flowers 花的颜色 322-3, 327
  of plants 植物的颜色 356-8
  of timber 木材的颜色 87, 90
Combretaceae 使君子科 209, 264
comfrey 紫草科植物 238
Commelinales 鸭跖草目 143
Commiphora 没药属 220
common oak 有梗花,欧洲栎，英国栎，夏栎 197, 198
communities 群落 415
competition 生存竞争 67
complexity, of tropical habitats 热带栖息地的复杂性 295-6

Compositae 菊科 126, 246
compression wood 受压木 88
cones 球果, 松果 50, 99
Congo, rubber 刚果橡胶 173
conifers 针叶树 58, 95-121, 415
age of 针叶树树龄 282
and angiosperms 针叶树与被子植物 96-7
centres of diversity 针叶树多样性的中心 98-9
classification 针叶树分类 100-121
distribution of 针叶树的分布 287
in India 印度针叶树 98
New Zealand 新西兰针叶树 39, 41
numbers of 针叶树数量 30
in timber trade 针叶木材贸易 99-100
xylem 针叶木质部 82-3
continental drift 大陆漂移 282-7, 302-3
convergence 趋同 56, 61-2, 415
cooperative feeding 合作喂养 261-2
Copernicia cerifera 巴西棕榈树 149
Corchorus 鹅耳枥属 214
Cordia 破布木属,破布子属 238
coriander 香菜,芫荽 228
cork 软木, 木栓 85-6, 415
cork oaks 木栓栎, 西班牙栓皮栎, 栓皮栎树, 葡萄牙的软木橡树 85, 197, 198, 391
Cornales 山茱萸目 228-30
Cornus 山茱萸属 228
corolla 花冠 123
Corylus 榛属, 榛木属 201, 206
Corypha 贝叶棕属 151
Cotinus 黄栌属 223
Cotoneaster 栒子属 189
cotton 棉花 126, 213
cotyledons 子叶 48, 415
Coula 柯拉铁青属 165
Coupeia 属 322-3
Couratari 纤皮玉蕊属 234
Couroupita 炮弹树属 237, 326
Cowen, D.V. 考文 214-15, 216, 240
cow's-tail pine 粗榧, 三尖杉, 绿背三尖杉(也叫 Japanese Plum Yew)104
cox's orange pippin 考克斯栽培苹果

436

26, 188-9
cranesbills 天竺葵 168
Crataegus 山楂属 189, 409
creationism 创世论 50 51, 53-4
creeping willow 匍匐柳 177
Crematogaster 举腹蚁属，举尾家蚁属 182
creosote bush 木焦油树，木焦油灌木 171
cricket bats 曲棍球棒 177
Crisp, Mike 克里斯普，迈克尔 290
Cryptomeria 柳杉属 110
cucumbers 黄瓜 168
Cucubitaceae 葫芦科 57
Cucurbitales 葫芦目 168
cultivar 栽培品种 415
Cunoniaceae 火把树科，南蔷薇科 179
Cupressocyparis 莱兰柏树 107
Cupressus 柏木属 105, 106-7
currants 红醋栗 408
custard apples 释迦果 131
cyanobacteria 蓝藻 258-9, 370-71, 410
Cycadales 苏铁目，凤尾蕉目 77-8
cycads 苏铁植物 77-8, 83
Cydonia 榅桲属 189
Cyperaceae 莎草科 153
Cyperus 莎草属 153
cypresses 柏;落羽杉;白扁柏 105-7
cryptic species(书中误拼写为 cyptic species) 隐存物种 336
cytokinins 细胞分裂素 268, 271-2

Dacrydium 陆均松属 119
daffodils 水仙花 143
daisy family 雏菊所在的科 126
Dalbergia 黄檀属 40, 185
Dalbergia frutescens 绒毛黄檀，南美黄檀 40
dandelions 蒲公英 126
danta 罂粟尼索桐 214
Darwin, Charles 查尔斯·达尔文 28, 29, 50, 52-4, 67, 268-9
Darwin, Francis 佛朗西斯·达尔文 268-9
date plum 君迁子，枣椰树 230
Datura 曼陀罗属 237-8
Davidia 珙桐属 228

dawn redwood 水杉 110-11
daylength 每天日长，日照 274
day-neutral plants 日中性植物 357, 415
deal 冷杉木；松木板 116
deciduous trees 落叶树，落叶乔木 357, 415
defoliator moth 食叶蛾 351
degame 极白红厚壳木 239
Dehra Dun Forestry Research Institute 德拉敦林业研究所 185, 192-3, 245, 345, 393
dendrochronology 树轮年代学 85
Dendrogene 研究树木形成层基因的项目 399-400
deoxyribonucleic acid see DNA 脱氧核糖核酸，见 DNA
437 development, human 人类发育 366-9
dicots 双子叶植物 48, 128
dicotyledon 双子叶植物 415
Didiereaceae 龙树科，刺戟科 162-3
differentiation 变异 415
dioecious 雌雄异株 125, 177, 416
Dioscoreales 薯蓣目 143
Diospyro 柿树属 230-31
diploidy 二倍体 22, 23-4, 416
Dipsacales（原文错拼为 Dipsicales）川续断目，续断目，山萝卜目 228
Dipterocarpaceae 龙脑香科 218-19
dipterocarps 龙脑香树 126, 218-19, 278
Dipterocarpus 龙脑香属 218
Dipteronia 金钱槭属 225, 226
dipteryx 巴拿马天蓬树，二翅豆 343-345
divergence 趋异 56
diversity, genetic 基因多样性 281
division 尤指植物的门 58, 416
DNA 416
  As classification tool 作为分类工具的 DNA 34, 57
  Development and function DNA 的发育和功能 63, 66, 67
  Elements in DNA 元素 252
  Rate of change DNA 变化率 333, 335-6, 399
Dobzhansky, Theodosius 杜布赞斯基，狄奥多西 59, 295, 300-301
docks 酸模 160

dodo 渡渡鸟 348-9
dogwoods 山茱萸 228
domain 域 58
Donoghue, Michael 多诺霍，迈克尔 291
dormancy 休眠状态 274, 416
double coconut 双椰子 149, 150
double fertilization 双受精 123, 126, 416
downy birch 毛桦 205
Dracaena 龙血树属 142, 144
dragon trees 龙血树 144
Drimys 林仙属，卤室木属 135
Dryobalanops 龙脑香属 218
Dunlop, John 邓禄普，约翰 173
durian 榴莲 218
Durio 榴莲属 218
Dutch elm disease 荷兰榆树病 191, 350-51
Dyera 竹桃木属 240

Earth
  age of 地球年龄 51
  cooling of 地球的冷却 301-2
eastern black walnut 黑核桃木，美国核桃木 207
eastern white pine(美国) 白松 199
Ebenaceae 柿树科 230-31
ebony 乌木，乌檀，黑檀树 230-31
ecology 生态学 416
ecosystems 生态系统 416
eco-tourism 生态旅游 394
ecotypes 生态型 278
egg fruit 蛋黄果 231
eki tree 驲树 179
El Nino 厄尔尼诺现象 371-2
Elaeis 油棕属 146, 149
elder 接骨木 228
elements 元素 251-2
elephant's ear 叶大植物，秋海棠 186
elms 榆树，榆木 190-91, 350-51, 390
EMBRAPA 巴西农牧业研究所 35, 389, 394-8, 399
emergent trees 热带雨林顶层树 234
emu bushes 鸸鹋灌木丛 242
endemics 地方病 278-9
Endiandra 土楠属，三蕊楠属 133
Endophragma 222

Endothia 内座壳属 200
energy
supply of 能量供给 253
from trees 来自树的能量 384
in tropics 热带能量 293-4
Engelhardtia 黄芪属 208
English oak 英国栎、英国橡树 197
Ensete 象腿蕉属 155
Enterolobium 象耳豆属，番龟树属 86，186
enzymes 酶 416
Ephedra 麻黄属 80
epiphytes 附 生 植 物 86，164，376，416-17
Equisetum 木贼属，问荆属 74
Eremophila 角百灵属 242
Erica 欧石楠属 233
Ericaceae 杜鹃花科 233-4
Ericales 石楠目，杜鹃花目，欧石楠目 230-37
Eriobotrya 枇杷属 189
Erythrophleum 格木属 187
Eschweilera 属 234
Essential oils 香精油 354-5
ethylene 乙烯 268，272-3，417
eucalypts 桉树，尤加利树 175，209-13，278，280，290，392，393
Eucalyptus 桉树属 209-13
eudicots 真双子叶植物 129，158
eukaryotes 真核生物 66-7，417
Euonymous 卫矛属 171，172
euphyllophytes 真叶植物 74
European ash 欧洲白蜡树 242-3
European beech 欧洲桦木，欧洲榉 199
European fan palm 蒲葵，欧洲扇棕 145，151
European Forest Genetic Resources Programme 欧洲森林遗传资源计划 178
Euterpe 欧忒耳佩，〔希神〕司音乐，抒情诗的女神 148
evaporation 蒸发，消散 255，256
evening primrose 月见草，夜来香 209
evolution 进化 51-3，61-77，417
exotics 外来树种，外来木 392-3

Fabaceae 豆科，蝶形花科 180, 259, 260, 355-6
Fabales 豆目 180-87
Fagaceae 壳斗科，山毛榉科 55, 56-7, 196-202
Fagales 壳斗目，山毛榉目 168, 195-208
Fagara 两面针亚属 221
Fagus 山毛榉属，水青冈属 196, 198-200
Falcatifolium 南洋陆均松属 118
false acacia 刺槐，洋槐 186
family 科 58, 417
Farjon, Alijos 法琼，阿里奥斯 96, 97-8, 100, 107, 118, 120
farming 耕种，耕作 367
Fatsia 八角金盘属 125
Federov, A.A. 费德罗夫 296
ferns 蕨类植物 74
fertilization 受精，施肥 417
fibres, from palms 棕榈纤维 150
Ficus 无花果属，榕属 192-3, 194
field maple 栓皮槭，篱槭，栓皮枫 225
figs 榕树，无花果，无花果树 161, 192, 329-37
fig-wasps 无花果小蜂，榕小蜂 330-41
filberts 榛子 206
fires 火情 376-9
  and aspens 白杨木火情 307
  and conifers 针叶树火灾 111, 113, 315-16
  and eucalypts 桉树火情 86, 210
  and human activity 火灾与人类活动 377-8
fire-climax species 火灾幸存物种 106
firethorn 火棘 189
Fisher, R. A. 费舍尔 295 438
fishtail palm 鱼尾葵 151
Fitzroya 智利肖柏属 105, 107
Flacourtiaceae 大风子科，刺篱木科 178
flame-of-the-forest 火焰树，凤凰木，金凤，胶虫树（紫铆、紫胶、紫梗、赤胶）243
flavones 黄酮 355-6
flies 苍蝇 214-15, 324
Flindersia 巨盘木属 220
floods 洪水 313-5, 381-3
flowering plants, origin 原产地的开花 439

植物 126-8
flowering quince 木瓜 189
flowering strategies 开花的策略 18-9, 32-3, 153-4, 326, 328-9
flowers 花 122-6, 148-9, 417
folklore 民间传说 187, 215
Food Animals Initiative 食用动物的倡议 391
food from trees 取自树的食物 387-90
Forestry Stewardship Council 森林经营管理委员会 397
forestry 林业 37-8, 278, 399-401
forsythias 连翘 242
Fortunella 金橘属, 金柑属 220
fossils 化石 281-2
foxgloves 毛地黄, 指顶花 241
foxtail palm 狐尾棕 151
Fragraea 灰莉属 241
frangipani 赤素馨花 240-41
Frankia 弗兰克氏菌属 189, 202, 259, 260
frankincense 乳香 220
Franklin tree 富兰克林木 233
Franklinia 福兰茶属, 美洲荷属 233
Fraxinus 白蜡树属, 梣属 126, 242-3
freeloaders 吃白食者, 不速之客 320, 337, 417
freijo 龙凤檀 238
Fritz, Emanuel 伊曼纽尔·弗里茨 298
fruits 126, 417
  development 果实发育 270-71
  of Fagaceae 壳斗科果实 196
  of fuchsias 倒挂金钟果实 209
  of lecythidaceae 玉蕊科果实 234-5
  of fuchsias 倒挂金钟的果实 209
  of palms 棕榈果 149
  primitive 原始果实, 早期果实 128
fungi 真菌, 霉菌 58, 90, 97, 174, 182, 260-61
Fuschia 倒挂金钟属 39, 209

gaboon 加斑木 220
Galapagos 厄瓜多尔加拉帕戈斯群岛 287
gall wasps 瘿蜂 340-41
gallery forest 走廊林, 长廊林 278, 378
game theory 博弈论 418

gametes 配子 418
gametophytes 配子体 70, 76, 418
Garcinia 藤黄属 178
Gardenia 栀子属 238
garlic fruit 蒜头果 165
Garrya 绒穗木属 229
Garryales 绞木目 228
Gentianaceae 龙胆科 241
Gentianales 龙胆目 238-40
gentians 龙胆花 241
genus 属 47, 58, 418
Geraniales 牻牛儿苗目 168
Gesneriaceae 苦苣苔科 242
gherkins 小黄瓜, 小刺瓜 168
giant fishtail palm 巨型鱼尾葵 146
giant sequoia 巨型红杉 110
gibberellins 赤霉素 268, 271
gingko 银杏 78-9
Ginkgoales 银杏目 78
giraffes 长颈鹿 183
Glyptostrobus 水松属 110, 112
Gmelina 石梓属 244
Gnetales 买麻藤目, 麻黄目, 葛尼木目 80
Gnetum 买麻藤属 80
golden pine 金松 160-61, 288-9, 289-91
Gossypiospermum 棉籽木属 178
Gossypium 棉属 213
gourds 葫芦 168
grain, of timber 木纹 89
Gramineae 禾本科 153
grand fir 低地冷杉, 大冷杉 115
grass trees 澳洲香树 144
grasses 禾本植物, 稻科植物 140, 153
greenheart 绿心硬木树, 樟的一种 134
Grevillea robusta 银桦 160
Grossulariaceae 茶藤子科, 鼠刺科, 茶蔗子科 408
groundsel 千里光草, 野滥缕菊 126
guaiacum 愈创树, 愈创木 171
guava 番石榴 209
guayale(也许应该拼作 Guayule) 银胶菊 173
gum trees 橡胶树 209-13
gutta-percha 马来树胶, 古塔波胶 231-2
Gymnacranthera 福贝裸花豆蔻 132

habitat 栖息地 419
hackberry 朴树 191
Hakea 哈克木属 160
hallucinogens 迷幻剂，致幻剂 132
Halocarpus 哈罗果松属 119
hamamelids 金缕梅类植物 195
Hamamelidaceae 金缕梅科 168-70, 409
Hamamelis 金缕梅属 168-70
handkerchief tree 手帕树，珙桐，鸽子树，精灵树，汤巴黎，水冬瓜、空桐、水梨子 227
haploidy 单倍体 22, 25, 419
hardwood 硬木，硬木树 419
440 Hawaii 美国夏威夷州 287
hawthorn 山楂 189, 409
hazelnuts 榛子 388
hazels 榛树，榛木 202, 206
heartwood 心材 84, 88-9, 419
heating of flowers 花朵的升温 131
hedges 树篱，篱笆 189, 205
Heliconia 蝎尾蕉属 155
hemlocks 铁杉；铁杉木，毒芹属植物 116-17
hemp 麻，粗麻 194
Henning, Willi 威利·亨宁 55-6
herbaria 植物标本馆 406, 419
Heritiera 银叶树属 215
Herre, Edward 荷瑞，爱德华 332, 334, 338
heterotrophs 异养植物，异营性生物 253, 261
Hevea 橡胶树属 172-6
hexaploidy 六倍体 24, 419
Heywood, V. H. 海伍德 163
Hibiscus 木槿属 213
hickories 山胡桃木 199, 207, 338
Hill, Robert 罗伯特·希尔 290
Hippocastanaceae 七叶树科 225, 226
Hirtella 生长在亚马逊的金壳果科的属 322-3
hog plum 酸枣 165
hollyhocks 蜀葵 213
holm oak 麻栎，冬青栎，冬青槲，圣栎 197
honeysuckle 金银花，忍冬 228

Hooker, Joseph 约瑟夫·胡克 201
hop-hornbeam 蛇麻果鹅耳枥 202, 206
Hopkins, Helen 海伦·霍普金斯 329
Hopkins, Mike 麦克·霍普金斯 35, 36, 38, 406
hops 槐花 195
hornbeams 橡树，鹅耳枥 199, 202, 205-6
hornworts 金鱼藻，角苔类，角藓 69
horopito tree 胡鲁皮脱树 357
horse chestnuts 七叶树 26
horsetails 木贼类，楔叶类 74
Hosta 玉簪属 143
houseleeks 石莲花 168
Hovenia 枳属，拐枣属，枳椇属 190
Humulus 葎草属 194
Hutton, James 詹姆斯·赫顿 51
hybrids 杂交 21-2, 184, 212, 420
Hydrangeaceae 绣球花科，八仙花科，绣球科 409
hydrangeas 八仙花 408-9
Hylurgopinus 美洲榆小蠹 191
Hypsipyla 麻楝梢斑螟,香椿蛀斑螟,钻心虫 221

ice-cream bean 印加豆 187
identification of trees 树的鉴定 21, 32-8
idigbo 黑阿法拉 209
Ilex 冬青属 246
Illiciaceae 八角科 129
Illicium 八角属 129
imbuia 巴西胡桃木 133
inbreeding 近亲繁殖 133, 420
Indian bean tree 美国梓树，印第安金链花，木豆树 243
Indian jujube 印度枣 190
Indian laurel 印度“月桂树” 209
Indian silver-grey wood 榄仁树 209
Inga 黎豆属 187
Instia 印茄属 185
Intergovernmental Panel on Climate Change 政府间气候变迁专家小组 371
irises 鸢尾花 143
iroko 伊洛可木，绿柄桑木 191
ironwood 硬木，金刚木 202, 205-6, 232 441
isolation, reproductive 生殖隔离 297, 305

ivory palm 象牙棕榈树 149-50

jack pine 加拿大短叶松，班克松，杰克松 306, 309-12
jackfruit 菠萝蜜，木菠萝 191
Janzen, Daniel 丹尼尔·简森 297
japanese cedar 柳杉，日本香柏 110
jacaranda 蓝花楹属 243
Jatrophus 麻风树属 172
jelutong 南洋桐 240
jimsonweed 曼陀罗，一种茄科毒草 237-8
Jubaea 蜜棕属，智利椰子属 149
Judas tree 南欧紫荆，地中海紫荆苏木 186
Judd, Walter S. 贾德，沃尔特 163, 168, 178, 195, 196, 202, 230, 238
Juglandaceae 胡桃科 206-8
Juglans 胡桃属，核桃属 206-7
juglone 胡桃酮 207
Juniperus 刺柏属 99, 105, 107-8
jussien, Antoine Laurent de 茹西欧 48, 128, 132
juvenile leaves 幼叶 211

kahikatea 卡希卡提亚（毛利语，新西兰最高的树），泪柏罗汉松 390, 41, 118-19
Kanashiro, Milton 弥尔顿 399
kapok trees 木棉树 126, 217
kapur 冰片木 219
katsura tree 连香树 170
kauri 贝壳松脂，钝贝壳杉，考里树胶 2, 39, 41, 101-2
Khaya 非洲楝属 222
Knightia 新西兰山龙眼属，243
king palm 假槟榔，亚历山大椰子 151
kingdoms 界 49, 57-8, 420
Kirkia 苦木属 219
koalas 树袋熊 355
Koelreuteria 栾树属 225
kokoon tree 柯库卫矛木 172
Kokoona 柯库卫矛属 172
kotukutuku 倒挂金钟树 39, 209
krabak（异翅香在泰国的名称）219
k-strategy K 繁殖策略 18-9

kumquat 金桔，金橘 220
Kyoto protocol 京都议定书 373

Labiatae 唇形科 244
Laburnum 金链花属，毒豆属 186
lac insect 紫胶虫 190
Lagarostrobos 泪柏属 119
Lamarck, Jean-Baptiste 法国博物学家兼哲学家拉马克 34, 48, 51
Lamiaceae 唇形花科，唇形科 244
Lamiales 唇形花目，唇形目 241-246
land, invasion of 土地侵占 69-72
land bridges 大陆桥 291-2
Landolphia 卷枝藤属 173
Landraces 地方品种，陆生种 26
Laguncularia 红树属 209
Lantana 马缨丹属 166, 244
Larix 落叶松属 115-16
Larrea 拉瑞阿属 171
latex 天然橡胶，乳胶 172-3, 231, 240
Latin names 拉丁名 42-4, 49
Latvia 拉脱维亚 397-8
Laurales 樟目 132-4
Laurasia 劳亚古大陆 104, 112, 186
laurus nobilis 月桂,甜月桂 133
lawson cypress 罗森桧,罗氏柏 106
Le Brcton 勒顿 393
leaf blight 叶枯病 174
leaf litter 落叶层 379
leaves 叶 33, 140, 148-9, 254
Lecythidaceae 玉蕊科 38, 234-7
Lecythis 猴子罐属 235-7
legumes 豆类 180, 259, 260, 355-6, 420
Leguminosae 豆科 126, 180
Leigh, Egbert 埃格伯特·利 343
lemon verbena 柠檬马鞭草，柠檬鼠尾草 244
lemons 柠檬 220
lenga 低矮假水青冈木 201
lenticels 皮孔 85, 264, 265, 420
Lepdothamnus 黄银松属 119
Lepidodendron 鳞木属 73, 83
Leucaena 银合欢属 184-5
L.esculenta 食用银合欢 184
leyland cypress 莱兰柏树 107
lianas 藤本植物 421

lichens 地衣 262
life, emergence 地球生命的产生 63-5
lightning 闪电 258
lightwood 轻木，轻质木材 179
lignin 木质素 72, 421
lignotubers 木块茎 210
lignum vitae 愈疮木 86, 171
lilacs 紫丁花 242
Lilliales 百合目 142-3
limba 西非榄仁树 209
lime(citrus) 酸橙，青柠 220，359
442 lime(tree) 酸橙树 214
limonoids 柠檬苦素类似物 354
lindens 椴木 214
Linnaeus, Carl 瑞典植物学家卡尔· 林奈 48-9, 51
Linnean classification 林奈分类法 421
Lippia 过江藤属 244
Liquidambar 枫香树属 170, 409
Liriodendron 鹅掌楸属 40, 130-31
Litchi 荔枝属 225
Lithocarpus 石柯属 196, 198
Litsea 木姜子属 133
live oak 槲树,槲树类树木 197
liverworts 苔类 69
Livistona 蒲葵属 151
local names 当地名称 38-40
lodgepole pine 海滩松,黑松 306
Lodoicea 海椰子属 149, 150
Loganiaceae 马钱科 241
London plane 悬铃木，英国梧桐，二球悬铃木 22, 86
longbows 长弓 134
long-day plants 长日照植物 275, 421
Lopbira 铁红木属 179
loquat 枇杷树，枇杷 189
Loranthaceae 桑寄生科 14
Lovoa 虎斑楝属 222
Lumnitzera 榄李属 209
lychee 荔枝 225
lycophytes 石松 73-4
Lythraceae 千屈菜科 208-9
Lythrum 千屈菜属 209

Maathai, Wangari 旺加里· 马塔伊 402-4

Macadamia 澳洲坚果属 160
macadamia nut 夏威夷果 388
macronutrients 多量元素 252, 421
Madagascar 马达加斯加 162, 278, 287
Madagascar periwinkle 马达加斯加长春花 240
madrones 玛都纳树, 杨梅花旗松 234
magnesium 镁 252
Magnolia 木兰属 127, 130, 199
Magnoliacee 木兰科 130-31
Magnoliales 木兰目 130-32
mahogany 红木, 桃花心木, 37, 38, 221-2, 298-9, 351
mahogany shoot-borer 红木枪战螟 221
maize 玉米 387
makore 猴子果木, 玛寇木 232
Malhi, Yadvinder 亚德温德·马尔西 375
Malighiales 金虎尾目, 黄褥花目 172-9
mallees 桉树矮林 211
mallows 锦葵, 欧锦葵 213
Maloideae 苹果亚科 409
Malpighiaceae 金虎尾科, 黄褥花科 179
Malus 苹果属 26, 188-9
Malva 锦葵属 213
Malvaceae 锦葵科 213-14, 218
Malvales 锦葵目 156, 195, 213-19
mamey sapote 曼密苹果 231
mammals 哺乳动物 327-9, 343-5, 353
Mammillaria 鸡冠仙人掌属, 乳突球属, 银毛球属 163
Manaus 马瑙斯(巴西的一个城市) 173-4
mandarins 橘子 220
manganese 锰 252
mangeao 樟科的一种树, 生长在新西兰 133
Mangifera 芒果属 224
mango 芒果 224
mangosteen 山竹果 179
mangroves 红树林 262-5
  and Avicenniaceae 红树林和海榄雌科 242
  and Combretaceae 红树林和使君子科 209
  ecological role 红树林的生态作用 176-7, 262-3

pollination 红树林的授粉 125, 320
443 and saltwater 红 树 林 与 咸 水 263, 264
Manibot 木薯属 172
manilkara zapota 人心果 231
manioc 木薯, 树薯 172
Maori names 毛利人的名字 39
maples 槭树,枫树 161, 225-6, 357, 388
maracaibo boxwood 棉籽木, 178
Markham, Clement 克莱门特 · 马卡姆 174
marrows 节瓜, 毛瓜 168
mastic 乳香树脂; 乳香 232
matai 玛泰(毛利人命名的当地的针叶树) 39, 41, 119
mate 伙伴, 伴侣 246
mateiros 马德罗斯, 本土树专家 35
may tree 单子山楂木,英国夏花山楂树 189
Maynard Smith, John 梅纳德·史密斯, 约翰 68
medicines 药, 药剂 6, 134, 170, 187, 222
medullary rays 髓放线 83
meiosis 减数分裂 422
Melaleuca 白千层属 209
Melia 楝属 222
Meliaceae 楝科 221-3
Melicocca 蜜果属 225
melons 瓜, 甜瓜 168
mengkulang 单叶银叶木 215
meranti 娑罗双木, 梅兰蒂木 219
meristem 分生组织, 分裂组织 422
mersawa 异翅香木类, 梅萨瓦木 219
metabolism 新陈代谢 422
metals,in soils 土壤中的金属 265-6
Metasequoia 水杉属 105, 110-11, 282
methyl salicyclate 水杨酸甲酯 205, 358
Microberlinia 大斑马小斑马属, 小鞋木豆属 90, 185
micronutrients 微量元素 252, 422
micro-propagation 微繁殖 270
micro-satellites 微卫星 335-6
Milankovitch cycles 米兰科维奇循环 303
Mimosa 含羞草属 186
minerals 矿物质 257-8, 422
Minusops 枪弹木属 232

miro 锈色罗汉松（新西兰）39, 41, 119
Misodendraceae 羽毛果科，羽果科 165
mistletoe 槲寄生 164, 256
mitochondria 线粒体 66, 67, 422
mitosis 有丝分裂 422
Mitragyna ciliata 毛帽柱木，托叶帽柱木 239
molybdenum 钼 252
monocots 单子叶植物 48, 422
mongongo nuts 洞果漆树（葡萄牙名称）的坚果 388
monilophytes 单系蕨类植物 74-5
monkey ears 象耳豆，猴耳豆 186
monkey puzzle tree，猴谜树，智利南洋杉，41, 103
monkey-bread tree 猴面包树 215
monocots 单子叶植物 128-9, 139-56, 422
monocotyledon 单子叶植物 422
Monodora myristica 葫芦肉豆蔻，木浆果假肉豆蔻木，独味香，非洲兰花肉豆蔻 132
monoecious 雌雄同株的 125, 422
montane forests 山地森林 278
monterey pine 辐射松，蒙特列松，新西兰辐射松 392
moonseeds 月籽藤，蝙蝠葛 160
mopane tree 莫帕尼树 358
Moraceae 桑科 191-4, 195
Morus 桑属 191-2
mosses 苔藓，地衣 69-71
mountain ash(*Sorbus*) 山白蜡，梣树（花楸属）花楸 189
mountain pine 山松 119
Mouriri pusa 野牡丹科植物 389
muhuhu 菊木 246
mulanje cedar 姆兰杰雪松 110
mulberry 桑葚，桑椹 191-2
multicellular organisms 多细胞生物体 68-9
Musa 芭蕉属 15, 24, 155
Musaceae 芭蕉科 155
mutualism 互利共生 422
acacia-ant 金合欢与蚂蚁的互利共生 182
with Frankia 与弗兰克氏菌互利共生 189-90, 259

fig-wasp 无花果与黄蜂的互利共生 331
game theory 互利共生的博弈理论，游戏规则 334-5, 336-8, 339-40
mycelium 菌丝 260, 422
mycorrhizae 菌 根 97, 182, 210, 260-61, 422
Myoporaceae 苦槛蓝科，苦橄榄科，苦蓝盘科 242
myoporum 苦槛，苦槛蓝 242
Myrica 杨梅属 208
Myricaceae 纤花草科 208
Myristica 肉豆蔻属 132
myrrh 没药 220
444 Myrsinaceae 紫金牛科 232
Myrtaceae 桃金娘科 209
Myrtales 桃金娘目 208-13
myrtle 香桃木 209
Myrtus 香桃木属 209

Nageia 竹柏属 98
nastic movements 感性的运动 266
natural selection 自然选择 52, 422-3
naturalists 博物学家 28-9, 47
Nauclea 乌檀属 239
needle palm 丝兰 151
neem 印楝 39, 187, 222-3, 354
nematodes 线虫 339-40
neolinnean classification see Linnean classification 新林奈分类法，见林奈分类法
Nepal alder 尼泊尔桤木 203
Nephelium 韶子属 225
Nerium 夹竹桃属 240
Nesgordonia 尼索桐属 214
nettles 荨麻 194， 129, 278, 287
New Zealand 新西兰 118-19, 133
New Caledonia 新喀里多尼亚 98, 101, 102, 118, 120, 129, 278, 287
niches 壁龛 423
Nicobar breadfruit 尼克巴面包树 145
nipa palm 水椰 152
nire 朗灰蝶，白小灰蝶 201
nitrates 硝酸盐 258
noble fir 红冷杉，贵族杉，壮丽冷杉 115
norfolk island pine 诺福克岛松 41

Norway spruce 挪威云杉 116
Nothofagaceae 南青岗科，也叫南山毛榉科 196, 201
Nothofagus 假山毛榉属，南山毛榉属，南水青冈属 107, 165, 200-202, 278, 290
Nothotsuga 长苞铁杉属 113
Notocactus 南国玉属 163
nut 坚果 423
nutmeg 肉豆蔻 132
Nymphaeales 睡莲目 124
nyotah 尼亚杜山榄，春茶木 232
Nypa 水椰属 152, 264
Nyssaceae 珙桐科，蓝果树科，紫树科 230

oaks 橡树 196, 197-8
British 英国栎，夏栎 39-40
centre of orgin 橡树的中心起源 280, 409-10
classification 橡树的分类 409
distribution 橡树的分布 278
leaf loss 橡树的叶子丢失 351
naming of 橡树的命名 39-40
tropisms 橡树的趋向性 268
oceanic islands 大洋岛屿 287
ocelots 豹猫 345
Ochnaceae 金莲木科 179
Ochroma 轻木属 217-18
Ocotea 奥寇梯木属 133-4
octoploidy 八倍体 23
odoko(大)风子木 178
oil palms 油棕榈树 146, 149
okra 秋葵荚，秋葵 213
Olacaceae 铁青树科,大犀科 165
Olea 木犀榄属 86, 242, 243
Oleaceae 木犀科 242-3
oleander 夹竹桃 240
olivewood 油橄榄 243
Onagraceae 柳叶菜科 209
opepe 栗褐黄胆木,狄氏黄胆木 239
Ophiostoma 长喙壳属 191
Opiliaceae 山柚子科，山柑科 165
Opuntia 仙人掌属 163
orchids 兰花 125, 143
organelles 细胞器 66, 423

organic compounds 有机化合物 252, 423
organisms, origin of 生物起源 65-6
ornamentals 观赏性植物
Apocynaceae 观赏夹竹桃科植物 240
Gardenia 观赏栀子属 238
legumes 观赏豆类 186
445 *Liquidambar* 观赏香树香脂 170
palms 观赏棕榈 150-51
Prunus 观赏李属，梅属 189
Sapindaceae 观赏无患子科植物 225
Orobanche 列当属 242
osiers 柳树 177
osmosis 渗透性 255, 423
Ostrya 铁木属 202, 206
Ostryopsis 虎榛子属 202
outcrossing 异型杂交，远缘繁殖 423
ovary 子房 123, 423
ovule 胚珠 123, 423
Owen, Richard 理查德·欧文 49, 54
Oxalidaceae 酢浆草科 179
Oxalidales 酢浆草目 179
Oxalis 酢浆草属 179
oxygen 氧，氧气 65, 252, 263, 371, 410

Pachycarpae 茸荚 218
padang 巴东木 232
pagoda tree 国槐，印度榕树，塔形树，东印度摇钱树 240
palaeobotany 古植物学 281-2, 424
Palaquium 胶木属 231, 232
palm cabbage 菜棕，椰菜，棕榈白菜 148
palm heart 棕榈心 144, 148
Palmae 棕榈科 145-52
palms 棕榈（树）83-4, 142, 145-52
palmyra 扇椰子 146, 149
Pandanales 露兜树目 144-5
Pandanus 露兜树属 144-5
Pangaea 盘古大陆 283-6
paper birch 纸皮桦，桦树 306
papyrus 纸莎草 153
paradise nuts 猴壶树，猴钵树 235-6
parallel evolution 平行进化 424
parallel venation 平行脉，平行脉序 424
parana pine 巴拉那松 41, 103

Parasitaxusa 寄生陆均松属 118
of acacias 金合欢的寄生植物 183
of alders 赤杨的寄生植物 203
broomrapes 寄生植物苁蓉 242
and cold 寄生植物与寒冷 300-301
coniferous 寄生结球果 118
defences against 寄生植物的防卫 352
definition 寄生定义 424
mistletoes 寄生植物槲寄生 164-5
and plant evolution 寄生植物与植物进化 350
of rubber 橡胶的寄生植物 174
sandalwood 寄生植物檀香树 166
and sex 寄生植物与性 300
speed of adaption 寄生植物适应的速度 360-61
and tropical diversity 寄生植物与热带多样化 299-300
Parkia 球花豆属，巴克豆属 186, 328-9
parlour palms 客室棕，袖珍椰子 151
pathogens 病原体 424
pau marfin 巴西西柚木，帕州饱食桑木 220-21
Payena 东南亚山榄属 232
peach palms 桃棕，桃果椰子 149
peach 桃子 189
pears 梨 189
pecans 胡桃 207
peepul 菩提木 38-9, 192
pelargoniums 天竺葵 168
Peltogyne 紫心苏木属 185
Pennington, Toby 托比·彭宁顿 289
pepper vines 胡椒藤 128
pepper 甜椒，柿子椒 138
Pere David 皮埃尔·大卫 228
Pereskia 木麒麟属，仙人藤属 163
periwinkles 海螺 240
Persea 鳄梨属，油梨属 133
Persian walnut 波斯核桃，胡桃 207
persimmons 柿树，柿 230, 231
petals 花瓣 123
petticoat palm 衬裙掌，华盛顿葵 145, 151
phenolics 酚类化合物 356

phenotype 表现型;表现某一显性特征之生物个体或群体 424
pheromones 信息素 272, 358, 424
phloem 韧皮部, 筛管部 83, 146, 424
Phoebe 月神 133
Phoenix 凤凰, 长生鸟 149
phosphorus 磷 252, 257, 261
photoperiodism 光周期 274-5, 424
photosynthesis 光合作用 253-4, 256, 374, 410, 424
phototropism 趋光性 267, 268, 424
446 Phyllocladaceae 叶枝杉科 100, 119-20
Phyllocladus 芹叶松属, 叶状枝属 119-20
phyllodes 叶状 119, 120, 181, 424
phylogeny 系统发育, 种系发生 53, 59, 424-5
phylum 节肢动物门 58, 425
physiology 生理学 425
Phytophthora 疫霉属 203
Phytotrade Africa 非洲植物贸易 393
Picea 云杉属 113, 116
Picramnia 苦木属 219
Pieris 马醉木属 234
pigments 色素 267, 275, 356-8, 425
Pimenta 香椒属 209
Pinaceae 松科 100, 101, 112-17
pine seeds 油松种子 388
pineapple 菠萝 153
pines 松树 41-2, 99, 113-14
pioneer trees 先锋树, 先驱树 86-7, 96-7, 113, 182, 194-5, 298
Piper 胡椒属 138
Piperaceae 胡椒科 135-8
Piperales 胡椒目 135-8
Piratinera 蛇桑属 191
Pistacia 黄连木属 223, 338
pistachio 开心果 223, 338
pitomba-de cerrado 巴西的一种果树 389
plane trees 悬铃树, 梧桐树, 洋桐槭 22, 161, 226
plantations 农园,大农场 392-3
Platanaceae 悬铃木科, 洋桐木科, 法国梧桐科 161
Platanus 悬铃木属 22, 161, 226
Platycladus 侧柏属 110

pleaching 编结，修补 205-6
plum yew 粗榧，三尖杉，崖头杉，杉枣，山竹枣，山杉木 104
Plumeria 鸡蛋花属 240-41
pneumatophores 出水通气根 264-5
Poaceae 禾本科 151-3
Poales 禾草目 153-5
Podocarpaceae 罗汉松科 41, 100, 101, 117-19
poisons 毒;毒药;毒物 135, 226, 230, 234, 237
pollarding 将树去梢 270
pollen 花粉 76, 425
  of conifers 针叶树花粉 99
  of cycads 苏铁树花粉 78
  fossil 花粉化石 281-2
  tricolpate 三沟型花粉 158
pollen tube 花粉管 123, 425
pollination 授粉 425
  acacias 金合欢授粉 182-3
  avocado 鳄梨授粉 133
  Betulaceae 桦木科授粉 202
  birches 白桦授粉 205
  cycads 苏铁授粉 78
  figs 无花果授粉 125, 329-37
  Lecythis 玉蕊属的授粉 237
  oaks 橡树授粉 197
  Sterculiaceae 梧桐科授粉 214
Polygonales 蓼目 160
polyploidy 多倍体 22-5, 203, 425
pomegranate 石榴，红石榴 209
Pometia 番龙眼属 225
pondweeds 眼子菜属水草 142
poplars 杨树，美国鹅掌楸树 178, 390, 392
Populus 杨属 178, 390, 392
port orford cedar 美国扁柏，美国罗生柏，罗氏红桧 106
Portulaceae 马齿苋科 163
Pouteria 桃榄属 231
Prance, Ghillean 普蓝斯爵士 35-6, 326
predators 食肉动物 350, 359-60, 425
prickles 刺 353
pride of India 印度骄子，檀香木 222
Priestley, Joseph 普里斯特利，约瑟夫 173

privet 水蜡树 242
Proenca, Carolyn 卡罗兰·普罗尼卡 389
prokaryotes 原核生物 65-6, 425
Prosopis 牧豆树属 186-7
Protea 山龙眼属 160
Proteaceae 山龙眼科 160
Proteales 山龙眼目 160-62
proteins 蛋白质 252
protozoa 原生动物类;单细胞动物类 57
Prumnopitys 浆果罗汉松属 119
447 *Prunus* 李属 189
Pseudolarix 金钱松属 113
Pseudomyrmex 中美洲的拟切叶蚁属 182
Pseudotsuga 黄杉属 113, 117
Pseudowintera 假林仙属 357
Psidium 番石榴属 209
Pterocarya 枫杨属 208
Pterygota 有翅亚纲 215
pumpkins 南瓜 168
Punica 石榴属 209
purgatives 泻药 135
purple loosestrife 紫色珍珠菜，紫色马鞭草，千屈菜 208
purpleheart 紫心木 185
purslanes 马齿苋 163
Pyraacantha 火棘属，火刺木属 189
pyrethroids 拟除虫菊酯，菊酯类 354
Pyrus 梨属 189

Quassia 苦木属 219
queen palm 皇后葵 151
Queensland maple 昆士兰枫，类槭巨盘木 220
Queensland walnut 昆士兰胡桃木，昆士兰琼楠，昆士兰土楠 133
Quercus 栎属，麻栎属 39-40, 85, 196, 197-8, 409
quickthorn 单子山楂 189
quillworts 水韭 73
quince 温柏，柑橘 189
quinine 奎宁，金鸡纳霜 174, 239

r-strategy r 型策略 18-19
races 树的种类 26
radicle 幼根，胚根 426

Raffia 华菲亚葵 150
Rafflesia 大花草属 324
rain tree 雨树 186
raisin tree 椇，枳椇，拐枣 190
ramara tree 阿丁枫 409
rambutan 红毛丹 225
rank 林奈分类的级别 426
Ranunculales 毛茛目 160
Raphidophyllum 棘叶榈属 151
rasamala 阿丁枫，大蕈木 170
rattan 藤 146, 150
Rauvolfia 萝芙木属 240
Raven, Peter 彼德·雷文 79
Ravenala 旅人蕉属 156
Ray, John 雷约翰 47-8, 128
Raymo, Maureen 莫林·雷默 302
reaction wood 反应材，应力木 426
red alder 红桤木，赤阳木，美国赤杨 203
red gum 赤桉树，红桉木，红色尤加利树 170
red mangroves 红树林 176-7
red maple 红枫 199
red oak 红橡 197, 198
red pine 红杉树，红松，赤松 41, 119
red silk cotton tree 红木棉树 217
red spruce 红云杉 199
redwoods 红杉，北加州红木，巨杉，红木林 42, 298, 312-16
reproduction strategies 繁殖策略 18-19, 317-18, 329-37
Reserva Florestal Adolfo Ducke 阿道夫·杜克森林保护区 35-7, 406
resins 树脂，170
Retrophyllum minus 新喀里多尼亚转叶罗汉松 118
Rhamnaceae 鼠李科 190
Rhamnus 鼠李属 190
Rhizobium 鼠李 180, 189-190, 259, 260
rhizome 根茎 426
Rhizophora 红树属 176-7, 242, 264
Rhizophoraceae 红树科 176-7
rhizosphere 根际 295
Rhodesian reak 赞比亚红木 185
Rhododendron 杜鹃花属 234
rhubarb 大黄；大黄茎 160
Rhus 漆树属，盐肤木属，盐麸木属

223
rhyniophytes 莱尼蕨类 73
ribonucleic acid see RNA 核糖核酸，见 RNA
rice 水稻 387
Ricinus 蓖麻属 172
rimu 新西兰陆均松，类柏陆均松，颖木 39, 41, 119
riverine forests 河边森林 278
RNA 核糖核酸 63, 252, 426
Robinia 刺槐属 186
Rollinia 罗林果属 131
root hairs 根毛 148
roots 根 254
adventitious 不定根 140, 147, 270
aerial 气根、气生根 264
buttress 板根 88
of monocots 单子叶植物的根 140
nodules 根瘤 259-60
of palms 棕榈根 147-8
stilt 高跷根 144, 147, 264
Rosa 蔷薇属 188, 189
rose acacia 毛洋槐 186
rosa peroba 籽木，盾籽木 240
Rosaceae 蔷薇科 188-90, 359, 409
Rosales 蔷薇目 188-195
roses 蔷薇，玫瑰 189
rosewood 紫檀 40
rosids 蔷薇分支，蔷薇类植物 158, 167-226
Rosoideae 蔷薇亚科 409
rowans 花楸，红果花楸，欧洲花楸 189
Royal Oak 皇家橡树
royal palm 王棕，（产于古巴的）大椰子，皇家棕榈 147, 151
Roystonea 王棕属 147
rubber 橡胶 172-6
Rutaceae 芸香科 238-9
Rubus 悬钩子属 188
rue 芸香 220
Ruscaceae 假叶树科 144
Ruta 芸香属 220
Rutaceae 芸香科 220-21

Sabal 菜棕属，萨巴尔椰子属 151
Sabina 圆柏属 107

sacred trees 神木 192-4, 240-41
Salicaceae 山茶科 177-8
salicin 水杨苷, 水杨素 178
salicyclic acid 水杨酸 178, 358
Salix 柳属 24-5, 177-8, 278
Samanea 雨树属 186
samaras 翼果 226
Sambucus 接骨木属 228
sandalwood 檀香 165-6, 183, 392, 393
Santalaceae 檀香科 165-6
Santalales 檀香目 164-6
Santalum 檀香属 165-6
sap 树液, 树汁 426
sap gum 枫香木 170
sapele 筒状非洲楝 222
Sapindaceae 无患子科 224-5
Sapindales 无患子目 219-26
Sapindus 无患子属 225
Sapium 乌桕属 172
sapodilla 赤铁科常青树, 人参果树 231
saponons 皂角苷 355
Sapotaceae 山榄科 231-2, 265
sapucaia nuts 大花正玉蕊木，圭巴正玉蕊木，猴壶正玉蕊木坚果 235-6
sapwood 边材 84, 88-9, 426
Sarraca 无忧树属 186
Sassafras 檫木属 133
sassafras 黄樟，檫木 133
satinleaf 乌制子李 231
satsumas 温州蜜柑, 萨摩蜜橘 220
sausage tree 腊肠树，香肠树，非洲吊灯木 243
savannah 非洲稀树草原 426
Saxifragales 虎耳草目 168-70
saxifrages 虎耳草类植物 168
scented satinwood 带香气的椴木 179
Schefflera 鹅掌柴属 228
Schoepficaceae 青皮木科 165
Sciadopityaceae 金松科 100, 120
Sciadopitys 金松属 120
Scolytus 欧洲大榆小蠹 191
Scorodocarpus 蒜果木 165
Scots pine 欧洲赤松，夏栎，欧洲柄栎，苏格兰松，斯考特松，20，33
screw pines 露兜树 144-5
Scrophulariales 玄参目 241

448

sea-grasses 海草 125, 142
seasons, awareness of 认识季节 274
seaweeds 海藻 58
Sebertia 塞贝山榄（一种超富集镍的植物）265
secondary cambium 次生形成层 85
secondary centres of diversity 二次多样性中心 280-81
secondary growth 次生生长 83-4, 142, 144, 146, 426
secondary metabolites 次生代谢产物 267, 352-9
secondary thickening 次生加厚 83-4, 142, 144, 146
sedges 莎草 153
seed dispersal 种子播撒，种子传播 342-9
seed plants 种子植物 75-80
seeds 种子 75-6, 78, 78-9, 149-50
Selaginella 卷柏属 73
self-fertilization 自花受精 320
sepals 萼片 122
Sequoia 红杉属 105, 110, 111
series 系列 211
sessile leaves 无柄叶 211
sessile oak 无梗橡木 197, 198
Seville orange 酸橙，塞维利亚橙，代代花 220
sexual reproduction 有性生殖 318-19
shadbush 唐棣 189
shade trees 林荫树，行道树 391
shapes, of trees 树木的形状 89-90
shea butter tree 牛油树 231
shellac 虫胶 190
she-oaks 异木麻黄 206, 259, 260
shisham 印度黄檀 185
Shorea 娑罗双属 218
short-day plants 短日照植物 275, 426
shrubs 矮树，灌木 15, 426
Sideroxylon 铁榄属 232
silk oak 银桦 160, 233
silver beech 银山毛榉 201
silver birch 白桦树 205
silver pine 银松 119
silver yellow pine 银松，黄银陆均松 119
Simaroubaceae 苦木科 219

sissoo 印度黄檀 185

sitka spruce 西岸云杉，阿拉斯加云杉 346-7, 356, 392, 393

smoke bush 醉鱼藤 223

snakewood 蛇纹石 191

snowberry 雪果，雪莓 228

sodium 钠 252

softwood 软木材 426

soil 土壤 257-66

Solanaceae 茄科 237-8

Solanales 茄目 237-8

Sophora 槐属，苦参属 187

Sorbus 花楸属 189

sour cherry 酸樱桃 189

soursop 刺番荔枝树，红毛榴莲 131

South America, origins of biota 南美洲，生物区系起源 288-9

South American cedar 南美雪松，香洋椿 222

southern beeches 南方山毛榉 107, 165, 200-202, 278, 290

soya 大豆 389, 390

Spanish moss 铁兰，西班牙藓 153

Spathodea 火焰树属 40, 243

Spathodea campanulata 火焰树 40

speciation, in rainforests 热带雨林中的物种形成 296-301

species 物种，种类 20-22, 27-30, 50, 52-3, 58, 426

Speight, Martin 马丁·斯佩特 359, 360

spermatophytes 种子植物 74

spice star anise 香料八角 129

spider-worts 紫露草，水竹草 143

spikes 锐刺，尖刺 147

spindle tree 卫矛 171

spines 小棘，小刺 353

Spiraea 绣线菊属 189

spores 孢子 70, 74, 75, 426

sporophytes 孢子体 70, 76, 427

Spruce, Richard 理查德·斯普鲁斯 29

spruces 云杉，花旗松 113, 116

spurges 大戟，美洲锦地草 172

squashes 小番瓜 168

St John' s wort 贯叶连翘，金丝桃 179

stamens 雄蕊 123

Stapelia 豹皮花属，国章属 240

star apple 星苹果，金星果 231
star fruit 杨桃，洋桃，五棱子 179
Sterculia 苹婆属 40-41, 214
Sterculia foetida 掌叶苹婆，裂叶苹婆、假苹婆、香苹婆，40
Sterculiaceae 梧桐科 213, 214-15
stinkwood 臭木，白朴 134
stomatas 气孔 254, 255, 256
stonecrops 景天，佛甲草 168
storax 苏合香脂，安息香 170
strangler figs 扼杀者无花果 192
strawberry tree 草莓树 234
Strelitzia 鹤望兰属 155
Strelitziaceae 旅人蕉科 155-6
Striga 独脚金属 242
strobilus 球果,链体，孢子叶球 78, 427
Stryax 安息香属 170
strychnine tree 士的宁树，毒汁马钱木 166
Strychnos 马钱(子)属 166
subspecies 亚种 26 427
substrate 基质，底物 427
succession 演替 304, 427
succulents 多肉植物 427
sugar maple 糖槭，枫糖 199, 200, 226
sugarberry 密西西比朴树 191
sugi 杉 110
sulphur 硫磺 252, 257-8
sumac 漆树 223
sundews 毛毡苔 160
Swartzia 铁木豆属 389
sweet cherry 甜樱桃，欧洲甜樱桃 189
sweet gums 北美枫香，胶皮糖香树，美国枫香 170, 409
sweetsop 释迦果，番荔枝 131
Swietenia 桃花心木属 38, 221-2
Syagrus 金山葵属 151
sycamore 美国梧桐 126, 161, 226
syconium 隐头果 330, 341-2, 346, 427
symbiosis 共生，共生现象，共生关系 97, 182, 189-90, 427
see also mutualism 参见互利共生
Symphoricarpos 毛核木属 228
systematics see taxonomy 分类学，见分类法
Syzgium 蒲桃属 41, 209

Syzygium cumini 海南蒲桃，肯氏蒲桃，堇宾莲，花臭 41

Tabarnaemontana 马茶花属，马蹄花属 346
Tachigalia 巴拿马森林一种自杀树的属 318
Taiwania 台湾杉属 105, 110
talipot 大棕榈树，扇形棕榈 151
tallow wood 脂木，小帽桉 165
tamarack larch 欧洲落叶松，美洲落叶松，塔马拉克落叶松 306
tamarind 罗望子树，酸豆 39, 187
Tamarindus 罗望子属，酸豆属 39, 187
tambalacoque 大颀榄树，卡伐利亚树，渡渡树 232, 348-9
Tane Muhta 唐尼·马胡塔，毛利人的森林之神，新西兰贝壳杉，2, 101-2
tangerines 蜜橘，橘子 220
tannins 单宁 84, 86, 196, 353-4, 358
tanoaks 密花石栎，密花石柯，鞣皮栎 196, 198
taro 芋头，芋艿 142
Tasmanian myrtle 常绿假水青冈木 201
taun tree 番龙眼，番荔枝 225
taurai 玉蕊科的巴西的一种木材 38, 407 8
tawhai 红假水青冈木，红假山毛榉 (New Zealand red beech)201
Taxaceae 红豆杉科 100, 120-21
Taxodiaceae 杉科 100, 105, 110-12
Taxodium 落羽杉属 111-12
taxonomic names 分类名称 42-4
taxonomy 分类学，分类法，分类统计 42-4, 46, 54-9, 158-9, 427
Taxus 红豆杉属，紫杉属 120-21
tea 茶，茶树 233
teak 柚木，柚木树 39, 244-6, 352, 383, 392, 393
teasel 起绒草，川续断 228
Tectona 柚木属 244-6
temperate forests 温带森林 33-4
temperatures 温度 274, 374-5
temple tree 鸡蛋花树 240
Temple, Staley 斯坦利·邓普 348, 349
tension wood 拉木，受拉木，应拉木，

450

张材 88, 89, 427-8
Terminalia 榄仁属，诃子属 209
terpenes 萜烯 354, 358
tetraploidy 四倍体 23, 428
Tetrapus 为无花果授粉的最古老的黄峰的属 332-3, 336
thatch palms 老人葵 150
Theaceae 山茶科 232-3
Theobroma 可可属 215, 324
Theophrastus 提奥弗拉斯图 39
thermophiles 耐热菌，嗜热微生物 65
Thrinax 豆棕属 150
Tbuja 崖柏属 105, 108-9
Thujopsis 罗汉柏属 109
tides 潮汐 265
Tilia 椴树属 214
Tillandsia 铁兰属 153
timber 木材 62, 86
as carbon sink 作为碳吸存、碳汇的木材 90-91
as construction material 木材作为建筑材料 90
and genetic variation 木材与遗传变异 87–7
of palms 棕榈木材 146
trade names 木材交易名称 41-2, 44
tipir 绿心硬木树所含一种物质，圭亚那部落人当作药材，用于退烧、止血抗感染等 134
Tipuana 金蝶木属 186
tissue culture 组织培养 428
tissues 组织 428
toon tree 香椿树 38
Toona 香椿属 222
topiary 修剪灌木，造型修剪 270
Torreya 榧树属 121
totara 霍氏罗汉松，新西兰罗汉松 39, 119
totipotent 具有全能性 428
tourism 旅游业；观光业 394
toxic soils 有毒土壤 265-6
trace elements 微量元素 252, 428
tracheid 管胞，假导管 135, 428
Trachycarpus 棕榈属 146
translocation 运输 428

transpiration 蒸发，散发 255-7, 375-6, 381, 428
traveller's palm 旅人蕉 151, 156
tree ferns 椤，树蕨 74, 75
tree horsetails 山松和木麻黄 74-5
tree of heaven 臭椿，天堂树 219
tree of life 树的生活 171
trees 树
  definition of 树的定义 14-16
  as food 作为食物的树 387-90
  form of 树的形式 17
  as micro-habitats 作为微栖息地的树 2-3，20
  numbers of 树的数量 26-30, 405-7
Trigonobalanus 三棱栎属 196
triploidy 三倍体 24, 155, 428
Trochodendrales 昆栏树目 162
Trochodendron 昆栏树属 162, 409
Trochondendraceae 昆栏树科 409
trophic 热带的 428
tropical forest 热带森林
  age of 热带森林的年龄 32-3, 288-9
  biodiversity of 热带森林的多样性 279，293-306
  and ice ages 热带森林与冰河时期 305
tropisms 趋向性 267, 428
true ebony 真正乌黑的黑檀，真正的乌木 231
Tsuga 铁杉属 113, 116-7
tulip tree(*Liriodendron*) 鹅掌楸，马褂木（鹅掌楸属）40, 130-31
tulip tree(*Spathodea*) 火焰木（火焰树属）40, 243
tulips 郁金香 90
tulipwood 郁金香木 40
tummuy wood 肚子木 237
tung tree 油桐树 172
tupelo 山茱萸 230
turgor 膨压 72, 428
turmeric 姜黄 155
type specimens 模式标本 34

Ulmaceae 榆科 190-91
Ulmus 榆属 190-91, 350-51, 390
Umbelliferae 伞形科 228

451

umbrella tree 伞树 228
unicellular organisms 单细胞生物 65-8, 429
see also bacteria 见细菌
urbanization 都市化 366-7
Urticaceae 荨麻科 194, 195
Urticales 荨麻目 195

varieties 变种,异种 26, 429
vascular plants 维管束植物 72-3, 429
vectors 媒介 429
vegetable ivory 植物象牙 150
vegetative 营养的 429
vegetative reproduction 无性繁殖 26
veins 叶脉 429
vascular names 血管名称 38-42
venation 叶脉, 脉序 429
Verbena 马鞭草属 244
Verbenaceae 马鞭草科 244
vessels 导管 429
see also phloem ;xylem 韧皮部, 木质部
Vinca 蔓长春花属 240
vines 藤,藤蔓 168
Violaceae 堇菜科 179
Virginia creepers 五叶地锦, 美国地锦, 美国爬山虎, 维吉尼亚爬山虎 168
Virola 蔻木 132
Visaceae 槲寄生科 164
Vitales 葡萄目 169
Vochysiaceae 蜡烛树科, 囊萼花科, 伏起科 209
Humboldt, Alexander von 亚历山大·冯·洪堡 28, 29
vulcanization 硫化 173

wadadura 玉蕊 237
Wallace, Alfred Russel 华莱士, 阿尔弗雷德·拉塞尔 28-9, 52, 295
Wallace Line 华莱士分界线 286
wallflowers 桂竹香,香紫罗兰 168
walnuts 核桃 206-7, 388
Wapishana people 圭亚那和巴西的部落之一 134
Warburgia 十数樟属, 东非白桂皮属

135
Washingtonia 丝葵属，华盛顿蒲葵属 145, 146, 151
water 水
pollination by 由水传播花粉 125, 320
translocation 水的运输 254-7
water hyacinth 水葫芦，凤眼兰，布袋蓝 143
waterlilies 睡莲 127
wattles 树篱 181
wax myrtle 杨梅 208
wax palm 蜡棕 146
weather 气候 366, 371-2, 397-80
weedkillers 除草剂 271
weeds 杂草 184-5, 429
weeping willow 垂柳，垂阳柳，毛白柳 177
Wegener, Alfred 阿尔弗雷德·魏格纳 282-3
Welwitschia 百岁兰属 80
West Indian satinwood 西印度椴木 221
Western red cedar 美国侧柏，红雪松（香柏）108
wheat 小麦 24, 387
whistlethorn acacias 荆棘树金合欢 182
white cinnamon 白桂皮，圭亚那厚壳桂 135
white ebony 白檀 231
white mangroves 白红树林 264
white oak 白橡树，白橡 197, 200
white peroba 赛黄钟花木 243
white pine 白松，美国五针松，白洋松 41
white syringa 白丁香 219
whitebeam 白面子树 189
whitewood 云杉 42
whorl 轮生，斗形纹 429
Wickham, Henry 亨利·威克姆 174, 174, 387
Widdringtonia 非洲柏松属 109-110
wild almond 野生杏仁 214
452
Williams, George 乔治·威廉 318
willowherbs 柳叶菜 209
willows 杨柳，柳树 24-5, 177-8, 278
wind pollination 风媒传粉 125, 320
windmill palm 风车棕榈，棕榈 146

wingnuts 枫杨，亚洲坚果树 208
Winteraceae 林仙科 135, 357
winter's bark 林仙，冬木 135
witch-hazels 巫榛子 195
witch's brooms 丛枝病，鬼帚病 164-5
Wodyetia 狐尾椰子属 151
Wollemia 瓦勒迈属 41, 103, 282
wood sorrel 酢浆草 179
wood 树木 81-91
  as building material 作为建筑材料的树木 6, 384-6
  as fuel 作为燃料的树木 6, 177-8
woodcuts 木刻 161-2

Xanthoceras 文冠果属 225
Xanthocyparis 澳洲柏属 107
Xanthorrheaceae 刺叶树科，百合科 144
Ximenia 海檀木属 165
xylem 木质部 82-3, 84, 135, 146, 255, 429
Xylocarpus 木果楝属 264

yellow birch 黄桦，美国黄桦木 199, 205
yellow gum 澳洲桉树 211
yellow pine 黄松,黄松木 119
yellowpoplar 黄杨,北美鹅掌楸 131
yews 紫杉 1221
Yucca 丝兰属 143-4
yuccas 丝兰，丝兰花 143-4

zebrano 斑马木，二沟槽小鞋木豆木 185
Zelkova 榉属 190
zinc 锌 252
Zingiberaceae 姜科 155-6
Zingiberales 姜目 155-6
Ziziphus 枣属 190
Zygophyllaceae 蒺藜科 170-71
Zygophyllales 蒺藜目 170-71
zygote 接合子，受精卵 429

图书在版编目(CIP)数据

树的秘密生活:它们如何生存,如何与我们息息相依/(英)科林·塔奇著;姚玉枝,彭文,张海云译.—北京:商务印书馆,2017
(自然文库)
ISBN 978-7-100-13430-9

Ⅰ.①树… Ⅱ.①科…②姚…③彭…④张… Ⅲ.①树木—普及读物 Ⅳ.①S718.4-49

中国版本图书馆CIP数据核字(2017)第082621号

自然文库

树的秘密生活

——它们如何生存,如何与我们息息相依

〔英〕科林·塔奇 著

姚玉枝 彭文 张海云 译

商务印书馆出版

(北京王府井大街36号 邮政编码100710)

商务印书馆发行

北京新华印刷有限公司印刷

ISBN 978-7-100-13430-9

2017年11月第1版 开本 710×1000 1/16

2017年11月北京第1次印刷 印张 34 1/4

定价:99.00元